クラカトアの大噴火

世界の歴史を動かした火山

サイモン・ウィンチェスター　柴田裕之［訳］

早川書房

クラカトアの大噴火

——世界の歴史を動かした火山

KRAKATOA

The Day the World Exploded:

August 27, 1883

by

Simon Winchester

Translated by

Yasushi Shibata

First published 2004 in Japan by

Hayakawa Publishing, Inc.

arrangement with

Sterling Lord Literistic, Inc.

through The English Agency (Japan) Ltd.

Reprint arranged by

HarperCollins Publishers, Inc.

喜びと感謝の念をこめて、本書をわが両親へ捧げる

どの瞬間をとろうとも
すべて形あるものは壊れ、車輪は回らず
事実はもちこたえることあたわず
現在が、自ら受け継ぎし独自の意義を打ち砕くのは
故意かただの偶然か、誰が知ろう。

——W・H・オーデン
「しばしの間は」（1944年）より

中国
ミャンマー
ラオス
タイ
ヴェトナム
カンボジア
フィリピン
マレーシア
ボルネオ島
スラウェシ島
スマトラ島
ジャワ島
インド洋
オーストラリア
0
1000km

東南アジア

インドネシア（旧オランダ領東インド諸島）を形成する一大群島西部の島じま。

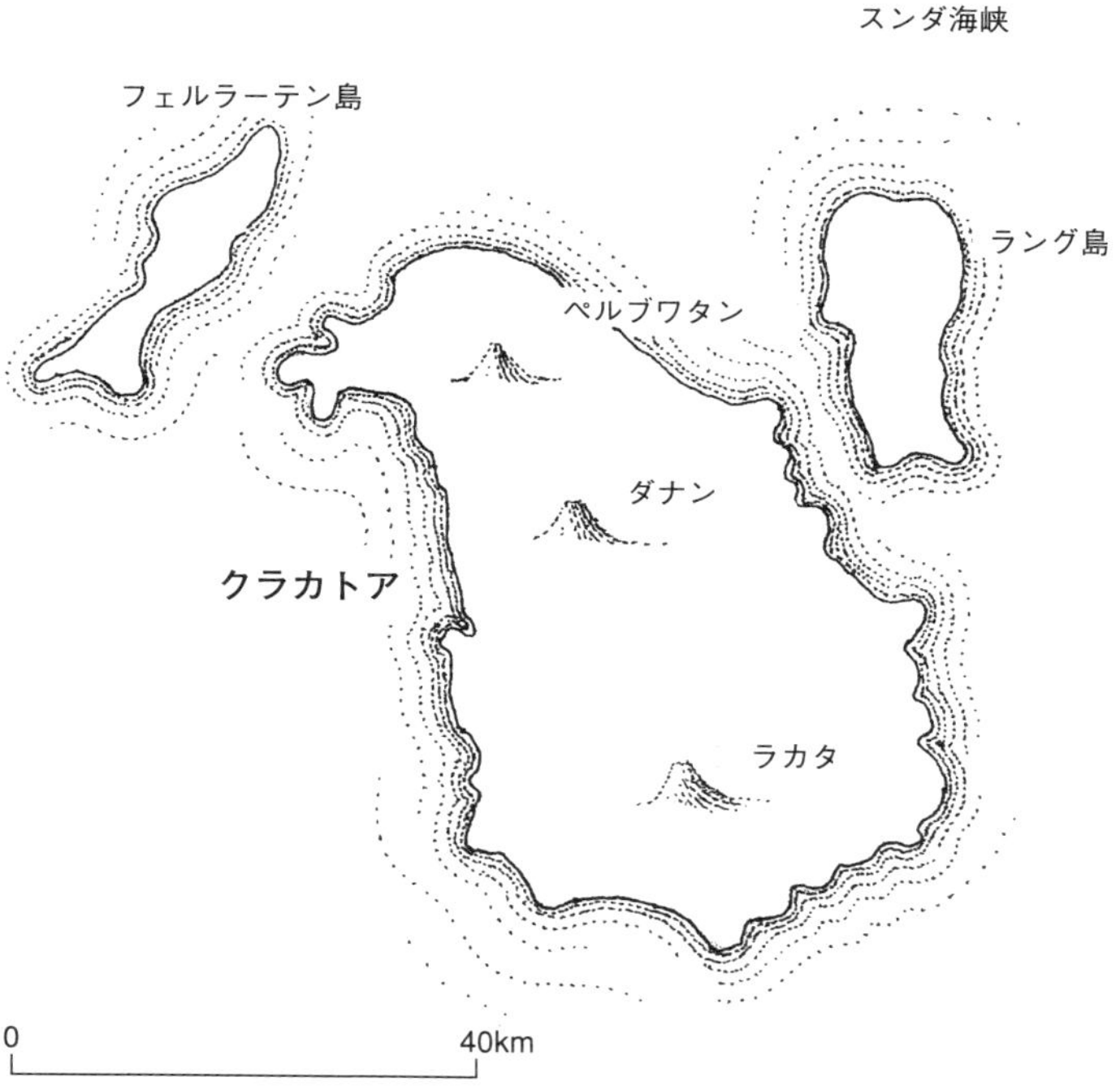

クラカトア群島（1883年の噴火前）

目次

序　011
第１章　尖った山のある島　019
第２章　運河に潜むワニ　049
第３章　ウォーレス線上の接近遭遇　067
第４章　過去の火山活動　137
第５章　地獄の門が開かれる　173
第６章　日の光も届かぬ海底で　205
第７章　おびえたゾウの奇妙な行動　227
第８章　大爆発、洪水、最後の審判の日　239
第９章　打ちのめされた民の反乱　357
第10章　子供の誕生　381
エピローグ　この世が爆発した場所　411
さらに詳しく知りたい人のための
推薦（一作だけは禁止）図書・映像　442
謝辞　443
訳者あとがき　449
索引　466

序

王子さまはすっかり噴火しなくなった火山も一つもっていました。けれど、本人の言うとおり、「ぜったいということはありえない」のです。だから王子さまは、その死火山も掃除しました。火山というのは、よくすす払いをしておけば、ゆっくり少しずつ燃えるだけで、噴火したりしません。火山の爆発は煙突の火事のようなものです。でも、この地球では、僕たちがあまりに小さすぎて、火山のすす払いはできません。だから僕たちは、いつまでたっても火山に頭を悩ませるわけです。

——アントワーヌ・ド・サン＝テグジュペリ
『星の王子さま』（1943年）より

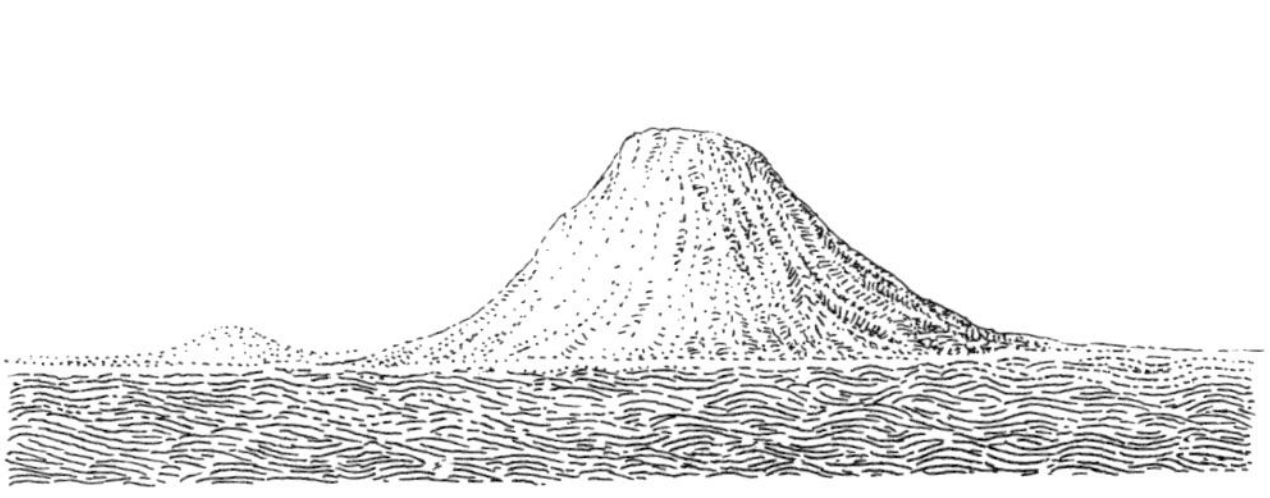

一九七〇年代のある蒸し暑い夏の夕刻。ジャワ島西部の小山に登り、緑濃い山腹の上方に広がるヤシのプランテーションに立つと、彼方のスマトラ島の青く霞む山並みを背景に、ひっそりと身を寄せ合う小島の群れが黒く浮き上がって見えた。初めて目にするその群島こそがクラカトア、いや、かつてクラカトアと呼ばれていた山の名残りだった。

島じまの左寄りに高い頂きが一つ。ピラミッド形をしているが、北側はすぱっと切り取られたような断崖だ。右手には低い島が二つ、水平線に張りついている。その間には、小ぶりながらこのうえなく形の整った山があって、完璧なまでに対称な低い円錐形の頂上から、煙が細く一筋、上がっている。煙は黒とも灰色ともつかぬ尾を引いて垂直に立ち昇り、やがて、暗さを増す海面から一〇〇メートル余り上空で貿易風に乗って左へたなびき、広がり、夕焼け空の中にゆっくりと溶け込んでゆく。

うっとりと見とれているうちに、あたりはいつしか宵闇に包まれた。ようやく私は踵を返すと、車に乗り込み、ジャカルタへ戻った。西に向かう帰りの飛行機の中で、はてしなく続く夜の間中、思い出しては考えた。あれは非の打ちどころのないほど美しい風景だった、この地球の力が働いており、自然作用が重大な意味をもち、かつて大惨事の起きた場所であることがうかがえるからなおさらだ、と。だが、あの山は、近ごろは再び鳴りを潜め、来るべき時を静かに待っているのだ。

それから四半世紀近くが過ぎ、私はやっとジャワ再訪の機を得たが、仕事の都合で、島の中部にあるジョクジャカルタやソロ、サマランといった町にばかりいた。しかし、いよいよ島を去るというときになって、夜の飛行機の便まで時間が空いたので、急に思い立って島の西端までもう一度行ってみることにした。車を駆って海沿いの道に出た。七〇年代に通ったのとまさしく同じ道筋だった。

再びそこを訪れることにしたのは、最後にもう一目見たかったからにすぎない。東インド諸島を離れてしまえば、場所も、眺めも、来歴も正確に知る人など皆無に近いのに、長年にわたって全人類の意識の底にしっかりと刷り込まれてきた、クラカトアという名前をもつあの島を、あと一回見ておきたかった。クラカトアと言えば、有名な映画もあったし（この映画は、明らかに島の位置を取り違え、ジャワの東に配してしまった）、たいへんな人気を博した子供向けの本もあった（この本も周知のとおり、島の位置を間違え、インド洋ではなく太平洋としてしまった）。クラカトアという名は、世界文化の語彙に取り込まれた。どことなくエキゾチックでいて、親近感を抱かせ、えもいわれぬ響きをもっている。どうやら、口に出して言うのも、他人の口から聞くのも好まれる言葉のようだった。そんなわけで、この火山のこれほど近くに来ていながら、もう一度それを目にする機会を逃す手はないように思えたわけだ。

崖道でいちばん見晴らしのいい場所に着いたのはもう夕方で、前に来たときより少し遅く、そのせいでいくぶん暗かったかもしれない。この日はアンイェル港近くの巨大な鉄製の灯台が目についた。かの大噴火にともなう津波で破壊されたもののかわりにオランダ人が建てたこの灯台が、スンダ海峡の穏やかな水面をなでるように、静かに光の筋を巡らせて、夜の番についたところだった。

群島は前回同様そこにあった。茜色の西空を背に、黒ぐろとした姿を見せていた。左手の高い山も記憶のとおりだった。二つの低い島もあって、今回は宵の雲に溶け込んでゆくところだ。そして両者の中央に、頂上を奇妙なオレンジ色の炎に縁取られるようにして、大噴火の唯一の生きた名残りであるピラミッド形の山がそびえていた。双眼鏡をのぞくと、オレンジ色は本物の炎であることがはっきり見て取れた。そして、そこからは、やはり前に見たときと同様、煙が出ていたが、今回はもくもくと渦巻く黒煙が、宵闇の迫る凪いだ空に向かって、真っすぐ上がっていた。

だが、一つだけはっきりと違う点があった。ピラミッド形の山は、どういうわけか私の記憶よりも大きく、どっしりして、はるかに高く見えた。ちなみに、このときにはもう知っていたが、地元ではこの山をアナックと呼ぶ。マレー語で「子供」という意味で、大噴火で消えた山のあとにできたから、そのアナックだ。

私は目をぱちくりさせて、もう一度見た。左手の大きな山と一生懸命に比べ、アナックの高さがあの断崖のどのあたりまであったか思い出そうとした。やはり、高くなっている。間違いない。疑問の余地はなかった。こんなとき、記憶はあてにならぬものだが、じっくり目を凝らすうちに、ますます確かに思えてきた。クラカトアの子供にあたるこの火山は、私が戻ってくるまでの二五年間に、ずっと大きくなっていたのだ。

その後さまざまな地図を調べると、近代の調査結果がみなそれを裏づけていることがすぐわかった。親を破壊し、消滅させたあの噴火の四十数年後に海から生まれた小さな火山島自体が今や急速に成長し、驚くべき勢いで盛り上がりつつあった。この島が初めて水面上に姿を現わした一九二七年六月最後の週以降に発行された古い地図や海図を見比べて計算すると、かなり安定した成長を見せているようで、その割合は平均で毎週およそ一二・七センチメートルになる。

もちろん、ときおり思い出したようにあちらで溶岩を流したり、こちらで激しく噴火したりと、活発な動きを見せることもあったが、アナック・クラカトアは一九二七年から、おおむね毎月五〇センチメートルずつ大きくなってきた。誕生以来毎年、高さにして約六メートル、幅にして約一二メートルの成長ということになる。そして、今もその割合を維持しているのだろうか。数字を再確認してみると確かにそうだ。私の目にした山はたんに高さを増したなどというものではない。前に見たときよりも、一五〇メートル以上高くなっていたのだ。

そうと知って、私は、この若くたくましい火山にすっかり心を奪われてしまった。この火山ときたら、きっぱり、そしてあくまで明白に、死ぬことを拒んでいる。私の目には、この山はすばらしく魅惑的な特徴をいくつも兼ね備えているように映る。美しくて、危険で、何をしでかすか知れず、忘れ難い。いや、それだけではない。まだ先代の火山だったころに起きた惨事は、言い表わしようもないほど恐ろしいものだったとはいえ、地質学と地震活動の実態や、ジャワ島とスマトラ島特有の地質構造を考え合わせると、かつて起きたのと同じことが、いつの日かかならず繰り返されるだろう。それも、まったく同じ形で。

それがいつになるのか、誰にも確かなことは言えない。おそらく、ずっと先だろう。歴史に残る大噴火の最中に起きたのと同じぐらい恐ろしい出来事がこの世に起きるのは、はるか先のことだろう。その噴火は、一八八三年八月二七日月曜日、午前一〇時二分きっかりに途方もないクライマックスに達したのだった。

噴火自体、想像を絶する規模で、それを説明するのに、「最大の」という言葉が今なおついて回る。近代史に記録の残っているかぎりでは、最大の爆発で、最大の音を轟かせ、火山活動としては最大の被害をもたらし、三万六〇〇〇人以上の命を奪った。

世界各地の地質学的証拠を見れば、たしかにもっと大規模で壊滅的な火山爆発はほかにもあったことがわかる。今日、地球の地質学史上、確実なところでは、クラカトアの爆発規模は第五位でしかない。東インド諸島のトバ山とタンボラ山、ニュージーランドのタウポ山、そしてアラスカのカトマイ山の噴火は、クラカトアの場合をはるかにしのぐと考えられている。少なくとも空に吐き出された物の量とそれが達した高さの点では。

しかし、これらの噴火は、人間社会へ直接的な影響をほとんど及ぼさず、みな歴史の彼方に埋もれてしまった。一方、クラカトアが噴火したのは一八八三年であり、世の中の状況はすっかり変わっていた。この火山の激しい活動を科学的知識のある人間たちが現場で目にし、研究調査を行ない、これほど恐ろしい自然の猛威を引き起こしたプロセスの解明に取り組むことができた。とはいえ、彼らは科学の求める入念さと正確さをもって観測したものの、その結果を待ち受けていたのは、なんとも厄介な現実だった。すなわち、一八八三年には、世界はそれまでにないほど科学的進歩を遂げつつあったものの、一つには、まさにそうした進歩のせいで、人びとが妙に熱に浮かされたような、いかにも不安定な状態に置かれていたのだ。だから、クラカトアの噴火のような出来事は、大きな動揺を巻き起こした。

たとえば当時、電信が発達し、海底ケーブルが敷設され、通信社が次つぎに誕生しており、こうした通信技術の進歩のおかげで、世界の先進社会の人間は、噴火が起こるとたちまちそれを知った。しかし同時に、地質学の知識はまだごく限られており、ようやく少しずつ物事がわかり始めてきた段階だったため、入ってくるニュースに対して一般人の抱く恐怖心を鎮めるだけの説明は与えられなかった。現場から何千キロメートル、何万キロメートルも離れた場所にいる人びとは、この一件を耳にしてうろたえ、まごつき、少なからずおびえることもあった。

そのうえ、科学的理解が急速に深まっているような国においてさえ、依然として宗教の教義が無数の人に強い影響を及ぼしていた。昔の部族社会だったら、クラカトアの噴火のようなものは、神がみの怒りの現われとして、あっさり片づけられていたかもしれない。しかし残念ながら、一八八三年当時の、無知でも素朴でもない民衆には、そうした安易な説明は通用しなかった。社会が近代化しつつあったおかげで、人びとはクラカトアの噴火のような事件について、じつに多くを知ったものの、その真相はほとんどわかっていなかった。通信社がきっちり役目を果たしたので、事実に関する情報はたっぷり得られたものの、十分な理解がともなっていなかった。その結果、多くの人がクラカトアの噴火に実際よりはるかに恐ろしい意味合いを読み取り、心配した——この世が引き裂かれ、ことによると、聖書の予言するとおり、終末が訪れようとしているのかもしれないのだ、と。

ジャワからもお互いからも遠く離れたボストンやボンベイ、ブリスベーンといった町の住民は、みなただちに噴火について知り、浮足立つとともに魅了された。それはたまたまこの噴火が、海底ケーブルによる電信が開発されて以来、世界で初めて起きた大惨事だったからにほかならない。新聞は大々的にこれを報じ、記事は最新情報を遅れることなく伝えたので読者はなおさら心を奪われた。「ジャワ」「スマトラ」「スンダ海峡」「バタヴィア」といった、それまでまったくなじみのなかった地名が、噴火のまばゆい一閃を浴びて、たちまち世間に知れ渡った。

　これらの場所とそこで起きた恐ろしい出来事を知った世界の人びとは唐突に、知識で結ばれた同胞となった。ある意味で、全世界が一つの「世界村」（通信手段の発達で情報が共有され、一つの村のように狭くなった世界。カナダのコミュニケーション理論家マーシャル・マクルーハンの用語。第六章参照）になるという近代の現象が初めて現われたのは、一八八三年八月のこの日、この大爆発のおかげもあってのことだったと言える。「クラカトア」という単語は、ヴィクトリア朝の電信とジャーナリズムの不備のせいで綴りを間違えられ台無しにされはしたものの、耳をつんざく恐ろしい一瞬の後に、激動や激変、死、災厄の代名詞と化した。そしてまた、この災厄は一連の実際的な結果をあとに残した。そのうちには、政治や宗教、社会、心理、科学にかかわる結果も含まれる。今日でさえ、その不思議で恐ろしい残響が、ジャワ島ばかりか世界中でかすかながら認められ、私たちの心を乱している。

　それ以外にも、クラカトアが世界の人びとの意識に与えた衝撃の強烈さは、ありとあらゆる形で見て取れるし、数字の上ではもっと規模の大きいそれ以前の四件の火山噴火の例をはるかにしのいでいる。たとえば、クラカトアの噴火は地球環境に影響を与えた。噴出物が大気中に漂い、地球の気温が下がったし、世界中の空の様相も変わった。また、何千キロメートルも離れた土地で気圧と潮位が激しく上下した。アメリカでは消防士たちが、すわ、大火災発生と、おおあわてで出動したが、じつはクラカトアの粉塵がもうもうと渦巻いて立ち込めたせいで見られた、業火さながらの夕焼けというのがその正体だった。

噴火の直後から丹念で正確な調査が行なわれたおかげで、今日、いったいなぜクラカトアが噴火したかがわかっているし、その原因となった力についても、私たちは十分すぎるほど理解している。斬新な科学が登場して、この噴火にまつわる従来の神話がかったミステリーを徐々に取り除き、クラカトアはもとより、あらゆる火山の活動を簡単に説明できるようになったからだ。

緑濃い山腹の高い場所にあるヤシのプランテーションから、今こうして見るクラカトアは、のどかなもので、白や灰色、あるいはときに黒い煙を、頂上から細く一筋、立ち昇らせているにすぎない。だが、見かけとはあてにならぬもの。火山の子供《アナック》は穏やかな外見とは裏腹に、この世を創造した壮大な炎をその深奥で燃え盛らせながら、着実に、そして急速に成長を続けているのだ。

第１章

尖った山のある島

火山噴火区域　火山噴火のため、この区域は航行には安全ではないと考えられており……
アナック・クラカトア島　（南緯6度6分、東経105度25分）、セルトゥン島とラカタ・クチル島の中間、以前は水深27メートルに海底の小隆起が確認されていた場所に1928年に出現した小島。翌1929年、この小島はいったん姿を消すが、1930年の噴火で再び海面上に現われ、1933年2月の激しい噴火の後、大きさを増したように見えた。1935年には、高さは63メートル、上から眺めると直径約1200メートルの、ほぼ円形となった。高さは1940年には125メートルに達した。1948年、島の北端に常緑高木モクマオウが数本確認された。1955年、標高は155メートルとなったが、南側には植物は見られなかった。1959年には噴火が続き、濃い黒煙が600メートルの高さまで上がった。アナック・クラカトア島では1993年を最後に、火山活動は観測されていない。
危険信号　クラカトア地区内で噴火の恐れがある場合は、ジャカルタ・ラジオがインドネシア語と英語で必要な警報を放送する（海軍無線信号表を参照のこと）。

——「海軍航行手引」
（NP36、『インドネシア海上交通案内書』第1巻、1999年、ロンドン）より

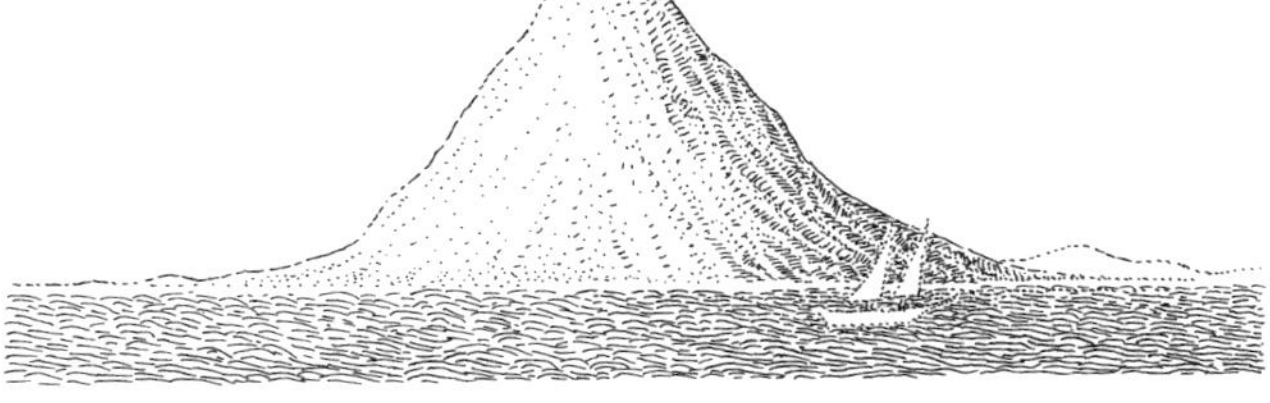

ジャワというと、まずコーヒーを連想する（あるいは、昨今では、コンピュータ言語を思い浮かべる人もいるだろう）が、じつはこの大きな島を発見・入植した西洋の人びとに最初に富をもたらしたのは、熱帯産のかぐわしい香辛料だった。そして当初、そのうちで際立っていたのが、今日でももっとも広く使われているごくありきたりの香辛料、胡椒《こしょう》だ。

ピペル・ニグルム（胡椒）とシジギウム・アロマティクム[1]（丁子《ちょうじ》）とミリスティカ・フラグランス（ナツメグ）は、アジアのスパイス貿易の元祖三大香辛料だ。三つとも古代からよく知られ、使われてきた。キリスト誕生の二〇〇年前、中国の漢王朝の廷臣は、後に「香りの良いめしべ《オディフェラス・ピスティル》」という名で広く知られるようになるジャワ産の丁子を口に含み、息に芳香をつけてからでないと、皇帝に謁見できなかった。また、ローマの聖職者がナツメグを香料として使っていたかもしれないという漠たる証拠もある。九世紀のコンスタンティノープルではナツメグは調味料として間違いなく使われていた。恐ろしいまでの正統派で、偶像破壊者の宿敵、ストゥディオスの聖テオドロスが、修道院で肉食が禁じられていた当時、修道士たちにあてがわれたピーズプディング（豆粉と卵のプディング）にナツメグを振りかけることを許した話は有名だ。さらに、エリザベス朝時代の人には、疫病よけにナツメグの匂い玉が欠かせなかった。ナツメグが病気を寄せつけないという説は、数ある迷信のうちでも、とりわけ根強く生き続けた。

とはいえ、古代の人びとにとって、胡椒はたんなるトッピングや秘薬、口中清涼剤よりもはるかに重要な意味をもっていた。ローマ人は胡椒をふんだんに使った。イギリスの歴史家ギボンは、胡椒は「ローマ人の高級料理に愛用された食材」だったと述べたうえで、紀元四一

シジギウム・アロマティクム（丁子）

ミリスティカ・フラグランス（ナツメグ）とメース

〇年にローマを包囲した西ゴート族の暴れ者、アラリック一世が一トンを超える胡椒を要求したという定説を支持している。ローマ帝国のアウレウス金貨とデナリウス銀貨は香辛料の交易路で好んで用いられるようになり、コーチンやマラッカ、セイロン南部の港町のインド人胡椒商人は、硬貨の額が、その大きさではなく表面に刻まれた数字で表わされていることに、いたく感銘を受けたと言われている。

どのように額が定められていたかはともかく、支払いに使われた硬貨は膨大な数にのぼったことだろう。胡椒は非常に貴重で高価で、需要も大きかったため、ローマの政治家で博物学者の大プリニウスはその調達費の多さに苦言を呈した。「ローマ帝国からインド（プリニウスは東インド諸島も含めたインド諸国全域を指してインドという言葉を使っている。輸入される胡椒は、インドのマラバル海岸とジャワ西部の両方の産物だったからだ）へと流出するお金が五〇〇〇万セステルス（セステルスはローマの通貨単位）を下回る年はなかった」さらにプリニウスは、「自らの贅沢と女性のために」こんな途方もない金額を「われわれは支払っているのだ」と冷ややかにつけ加える。

クラカトアの物語の第一章にとって、プリニウスは端役程度の存在にすぎないのだが、巡り合わせの妙を感じさせる後日談がある。裕福で有力な人脈をもった元軍人プリニウス（彼はローマ支配下のゲルマニアで騎兵将校を務めた）は、皇帝のためにさまざまな公務を喜んでこなしたが、何はさておき、博物学を本分と

（1）丁子はエウゲニア・カリオフィラタと呼ぶほうが正しいとする植物学者もいるが、フトモモ科に属することでは、みな意見が一致している。ちなみに、フトモモ科でもっともよく知られているのは、常緑のギンバイカだ。

した。自身の有名な言葉にあるように、「物事、すなわち生命の本質」の学者あるいは研究者だったのだ。そんな彼の名声の大きなよりどころは、三七巻からなる著書『博物誌』で、この大部の傑作には興味深い記述が数限りなく見られる。今日の「encyclopedia（百科事典）」という単語の元となった言葉が初めて使われたのも、この作品だった。

紀元七九年の晩夏、プリニウスは公務でナポリ湾での海賊行為を調査中、現地のヴェスヴィオ山から発生していると見られる不思議な雲を調べることになった。小舟で上陸し、地元の村を訪れて、うろたえていた住民を鎮めにかかったまさにそのとき、大噴火に巻き込まれた。そして八月二四日、火山性有毒ガスを吸って亡くなった。後に残されたのは、高い名声と、言葉が一つ。その名にちなんで作られた近代火山学用語の「プリニー式」だ。今や、「プリニー式噴火」といえば、おおもとの火山をほとんど破壊し尽くすほど強力な爆発をともなう噴火を指す。そして、近代でもっとも壊滅的なプリニー式噴火は、大プリニウスが亡くなってからほぼきっかり一八〇〇四年後に起きた。クラカトアの大噴火だ。

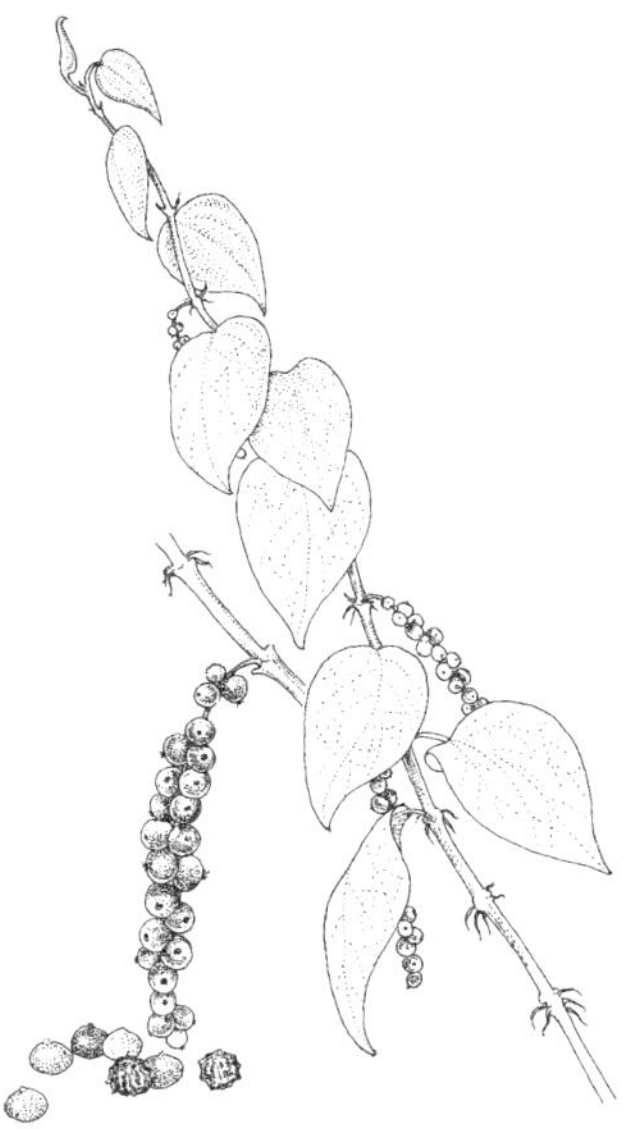
ピペル・ニグルム（胡椒）

胡椒にまつわる風説は多い。たとえば、腐りかけた肉の味をごまかすためにかつて使われたということがまことしやかに言われているが、これは事実無根だ。胡椒には駆風剤の働き、すなわち胃腸内のガスを排出させる効果があるという、これまた愉快な説に端を発するのかもしれない。ちなみにこの効果は、今でも薬剤師の認めるところだ。それはともかく、胡椒は防腐剤として多用され、調味料としてなおさら広く使われた。イギリスでも一〇世紀に輸入が始まり、一一八〇年には、ロンドンのギルドのうちでもとくに古い、胡椒業者のギルドがすでに設立されていたことが記録（同ギルドは軽微な法律違反で出廷していた）からわかる。一三二八年までに、このギルドは膨大な量《グロウス》の香辛料の輸入業者として正式に登録され、その組合員は「グロウサリー」と呼ばれた。今日、英語で食料品商を指して使う「グロウサー」という言葉は、ここから来ている。

イギリスの作家ジョゼフ・コンラッドは『ロード・ジム』の中で、かつて人びとがどれほど胡椒に夢中になっていたかを次のように記している。

一七世紀の貿易商たちは、胡椒を求めてそこへ出かけていった。ジェイムズ一世[2]の治世のころ、オランダとイギリスの冒険家たちの胸には、胡椒に向けられた情熱が愛の炎さながらに燃え上がっていたようなのだ。胡椒のためなら、地の果てまで行くことも辞さず、胡椒を一袋手に入れるためなら、競争相手の喉を躊躇なく掻き切っただろうし、何より大切にしていた己の魂でさえ、喜んで差し出したはずだ。その執念ときたら常軌を逸しており、彼らはありとあらゆる形で命の危険を冒した。未知の海、難病奇病、負傷、捕囚、飢え、疫病、絶望ものともせず、逆にそれで名を揚げた。まったくもって、その執念のゆえに勇者となった……

三大香辛料に対する西洋の欲望は一四、一五世紀を通じて飛躍的に高じていった。そして、少なくとも一

（2）在位一六〇三〜二五年。

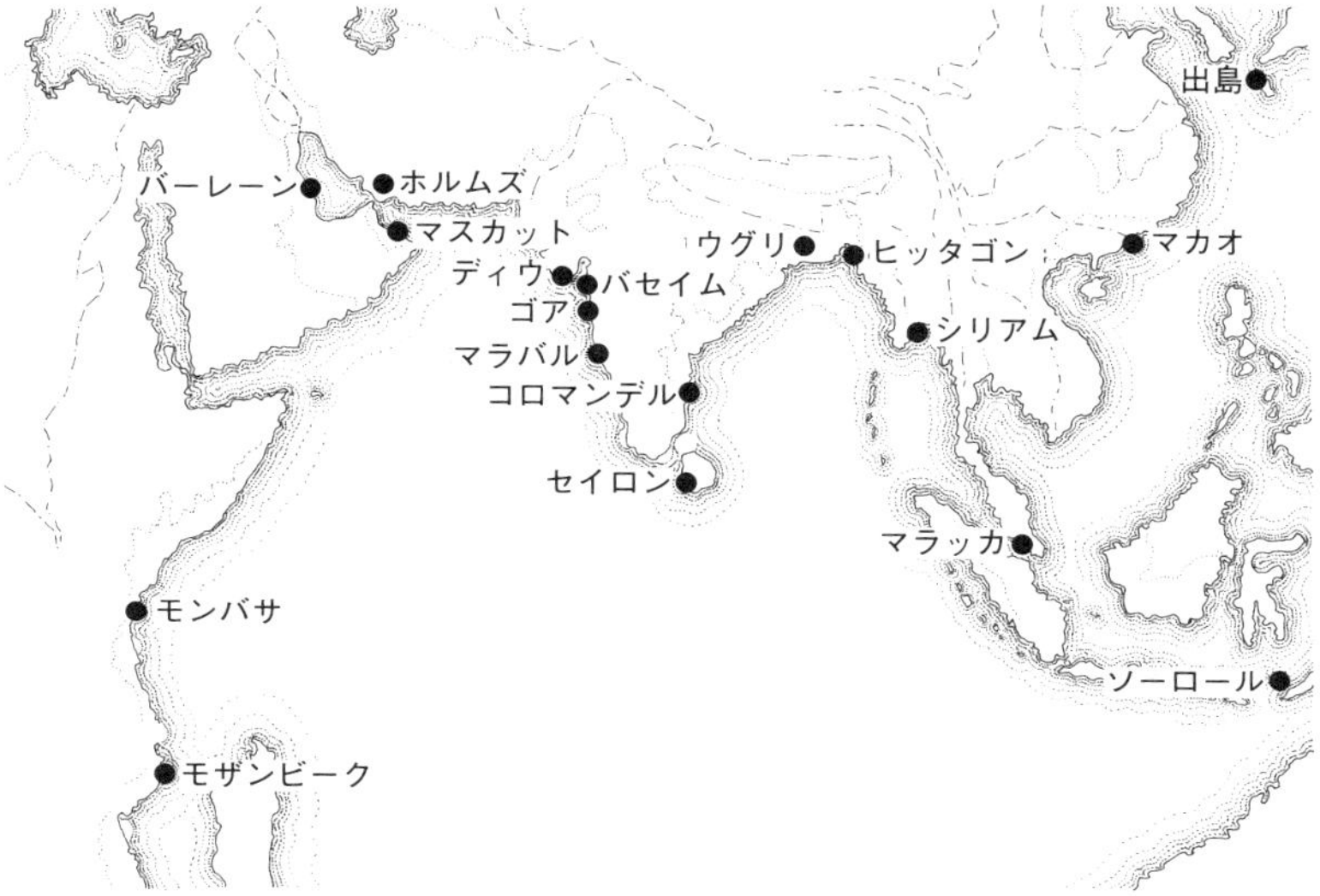

ポルトガルとスペインは、大西洋上に確立された境界、トルデシリャス線を地球の反対側に延ばした線を境に、東洋でも植民地獲得競争を繰り広げた。

四九三年の教皇贈与[3]の後は、当時、東洋で唯一の本格的な海軍力だったポルトガルが貿易を支配した。東洋への門戸を開いてインド南部のカリカットまで行ったヴァスコ・ダ・ガマは、胡椒貿易のヨーロッパでの中心地ヴェニスで一〇〇ポンドあたりダカット金貨八〇枚の値で売れる量が、インドではわずか金貨三枚で買いつけられると知って狂喜したと言われている。ポルトガルの商人や探検家が続々と祖国を離れ、東洋へ向かった。その一人、ペドロ・アルヴァレス・カブラルは途中、ブラジルを発見してポルトガル領とした。その後しばらくはポルトガルが胡椒の貿易を完全に牛耳った。かつては船積みされた胡椒はアラビアへ着くとラクダに積み替えて地中海へ運ばれたが、それが、西アフリカと喜望峰を経由する大型帆船による輸送にすっかり道を譲った。そして、ローマの通貨が古い交易路沿いで流通したのとちょうど同じように、ポルトガル語が新しい交易路沿いで共通語となった。

しかし、時の流れと技術の進歩がゆっくりと変化をもたらした。高度な造船技術を確立し、船体に使うオークと帆布にするアマと鋳造場で造られた大砲を豊富にもち、長い航海を迅速かつ安全に行なう航海術を身につけたオランダ人とイギリス人が、一六世紀にはポルトガルの船に速度でも火力でも勝るようになった。イベリア人以外が東洋で交易をするのを禁じたローマ教皇の命令をかいくぐるためにポルトガルの旗をつけたオランダの船が、今や何隻も帰国し、胡椒と利益を求めるアムステルダムの商人の欲をあおった。こういう事情で、東洋の海における勢力地図が徐々に変わり始めた。温暖でのんびりした南方出身のポルトガル人は、寒冷で厳しい北方の勇猛果敢なヨーロッパ人に少しずつ追い出され、取って代わられていった。

変化は一五九六年六月下旬のある日、なにやら不吉な形で始まった。この日、オランダ船四隻からなるみ

（3）　教皇贈与とは要するに、世界の西半分をスペインが、東半分をポルトガルが開発する権利の「授与」だった。ポルトガルに劣らぬ技術をもった水夫と航海士を抱えるスペインは、教皇の監督の下、征服可能な世界をポルトガルと二分することに同意した。その境界が、教皇ユリウス二世の引いた、いわゆる「トルデシリャス分割線」で、これはカボ・ベルデ諸島の西三七〇リーグ（約一八〇〇キロメートル）を通る子午線（およそ西経四八度）に相当する。この西側はスペインが自由にし、メキシコやチリ、カリフォルニアを支配下に置き、価値あるブラジルの海岸をきわどく含む東側ではポルトガルが思いのままに船を動かした。また、アフリカとアジア、そして香辛料の交易路にある島じまもトルデシリャス線の東側にあったので、東洋の開発と、しばらくの間はヨーロッパ向けの胡椒貿易も、ポルトガルが独占した。当然、トルデシリャス線は地球の反対側の東洋でも、東経一二九度のあたりに通っている。そのため、スペインはフィリピンを植民地化し、ポルトガルはニューギニアの一部とティモール島を獲得した。教皇アレキサンデル六世が一四九三年に下した裁定に端を発する教皇贈与は、じつに大きな影響を及ぼし続けたと言える。

すぼらしい小艦隊が、ジャワ島北西部の胡椒輸出港バンテン沖の停泊地に錨を下ろし、ずっと以前から海岸に倉庫をもつポルトガルの胡椒商人たちを船に招いた。この航海の資金を提供したのは、アムステルダムにあるコンパニエ・ファン・フェレ（直訳すれば「遠方会社」）の九人の商人投機家で、彼らはインド諸国全域への香辛料貿易路を切り開こうと意気込んでいた。

艦隊の指揮に当たったコルネリス・デ・ハウトマンは、航海が下手なうえ、怒りっぽく、変にやかましかった。かといって、準備に抜かりがあったわけではない。彼は弟のフレデリックとともに、すでにリスボンで二年過ごし、東洋でのポルトガルの活動について情報を集めていた。(4) 彼の遠征隊は「一番乗りの船《エールスト・スヘプファールト》」という、仰々しい名前だった。大変な注目を浴びながら、二四九人を乗せた艦隊は颯爽とゾイデル海に入り、テセル島の海岸近くの商船用ドックで食糧を積み込んで、一五九五年四月二日の朝、出帆したものの、たちまち苦難の航海が始まった。

まず、食糧の積み込みを急ぎすぎたのがたたって、ほんの数週間後に壊血病が発生した。水夫たちはさまざまな症状に苦しみ、なかでも腹痛があまりにひどかったため、オランダ語では今でも壊血病のことを「腹裂き《スホールボイク》」というほどだ。乗り組んでいた商人と船長たちの間で激しい議論が戦わされ、商人の一人は航海が終わるまで自分の船室に鎖でつながれ、別の商人はインドで毒を盛られ、船長の一人は反乱で血祭りに上げられた。デ・ハウトマンはただの「ほら吹きで乱暴者」にすぎないことが露見した。束の間の息継ぎのつもりで寄ったマダガスカルでは、次から次に死者が出て、けっきょく半年の長逗留となった。あまりに多くの乗組員が亡くなったので、マダガスカルには今でも「オランダ人墓地」と呼ばれる湾が残っている。ようやくバンテンに着いたとき、(5) まだ生のあったオランダ人は一〇〇人だけだった。

驚いたポルトガル人たちは、最初は彼らを温かく迎えた。飢えに苦しむ哀れな一団には、強大なポルトガルに楯突く力など、とうていありはしないと思ったのだろう。倉庫の責任者はインド西海岸のゴアにいる直属の上司に連絡したが、それは不穏なものを感じたからではなく、外交上の正式手順を踏むためだった。それから、訪問者たちを地元バンテンのスルタンに引き合わせた。スルタンはそうとう感銘を受けたようで、条約を結ぶことにした。こうして初めてオランダ人とジャワ人の間で公式書類が作成され、三世紀半に及ぶ両国の関係が始まったが、それは弾圧と搾取を常とする、しばしば惨《むご》いことこのうえない植民地支配の歴史となる。「私どもは、喜んで伯爵閣下並びに諸兄と恒久不変の和親同盟をもつことといたします」とスルタンは書いている。(6)

その「喜び」が消えるまでに、たいして時間はかからなかった。オランダとまもなくその統治下に入る各地の人びととの関係は、やがて非常に不幸なものになるが、早くもその兆しが見られたのは、デ・ハウトマン遠征隊がまだ滞在中のことだった。

スマトラ島とジャワ島の大半では、すでにイスラム教が広く浸透しており（現在知られているジャワ島最古のイスラム教徒の墓は一四一九年のもので、イスラム教はその後、急速に根づいた）、地元民とその指導者は、ヨーロッパの異教徒たちの不可解な言動に、じつに敏感だった。ポルトガル人は、ある程度そつがな

(4) 二人は、この情報収集のせいで投獄された。あらゆる遠征艦隊の指揮官が携行する、秘密の海図と航海手引きをまとめた海図帳《ポルトラーノ》を、何冊も盗んだという嫌疑をかけられたのだった。「遠方会社」の「営業代理人」として隠密の職務についていた二人は、間違いなく有罪だったのだろう。

(5) ジャワ島北西部のこの小さな港町は、もともとポルトガル人が与えたBantam（バンタム）という綴りで多くの記録に登場する。これは、バンタム鶏という小型のニワトリがここの原産であることを示唆している。しかし、これはかならずしも正しくないようだ。じつはバンタム鶏はもともと日本から来たと考えられている。

(6) ナッサウ伯マウリッツのこと。オランダ人が植民した別の島が、彼の名をとって、モーリシャスと命名されている。

かったのにひきかえ、オランダ人は自分たちが出会う「未開人」に対して下品で無神経なので評判だった。そして、ほかならぬコルネリス・デ・ハウトマンがバンテンのスルタンを侮辱し（当時の記録は曖昧で、デ・ハウトマンに「無礼な振る舞い」が見られた、とあるだけだ）、港を退去するよう命じられた。

オランダ艦隊は東に向かったが、ジャワ島東部のスラバヤ沖で海賊に襲われて乗組員一〇人余りが殺された。人手が不足して船の一隻を放棄せざるをえなくなり、火を放った。海賊行為への復讐として、デ・ハウトマンはマドゥラ島付近でしばらく組織的な凌辱と略奪を行なわせた。しかし、バリ島に着くと気が鎮まったようだ。その後も大勢の人がこの島で同様に心を和ませることになる。

デ・ハウトマンの出会ったバリの王は「気立ても体格も良く、二〇〇人の妻を抱え、二頭の白い水牛に引かせた戦車を乗り回し、五〇人の小人を所有していた」。地理的条件を考えれば無理からぬことなのだろうが、王はあまり情報に通じていなかった。だからデ・ハウトマンが、オランダがどれほどの大国かを示して感服させようと、まるで祖国がヴェニスやモスクワのすぐそばまで広がっているかのようなヨーロッパの地図を描いて見せたときも、年老いた王は一瞬たりとも疑念で眉をひそめることはなかった。

乗組員はおおいにバリが気に入った。脱走した水夫はたった一人だった。それでも、さらにあれこれ波乱があり、出帆前には、機嫌の悪いデ・ハウトマンを周りの者が無理やり説得して、ようやく胡椒の実を数壺分、積み込ませ、アムステルダムへもち帰ることになった。ジャワ島南岸を経由する帰りの旅も、行きに劣らず悲惨なもので、ほぼ同じぐらい時間がかかった。そのうえ、故郷にたどり着いたとたん、さらに七人の水夫が亡くなった。再び口にした文明社会の食べ物に胃腸が拒絶反応を示したためだ。

しかし、オランダによるこの第一回の遠征は、不手際ばかりの悲劇的なものではあったが、その功績は否定のしようがない。なにしろ、数壺とはいえ、ジャワの貴重な黒胡椒を運んできたのだ。そして、資金を出したアムステルダムの九人の商人にしてみれば、それがなにより肝心だった。こうしてポルトガルによる東洋の香辛料貿易の独占支配は、ついに形の上では崩すことができた。今や、もっと装備の充実した遠征隊を派遣して、胡椒や丁子やナツメグ（さらには、ナツメグの皮から作るメースという香辛料や、近くに生えるシナモンまで）を手に入れ、オランダの豪商たちが想像を絶するほど豊かになる道が開けた。

当然、ポルトガルの猛烈な反発が予測された。事実、ポルトガルは手をこまぬいていたわけではない——が、オランダに輪をかけてお粗末なことをやってのけた。ポルトガルはインドの西岸にあるゴアを本拠として自国の東インド《エスタード・ダ・インディア》領を経営していた。ゴアの総督はデ・ハウトマンの遠征隊がやって来たという知らせを受け取ると、そんなずうずうしいまねは二度とさせまいと即座に心を決め、特別に艦隊を編制して[7]バンテンへ派遣した。しかし、指揮を命じられた司令官の（今でもリスボンでは悪名高い）ドム・ロウレンソ・デ・ブリトが現地に到着するのにひどく手間取ったため、対決するつもりだったオランダの船は、とうの昔に錨を上げて、アムステルダムへ帰ってしまい、そのときにはもう祖国の港に心地よく停泊していた。

そこで激高したデ・ブリトは、ゴアの総督にことさら禁じられていたにもかかわらず、バンテンの人びとに怒りの矛先を向けた。そして、向こう見ずにも主人の敵を歓迎するとは何事かとばかり、懲らしめてやろうとしたものの、たちまちジャワ人水夫の巧みな戦術に出し抜かれてしまった。そして、船四隻のうち二隻を失い、すごすごとマラッカへ退却し、敗北の痛手を癒す羽目となった。

デ・ブリトも総督も、国元のフェリペ王も含め、誰一人として事の重大さに気づく者はなかったが、バンテン人とゴアから派遣された小艦隊との小競り合いは、東洋におけるポルトガル帝国の支配が終焉を迎える前触れとなった。ポルトガルの勢力が一掃されるまでにはまだ時間がかかるが（一九九九年にマカオが中国

（7）この艦隊には地中海様式の手漕ぎのガレー船が二隻含まれていたが、ベンガル湾の外洋では、きっと非常に扱いづらかったことだろう。

に返還されたことをもって、ポルトガルの支配は完全に幕を下ろした)、このときから輝きが失われ始めた。イギリスの駐インド大使サー・トマス・ロウは、こう書いている。「ポルトガルを見るがよい。あれだけすばらしい植民地をいくつももちながら、軍隊の維持のために窮乏しており、守備隊でさえ二流でしかない」半世紀後に残っていた植民地は、ゴア、マカオ、モンバサ島、モザンビークの諸港、東インド諸島のフロレス島とティモール島だけだった。古いイベリア半島の帝国の力は急速に衰えてゆき、アムステルダムとロンドンという冷え冷えした北ヨーロッパの首都の人間が動かす、新しい商業帝国が誕生しようとしていた。

あの最初の不幸な遠征隊がジャワ島の先まで行って戻ってきて以来、興奮した投機家集団に支援されたオランダの艦隊が、続々と海を渡ってバンテンへ、さらにその先の急速に開けてゆく東洋の世界へ、と向かい始めた。一五九八年五月、デ・ハウトマンのものの二倍の規模の艦隊が、有能で名高いヤコブ・ファン・ネックに率いられてテセル島を出発し、半分の時間でバンテンに着くと、資金提供者に四〇〇パーセントもの利潤をもたらすだけの胡椒をもち帰った。こうして開かれた門戸は、二度と閉ざされることはなかった。

一六〇一年末までに、東洋に出向いた艦隊は一四、船の数は六五を数えた。その大半は、喜望峰経由の従来の航路を取った。しかし香辛料が豊富な、東インド諸島東部の島じまへ先回りしようとする者は、はるかに危険な航路を選んで、広大な大西洋を南西に突っ切り、発見されたばかりで、強風吹き荒れ、浅瀬だらけのマゼラン海峡を抜け、太平洋を端から端まで横断した。恐れを知らず、騒がしく浮かれ立つ、前代未聞の風潮が巷に満ち、ホーンやエンクハイゼンやアムステルダムのドックは、たえず出発してゆく船で大騒ぎだった。謹厳なオランダ人のなかには、ジュネヴァ(オランダ産のジン)のグラスを傾けながら、彼らに言わせれば「無鉄砲な航海」にうつつを抜かしているとして投機家たちを非難する者もいた。たしかに無鉄砲だったかもしれないが、商業的な見返りは明白だった。オランダ人は、途方もない宝の山に足を踏み入れつつあったのだ。

バンテン自体は、かつては東南アジア最大の町で、一七世紀には世界でも名の知れた港をもっていたが、今はもう、その面影はない。地元のスルタンの許しを得てオランダ人が建設したスピルウィク要塞は、まだ残っている。厚さ三メートルの壁や、摩滅した刎《は》ね出し狭間《はざま》や胸壁、泥だらけになり、熱帯のカビでぬるぬるしたトンネルや狭間を目にすると、かつてオランダがどれほど強力で野心的だったかが思い出され、哀れを覚える。油断のない見張り番たちが、近づく敵の帆を探して見渡していた海は、今では要塞の外壁から一キロメートル半以上も先の海岸を洗っている。川から流れ出た微砂が一九世紀に河口をうずめだし、ほどなく、捕鯨船や大型カヌーよりもずっと大きい船はバンテン港を使えなくなった。発展するときは目覚ましかったが、没落は、一般に大帝国が衰退するときと同じで、時間はかかるものの避け難かった。港の用をなさなくなってからすでに久しく、町は今ではあばら家と廃墟の寄せ集めにすぎず、イスラム帽や箱詰めにした地元産のナツメヤシの実を売る店が並ぶ小道が一本あるだけだ。あたりに胡椒のプランテーションはない。ジャワ島西部のプランテーションは、キャッサバ（熱帯の低木で、根から食用澱粉のタピオカが作られる）とコーヒーの畑に変わり、今やスマトラ島が、毎年世界で消費される二〇万トンの胡椒の約六分の一を生産している。

しかしバンテンは東インド諸島の経済のために、相変わらず独自の貢献をしている。オランダの古い要塞のすぐ脇、廃墟となったスルタンの宮殿に通じる迷路のような小道の入口に、巨大ですこぶる醜い、奇妙なコンクリートの塔が三つ建っている。謎めいていて、どこか不吉な感じだ。剃刀の刃のような鉄片のついたワイヤと獰猛な番犬と民間警備員（そのうちの一人は若い女性で、満足そうに赤ん坊に授乳していた。私は中に入れまいかと尋ねたが、入れてもらえるはずもなかった）で厳重に守られていた。塔はスピルウィク要塞に似て砦のようなたたずまいを見せ、名状しがたい、より現代的な災難を恐れて落ち着かぬ民を守っているかのようだった。

だが、実際は要塞でも何でもない。三つの塔はアナツバメと呼ばれる現地の鳥のために建てた、人造の巣だった。アナツバメが唾液を使って作る巣は、かの有名な中国料理、鳥の巣のスープの材料になる。塔の所有者は、ジャカルタでレストランを経営している中国人だった。彼は、店で出しているスープの材料が、タイの危険な断崖の上から昔ながらのやり方で採ってきたものではなく、かつてのオランダの胡椒積み出し港にあるコンクリートブロック造の塔の中で毎週収穫される巣であることに気づく客は、まずいないだろうと踏んでいるようだ。彼は、現代ジャワ史の中でも有数の中国人大富豪との評判をとっている。本人は夢にも知らないだろうが、彼が財を成したこの町のおかげで、はるか昔にほかにもよそ者が莫大な富を手にしたのだ——一七世紀のアムステルダムの商人という、彼とはまったく異種のよそ者が。

オランダは、海洋に乗り出すようになってから、大勢の地図製作者を生んできた。そこで、オランダ人の到来とともに、東インド諸島の地図の製作も始まった。質が高く、美しく、正確で、なんともすばらしい地図が、ほどなく作られるようになった。地図製作にともなって、各地が詳細に観測・計測され、その過程で地名が定められていった。そして、かなり早い段階で、本書のテーマである小さな島も初めて命名された。

ギリシアの天文学者プトレマイオスは、定評ある著書『地理学』の中で、アフリカとアジアはインド洋南部をまたぐ陸の橋によってつながっているとした。長い間、異を唱える者はおらず、この説は一五〇〇年にわたって真実と見なされ続けた。しかし、一四世紀になると、マルコ・ポーロらの初期の探検家の報告や、アラビアの旅行家や商人から得た情報をもとに、ヨーロッパの地図製作者は、多くの半島や独立した島が中国とアフリカの間の海に点在するのではないかと思い始めた。まず、大陸にぶら下がるように突き出たインドとマレー半島が地図に現われだした。続いて、島とおぼしきもののうち、最大の三つ、現在のボルネオ島とスマトラ島とジャワ島が、一六世紀の地図に描かれるようになった（ただし、細長いスマトラ島はかなりの間、そう遠くない所にある真珠形のセイロン島と混同されていた）。

一四九二年にマルティン・ベハイムが作った地球儀（木の玉でできたこの地球儀は「エルドアペル」すなわち「地球リンゴ」という面白い名前で呼ばれていた）には、マレー半島とボルネオ島が描かれている。前者はどう見てもマレー半島だが、後者はかろうじてそれとわかるような曖昧な形をしている。その間に、ごつごつした島の連なりの一部としてジャワ島とスマトラ島も描かれている。一五〇七年、ドイツの地図製作者マルティン・ヴァルトゼーミュラーは木版で世界地図を刷り、アメリカという名前を初めて使った。そのときの地図の一枚に、彼は一つの島を明確に示して、「ジャヴァ・ミノル（小ジャワ）」という名称を与え、その西に位置するスマトラ島とはっきり区別した。

しかし、これ以前にも東インド諸島の存在を予見する地図は作られている。タイとインドと朝鮮の古地図は、愉快なまでに荒唐無稽なことが多いが、それにもジャワ島とスマトラ島を思わせる巨大な島が二つ載っている。イングランドからインドまでの道筋を示した四世紀のローマの地図（距離を示す単位として、ローママイルとガリアのリーグとペルシアのパラサングが混用されている）の右下の隅には、セイロン島が「インスラ・タプロバーネ」という名で明確に島として描かれているが、これも、その大きさと見覚えのある形から判断すると、スマトラ島の間違いである可能性は十分ある。

イタリアとスペインとポルトガルの船乗り冒険家がマラッカの東へ進出し始めると、こうした不正確な地図は姿を消す。スマトラとジャワは名前を与えられ、スンダ海峡と呼ばれる水域に隔てられた、実在に疑いの余地のない島として描かれるようになった。一五一六年には、両島のずっと東に位置するナツメグ産地のバンダ諸島も、[8] ボルネオ島（今度は本来の姿で、名前の綴りもほぼ正確だった）とともに初めて地図に登場した。ちなみにボルネオ島は、マゼランが史上初の（そしてマゼラン本人にとっては悲劇的かつ致命的な）世界一周の旅の途中で寄る五年前に、位置が確認されている。モルッカ諸島やティモール島、セレベス島、フィリピン群島も地図や海図、航海案内書に、ますます正確な位置と大きさで描かれるようになる。そして、一六世紀末にオランダ人が、地中海勢力による完全支配から香辛料の独占権を奪おうと、テセル島から出航しようとしていたときには、モルディヴ諸島と中国の間の主要な島はすべて、輪郭も位置も大きさも、かなりの精度で描かれていた。

やがて、世紀の変わり目にきて、初期の商業船隊がテセル島から苦難の旅路につき始めたころ、商人とともにオランダの熟達した地図製作者たちも新たな世界へ乗り出していった。彼らはあなどりがたい海事の知識と、すぐれた芸術の才能と、依然として比類ない地図製作技術をもっており、世界の地図製作における知識の領域をはてしなく押し広げ、新たにわかってきた地球の実像にすばらしい美と様式を与えた。彼らの地図は、実用性と見栄えの両面で卓越しており、まさに宝と呼ぶのがふさわしい出来だった。そして、後年、大惨事を引き起こすことになる火山島クラカトアを初めて明確に識別したのも、そうした地図製作者の一人、ヤン・ハイヘン・ファン・リンスホーテンだった。

ファン・リンスホーテンは、好奇心に満ちた精力的な旅行家で、「旅行熱」という言葉で放浪への強い欲求が認識される何世紀も前に、その熱に浮かされた。「私の心は昼も夜も、彼方の地へ渡りたいという願いでうずく」一五八七年のある日、彼は日誌にそう記している。実際、彼の旅行歴は並外れていた。北極地方に強い興味をもっており、ロシアの北にある人里離れたノヴァヤ・ゼムリャ島へ、バレンツ海の名の由来となったオランダ人と出かけたのをはじめ、何度も足を運んだ。その記録を出版するとたいへんな人気を博し、それに触発されたイギリス人もオランダ人も、氷の海を抜けてインドに至る道を探した（が、ついに見つけられなかった）。

しかし、今日まで知られているファン・リンスホーテンの最大の業績は、六年にわたってポルトガル人の下で働くかたわらで、地図を製作したことだ。彼はポルトガルのカトリックの大司教に簿記係として仕えながら、アフリカと喜望峰を経て東に向かい、インド西部にある、ポルトガル統治の本拠地ゴアへ渡った。そして一五八三年から六年間、その広大な地域で過ごし、大司教とともに各地を旅して、行く先ざきの土地や民について細大漏らさず記録した（ただし、彼がジャワ島とその東の島じまを実際に訪れたかどうかはわからない）。一五九五年、それを『東方案内記』という本にまとめた。これほど詳細な旅のガイドブックは珍しかった。見事な地図が何枚も綴じ込まれている。ポルトガルの製作者が作った地図もあれば、スペイン人の作もあるが、じつに精妙な東洋の地図は、ファン・リンスホーテンが自ら手掛けた作品だ。

この地図そのものにも興味深い来歴がある。仕上げたのはオランダ人で、もとになった情報は、ファン・リンスホーテンの認めるところでは、「ポルトガルの航海士が近ごろ使っているもっとも正確な海図から」得たもので、その後イギリス人に受け継がれて再度出版された。通常、スペイン、ポルトガル、オランダ、イギリスの四大国は、こうした情報を相手に知られぬよう互いに警戒し合ったものだが、この地図――大きな飾り枠に縁取られ、海の怪物たちや航程線、ポルトガルの紋章、華麗な羅針図の描かれたこの美しい地図――の場合は、競い合う四国すべての海事指導者の目に触れることが許された。

地図上では、中国、メコン川、マレー半島、ルソン島など、多くがはっきり判別できる。ジャワとスマトラの両島も名前を与えられ、形もそれなりに実物を思わせる（ただし、隣接するスラウェシ島は、ある批評家によると、妙な「ゾウリムシ」のような形をしている）。スマトラ島とファン・リンスホーテンが「ジャヴァ・マヨル（大ジャワ）」と呼ぶ島の間には狭い海峡があって、名もない島がごちゃごちゃと描き込まれ

（8）バンダ諸島は、近隣の島の一つであるラン島がイギリスの手に落ち、後にオランダが押さえていた北アメリカの島、マンハッタン島と交換されたという経緯からも知られている。

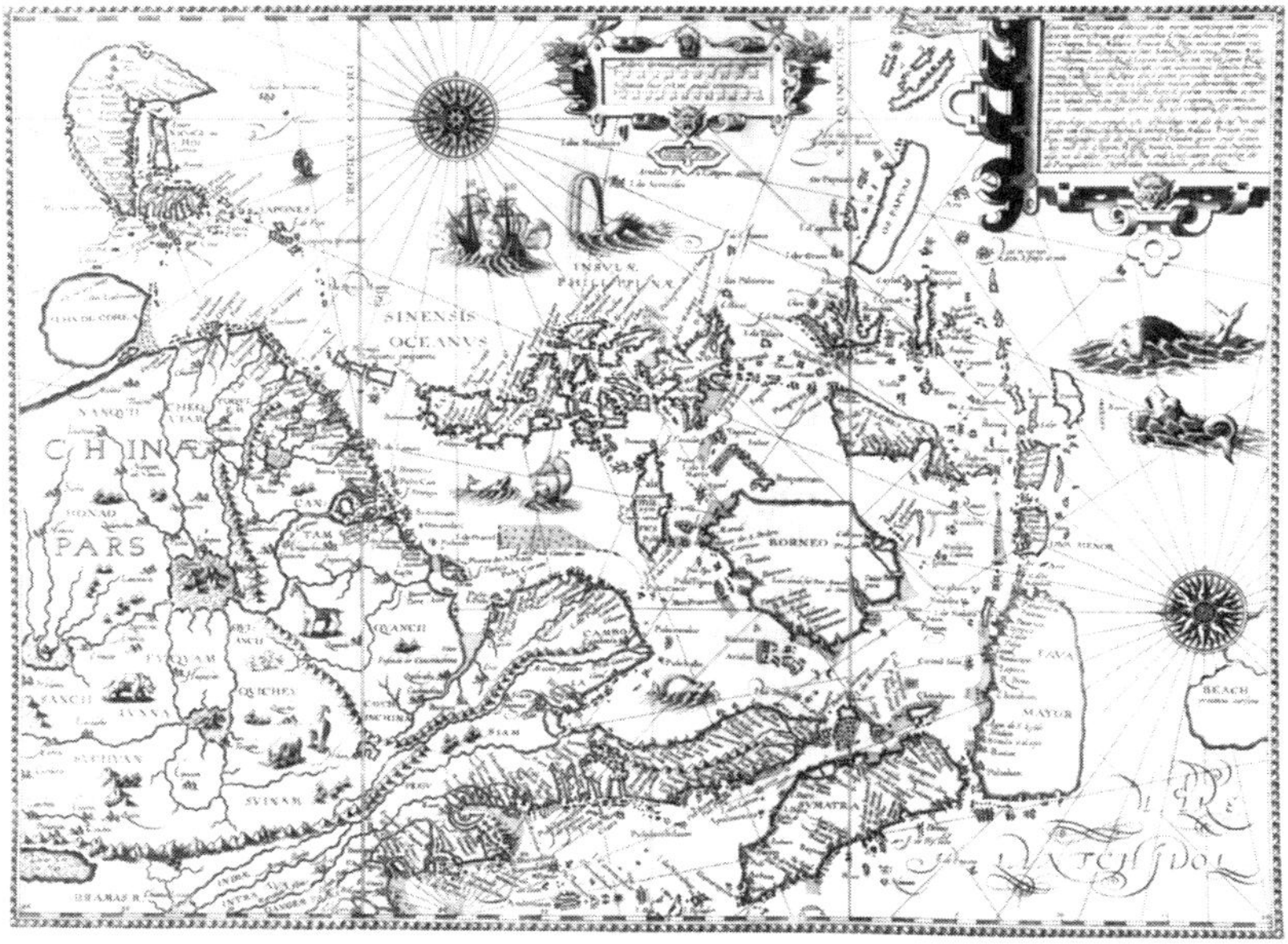

ヤン・ハイヘン・ファン・リンスホーテンが1595年に製作した極東の地図。「Svmatra（スマトラ）」と「Java Mayor（ジャヴァ・マヨル）」の間の海峡に、点てんと小島が描き込まれている。ヨーロッパの海図に初めて登場したクラカトアは、おそらく「Palimban（パリンバン）」の向かいに記された大きな島だろう。

ている。しかし、これらの島は無名とはいえ、『東方案内記』には、本書にとって重大な意味をもつ記述がある。そのくだりは、この地図を使ってジャワを目指す航海士にとっては不可欠の手引きで、そこには次のような助言が与えられている。

スンダ海峡の入口に至るには、スマトラ本島から離れずに進む。つねに見張りを厳重にし、山や崖を見落としてはならない。前途には無数の山や崖が待ち構えており、島じまの特徴をよく知らぬかぎり、海峡の入口は見つからないからだ。スマトラ島北側の岬の真向かいにある、標高の高い島を捜すこと。スマトラ島とジャワ・マヨル島が作る海峡が、ここで終わっている。海岸の北西側には、陸からおよそ一マイル（約一・六キロメートル）沖に、小島が二つ三つある。いちばん陸寄りの島には、かつてフランス人の乗った船が座礁したことがある。船の大砲はバンタム島の王とカラパの王のものとなった。また、島の南一マイルのところには、高い頂きをもつ、尖った山のある島が見られる。

ファン・リンスホーテンは自分の地図にも『東方案内記』にも名前を書いていないが、この島がクラカトアであることは、疑いの余地がない。

彼はおそらく実物を見たことがなかったのだろう。ゴアを拠点に広く旅して回ったものの、東インド諸島自体を訪れた保証はない。彼の報告はすべて、ポルトガル人水先案内人たちの巨大な情報網から得たものだ。しかし、スンダ海峡には彼の記述にあてはまる島はクラカトアしかない（正確には、一八八三年までは、だが。なぜなら、その年の夏のある朝以来、島は事実上姿を消してしまったのだから）。そして今も、ファン・リンスホーテンの記述した海峡北端には、いや、その一帯を探しても、「尖った山」はない。

ファン・リンスホーテンと並んで崇敬されている初期のオランダ人地図製作者には、ブラウ、ローデウェイクスゾーン、ホンディウス、フィッセルがいる。そしてもう一人、本書にとって重要なのが、ルーカス・ヤンスゾーン・ワゲナールだ。なぜなら、ファン・リンスホーテンは尖った山のある島について一五九五年に短い記述を残してはいるものの、そして、その一年後、ウィレム・ローデウェイクスゾーンがスンダ海峡の小島を多数記録してはいるものの（おかげで、海峡西側沿いの水路を見つけるのに苦労したと、ある船の乗組員が苦情を漏らしたほどだ）、クラカトアを記載し、ほどなくしてよく知られるようになるこの名前に似た名称をきちんと付記したのは、ワゲナールの地図が最初だったからだ。

ルーカス・ヤンスゾーン・ワゲナールはオランダの水先案内人だが、ほとんど単独で海図の在り方に大変革をもたらした。一五八三年に彼が「ルッテル」すなわち、航海用の覚え書と海図をまとめた本を大量生産で出版し、それを船乗りが未知の海域での航行計画に役立てるようになるまでは、船長が船にもち込むような地図は一枚一枚が手作りで、たいてい極秘の品だった。ワゲナールはそうした状況を改め、船舶用の海図は木版や金属製の彫版を使って印刷するべきだと考えた。何百枚という単位で作れば、多くの人が船を出し、探検し、新たな発見につながる。

こうしてワゲナールは大量の、それも従来のものよりも非常にすぐれた地図を作った。色鮮やかで、ファン・リンスホーテンのものと同様、手の込んだ縁取り模様に囲まれ、帆を全部上げた船や途方もない海獣が描かれ、羅針盤や縮尺、海の浅深を示す記号など、今日の海図でも依然として使われている工夫も見られる。彼の名前は英語ではワゴナーとして親しまれた。彼の地図はたいへんな人気と敬意を集めるようになったので、ワゴナーという名前は今でも船の備品を売る古い店でささやかれ、最近の海事事典にも載っている。ダルリンプルの有名な海図帳は、かつて巷では『英語版ワゴナー』で通っていた。

ワゲナールの作ったスンダ海峡のすばらしい地図は、『東方案内記』の出版から七年後の一六〇二年に発行された。その地図には、「Suma. Pars.（スマトラ島）」と呼ばれる巨大な島と、その東にある、同じように巨大な島「Javae Pars.（ジャワ島）」の中間に、四つの小島の群れとおぼしきものが印刷されており、そのうち大きい島三つが残る一つをなかば囲んでいるが、「Pulo Carcata（カルカタ島）」という名前がぽつんと添えられているだけだ。

それから半世紀が過ぎ、ようやくある文章にその島の名前が登場する。一六五八年一〇月、オランダ人医師のヴァウテル・スハウテンが、旅行日誌に、「クラカタウという、樹木に覆われた高い島を」通り過ぎた、と記した。今日通用する名前でこの島が呼ばれたのは、これが最初だった。

この名前の由来はといえば、地理学者の数と同じぐらいたくさんの説があるように思えることもある。ワゲナールの海図に出てくる「Pulo」は今でも使われている。なぜなら、これは現代インドネシア語で「島」を表わすからだ。だが、「カルカタ」なのか、「クラカタウ」なのか、あるいは両者の中間なのか。その正しい綴り、そして、さまざまな名称の起源は、いまだに定かでない。

初期に、イエズス会のフランス人聖職者、ギー・タシャールが言語学的に魅力ある報告をしている。彼によれば、擬音語ではないかというのだ。タシャールはオランダの地図製作者たちに八〇年遅れてこの島を通過し、「私たちは何度も向きを変えながら、カカトウアという島を回った。なぜそう呼ばれているかといえば、島には白いオウムがたくさんいて、その名前をひっきりなしに繰り返しているからだ」という旨のことを日誌に記している。だが、これはありそうもない話だ。なにしろ、陸に住む鳥の鳴き声を、船で航行中に、風の吹きまくる高い甲板の上から聞き分けるのは至難の業だろうから。

その後、クラカトア、あるいは、地元ではもっと広く親しまれているクラカタウという呼び名は基本的に、「カルタ・カルカタ」「カルカタカ」「ラカタ」のうちの一つから派生したと考えた人もいる。三語ともサンスクリットで（そして、一部の人の説では、古いジャワ語で）「ロブスター」または「カニ」という意味だ。一方、マレー語に「空飛ぶ白いアリ」を意味する「ケラカトエ」という言葉がある。カニもオウムも島にいるので――というより、少なくとも一八八三年八月のあの悲惨な朝まではいたので――最初の二つの説明は、どちらもそれなりにうなずける。[9] しかし、シロアリは東インド諸島の東部にしかいないので、最後の説は信憑性が低い。もっとも、これはまだましなほうなのかもしれない。一時バタヴィアで流布していた説によると、あるインド船の船長が、地元の船頭に、あそこに見える尖った山は何という名前かと訊くと、返ってきた答えが「カガ・タウ」、すなわち「知りません」だったという。[10]

新しく印刷されたこの地域の地図帳という強い味方を得た船長たちを乗せて、オランダ帆船の艦隊が奔流のように東へ向かってゆくと、たちまち大きな影響が現われた。現地に残っていたポルトガル人は、まもなく制圧され、蹴散らされた。そして一六〇一年には、とうとう正式にバンテンの胡椒の積み出し港から締め出された。一六〇五年、オランダは、ナツメグと丁子を産出するバンダ海の島じまを含め、モルッカ諸島の東の島をすべて押さえた。一六一三年にはソーロール島の要塞が陥落し、一六四一年にマレー半島西側の一大交易拠点マラッカの支配権がゴアからアムステルダムに移った。オランダは東経でまるまる四五度分の範囲を瞬く間に掌握し、やがて東インド諸島と呼ばれるようになる地域の実権をほぼ手中にした（ただし、フロレス島とティモール島はポルトガルが固守していた。さまざまな魅力的地域ではイギリスの挑戦を受けたが、それも急速に下火になっていった）。[11]

一六〇二年、オランダはじつに重要な手を打った。そのおかげで、東洋における自国の商人の立場が大幅に改善されたばかりか、近代資本主義全体の基礎となるビジネスモデルも生まれた。政府は、今日もＶＯＣという頭文字で知られる東インド会社（Vereenigde Oost-Indische Compagnie）を特許により正式に創設し、喜望峰以東の交易は万事協力して独占的に行なうことにした。だが、その役割は交易に限られず、ＶＯＣは各地の君主と条約を結び、要塞を構築し、軍事力を維持し、オランダ政府に忠誠を誓う役人からなる行政統治システムを設立する、独占的で国家主権者に準ずる権利を与えられた。

公の認可を受けた交易協同組合という概念は、けっして新しいものではなかった。イギリスにはすでに冒

(9) 現代の航海図は、かつての島の名残りを「アナクラカタ島」と呼んでいる。たえず変わり続ける島の様子についての公式の詳細は、本章冒頭の題辞を参照。

(10) ジャワ語により近い「クラカタウ」ではなく「クラカトア」となったのは、立証されてはいないものの、噴火直後にロンドンに送られた電報の中での綴り間違いのせいだと言われている。一九世紀当時、イギリスが科学と地理学の分野で圧倒的優位に立っていたため、「クラカトア（Krakatoa）」という綴りが、望ましい（しかし、厳密には誤った）綴りとして長年にわたって受け入れられたという。『インドネシア歴史地図（*The Historical Atlas of Indonesia*）』の編者ロバート・クリッブは、イギリス人には「オア（-oa）」という語尾のほうが耳に快く、南太平洋の牧歌的な魅力を喚起したからにすぎないのではないか、としている。この件は、非常に気になる人もいるだろうから、第六章で再び取り上げ、噴火に関する初期の電報文をもう少し詳しく見てみることにする。

(11) 大方の人にはおなじみの歴史上の微細な点を延々と語るつもりはないが、その後起こる東洋での勢力図の変化にまつわるとびきりのアイロニーには、触れておく価値があるだろう。じつは一六世紀の初期から、オランダはハプスブルク家の血を引くスペイン王家の一領土として、スペインの支配下にあった。オレンジ公ウィリアムの起こした反乱のおかげで、ホラント、ゼーラント、フリースラントなど北部七州が一五七九年に独立した。一六四八年、ウェストファリア条約の条件下でスペインは、これら七州と南部諸州の独立を認めた。当時はオランダ共和国と呼ばれたこの独立国は、オレンジ＝ナッサウ家の人間が総督として治めた。その後一八一五年になってようやく君主制となり、今日に至っている。後に俗に「スペイン領ネーデルラント」と呼ばれるようになる現在のベルギー王国は、一八三〇年にオランダから独立した。オランダが一六〇〇年代に突如として植民に力を注ぎ、反イベリア感情の高まりを見せたのは、初めてスペインの支配から脱した直後のことだった。

険商人組合やステープル商人組合があった。また、イギリスは一五五五年にモスクワ会社を、一五八三年にはトルコ会社を設立した。一七世紀の初めには、プリマス会社とマサチューセッツ湾会社が植民のために設立されている。その半世紀後にもっぱら交易目的で設立されたハドソン湾会社は、今なお現役だ。同社の主要百貨店ザ・ベイはカナダのすべての都市（と、相当数の北極圏のへんぴな居留地）に店を出しており、ケン・トムソンという陽気で風変わりなオーナーは、トロントの郊外で質素で満ち足りた暮らしを送っている。

しかし、VOCはそうした組織とは一つ違いがあった。最初から共同資本会社という、巧妙な形態をとっていたのだ。もともと各自が自前の小艦隊を送り出していたオランダの商人たちは、結束して資金を出し、ずっと規模が大きく野心的な会社を作ることにした。一人ひとりの出資者が出資額に応じて会社の価値の一部（株式）を所有するという仕組みだ。共同資本会社というこの新しい概念（VOCの場合、当初の資本は六五〇〇万ギルダーだった）がひな型となり、今日、世界中の株式取引所や証券取引所に上場されている、無数の公開企業が誕生する。そして、その存在理由である、リスクと報酬の共有は、現代資本主義体制の核心をなしている。

「十七人会」と呼ばれるVOCの理事たちは、最終的にはオランダ議会に対して責任を負っていたが、同時に、会社の株を買った人びと、すなわち、オランダのどの会社であろうと単独ではとうてい手が出せぬほど費用のかかる事業であっても、協力して支援し、共同で出資すれば、やがて莫大な利益が上がるかもしれないという、大胆かつ画期的な考え方をとった商人や銀行家に対しても金銭上の責任があった。VOCは一六〇二年の設立以来、腐敗にまみれ不名誉の渦に呑まれて一七九九年に破綻するまでの二世紀間、東インド諸島の大半を支配していたことが、歴史家にはもっともよく知られているかもしれないが、財務の研究者にとっては、今日繁栄する西側経済の大方を下支えする制度のお手本を作り上げるうえで果たした重要な役割のほうが、認知度が高い。

最初のころの動きは、ささやかなものだった。バンテンのスルタンと胡椒に関する条約を更改し、バンダ諸島やアチェ、スマトラ島中部、マレー半島の多数の小さな港にある胡椒工場を引き継ぎ、香料諸島のアンボンでポルトガルから奪取した要塞を再建した。この要塞は後に、この地域で初のオランダ軍の常設基地となり、膨大な量のシナモンや丁子、ナツメグを祖国にもち帰るオランダの艦隊を（おもに、このころ略奪に手を染め始めたイギリスから）守る役目を果たす。

しかし、いくらもしないうちにオランダ本国の株主たちは、東洋に配置した船の少なくとも一部を使って東洋の中で交易を行なえば、大幅な増収につながりうることに気づいた。ジャワからオランダに品物を運ぶだけでなく、たとえばジャワ島からスマトラ島へ、あるいはセイロン島のガールからセレベス島のマカッサルへも運べばよいのだ。現地の人びとは、こうした交易の可能性を十分に追求していないのだから、船をもち、航海の知識も技術も充実し、自信も強まるばかりのオランダが、自ら交易に乗り出して悪かろうはずがない。こうして、「地域間貿易」と呼ばれる慣行が始まった。遠国オランダからはるばるやって来た船長たちの船が、東インド諸島（現在、一万七〇〇〇以上の島があることが知られている）の途方もなく長い海岸線沿いに行き来して、商人から商人へと荷を運び、自らの品物も少なからぬ量を携えて回り、それを売って大金持ちになる者もいた。

大成功を収めた最初の明るい日々にも、警鐘が一つだけ鳴らされた。その鐘は、オランダによる東洋支配の年月を通じて、断続的に鳴らされ、他のヨーロッパ列強の支配地でもこだまし、やがて、クラカトアの噴火の直後、地元で驚くほどの重要性をもつに至り、今日まで、程度の差こそあれ、世界中で響き渡り続けることになる。

その警鐘は、すでに二世紀前から、オランダ人と、当時の新聞各紙の言葉を借りれば「マホメット教徒」

ヤン・ピーテルスゾーン・クーン

だった現地の人びととのあいだにときおり発生する疑心暗鬼の関係、あからさまに敵対的になることもある関係を危ぶむ調べを奏でた。

オランダの艦隊司令官たちがアンボンとバンダのスルタンに初めて会った瞬間から、この地を訪れるキリスト教徒のオランダ人の気安く傲慢な態度は、イスラム教信仰の厳格な形式尊重主義とは相いれなかった。そして、ありとあらゆる種類の反感が生まれた。最初から双方が疑念と侮りと軽蔑を感じ、それを表に出した。東インド諸島ばかりか東洋全体におけるイスラム教徒とキリスト教徒の関係は、クラカトアの物語の伴奏として、不協和の通奏低音《コンティヌオ》を発し続ける。

現存する肖像画を見ると、ヤン・ピーテルスゾーン・クーンはたいてい無帽で、髪は刈り込まれ、人を威嚇するような、細い口ひげとヤギひげを生やしており、判で押したように、当時流行の華美な衣装をまとっている。柔らかなレースで作った挽き臼形の襞飾りをつけ、たっぷり刺繍をほどこした黒いダブレットに、トレド剣を吊るした精巧なベルトとバックルの取り合わせ、という出で立ちだ。けっして笑顔は見せず、優しさのかけらも感じさせない。肖像画を描いた画家の目には、いつも厳格で近寄りがたく、冷酷無情に映ったのだろう。実際にそうした風貌だったのか、それとも肖像画はたんに彼の不変のイメージを反映しているだけなのか、今となっては知りようもない。しかし、東洋におけるオランダ帝国の建国の父クーンが、どう間違っても心優しい男ではないことを、オランダと東洋の人は一人残らず熟知していたようだ。

ゾイデル海に面した、信仰が篤く保守的な小漁村ホーンに生まれ、カルヴィン主義の根づいた環境で育ったことが、彼の人となりにおおいに関係あるのは疑いようもない。だが、初期のオランダ人航海者たちが香料諸島の島民の手で殺されるのを目撃したこと（初めて東洋に出かけたとき、指揮にあたっていた司令官とその部下五〇人がバンダ諸島で虐殺され、クーンは長い間、復讐を誓い続けた）のほうが、いっそう大きな影響を与えたかもしれない。クーンの尊大さの根がどこにあるかはさておき、一六一八年に「十七人会」の眼鏡にかない、東インド諸島の四代目（にして、やがてもっとも有名になる）総督に取り立てられて東洋に向かうとき、彼の頭にあったのは、ひたすら要求を押し通し、版図を広げ、秩序を保たせ、懲罰を下すこと、そして、やがて世界一流の貿易帝国となる国家――かつてローマとアテネとヴェニスがそうだったように、その中心に世界一流の首都をいただく帝国――の基礎を固めることだった。

アムステルダムの理事たちは、早い時期から現地に本拠地を置く必要性に気づいていた。東インド諸島を統轄する場所(12)、自国の船に水と食料を積み込み、船員を休ませる場所、軍艦を修理したり、新しい交易用の

(12) オランダの統治は東インド諸島のはるか彼方にまで及び、時期こそそれぞれ異なるが、日本や台湾、インド、ビルマ、ラオス、タイ、カンボジア、ヴェトナム、モーリシャス、セイロンの居留地や植民地、果ては南アフリカのケープ植民地までもが、このジャワの本拠地の指揮下で経営されていた。

スループ型帆船を建造したりする場所、急速に手中に収めつつある広大な領域について落ち着いて考えを巡らせ、現地のこまごまとした特徴を学び、将来の計画を練る場所が必要だった。既存の中心地、マラッカとバンテンには問題があった。マラッカは依然としてポルトガル人が取り仕切っていたし、バンテンは気まぐれそのもののスルタンが支配していたからだ。

一六一八年に総督となったクーンが興味を覚えた唯一の場所は、ジャワ島北岸、チリウンという流れの遅い穏やかな川の右岸、ジャヤカルタという村（現ジャカルタ）の向かいに、バンテンのスルタンの許しを得てオランダ人が築いた小さな要塞だった。ただし、立地条件に明らかな難点が一つだけあった。あたりには、かなりの数のイギリス人冒険家と自称植民者がいたのだ。一五七九年、サー・フランシス・ドレイクが有名な世界一周の航海の途中、モルッカ諸島に寄って以来、イギリスはこの地域に進出し、サー・トマス・キャヴェンディッシュやジェイムズ・ランカスターらは、ポルトガルの潜在的な敵という立場をとり、地元の族長たちと、ある程度良好な関係を結んできた。イギリスはジャワ島とスマトラ島の植民地化に関して明確な意図もはっきりした方針ももっていなかったが、技術者たちはチリウン川左岸、ジャヤカルタのそばに要塞を築き、少なくとも自国の商人を守ろうとした。イギリスを潜在的な競争相手として認識し、やがてこの国がこの地域で一大勢力になるつもりなのを確信していたクーンは、イギリス人を追い出すことにした。

それは、クーンが最初に思ったより難しい仕事になりそうだった。イギリス陸軍の守備隊は彼の守備隊より大きかったし、船も、イギリス艦隊の一四隻に対して、八隻しかなかった。そこでクーンはアムステルダムの理事たちに懇願の手紙を書き、増援を要請した。しかし、その願いは無視された。彼はかんかんに腹を立てて――「誓って言うが……会社にとって、お偉方の間に蔓延する理解し難い無知と無思慮以上に、ここでの妨げと害になるものはない」――砦を離れると、すぐにアンボンのオランダ要塞へ船で出かけ、増援部隊を確保しようとした。

その結果、彼は直後に起きた出来事に巻き込まれずにすんだ。出来事といってもたいしたことではなく、すぐに茶番劇じみた展開となった。まず、イギリス軍が中途半端な気持ちでオランダの小要塞を包囲した。ファン・デン・ブルーケというオランダ人商店経営者は、きっちり巻かれて輸出を待っていた非常に高価な絹とバティックの生地でバリケードを作ることを余儀なくされ、いらだった。その後、予想される戦いに勝った場合、戦利品をどう分配するかを巡って、イギリス人と地元の下級スルタンの間で争いが起きた。続いて、バンテンのスルタンが艦隊を呼び寄せ、イギリス人も下級スルタンもオランダの弱みにつけ込めないようにした。さんざん騒いだりもめたりしたあげく、四者の間で交渉が始まり、イギリス軍は唐突に引き揚げ、下級スルタンはバンテンのスルタンによって失脚させられた。

こうして、猛烈で勇敢な戦いではなく、大勢の敵同士の見苦しい争いのおかげで、オランダは思いがけぬ勝利を得た。要塞は無傷で残り、ファン・デン・ブルーケも、積み上げた高価な生地や荷を倉庫に片づけることができた。そして、船も与えられず、大幅に遅れて（その理由の説明は、別の機会に譲る）モルッカ諸島から戻ってきたクーンは、部下も小要塞もすべて無事だったことを知り、驚くとともに（彼はたいへん好戦的で、いつも戦いたくてうずうずしていたから）少しばかり落胆した。そして、次の事実も知った。すなわち、彼があとに残した人びとは、一六一九年三月一二日、難が去って安堵し、浮かれ喜び、祝っているうちに、今やこの要塞を、かねてから懸案の、この地における本拠地にしてさしつかえないことに気づき、自分たちの小さな入植地に、バタヴィアという、オランダ語の由緒ある名前をつけたのだった。

オランダ領東インド諸島の基《もとい》を築いたクーンの業績は揺るぎない。しかし、彼の定めた首都の命名者という名誉は、クーン本人ではなく、もはやすっかり忘れ去られた無名の兵士に帰する。とはいえ、首都創始の栄誉が誰のものであろうと、この都がその後に果たすようになる役割は否定のしようがない。まもなくここは、東洋の大都市圏の芽が出て、植民地の一大主都の原動力として欠かせない、ヨーロッパ人の集まる拠点となるのだ。いくらもしないうちに、かなりの数のオランダ人商人、交易商、銀行家、測量技師、兵士、農民、技術者、収税吏、教師、会計士、スパイ、哲学者、歴史家、科学者、その他さまざまな職業の人がバタヴィアで活動を開始する。

しかし、本書にとってもっとも重要なのは、この町に科学者が集まったことだ。やがてクーンの都の内外に、東洋の顕著な自然特性を徹底的に調べる使命を帯びた人びとや機関、研究所が点在するようになる。そうした特性のうちには、東洋の劇的なまでに予測不能の地質学的性質、とくに、バタヴィアの西方一六〇キロメートルにも満たぬところにひっそりと横たわる狭い水域で、すさまじい噴火の準備を進めていた火山の地質学的性質も、一度ならず含まれていた。

第２章

運河に潜むワニ

熱い砂塵が通りに積もり
愛や情けのかけらもない
緑豊かな故郷とは
ここはまったく違う場所

——エビート・ゲー・アデ
自作曲「ジャカルタ１」（1979年のアルバム『カメリア１』収録）より

バタヴィアという名前には、優しく滑らかな韻律のような響きがある。オランダ人は東洋を統括する大都市を無から作り上げたことに絶大な誇りをもっており（彼ら同様誇り高いジャワ人が今でも熱心に指摘するように、「無から」というのは少し言いすぎで、正確ではないのだが）、この町を「東洋の女王」と考えて悦に入っていた。名前は故郷を思う気持ちにぴったりのものが選ばれた。バタヴィアはホラントの旧称で、後には広くオランダ全体を指して使われた。その由来となったのは、現在のユトレヒトから数キロメートル南、ライン川とワール川にはさまれた泥の多い肥沃な土地に住んでいたバタヴィという民族で、ローマ人が最初にその存在を記録している。

　じつは、同じく湿った泥地のチリウン川河口付近には、オランダ東インド会社（ＶＯＣ）の人間が会社の目印となるロゴ（世界でも最初期のロゴで、植民地の貨幣や公の建物にも使われた）の入った社旗を、絹や香辛料の倉庫の脇に掲げるずっと前に、すでに村が一つあった。一九四九年にオランダが退去を余儀なくされるまでバタヴィアと呼ばれることになるこの場所は、それまでは当然ながらジャワ語の名前で知られていた。ジャヤカルタというのがその名で、「勝利を得て繁栄する」という意味だ。一九四九年、独立したばかりのインドネシアの首都となったとき、新たな指導者たちはこの町にもっともふさわしい名前としてこの古い名称を復活させることにしたが、少しばかり現代風に手を加え、今日のジャカルタに落ち着いた。今でもバタヴィアのほうが響きが良いと思っている人は多く、それはノスタルジックになりがちな高齢のオランダ人に限ったことではない。

　それに一般的に言って、昔のバタヴィアはその歴史を通して、少

世界でも最初期の企業ロゴの一つ、オランダ東インド会社のロゴ。

なくとも外見上は今のジャカルタよりずっと美しい場所だった。今日、セメントで塗り固められ、かつての姿をほとんど失ったチリウン川の河口域に一七〇〇万もの人が密集して、右往左往、押し合いへし合いし、環境を汚染しながら、喧噪に包まれてにぎやかに暮らしている様子は、大多数のアジアの近代都市と共通している。ジャカルタはお世辞にも美しい町ではない。ごてごてと飾り立てたホテルから見かけだけはりっぱなオフィス街へ、防水用タール紙で作ったバラック街へと、延々と続く交通渋滞に巻き込まれた旅行者にしてみれば、そこがかつて女王の地位を誇っており、赴任や就職の場所として人気が高かったとは想像し難い。

しかし、今やなんとも醜い都市と化してしまったバタヴィアにも黄金時代はあった。あまたの都市のなかにあってまさに女王然とし、多くの人に愛される、そんな時代が頂点に達したのが、ちょうどクラカトアの噴火のころだった。

だが、創立まもないVOCが手探りで東アジアに進出し始めた当時は、ここはそれほどすばらしい場所ではなかった。初期の入植者たちは概して、そうとうおびえていた。無理からぬ話だが、飛び込んだ環境に戸惑い、おまけにバタヴィアに来たのは大都市の礎を築くためなのか、それともただ、ほかにもっと適した場所が見つかるまで会社の拠点にする、その場しのぎの町を急ごしらえで作るためなのか、まったくわかっていなかったのだ。

それでも彼らは、ヤン・ピーテルスゾーン・クーンが本拠地に選んだ、うだるように暑くて悪臭が漂うチリウン川河口域を、わずかでも故郷が思い出せるような場所に変えようと全力を尽くした。まず、船の停泊地にあった砂嘴《さし》の上に要塞を築き、刑務所、武器倉庫、宝物庫、プロテスタント教会、それに控えめな総督公邸(1)を建てた。やがて入り江の浅瀬がどんどん浚渫《しゅんせつ》され、埋め立てが進められ、一帯はゆっくりと着実に陸に囲まれてゆき、周りには次つぎに家が建てられた。

その後、アムステルダム通り《ストラート》やユトレヒト通り《ストラート》などの狭い道と、デレーヴィネン運河《フラフト》やバハラフツ運河《フラフト》、スタッツビネン運河《フラフト》といったオランダを思わせる名のついた一六の運河による交通網がジャングルの中に整備された。運河の両岸には花の咲くタマリンドの木が植えられた。こうした運河を作ったのは、入植者たちに故郷を思い出させる意図もあってのことだった。ところがあいにく、地元のワニが気ままに運河沿いを散歩して、あたりの住人の玄関先にぬっと顔を出すようになり、しばらくの間は当初の狙いが裏目に出た形となった。

チリウン川では蛇行の改修工事が行なわれ、両岸に土を高く盛った堤防が築かれた。そして、一人の技術者によって伝統的なオランダ式の跳ね橋が架けられた。これは、支柱とワイヤとT字形に組んだ木の部材からなり、両岸に跳ね上げるように開く橋で、今日でもアムステルダムの運河で見かけるが、いちばん有名なものはじつは南フランスのアルルにある。というのも、ヴィンセント・ファン・ゴッホがそこで故郷を懐かしみ、現地の跳ね橋を描いたからだ。バタヴィアで最初に作られた跳ね橋は今も残っており、その名をフーデルパサル橋《ブリュッフ》（「ニワトリ市場の橋」）という。現存する数少ない建造物のなかでも、この活気あふれる近代都市をオランダ人が支配していた時代がたしかにあったことを、はっきりと思い出させてくれるものの一つだ。たそがれどきには、渋滞した車の列や騒音を別にすれば、この橋はレンブラントのタッチを思わせるたたずまいを見せてくれる。ディーゼル車の排気ガスにまみれながらも、ファン・ゴッホの筆致をかすかにしのばせるところがある。

初期のオランダ人はジャワ人の攻撃、すなわち、すぐそばでしばしば非友好的な態度を見せるバンテン王国のスルタンや、彼と並び立つジャワ島中部のマタラム王国のスルタンによる攻撃におびえていたので、身を守るために防壁も築いた。彼らがそこまでしたのは、少なくとも一つには、一部のオランダ人の間に、ある特別の恐怖心が広まっていたからだ。国外に出たオランダ人、それもとりわけインドやマラヤ（マレー半島南部）

やアラビアについて少しばかり知識のある人のなかには、狂信的なイスラム教徒にいつ寝込みを襲われて殺されるか知れないという恐れを抱く者がいたのだ。しかし、やがて明らかになるとおり、ジャワ島のオランダ人は、そこまで心配する必要はなかった。

　ジャワ島のスルタンたちは、たしかにイスラム教徒だったし、その王国の民もみなそうだった。だから、もしイスラム正統派の教義を厳格に守っていたとしたら、理屈から言えば、肌の白い異教徒の侵入者に敵意を抱いてもおかしくない。しかし、その理屈はまったくあてはまらなかった。一七、八世紀、ちょうどオランダ人が続々とやって来て入植を進めていたとき、昔からのイスラム正統派の教義はほとんど守られていなかった。遠いアラビアの法学者《ムッラー》のことなど、ジャワ人は気に留めていなかった。その教えについてもまた然りで、ジャワ島で発展し、土地の風土に育まれた地元版の教義のほうが、ずっと人気があった。

　一五世紀にスマトラ島とジャワ島を席巻したイスラム教は、たちまちのうちに、信心と宗教的情熱が混ざり合った穏健な信仰へと形を変え、乾ききった砂漠で生きてきたアラブ人の、どこまでも厳しく教義を守る信仰とは似ても似つかぬものとなった。ジャワ島は、肥沃で緑豊かな熱帯の島であり、色鮮やかで陽気で、アニミズム信仰の伝統が息づいており、不思議な地元の神がみが古くから崇められている。セックスは「楽しむもの」で、若い女性も半裸で暮らし、間違ってもベールで身を包みたいなどとは思わない。そのジャワ島ではとりわけ、イスラム教は大きく姿を変えた。この時代を研究した優秀な学者の一人、スヌック・フルフローニエ（一九世紀末から二〇世紀前半にかけて、インドネシアの王国とイスラム教について研究したオランダの学者）は、一九〇六年に書いた評論の中でこう述べている。ジャワ人は「アッラーの掟に対し、あくまで形式的に相応の敬意を払っているだけで、その掟はどこでも理

（1）総督はすぐに尊大に構えるようになった。町を歩くときにはいつも、日よけの傘をかざす従者と、槍をもった護衛兵一〇名余り、歩兵銃で武装した警護のための小隊を従えていた。

論上は誠実に受け止められているが、実際にはほとんど守られていない」。つまりジャワ島は、イスラム教がさまざまな信仰と融合し、ヨーロッパから来たキリスト教徒であろうとインドのマラバル海岸から来たヒンドゥー教徒であろうと、福建省の厦門《アモイ》から来た中国の仏教徒であろうと、たまたま訪れた人たちをおおむね友好的に受け入れる、そんな場所だった。

かなりあとになって、そう、ちょうど一九世紀末期のクラカトア噴火のころ、状況はがらりと変わる運命にあった。その大噴火のような悲惨な出来事が何回か起き、それが一つのきっかけとなってイスラム教正統派が勢いを取り戻し、一九世紀のジャワは、イスラム原理主義や闘争心、異教徒に対する激しい敵意を軸に一変する。しかしそれはまだ先の話だ。バタヴィアで都市建設が始まったころは、オランダ人がジャワ人をイスラム教徒として恐れなければならない理由はほとんどなかった。安心できない理由がほかにいくつかあったのは事実だが、ほとんどのオランダ人がびくびくしていたのは、ファトワー（イスラムの権威ある法学者が、イスラム法の解釈・適用に関して下す判断）やジハード（イスラム教徒の聖戦）を恐れてのことではなかった。彼らはもっとありふれた理由でバタヴィア要塞を築いた。言葉にならぬ恐怖のようなものに屈したのだ。それは慣れないジャングルで野営していたら誰でも経験しそうな恐怖で、そのために人は柵を立てたり、焚き火をしたり、銃を構えたりする。そして、防壁を築くこともあったわけだ。

オランダ人は最初、自分たちの小さな町の周りに、木で作った高い防護柵を巡らせた。しかし、しだいに不安感が増したため、三〇年後、総督が資金集めに同意して、およそ一・五キロメートル四方の区域を頑強な石垣で囲むことになった。場所によっては波止場にある香辛料倉庫の分厚い外壁で石垣に代えたところもあったが、それ以外の場所では工兵が、砲眼や物見櫓、楼閣、銃眼つきの胸壁、堀、歩哨が見回る警戒廊を備えた、三・六メートル余りの高さの石造建築物を築き上げた。城壁の外には暑くてじめじめして人を寄せつけない、鬱蒼《うっそう》としたジャングルが広がり、トラやヒョウ、バク、一角サイ、クロザル、大ネズミなどの動物、いろいろな種類の大きなニシキヘビや毒をもつコブラ、それにバタンインコやオウム、ゴクラクチョウなどたくさんの極彩色の鳥たちで満ちていた。

城壁に囲まれた典型的な東インド会社の町では、面白い構成の雑多な住民が数を増していた。初めのうち、オランダ人は来たがらず、植民を望むのは「くずのような人間」ばかりだとクーンはこぼしている。初期には、オランダ人女性はいるかいないかわからぬほど少なかった。実際、女性があまりに少ないため、クーンは本国にこんな訴えをしなければならなかった。「男性が女性なしで生きられぬことは周知の事実であります。……誠実な夫婦者をお送りいただくことあたわざるときは、若い女性をお差し向けくださるのをお忘れなきように。さすれば高齢の女性を迎える場合より幸便に事が運ぶと思われますので」

最初、バタヴィアで働いてくれる者と言えば、アジアにあるVOCのほかの拠点から来る会社の関係者だけだった。つまり住人は社員とその奴隷（たいていはアジアの遠くの島じまなどから連れてこられた男たちで、奴隷の使用は当時容認されており、オランダによる東アジア支配が始まったころには、驚くほど普及していた）、寄せ集めの要塞守備兵（警備のために遠く日本やフィリピンから送られてくる傭兵たちもいて、まごつくオランダ人将校の指揮下で任務に就いた）、そして、ときとして最大多数を占める大勢の中国人だった。

中国人はオランダ人より、いやポルトガル人よりずっと前からジャワに来ていた。過酷な労働をするために雇われた苦力《クーリー》のほかにも、大勢の商人が福建省南部の港から渡ってきてジャワ島の沿岸部で農業を始め、成功していた。彼らはサトウキビを栽培し、ココヤシのトディ（ヤシの樹液を発酵させた酒）や、米とジャッガリー（ココヤシの樹液から採る粗黒砂糖）を原料とする蒸留酒アラックを大量に生産した。この地を訪れる西洋の船乗りたちは昔からみな、気持ちよく酩酊させてくれるアラックを楽しんだ。

クーンは中国人が役に立つことにすぐさま目をつけた。そして、彼らを留め置いて自分たちの新しい共同体に取り込むべきだと主張し、個人的に貿易をする権利（同胞のオランダ人に与えられていない権利）や、ジャワ島に豊富な胡椒《こしょう》やツバメの巣やナマコを、東インド会社の独占権に基づく干渉を受けずに南シナ海経由で中国にもち帰る権利を与えることを、中国人に申し出た。クーンの部下の一人はこう書いている。「彼らは並外れて頭が良く、礼儀正しく、勤勉で協力的な民族だ。彼らが引き受けぬことや実行せぬことなど想像もつかない。……多くは飲食店や茶店を営んだり……魚を獲ったり物や人を運んだりして生計を立てている」これが書かれてから四〇〇年になるが、外国に移り住んだ中国人の印象は、ほとんど変わっていないようだ。

城壁の中では少しずつ共同体が生まれ、赤ん坊がなんとか二本の足で立ち上がって成熟し、大人になってゆくように、ゆっくりと発展していった。初めのうちはジャワ人は城壁内に住むことを許されなかった。彼らを奴隷として使うこともなかった。徒党を組んでオランダ人に謀反をたくらむといけないからだ。しかし一七世紀のなかばごろには、彼らに対する警戒措置もいくぶん緩和され、一六七三年の人口調査では、城壁内の人口二万七〇〇〇人のうち一三〇〇人が「ムーア人（もとは北西アフリカのイスラム教徒のことだったが、一五世紀ごろからイスラム教徒一般を指してこう呼ぶこともあった）およびジャワ人」に分類されている。オランダ人は二〇〇〇人、それに中国人が三〇〇〇人近くと、「マルダイケル」と呼ばれる変わった人びとが五〇〇〇人いた。マルダイケルとはポルトガル語を話すアジア人で、ほとんどがマラッカやインドから連れてこられた解放奴隷であり、プロテスタントのキリスト教に改宗させられていた。[2]というわけで、バタヴィアにはエキゾチックこのうえない国際都市の雰囲気があった。ターバンを巻いたマカッサル人（ジャワ北東のスラウェシ島にあったマカッサル王国の人）、髪の長いアンボン人（中央モルッカ諸島の人）、黒髪を弁髪にして垂らした中国人、バリ島のヒンドゥー教徒、野菜の行商をする「黒いポルトガル人」、ケララ（インド南西端のアラビア海に面した地域）から来たムーア人、タミル人（インド南部やスリランカに住む種族）、ビルマ人、それに日本から来た傭兵もいくらかいた。これらすべてを、漠然とした恐怖心から生まれる、人を見下したような高慢な態度で監督していたのが、ホラントやゼーラントやフリースラントなど、寒くて平坦な北欧各地からやって来た、体格のよい白い肌のオランダ人だった。

ほかにもまだいた。一六七三年の人口調査で一万六〇〇〇人近くになっていた奴隷だ。奴隷を使うこと(一八六〇年に制度が廃止されるまで合法だった[3])により、一部の人の生活はこのうえなく快適になった。禁を破ってジャワ人を奴隷にする人はいなかったので、奴隷はよそから船で連れてこなければならなかった。効率の悪いやり方だと、ある奴隷商人はこぼしている。ビルマのアラカン丘陵から二五〇人の奴隷を送るように頼んだのに、届いたのはたった一一四人だったという。おまけに城壁を乗り越えて逃げ出す者もいた。逃げた奴隷はいくつも群れをなしてジャングルで暮らしながら、迷い込んだオランダ人たちを襲った。そんな奴隷の一人でスラパティというバリ人などは強大な力をもつ大規模なならず者集団を率いるようになり、ジャワ島東部に自分の領地をもつほどの権勢を誇った。その領地は一世紀以上、独立国家として存続した。

一七世紀のバタヴィアにいたヨーロッパ人は、金持ちなら一〇〇人以上の奴隷を抱えており、町の中央奴隷市場は開設当初から活気にあふれ、大勢の人でごった返していた。ここに集まるマレーやインド、ビルマ、バリの奴隷たちは、徹底的に細分化された家事労働をするために訓練された。求人広告を見ると、ランプの点灯夫、御者、給仕、お茶入れ、パン焼き、縫い子、果ては香辛料を利かせて薬味として食べるサンバルの料理人までが求められている。

(2) VOC独自の規則のもと、マルダイケルはキリスト教徒として着帽を許されていた。バタヴィアで着帽を許された有色人種はほかになかった。

(3) 奴隷制度は、オランダ領東インド諸島で廃止されたとき、アメリカではまだ一般的だった。廃止どころか、そのわずか数カ月前に、最後の奴隷船「クロティルデ」号がおぞましい積荷を運んで、アラバマのモビール湾に着いたばかりだった。

アランアラン（屋根葺きなどに使われるイネ科の植物）で、トーピー（ヘルメット型のインドの日よけ帽）やボンネット風の帽子を編む帽子職人。暑い日差しとハエ対策にはお勧めの品だ。

侍女として買われた奴隷は、よくマッサージ師や髪結いとして使われた。そういう女たちは、主人の髪を、当時サロンで流行していた「コンデ」という束髪風の髪型に結うのが得意だった。奴隷は余るほどいて安かったので、買われてもすることがほとんどなく、賭け事をしながら無為に日々を送ることもしばしばだった。それでも、逃げようとしたり、暴れ狂ったりしようものなら、鞭打ちや監禁という厳罰に処せられた（狂ったように暴れるのは逃亡よりも悪いこととされ、「アモック」と呼ばれるが、これはマレー語で「精神錯乱の状態」を意味する語で、VOCの裁判所では法律用語として使わていた）。それにひきかえ、銃で奴隷を一人殺し、三人を負傷させたオランダ人は、バタヴィアから去って生涯VOCと取引きをもたぬように命じられただけだった。

一七世紀の終わりごろ、バタヴィアの人びとはまだ知らなかったが、すぐそばにあるクラカトア島も、初めて彼らの目の前で暴れ狂う準備を始めていた。

スンダ海峡に浮かぶこの島が、災いをもたらす可能性を秘めていようとは、まだ誰も気づいていなかった。ジャワ海に向けて海峡を北上し、船乗りの常として、「尖った山」がそびえる島を左舷真横から見詰める航海者たちも、いつかその島が世界を震撼させるほど劇的なことをしでかそうとは、思ってもみなかった。彼らも目的地バタヴィアの住民同様、自分たちのはるか下で地質学的なもつれが解け始めていることには、おめでたいほど無知だった。みんなむしろ見事なまでの呑気さで、植民地生活の大切な仕事に打ち込んでいた。この呑気さはその後二世紀にわたって、彼らの行動の基調となった。ヤシの木が生い茂りオウムでいっぱいの小さな島がとうとう狂って暴れだし、この大激変が彼らの命を呑み込む、まさにそのときまで。

歴史上初めて詳細に記録されたこの火山爆発を前にして、そこから一三〇キロメートル余り東のバタヴィアに住むヨーロッパ人の生活には、完成間近の植民都市らしい雰囲気が感じられるようになっていた。一九世紀の生活の特徴とも言える絢爛豪華さはまだ目立たなかったかもしれない。クラカトア噴火前の一七世紀の生活は、どちらかというと、より儀礼的かつ厳格、贅沢で、ときにぞっとするほど残酷だった。

一七世紀なかばには、かなり立派《りっぱ》な建物が建築されるようになった。堂々たる倉庫がチーク材やマホガニー材を使って建てられた。胡椒農園の農園主や船舶商人のために建てられたヤカトラ通り《ウェフ》沿いの大邸宅は、凝った作りの錬鉄製の門や金をかぶせた彫刻、デルフト焼き（一五世紀末ころからオランダで焼かれ始めた陶器。白に青の模様のものが多い）のタイルで飾り立てられていた。スペーンホフという、今ではすっかり忘れられてしまった歌手がその町並みに感動して、こんな曲を残している。

やっと楽しい気持ちになれた

バタヴィアの町外れ
ヒースの木々の緑まぶしい
ヤカトラ通りで

町もだいぶ落ち着き華麗になってきたこの時期に、豪壮な初代市庁舎が建てられた[4]。丸屋根の頂塔や鎧戸、円柱、玄関のポーチのどれを見ても東アジアに建てられたヨーロッパ建築の典型だ。

この建物は数え切れぬほどの機能を果たした。裁判所もここにあったし、各種許可証が発行されるのも、奴隷が解放されるのも、船が売り買いされるのもここだった。表の石畳の広場にはさらし台が並び、しょっちゅう罪人が見世物にされていた。建物の中には地下牢もあり、厳酷なほどの遵法精神をもって町の治安を守っていたVOCの警備兵たちが、罪を認めさせるためにどんな拷問を使ったかを物語る、たくさんの話が語り伝えられている。この地を訪れたドイツ兵クリストファー・シュヴァイツァーは、彼が見た刑罰の厳しさを次のように記した。

> 二九日――バタヴィアにて水夫四名を、中国人一名を殺した罪により、公開斬首（ここでは一般的な処刑法）。同時に、共謀して前夜主人を殺害した奴隷六名、車裂きの刑に処せられる。ムラート（現地では黒人ムーア人と白人の混血をこう呼ぶ）一名、窃盗の罪で絞首刑。ほか水夫八名、盗みと逃亡の罪により、鞭打ちのうえ肩に東インド会社の社章を焼きつけられる。見張りの任務を二日にわたり怠ったオランダ兵二名は笞刑《ちけい》（よく軍隊で行なわれた刑で、二列に向き合って並んだ人の間を罪人に走らせ、みんなで笞で打つ）。オランダ人教師の妻、姦通の罪（常習）で捕らえられ、さらし台にかけられた後、矯正院すなわち女性刑務所に一二年間の拘禁を言い渡される。

これは一六七六年の記録だ。ここから当時の一般社会の不満や、罪に対するオランダ人の苛酷なまでに厳しい態度、この土地の不穏な空気がうかがえる。

それから四年後、支配する者とされる者の間に依然として緊張感が漂っていたころ、クラカトアが大音響とともに長い眠りから覚めた。これはヨーロッパから来た新参者を驚かせ、おそらくはしばらくおびえさせさえもした出来事だった。しかし、地元の火山にまつわる神話や伝説の世界に長年どっぷりと浸ってきたジャワ人のほとんどは、噴火のあとでこう言っていた。いかにも不幸なことがあれほどあちこちで起きていたのだから、こうなるのは目に見えていたはずだ、と。

東の天に向けて吐き出される煙と炎をつかさどるジャワの神であり山の精霊でもあるオラン・アリイェは、自らが治める地上の領土で何もかもが不満足な状態になると、鼻から硫黄を吹き出すと言われている。クラカトアはタンボラ（インドネシア中部、小スンダ列島のスンバワ島にある火山）、メラピ（「火の山」という意味で、ジャワ島中部のものが活火山として有名）、メルバブ（ジャワ島中部にある火山）、ブロモ（ジャワ島東部、テンゲル山塊にある火山）と並んで、彼の山のなかでも威力のある山の一つだが、幸いなことに少なくともそれまでの一二〇〇年間はおとなしかった。というより、ほかと比べて落ち着いていた。唯一、我慢のならぬほど彼を怒らせる出来事があったとしたら、それははるか遠くの白い外国人が船でやって来てジャワの人びとを支配するようになったことかもしれない。多くのジャワ人神秘主義者に言わせれば、これも火山がときおり火を噴く理由の一つで、オラン・アリイェの厳粛なる怒りの大きさを、より強烈に示すためだという。(5)

しかし、アリイェの怒りがどれほどのものだったにせよ、その後の御業は、誰の話を聞いてもけっして華

（4）一七〇七年に建てられた三代目のバタヴィア市庁舎《スタットハイス》が、現在はジャカルタ歴史博物館として往時の姿をそっくりとどめている。

ばなしくはなかったようだ。そして、それを目撃した人のなかにも、進んで体験談を書こうとする者はいなかった。今わかっていることは基本的にすべて一人のオランダ人、すなわちスマトラ島西部にある鉱山の町サリダで鉱石の銀含有量を調べていたヨハン・ウィルヘルム・フォーヘルの話に基づいている。

フォーヘルは「東インド会社の社員で、とても忠誠心が強く仕事熱心だった」ため、サリダの市長にまでなったと伝えられている。彼が初めてクラカトアのそばを通ったのは、一六七九年六月、長距離定期船「ホランシェ・タイン」号に乗って、オランダ本国から通常のルートでバタヴィアに向かう途中のことだった。したがって、左舷側にクラカトアを見た。バタヴィアで一〇週間待機したのち、九月にフォーヘルは「ワーペン・ファン・テル・ホス」号でスマトラ島のサリダに向かったが、このときは右舷側にクラカトアを眺めた。彼の目を引く物は何一つなかった。

やがてフォーヘルは体調を崩した。会社は役に立つ社員の健康管理にはことのほか熱心で、バタヴィアにいる会社の専属医に診てもらうようフォーヘルに命じた。そこで彼は一六八一年一月、「デ・ゼイプ」号という小型帆船に乗ってスマトラ島のパダン港から出帆した。ところが、この航海で見たクラカトアは、前とはまったく異なる様相を呈していた。

私は目を見張った。スマトラ島に向かう最初の航海で見たときは、木々の緑が豊かで生き生きとしていたクラカトアが、焼き尽くされ、荒れ果てた姿で目の前に浮かび、四カ所から大きな火の塊を噴いている。

……船長の話では、こうなったのは一六八〇年五月のことだという。このときもベンガル（インド半島北東部、おもにガンジス川下流域で、イギリス領インドの一部だった）からの航海中だった船長は、大しけに遭い、クラカトア島からおよそ一六キロメートルのところで地震を感じた。その直後、島が裂けたか、さもなくば陸の一部が割れたかと思わせるほどの、雷鳴に似たすさまじい音が轟いた。……船長はじめ乗員乗客全員が、湧き出したばかりの硫黄の強烈な匂いを感じた。また、軽石によく似た非常に軽い石を船員が手桶で海からいくつかすくい上げた。島から飛んできた石で、珍しいということで回収されたという。船長はクラカトア島のかけらを見せてくれた。人の拳より少し大きかった。

バタヴィアの港に出入りする船の記録を調べると、一六八〇年五月、「デ・ゼイプ」号の船長はたしかに小型帆船「アールデンブルフ」号でバタヴィアとベンガレン港の間を航行していることが確認できる。(6) この点、フォーヘルの話は記録と一致するようだ。彼の話がほんとうならば、歴史に埋もれ今日まで名前も知られていないこの船長と彼の部下たちは、クラカトアの火山が噴火するところ、あるいは噴火した直後の状況を目撃した最初のヨーロッパ人ということになる。だが、「アールデンブルフ」号の航海日誌は発見されておらず、バタヴィア港に出入りするすべての船の動きや、いろいろな船長から寄せられる関連情報を記した公式記録であるバタヴィア城日誌にも、何も記されていない。

その後、エリアス・ヘッセという著述家が噴火の様子を生なましく書き、一六八一年一一月に彼とフォーヘルがスマトラ島行きの「ニーウ・ミデルブルフ」号に乗ってバタヴィアを出航したとき、噴火がまだ続いていた。

(5) 一六八〇年に何が起きたにせよ、地質学的証拠（島での新しい溶岩流の痕跡）も事例証拠（ジャワ人の口承史料）も、クラカトアがそれ以前に一〇回も噴火していることを示唆している。ただし、確かな発生日を特定できる噴火は、このうちにほとんどない。

(6) あるいは、国際的な仕事でイギリス領インドのベンガルとの間を往復する途中だったのかもしれない。「アールデンブルフ」号の目的地がベンガルだったのかスマトラ島の港町ベンガレンだったのかは、記録上はっきりしていない。

ていたことを示唆している。ヘッセはまず、彼の言うツィベッシー島（クラカトア島の三、四キロメートル北にある、今日のセベシ島）のそばを通るとき、精霊たちの叫び声で眠れなかったと書いている（どうやら彼よりもっと冷静だったらしいフォーヘルが後に述べたところによると、これは「天候が変わりそうなときによく、すさまじい声で吠える」オランウータンの声だった）。ヘッセはこう続ける。「やがてクラカトウ島のさらに北にさしかかった。この島はおよそ一年前に爆発し、現在は無人島になっている。何キロメートルも離れたところからも、島が噴き上げる煙が見える。船が島の岸にかなり近づくと、山の上に高く突き出した木々が見えた。すっかり焼け焦げているようだ。しかし、火そのものは見えなかった」

その後、「ニーウ・ミデルブルフ」号は東インド会社の社員や鉱夫たちを乗せたまま、スンダ海峡で停船を余儀なくされた。というのも、激しい海震に遭ったからで、ヘッセらは地震があったことを知る。ヘッセによれば、この地震は「東インド会社の建物に甚大な被害を与えた」という。

このとき、さまざまな理由でたくさんの船がスンダ海峡を航行していたが、それらの船の記録を詳細に調べてみても、一六八一年に噴火や地震があったことを示す記述はほかに見当たらない。そればかりかバタヴィア城日誌には、一六八〇年五月にも、スンダ海峡で注目に値する事態が生じたという情報は何もない。日誌には、城壁の外でトラ発見、町の通りでワニ捕獲、空にほうき星、使用人暴れる、などという具合に、都市生活のごく平凡な出来事ばかりが綴られている。だが、一六八〇年と八一年の日誌のどこを見ても、毎週、会社の船がたくさんそばを通っていた島での噴火に関する記述はまったくない。

これだけ情報が少ないことを考えると、結論として言えるのは次の三点だけとするのが妥当かもしれない。第一に、エリアス・ヘッセは創造力豊かな夢想家で、一六八一年一一月の火山活動の話は、おそらく完全なでっち上げだろうということ。第二に、銀含有量を調べていて後に謹厳実直な市長となったヨハン・フォーヘルも、同じように状況に惑わされただけで、一六八一年二月にクラカトア島が「大きな火の塊」を「四カ所から」噴いていたのを見たというのは、やはり作り話だということ。だが、おそらく彼は、少し前に何らかの災害がクラカトア島を襲った証拠、つまり焼け焦げた木々や灰に覆われた荒れ地は、たしかに見たのだろう。そして第三に、「デ・ゼイプ」号と「アールデンブルフ」号の船長だった男が、一六八〇年五月に何か噴火のようなものを見たのは、ほぼ間違いないということだ。しかし、近くを通っていたほかの船は何も見なかったし、いかなる危険に対してもつねに神経を尖らせていたバタヴィア城の役人に、重大な事態が生じたという報告は入らなかったわけだから、何が起きていたにせよ、それはとても些細なことで、船長が陸に上がるや尾ひれをつけてかなりおおげさな話にしたのだろう。船乗りにはありがちなことだ。

第3章

ウォーレス線上の接近遭遇

東南アジアはおそらく、自然が提供してくれる世界一の地質学実験室と言えるだろう。……このすばらしい地域では、現在、プレート衝突の状況や過程を観察できるばかりか、そこに刻まれている衝突の歴史にも接することができる。山岳帯、弧状列島の形成、縁海の海盆の進化、そしてもっと広く、衝突状況下における岩石圏《リソスフエア》の動きについて知りたいと思ったら、かならず研究しなければならない地域だ。……そのうえ、この地域は今なお急速な変化を見せている。

―― 『東南アジアにおける地質構造の進化』（R・ホール、D・J・ブランデル編、ロンドン、1996年）序章より

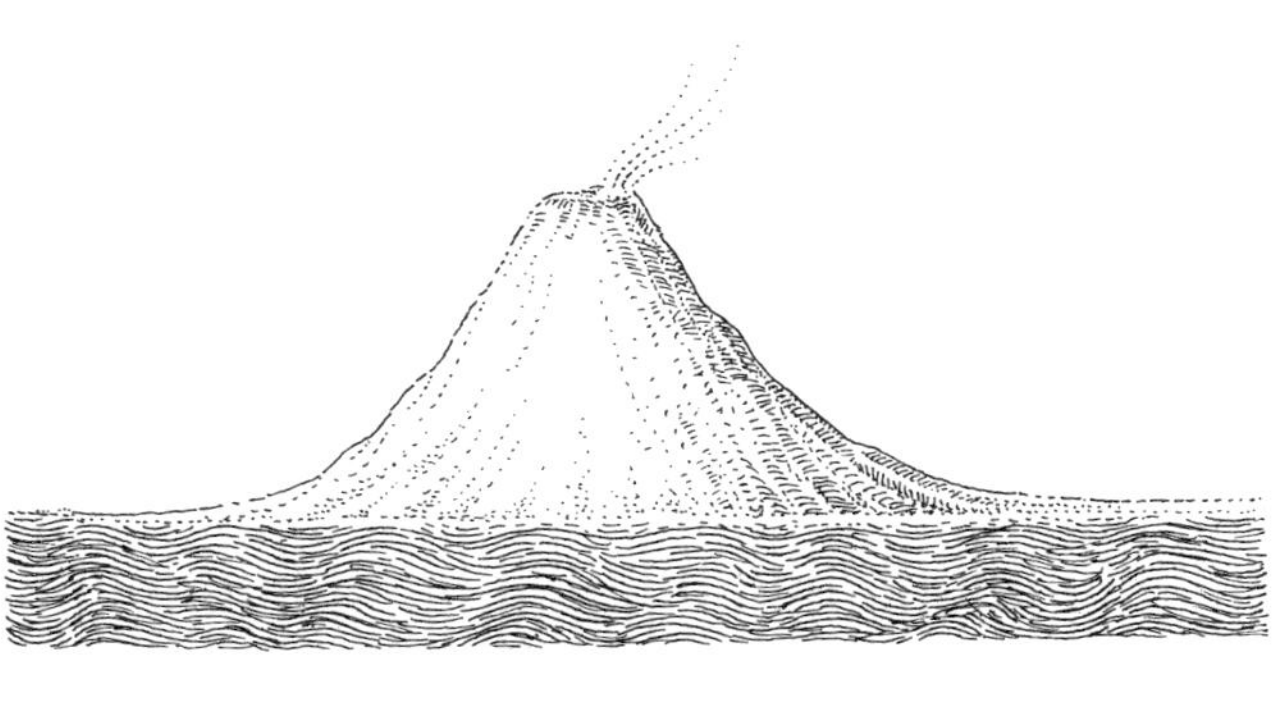

一八五七年一二月、クリスマス間近の冷えびえした晩、ロンドンのピカデリー通りに面したバーリントンハウスでのこと。当時、生物学の至聖所とされていたリンネ協会の厳粛で気品あふれる階段講堂で、フィリップ・リュートリー・スレイターという若者が壇上に立ち、一つの論文を発表した。今ではほとんどの生物学者に見過ごされているが、この論文のおかげで、地球の歴史に関する科学的考察は確実に大変革の方向に向かうこととなった。

集まっていた著名な学者たちの前に立ったとき、スレイターはまだ二八歳の若さだったが、すでに並外れた名声を得ていた。ウィンチェスター・カレッジ（一三八二年創立のイギリス最古のパブリック・スクール）とオックスフォード大学の出身で、同大学ではクライスト・チャーチ（著名人を輩出したオックスフォード大学最大の学寮）に所属し、ずば抜けて頭が良かった。人一倍よく旅をして世界各地（アルゼンチン、マラヤ、インド、オーストラリア、アメリカ合衆国のほぼ全域）を回った彼は、卓越した画才のもち主であると同時に、これが今日では数少ない彼の信奉者の間で伝説のように語り伝えられる名声の所以だが、すぐれた鳥類学者だった。

エキゾチックなもの、色鮮やかなもの、熱帯のもの、そして変わったものを専門とし、フウキンチョウというフィンチに似た南米の鳥と、同じく南米産の仲間で土でかまど形の巣を作ることからカマドドリと呼ばれる鳥については、知らぬことはないまでになった。スズメ目（さほど珍しくないスズメの類いの大きな分類）に関しては信頼できる専門書を後に何冊も書くほどで、彼の名のついたヒバリもいる。イギリス鳥学クラブを創設し、ロンドン動物学協会の事務局長を何年も務めた。また、始新世（地質年代の新生代第三紀の区分のうち二番目の時代。約五五〇〇万年前から三五〇〇万年前まで）にはマレー半島とマダガスカル島は大きな陸塊でつながっていたと信じており（これは違っていたが）、その陸塊に「レムリア」[1]という名をつけた。海に沈んだこの陸塊の頂上部分が、インド洋中部に浮かぶ島、すなわち、現在イギリスが領有し、アメリカが借りて巨大な軍事基地を置いているディエゴ・ガルシアというわけだ。

クラカトアの話に関連して重要なのは、スレイターがある新しい科学の専門家でもあったことだ。それはヴィクトリア朝後期に急速に発展した分野で、生物地理学とも動物地理学とも呼ばれてきた。動物、昆虫、植物、鳥の標本が次つぎに集められ、分類され、目録に収められてゆくうちに、地理的要因が動植物相に大きな影響を与えていること、つまり、生物は特定の気候帯に特有であるだけでなく、特定の地域に特有であることがだんだんに明らかになってきた。たとえば、アフリカのウガンダとオーストラリアのクイーンズランドの気候は完全に同じなのに、アフリカ大陸とオーストラリア大陸が遠く離れているために、両大陸の原住民は互いに接触をもつことなく発展してきた。同様に両大陸の動植物も、今や完全に別個で、異なり、それぞれの場所に特有のものになっている。極地に棲む動物も動物地理学上の現実をはっきりと示す好例だ。北極も南極も気候環境は本質的に同じなのに、北極にはホッキョクグマや人間が棲み、南極にはペンギンやアホウドリが棲んでいる。

こういった動植物の棲息状況――響きはあまり良くないが、専門用語を使えば「生物相《バイオウタ》」――に見られる地域差の研究は、当時急速な勢いで進められていた探検の副産物だった。保守的な探検家だったスレイター

（1）ヒンドゥー教思想と仏教思想から生まれた穏健な宗教、神智学の創始者ヘレナ・ブラヴァツキーはレムリア大陸の話に飛びつき、彼女が「第三根人種」（神智学では人類誕生を七段階に分けており、その三番目の人種）とする人びとがいたと思われる場所に挙げた。彼女が描写した第三根人種には古典的な美しさはない。身長はおよそ四・五メートル、褐色の肌をし、四本の腕をもつ両性具有動物で、頭の後ろに第三の目をもつものもいる。また、かかとが突き出ていて、前向きにも後ろ向きにも歩け、目も横が見られる位置についているという。

博士も、一九世紀のなかばにはこの研究に強い関心を抱き、専門知識も蓄えていた。

その冬の晩、彼がリンネ協会で発表した論文は、まさにこの問題を扱っており、とくに「ニューギニア付近の島じま」に注目した「鳥類綱の構成員の全般的な地理的分布について」というものだった。彼は聴衆が肝をつぶすような大発見を示した。それは、東インド諸島の島じまの間に、動物地理学上の厳然とした差異とおぼしきものを認めたという内容だった。

広大な海をはさんだ二つの地域に現われうる劇的な地域差、たとえば、南大西洋に隔てられたアフリカの鳥とブラジルの鳥ほどの差が、東インド諸島ほど密集した群島に見られるとは思えなかった。しかし驚いたことに、実際に見られたのだ。スマトラ島からトロブリアンド諸島（パプアニューギニア東端の北方にある群島）までの三〇〇〇キロメートルに及ぶ火山列島に沿って何カ月も調査するうちに、スレイターは予想外の急激な大変化に気づいた。たとえば列島西部のジャングルには、インドのものに似た鳥がいるのに対し、漠然と想定される境界線の東側では、ほかにはオーストラリアにしかいない鳥類が繁殖していた。

二つの個体群の間に確かな境界線を引くには調査が不十分で、確実に言えるのは、実際に目にしたことだけだった。オウムのように、東インド諸島の東部、つまりオーストラリア側の端には数え切れぬほどいる鳥が、西のインド側では文字どおり「珍しい鳥」だった（珍しいものを指して「rara avis（珍しい鳥）」というラテン語を使うことがある）。ジャワ島にはオウムはほとんど一羽もいないが、スラウェシ島やイリアン島（ニューギニア島の別名）、ティモール島にはあらゆる種類のオウムがいる。西部ではバタンというオウムの仲間は一羽も見かけないが、東部にはバタンとヒインコ（刷毛のような舌をもったオウムの仲間）の類いがまるまる二科ずついる。

バリ島より東の島にはツグミはほとんどいない。列島の西半分にはキツツキやゴシキドリ、キヌバネドリ、カワリサンコウチョウ、モズ、サンショウクイ、青オウチュウ、キジ、ヤケイがいるが、これらはすべて、ありふれたツグミ同様、東半分では見られない。一方、列島東部の森の鳥は独特で、こちらにはミツスイドリやゴクラクチョウ、ヒクイドリ、エミューといったクイーンズランドやニューサウスウェールズ（オーストラリア南東部の州）でよく見かける、派手でエキゾチックな鳥がたくさん棲んでいる。

目と耳を半分閉ざしていても現地を踏破しさえすれば、鳥の色やさえずりから、大きな違いがあることは十分察知できるだろう。スマトラ島からイリアン島へと東に向かって進んでゆくと、一度として陸地が視界から消えることもないままに、明らかに一つの世界を離れ、まったくの別世界に入る。

スレイターが息子とともに、二人に言わせると鳥の世界を二分する、正式な境界線を地図上に引いたのは、それから四〇年以上あとのことだった。しかし彼の研究は、一八五七年、二つの世界の境界をはっきりと呈示しないまでも、おおまかに示した論文の発表という形で実を結び、一人の男の興味をかき立てた。スレイターよりずっと年上で向こう見ずな男、彼ほどの教育は受けておらず、当時東インド諸島に住んでいたイングランド人、アルフレッド・ラッセル・ウォーレスだ。彼はすぐに、二つの世界に大きく分かれて棲息しているのは鳥だけではないことに気づいた。植物も動物も同じだった。そして鳥と同様、動植物の二つの分布域も、数知れぬ密林島が迷宮のように入り乱れるオランダ領東インド諸島のどこかで遭遇していた。いや、衝突していたとさえ言ってよいだろう。

当時、香辛料が豊富なテルナテ島（モルッカ諸島西方の小島）で、草葺きの掘っ立て小屋に住みながら標本採集や研究をしていたウォーレスは、このスレイターの見解を採用して、これに自分の観察や標本採集から得た大量の情報を加え、一つの理論を打ち立てるとともに、今日に残る重要な境界線を地図上に記した。考案者の名前を、ほかの何よりもよく後世に伝える「ウォーレス線」だ。

学識があり名門の出で有力者に顔の広いスレイターは、その地域における鳥類の分布に関する先駆的研究を認める意味で、この三〇〇〇キロメートルを超える境界線には自分の名がつけられてもよいのではないか、

アルフレッド・ラッセル・ウォーレス

と思ったかもしれない。しかし、けっきょくその名誉は彼よりずっと有能な後継者に授けられることになった。南ウェールズのアスクという町の貧しい家に生まれた、とても大柄な天才アルフレッド・ラッセル・ウォーレス[2]は、今日ではおもに、海の中にこの目には見えぬ長い線を想定して地図上に示した人物として、人びとの記憶に残っている。おもにそれで有名だが、それだけではない。彼の名はジャワ沖の海溝にも、シエラネヴァダ山脈（アメリカ、カリフォルニア州東部の山脈）の四〇〇〇メートル級の山にも、ウェールズにある庭園にも、ブリストル（イングランド南西部、セバーン川河口の都市）の鳥類飼育園にも残されているし、ゴクラクチョウの一種や、アメリカのカンザスとオーストラリアがそれぞれ授与する生物学の賞、数え切れぬほどの講演会場や大学の講堂、火星や月のクレーターにも冠されている。

　彼の栄誉をたたえて月のクレーターにその名をつけた人は、誰にせよ、痛烈なウィットに富んだ人、というか手の込んだ洒落のわかる人だったに違いない。長年ウォーレスは、ことによると何をおいても、「ダーウィンの月」[3]として有名だった。つまり、運命の女神によって、自分より大きな天体の周りをつねに回り続けるように定められた、小さな天体というわけだ。ウォーレス線には今でも意味があるし、本書で語るクラカトアの話にも特別のかかわりがあるが、ウォーレス個人の話をするなら、彼が今でもそのような呼び名で有名な理由のほうが重要で、それに触れぬわけにはゆかない。この事実はほとんど忘れられているとはいえ、ウォーレスは正真正銘、チャールズ・ダーウィンと並んで（といってもつねに彼の周りを回る衛星としてだが）進化学の草分けなのだ。

ウォーレスは一八二三年、アスクで会員制図書館を経営する両親の第七子として生まれた。貧しいが学問を重んじる家だった。ウォーレスはレスターシア（イングランド中部の州）の学校の教師として自立したが、その人生は最初からつねに何かに夢中になることの連続だった。まず熱を上げたのが鞘翅目《しょうし》の昆虫、つまり、鞘《さや》状の堅い前翅の下に飛翔用の後翅が畳み込まれている、いわゆる甲虫の生態と棲息期だった。心霊術にも興味があり、事実、ずっと後年、再び心を奪われている。当時、自らが「精神催眠術」と呼ぶものに首を突っ込んでいたウォーレスは、科学の進歩という観点から言えば幸いなことに、彼同様昆虫に夢中だった一人の町の青年に出会ったとたん、もっと価値ある探求に戻っていった。メリヤス工場経営者の息子で、倉庫の掃除人をしていたこともあるこの青年は、名をヘンリー・ウォルター・ベイツといった。

二人はすぐに無二の親友となり、レスターシアをくまなくまわり、周囲の地域まで足を伸ばして甲虫を採

（2）出生届を受理したアスクの役人の誤りでミドルネームが「Russel」となった（本来の綴りは「Russell」）。誤りと言えばもう一つ、ウォーレスは長年、自分が一八二二年一月八日生まれだと思っていたが、実際は二三年の生まれだったからややこしい。

（3）これは一九六六年に書かれたウォーレスの伝記のタイトル。著者のアマベル・ウィリアムズ＝エリスはストレイチーの名で知られ、ヴィクター・ゴランツ（一八九三〜一九六七。イギリスの出版者・文筆家で、ゴランツ書店の創設者）のもとでサイエンス・フィクションのアンソロジーを多数手がけた編集者であり、ポートメリオンの村（ウェールズ北部にあるイタリア風の村）をデザインした、粋でやや風変わりな建築家クロウ・ウィリアムズ＝エリスの妻でもある。

チャールズ・ダーウィン

集・分類し、目録を作った。その間にベイツは「湿った土地に多く見られる鞘翅目の昆虫について」という、甲虫よりもレスターシアの土地柄について多くを語るような題のついた最初の論文を発表した。

二人が出会ってから三年後の一八四八年、イングランド中部の草地や湿地に棲む甲虫を調べる楽しみを味わい尽くしたころ、この恐るべき二人組は、わずかばかりの蓄えを出し合って比類ない計画に乗り出した。甲虫をはじめ、昆虫の豊富な未開の地、アマゾンの熱帯雨林で標本採集を始めたのだ。

ベイツにとってはこれが、彼の言う「一様で気高く、何者にも冒されない湿潤な森林」を生涯愛し続けるきっかけとなった。熱帯雨林との恋愛はアマゾン川を二二〇〇キロメートル以上さかのぼった、ブラジルのジャングルの中のへんぴな村エガで始まった。そこで暮らした六年間に、ベイツは独特な新種のチョウを五五〇種も収集し、命名した（ちなみに、当時、イギリス全域でもチョウは六六種しか知られていなかった）。彼は森の奥の奥まで分け入って何千キロメートルも旅して回り、やがて昆虫の擬態に関する世界的権威となった。そして、最終的には友人のウォーレスとともに自然選択の理論を積極的に広めるようになり、一八五九年にダーウィンの『種の起源』が出版されると、これを完全に支持した。

一方、ウォーレスにとってはアマゾン川流域への旅は始まりにすぎず、彼の興味はすぐに世界中に向けられていった。とはいえ、彼が関心を示した場所として今日真っ先に思い出されるのは、当時のオランダ領東インド諸島だ。ウォーレスはここを、もっとも豊かで知的欲求を満たしてくれる場所だと思っていた。しかし彼が本格的に興味をもつのは、ブラジルからの帰国途中、厳しい試練を経験したあとのことだった。アマゾンで採集した貴重な標本を本国にもち帰る途中、乗っていた横帆式帆船「ヘレン」号が火災を起こし、大西洋の真ん中で沈没したのだ。ウォーレスは一〇日間を救命ボートで過ごした後、バミューダ諸島付近で救助された。彼はアマゾンでの体験について二冊の本を書いている。そのころダーウィンの頭の中では、生物の多様性と自然選択と種の起源に関する考えが急速に一つにまとまり始めていた。彼は、その考えの裏づけとなる証拠を求めて、ウォーレスの二冊の本を隅から隅まで読み、そして失望した。あいにく彼は、ウォーレスの研究記録ばかりか標本までが船とともに海の藻屑と化したとは知らなかったので、「事実が足りない」と酷評した。

一八五四年、ウォーレスは単身東インド諸島へと旅立った。もっとも彼は、地理学者の立場からマレー群島という呼び名を好んで使った。何千という島の集まりはまさに群島の典型だったし、各島で通じる混成語はたいていの場合、程度の差こそあれマレー語が基本になっていたからだ。現地で過ごした八年間、この群島で見つかる証拠は、しだいに確信に近くなる二つの考えをかならず立証してくれると、ウォーレスは固く信じていた。一つは地理的要因が動植物相の形成に大きな影響を与えるという考え、もう一つは、個体群の変種の中から環境に適したものが自然選択により生き残って種が誕生するという考えだ。ウォーレスはこの二つを立証すべく人生の大半を過ごし、だいたいにおいて（ダーウィンの影に半分隠れているとはいうものの）すばらしい成果を残した。

標本採集にかける彼の情熱には舌を巻く。ロンドンに送ったり、最終的にもち帰ったりした標本は几帳面によく整理されていて、島じまの植物や動物、昆虫、鳥、合わせて一二万五六六〇点にも及んだ。哺乳類が三一〇点、爬虫類が一〇〇点、（驚くことでもないが）甲虫が八万三〇〇〇点、その他の昆虫一万三〇〇〇点、鳥類が八〇〇〇点、チョウが一万三〇〇〇点、貝類が七五〇〇点あったという。このように膨大な数の生物を研究したことにより、彼は探し求めていた二つの真実を発見するに至った。しかもほぼ同時に。突然、彼は進化の存在とメカニズムをはっきり理解し、ほとんど間を置かず、自分の選択した群島の基本的な動植物が大きく異なる二つの個体群に分けられることに気づいた。これらの意義深い発見を一八五八年と五九年の、研究に脂が乗った重要な二年間に、つまり実質的にはほぼ同時に、成し遂げた。

進化に関するウォーレスの突然のひらめきは、アルキメデスやガリレオ、ベクレルやニュートン、フレミング、マリー・キュリーらのひらめきによる偉業に匹敵し、近代科学の物語のうちでもたいへん劇的なものの一つに数えられる。彼にその発想がひらめいたのは、風呂の中でもなくピサの町でもなく、パディントンの窓辺でもイギリスのリンゴの木の下でもない（アルキメデスは風呂の中で、ガリレオ・ガリレイはピサの町で、フレミングはパディントンのセントメアリー病院で、ニュートンはリンゴの木の下でそれぞれの発見をした）。テルナテ島のとある村、高床式の草葺き小屋の中で、マラリアの熱にうなされながらのことだった。進化学の真の発祥地と呼ぶべきは、ガラパゴス諸島ではなく香料諸島だと思っている人も数多い（ガラパゴス諸島はダーウィンが進化論のヒントをつかんだ場所として有名）。

ウォーレスがその進化論に行き着いたちょうどそのころ、何千キロメートルも離れたイングランドのケント州では、ダーウィンが自ら「大著《ビッグ・ブック》」と呼ぶ本の執筆に取り組み、丹念に、しかし牛歩さながらのろのろとペンを進めていた。何かをつかんでいることは確信していた。新種が生まれる理由とそのメカニズムについて、一つの考えの核となるものはもっていた。証拠となる事実もそろっていた。彼も甲虫を採集したし、ハトの交配・飼育も行なった。「ビーグル」号に乗っていた時代に、何万という生き物を観察し、測定し、分類整理した。そして、ウォーレスの存在をよく知っていた。その存在をとりわけ意識していたのは、一八五五年に、当時ボルネオ島北西部のサラワクにいたウォーレスが、「新種の導入を調節してきた法則について」と題した論文を書いたからだ。その中でウォーレスは、新しい種は、同じ生物のほかの個体群から何らかの理由で（東インド諸島で彼がよく目にしていたように）地理的に孤立した個体群の、変種の中から生まれる、と論じた。この論文は未完成の理論を提示したにすぎず、新種誕生のメカニズムにも触れていなかった。しかし、これを読んだダーウィンは再び考え込み、研究を見直し、（ダーウィンはこれで有名なのだが）ぐずぐずと結論を先延ばしにした。

そうしているうちにも、一八五八年の年明け直後、ウォーレスはオランダ人がモルッカ諸島と呼んでいた（そして今日再びマルク諸島と呼ばれるようになった）東の島じまに到着した。一八五五年以降スマトラ島とイリアン島の間を放浪していた三年間は、不安と動揺の連続だった。ロンボク島では首狩りをする原住民に震え上がり、ヒルに吸いつかれたり虫に刺されたりで手足はひどく化膿し、アンボン島では小屋の天井に三メートルはあろうかというヘビを見つけた。赤痢による発熱がたえず続き、マラリアには何度かかったか知れない。現に二月末にテルナテ島の小屋に帰ろうと思い立ったのも、昆虫採集の短い旅でハルマヘラ島にいるとき、とくに激しいマラリアの発作を起こしたからだ。机に向かって汗をかきかきペンを走らせ、じっと考え込み、それまでの研究結果を反芻した。そしてそのとき、熱による興奮のために襲ってくる完全な躁《そう》状態の中で、突然ひらめいたのだ。

一つの種から、まったく新しい種の誕生に結びつく特殊な変種が首尾よく分岐する、その原因として考えられるのは何かという問題に、もう一度立ち返って考えていると、突然、適者生存という考えがひらめいた。さまざまな障害により排除される個体は概して、生き残る個体より劣っているに違いない、と。それから、動植物の新世代にひっきりなしに変種が生じていること、気候や食物や敵が絶え間なく変化していることなどに考えを巡らせているうちに、具体的な種の変化の全貌がはっきりと見えてきた。こうして発作を起こしていた二時間のうちに、私はこの理論のおもな論点を考え上げていた。［傍点筆者］

ウォーレスはこの話を著書『驚くべき世紀』に書いているが、それがずっと後年だったために、疑いの目を向ける者もあるかもしれない。しかし、進化という発想もそのメカニズムも最初に気づいたのは自分であるというウォーレスの話を疑う人は、彼がすぐに論文を書き、急いでダウンハウス（ケント州にあるダーウィンの家）に手紙を出したことを考えれば、きっと納得がゆくだろう。ウォーレスは、論文に日の目を見させるには地質学者のチャールズ・ライエル（一七九七〜一八九五。近代地質学の確立者と言われる当時の科学界の重鎮。ウォーレスもダーウィンも彼の著書『地質学原理』から多くを学んだ）にぜひとも感銘を与えなければと思い、ダーウィンに仲介を頼んだ。ところが感銘を受けたのはダーウィンだった。本人が後に述べているように、ウォーレスの論文はダーウィンにとって「寝耳に水」だった。彼はかなり動揺した。それこそまさに彼が探し求めていた考えであり、研究を先に進め、「大著《ビッグ・ブック》」を仕上げるのに必要なショックを与えてくれた。そしてダーウィンがそれを完成させ、今では有名なタイトル『種の起源』と題した本に自分の考えをまとめて出版したとき、ウォーレスの論文の要だった「生存競争」や「適者生存」の考えは、すべての謎を解くカギとしてそこに登場した。

チャールズ・ライエルとジョゼフ・フッカー（一八一七〜一九一一。イギリスの植物学者で、ダーウィンとはとくに親しく、ダーウィンとウォーレスの論文をリンネ協会で発表したのは彼とライエルだった）は、ウォーレスが遠方にいる身分の低い科学者で、急に頭角を現わした駆け出しであることを認めたうえで、進化論考案の栄誉は少なくともその一部をウォーレスと分かつよう、ダーウィンを説得した。進化学の根本にあった謎が今まさに解明されたという発表は、一八五八年七月一日、リンネ協会の会合で正式に行なわれた。ダーウィンとウォーレスの論文を紹介するという形の共同発表だった。ダーウィンは、ウォーレスと同じ考えを彼よりしばらく前からもっていながら論文に書かなかったと、いくぶん歯切れの悪い説明をした。先延ばしのせいで後れをとったのだ。

　しかし、ダーウィンの名声に害は及ばなかったようで、「ダーウィン説《ダーウィニズム》」という言葉が定着した。これはウォーレスによる造語で、彼が後に書いた本のタイトルだ。ウォーレスは人前でダーウィンに対して辛辣な態度を一度も見せたことはなく、何の不満も漏らさずに気前よく、すべての名誉をダーウィンに譲った。ウォーレスの大作『マレー群島』（この本でウォーレスは動物地理学的区分の考えを広めようとした。その区分はクラカトアを誕生させた現象と見事なまでに符合する）は、「ダーウィンの才能と業績に対し、心から賞賛の気持ちをこめて」という言葉を添えて彼に捧げられている。ウォーレスはつねに誠実で、卑屈とも言えるほどにダーウィンを立て続け、ダーウィンという、自分よりはるかに大きな光り輝く惑星の周りを回る、小さな月の役に徹した。

　同じ時代に活躍したゴールトン（フランシス・ゴールトン。一八二二〜一九一一。イギリスの人類学者・優生学者でダーウィンのいとこ）やハクスリー（トマス・ヘンリー・ハクスリー。一八二五〜九五。進化論を支持した生物学者）、ライエル、フッカーといった比較的生まれの良い科学者とは違い、ウォーレスはナイトの爵位を授からなかった。もっとも、イギリスでは多くの人にナイトより価値があると見なされているメリット勲位には叙せられた。その後、彼の名声はずるずると下降の一途をたどった。彼はインドネシアでは今でも有名だが、世界的には最近までほとんど顧みられることがなかった。

　ウォーレスが歴史に埋もれて忘れられていた時代は、今、終わろうとしているのかもしれない。二〇〇〇年四月、イングランド南部のドーセット州にあるウォーレスの墓が化粧直しされ(4)、二〇〇一年一一月には、現在レイノルズルームと呼ばれている王立協会の一室で、記念プレートの除幕式が行なわれた。プレートには一世紀半前にその場所でダーウィンとウォーレスの論文が発表され、進化を研究する斬新な科学が始まった旨が記されている。

最近はウォーレスに好意的な新しい伝記が何冊も刊行され、科学に対する彼の貢献を考察する新たな研究や、ダーウィン、ライエル、フッカーほか進化論の進化にかかわった人たちの論文を見直す研究が行なわれるようになった。その結果、昨今では、ダーウィンが自分と同じ考えをまさに同じときに抱いていた男――だが不運にも、それを思いつくなりすべて書き出し、自らの発見を吹聴してしまった男、不運にもダウンハウスの主人ほど生まれが良くなく、人脈もなかった男、不運にも晩年風変わりな科学に興味をもち、学界の信望を失ってしまった男――に対してとった態度は、やや公正さを欠いていたのではないかという見方が強まってきたように思われる。近ごろでは、ウォーレスの形見を海に引かれた目に見えぬ線だけとするのは、彼が残した多くの考えや業績を思うと、悲しいほど不十分だと感じる人もいるようだ。

目に見えぬ線であろうが、（近年、世界中の動物地理学者が専門的な議論を闘わせるようになったため）いかに多くの異論があろうが、このウォーレス線は、少なくともクラカトアの誕生とその恐ろしい崩壊の両方に直接関連しているという意味では価値がある。生物の進化論の発展には、ほんの副次的な役割しか果たさなかったかもしれないが、それよりもずっと新しいプレートテクトニクスの理論（地球の地殻はいくつかのプレートに分割され、それらの動きや相互作用によってさまざまな地学現象が生じるという理論）、すなわち地球の進化を扱う理論では、仮に偶然であったにせよ、非常に重要な役割を果たしている。

ウォーレス線という境界線の概念は、一八五九年一一月三日にリンネ協会で初めて公にされた。これは進化に関するあの有名な発表から一年五カ月後のことで、このときも前回同様、ウォーレスはバーリントンハ

ウォーレス線——これより東側にはオーストラリア系動物相のオウム、カンガルーなど、西側にはインド＝ヨーロッパ系動物相のツグミ、サル、シカなどが見られる。

ウスからおよそ八〇〇〇キロメートルの彼方にいた（彼はアンボン島に滞在中だった。スラウェシ島で半年間、ゴクラクチョウ撃ちという、彼の無分別な言葉を借りれば「上品な娯楽」に明け暮れて戻ってきたばかりだった。もう五年も顔を合わせていない家族からは、国に戻るようにかなりうるさく迫られていた。だが、彼は現地の暮らしがすっかり気に入り、ここが居心地が良いと言って、一八六二年までイギリスに帰ることはなかった）。ウォーレスが観察したマレー群島にいる膨大な種類の動物の分布は、鳥類の分布に関するスレイターの発見をそっくりそのまま反映していた。オーストラリアの動物相を代表する動物は東側の島じまに棲息し、インド系の動物は西側に棲息していた。

たとえば彼は、こんな例を示すことができた。類人猿やサルは群島西部にはいるが、オーストラリアにも、その影響を受けた群島東部にもいない。また、西側にはヒヨケザル、トラ、オオカミ、ジャコウネコ、マングース、イタチ、カワウソ、クマ、シカ、ウシ、ヒツジ、バク、サイ、ゾウ、リス、ヤマアラシ、センザンコウもいるが、これらはどれも、もともとオーストラ

（4）ダーウィンの子孫の立会いで行なわれた。

リアには自生しておらず（言うまでもなく、ニュージーランドにも自生していない。ニュージーランドはあまりにも長いこと孤立していたので、固有の哺乳類やヘビはまったくいない）、東側の島じまの原産動物でもない。

一方、丁子《ちょうじ》やナツメグがふんだんに生えている東側の地域には、アスクから来た新参者にとってびっくりするほど珍しい、ありとあらゆる種類の動物がそろっていた。カンガルー、フクロギツネ、ウォンバット、カモノハシなどだ。東側のどの島にも、ウシやリス、ゾウ、バクはいないが、そのかわり、おなかの袋で子育てをするものやぴょんぴょんと跳ねるもの、半分は水中、半分は陸上で暮らし、足には水かきがあって、卵を産んで子供を乳で育てるもの、それに飛べない鳥や騒がしいオウム科の鳥がいる。

ウォーレスが今日の名声を得たのは、これらの目が回るほど大量の動物をすべて丹念に観察して、それぞれの動物や鳥がどこに棲息しているか――あるいは、これまた重要なのだが、どこに棲息していないか――を正確に記録し、生物学的にまったく異なるこれら二つの地域を分ける湾曲した長い線を引いたからだ。一八五九年にリンネ協会で発表され、六三年の詳しい講演でさらに明確に示されたその線は、おおむね北東から南西へと走っていた。フィリピン諸島の主要島では最南端に位置するミンダナオ島の南から、当時はセレベス島と呼ばれ、(5)現在はスラウェシ島という名称が一般的な奇妙な形の島の北に向けて、うねりながら伸びる。そこから南に下ってマカッサル海峡を抜け、ボルネオ島を西側つまりインド側に見ながら離れ、ジャワ海を縦断し、想像を絶するほど狭い境界域へと向かう。バリ島とロンボク島の間の、幅二五キロメートル弱のとても深い海峡だ。

バリ島からロンボク島へ渡るときほど急激な変化が見られる場所はほかにない。二つの領域がもっとも接近しているところだ。バリ島にはゴシキドリやヒヨドリ、キツツキがいるが、ひとたびロンボク島に渡るや、これらの鳥はもう見られず、オウムやミツスイ、ツカツクリが無数にいる。それらの鳥は逆に、バリ島以西のどの島でもまったくなじみがない。二島間の海峡は幅およそ二五キロメートル。したがって二時間ほどで地球上の一つの大きな区域から、動物相がヨーロッパとアメリカほど本質的に異なる別の区域へと移動できる。ジャワ島かボルネオ島からセレベス島もしくはモルッカ諸島へ移動すると、その違いはさらに著しい。ジャワやボルネオでは、森はいろいろな種類のサル、ヤマネコ、シカ、ジャコウネコ、カワウソなどであふれており、さまざまな種類のリスを頻繁に見かける。一方、セレベス島やモルッカ諸島では、そうした生き物は皆無で、そこで見られる陸生動物と言えば、どの島にもいる野生のブタと、おそらく最近入ってきたと思われるシカを除くと、尾の発達したフクロギツネぐらいのものだ。

生物学上異なるこれら二つの地域が、これほど接近していながらこれほどの違いを保っている原因は、すべて地質学にあることに、ウォーレスはそのときはっきりと気づいていた。彼は「このような事実は、地球の表層部に大きな変化があったという考えを思い切って受け入れて初めて説明がつく」と書き、「太古の昔におそらく存在」した「太平洋の巨大な大陸」に言及している。また、さまざまな動物が孤立した状態を保ち、やがて互いに接近しながら隔離状態を保った原因として、陸塊が浸水したり分裂したりして島ができる現象などに漠然と触れている。

（5） 学生時代、私たちはセレベス島について、少なくとも形だけはよく知っていた。指のように長く伸びた北部の半島がほぼ赤道に沿っていて、経緯の記されていない世界地図に〇度の緯線を引くとき、（地球の裏側のアマゾン川河口にあるベレン同様）良い目印になってくれたからだ。

四年後、同じテーマでもっと長い論文を発表したときウォーレスは明らかに興奮し、大胆な新説の誕生を前に震えていた。

彼は自分に向かって、こうつぶやいていたかもしれない。マレー群島に見られる二つの大きな区域の違いの本質は、地球の主要区域の二つを、マレー群島の場合と同じぐらい互いに接近させたらどうなるかを考えると、いちばんうまく説明できる。たとえば、アフリカと南アメリカでは動物の種類が大きく異なる。アフリカ側にはヒヒ、ライオン、ゾウ、スイギュウ、キリンが棲息し、一方、南アメリカ側にはクモザル、ピューマ、バク、アリクイ、ナマケモノが棲息している。また鳥類では、アフリカにいるサイチョウ、エボシドリ、コウライウグイス、ミツスイは、南アメリカにいるオオハシ、コンゴウインコ、カザリドリ、ハチドリと好対照を見せている。

しかし、とウォーレスは仮定を続ける。南大西洋の海底がゆっくりと隆起すると考えてみよう。また、地震が起き、大西洋の東西に位置する二つの大陸で火山活動が起こり、それによって川を流れる土砂が増え、こうして新たに形成された土地により二つの大陸がしだいに面積を広げると考えてみよう。今は大西洋という何千キロメートルに及ぶ、橋も架からぬ大海がアフリカ大陸と南アメリカ大陸を隔てているが、このような二つのゆっくりとした過程の結果、大西洋が狭まって幅わずか数百キロメートルの海峡になるかもしれない、とウォーレスは言う。同時に、海峡の真ん中で島が隆起することも考えられるし、地下で働く力の強さがいろいろに変化し、最大の作用点があちこちに動くと、隆起した島じまが海峡の左右どちらかの陸とつながることもあれば、それから離れることも考えられる。大海という障害物が、突如として障害物でなくなるかもしれない……。

ここで彼は言葉に詰まり、自信を失い、歯切れも悪く冗長になる。ただ、自分が今、何かを、何かの説明を、これまでに会った誰もが投げかけた疑問に対するなんらかの答えを、つかみかけていることだけはわかっていた。そう、たしかに何か地質学的プロセス――陸の移動、浸水、変動、拡大、隆起、そして地震や火山活動（愛するマレー群島で、彼は鋭敏に、ときにおびえながらそれらを観察していた）と説明のつかぬかかわりをもつ何か一連の出来事――が、鳥類と動物の分布にこの不思議な分離を引き起こしたのだ。しかし、何が、という話になると、額の汗を拭くウォーレスの姿が目に浮かぶ。どうしても最後まで行き着けぬまま、考えが途中で止まってしまって、答えが浮かばない。とはいえ、探している答えはそこにあるということは百も承知している。ただ、それがわかりづらくて今の自分には捉え切れないのだ。

ウォーレスは生涯知らずじまいに終わるのだが、あらゆる地質学的変化をもたらすメカニズムは、やがて、当時まったく想像できなかったプレートテクトニクスのプロセスとして理解される。そして彼はこれっぽっちも気づいていなかったが、自分の見つけた境界線に向かって動物や鳥を互いに近寄らせた地質構造上の衝突、すなわち、オウムをリスに捕まりそうなところまで運んだ衝突、後方に排尿するバクをカモノハシでおなじみの水かきをもつ単孔類とご対面しそうなほど接近させた、まさにその衝突によって、インドネシアは世界に名だたる火山大国となったのだった。なかでもとりわけ危険で有名なのが、この種の火山の典型、クラカトアだ。

そうしたことについて、ウォーレスは何も知らなかった。しかし、彼の論文や発見、そして今に残るウォーレス線に促されて人びとはあれこれ考え始め、疑問を投げかけるようになった。アジアの動物や鳥がオーストラリアの動物や鳥に遭遇するような事態が起きうるのはなぜか、いや、すでにそういう事態が起きたのは明らかなので、もっと重要な疑問は、どのようにしてそんな事態が生じたか、だ。

当時はさまざまな発見や新たな認識が途方もない勢いでなされており、科学界は興奮の渦中にあった。保守派や敬虔なキリスト教徒の多くにしてみれば、地質学や生物学の新しい理論は、人間の尊厳に次つぎに衝撃を与えていた。とくに地質学者は、神に対するまっとうな畏敬の念を捨て、狂気の沙汰に及んだように思えた。

ジェイムズ・ハットン（一七二六～九七。近代地質学の創始者と言われるスコットランドの地質学者）、チャールズ・ライエル、ウィリアム・スミス（一七六九～一八三九。イギリスの地質学の父とされる地質学者）らは、ある考えに急速に傾きつつあった。人間の一生などごく一時的、ほんのわずかな間にすぎず、自分たちが説明しようとしている壮大な物事の仕組みの中では、人間の存在などまったく取るに足りないものなのではないか、と考え始めたのだ。ダーウィンの発見は（もちろんウォーレスの発見とともに――こういうただし書きがあること自体、このアスク出身の図書館経営者の息子がいかに今でも忘れられがちかを痛感させる）、人間が自らの起源について抱いていた確信をおおいに揺るがした。そしてセレベス島やボルネオ島、ロンボク島やバリ島でウォーレスが成し遂げた別の発見によって、今度は、不動不変の剛体という、地球そのものの有り様についての確信まで揺らぎ始めた。

なんという衝撃の連続だろう。今や人間は、突然ほんとうに――こんなことを言ってしまってよいのだろうか？――じつに貧弱な存在になったようだ。けっきょく人間は、自分たちがずっと信じてきたように、特別に創られたわけではないのかもしれない。多くの人が聖なる書と信じてきた「創世記」は、もしかすると神話や古代の伝説にすぎなかったのかもしれない。そして今度は、これまで何よりも確かで不動のものと信じられてきた、人間の存在そのものを支える地盤たる大陸まで、動くものになったのだ。

地球の表面は動いていてさまざまに変化すると、新世代の先覚者や因襲破壊者は言った。地球はけっして剛体ではない。科学者たちのそういった考えは、危険、人騒がせ、不信心、邪悪などと、さまざまに受け止められた。何世紀もの間、もっと単純な信念をしっかりと抱き続けることで、人は心の平安を得てきたのだから、それも不思議ではない。こういう問題に正面からさらなる疑問を投げかけようなどというのは、じつに大胆不敵な人間だ。

だが、大きな危険を冒して自分の考えを文字にした人間がいた。多くの人からひどく嫌われる答えに行き着いた男、そしてその結果、ひどく苦労した男、それがアルフレート・ロタール・ヴェーゲナーだった。

論争

ヴェーゲナーはドイツの北極探検家・気象学者で、[6] いつもパイプをくわえ、寡黙で粘り強い男だった。「笑顔が魅力的な静かな男」という言葉で片づけられたこともある。しかし、一九一五年に出版された本の中で提唱した理論によって、後世に名を残すこととなった。もっともその理論は異端として有名になり、彼は中傷され、なんとも惨《むご》い話だが、学究の世界で実績不相応の冷遇を受けた。そしてわずか五〇歳で亡くなったとき、彼は悪評高く、物笑いの種だった。ようやく運命に微笑みかけられ、二〇世紀の科学界でも屈指の洞察力をもつ人物と見なされるようになったのは、ここ二、三〇年のことにすぎない。

ヴェーゲナーを受難の道へと導いたのはほかでもない、彼にその洞察力を与えた長所だった。彼はどんなことにも興味をもつゼネラリストで、自分が選んだ科学である気象学の枠を超え、それとは無関係でも関心を惹かれるさまざまな科学に手を出すことに喜びを覚えた。科学界のスペシャリストというものは、今日でもとかく自らの研究分野を必死で守ろうとしがちだ。だから彼らは、あつかましくも領域侵犯をはたらくヴェーゲナーを徹底的に攻撃した。その攻撃が最高潮に達したのが一九一五年、彼が今や有名な『大陸と海洋の起源』を最初にドイツ語で出版したときだ。この本の中で使った言葉のせいで、彼の評判は著しくそこな

(6) 彼の功績を記念して、氷晶の周りにできる二つの珍しい光環《ハロー》に彼の名がつけられた。また、雨のしずくが独特の形を作るメカニズムを指す「ヴェーゲナー＝ベルシェロン＝フィンダイセン・プロセス」という堂々たる名称にも、彼の名が残っている。ヴェーゲナーはこのプロセスの発見に貢献した。

アルフレート・ロタール・ヴェーゲナー

われた。それが「die Verschiebung der Kontinente」——文字どおり訳せば「大陸移動（continental displacement)」だが、記録に残っているものとしては初めて一九二六年に英訳されたときには、今日ではより一般的な「大陸漂移（continental drift）」という表現に変わっていた（英語では「continental displacement（大陸移動）」よりも「continental drift（大陸漂移）」のほうがなじみ深い）。

いろいろなものに目を向けるヴェーゲナーが、最初に注意を惹かれたのはごく普通のメルカトル図法による世界地図だった。一目見たとたん、彼は突然啓示を受けたように、今では明白そのものと受け止められている事実に気がついた。そして、すぐさま婚約者にこんな手紙を書いている——アフリカ大陸と南アメリカ大陸の海岸線を見ると、ブラジルのところで東に大きく突き出した形が、ナイジェリアとアンゴラの間の西に大きくへこんだ形と、あまりにもよく似ているので、両者は符合すると思われます。彼は考えた。途方もなく遠い昔、二つの大陸は実際につながっていたのではないだろうか。さらに、かつてつながっていて今はつながっていないのだから、その後両者は滑り、移動し、いや漂移して離れたとは考えられないだろうか。

アフリカ大陸と南アメリカ大陸の形の符合に気づいた人は、それまでにもいた。実際、地図をよく眺めてみれば、気づかずにはいられなかっただろう。[7] 彼らとの違いは、惑星天文学の教育を受け、当時、気象予報士として働いていたヴェーゲナーだけが、もっと研究しようと思うほど無分別だった点だ。もっとも彼にはほかにも仕事があった。彼は何度もグリーンランド（見事なまでに複雑で、いろいろな発見があるので、地質学や地質学者の話には非常によく登場する島）に探検旅行に出かけた。高層大気におけるジェット気流を調べようと、気球で飛んだ。[8] 北極の気象現象を観測するために、何十回も高空用の凧を揚げた。

気象や大気現象に夢中のヴェーゲナーだったが、その下で大陸が動いていたかもしれないと考えるや、それが頭から離れなくなった。彼は裏づけとなる証拠を探した。ほかの科学者の観察記録や各分野で出された結論を丹念に調べた。地質学、古生物学、古気候学、それに（本書にとっていちばん重要な）スレイターやウォーレスが新たに広めた動物地理学や生物地理学を検討した。どういう理由にせよ大陸が最初の位置から現在の位置に移動したのだ、という考えを裏づける確たる証拠はないものか、調べようとしたのだ。

　すると、それらしい証拠はたくさん見つかった。確実で説得力のある証拠もあれば、心惹かれる状況証拠もあったが、多くは魅力的ではあるにせよ、はっきりしないものだった。わかりやすい証拠としては、遠く離れた大西洋の端と端、つまり明らかに「符合する」海岸線（地図上で両大陸をくっつけて、きちんと合わせた場合の話）をはさんだ両側に現存する、山脈や石炭の鉱床、化石の出土などがあった。山脈や有用鉱物の鉱床、それにアンモナイトや三葉虫、フデイシ（古生代の海生群体動物）を含んだ頁岩《けつがん》の分布線も、巨大なジグソーパズルよろしくぴったりと合致した。

　移動していながら、はっきりと目に見えて符合する相手のない大陸のほうがずっと多いのだが、それに関しては、順番を逆にして考えたほうが明快なことがわかった。まず、かつての地表の形を推測して地図を描き、それから、符合の可能性を示す地質学的、気候的、生物学的証拠を探す。ひいてはそれが彼の考えを裏づけることになる。

　地図は過去の理論家たちが示した考えに基づいて描いた。かつて南に広大なゴンドワナ大陸（一八八五年、エデュアート・スースによってそう名づけられた）があり、北に同じぐらい大きなローラシア大陸があって、両者は大洋テチス海によって隔てられていた。この説を唱えた初期の理論家たちによると、テチス海は大陸が沈んで生まれたという。大陸沈降は地球のあらゆる謎に対する説明として昔から人気のある考えで、もちろん今でも、消えた大陸アトランティスに代表される不朽の神話の素地になっている。

　ヴェーゲナーはこれらの超大陸や超海洋の地図に、二畳―石炭紀（地質年代における古生代末期の二つの時代。今から三億六〇〇〇万年前から二億五〇〇〇万年前まで）大氷河時代のように、有名で簡単に特定できるたくさんの事象の化石による証拠を書き込んでいった。驚いたことに、ばらばらでまとまりがなく、今日の諸大陸にほぼ無秩序に分散していた化石上の痕跡が、仮に諸大陸を合体させてみると一つにまとまり、三億年前に南極だったと思われるあたりに集まっていた。

化石となって残った出来事の証拠が十分すぎるほどあり、大陸地殻の塊が地球の表面を移動して現在の位置に至るのに通ったに違いない道筋を追うことができるのだから、ヴェーゲナーの説は非常に有力に見えてきた。たとえばゴンドワナ大陸が、やがてアフリカ、南極、南アメリカ、オーストラリアの各大陸となる大きな陸塊に分裂してゆき、インド亜大陸とアラビア半島も超大陸から分離してそれぞれ独立した存在になっていった形跡が見られた。ヴェーゲナーは、それぞれの断片がいつどのように移動していったか、地質年代のどの時期にどこに到達したかを記すことができた。

ローラシア大陸も分裂して、北アメリカ大陸やグリーンランド、ヨーロッパ大陸、そしてアジア大陸のヒ

（7）イギリスの哲学者フランシス・ベーコンは、すでに一六二〇年にこの「符合」について書いている。フランスの偉大な博物学者で、全三六巻の重厚な『博物誌』の著者ビュフォン伯爵は、地質学上の歴史は識別可能な段階を次つぎに経て築かれているという説を唱えた古生物学者の草分けでもあるが、一七七八年には符合の理由について考えている。一八五八年、著名な天変地異説支持者のアントニオ・スナイダー＝ペラグリニは、かつて一つの大陸が存在し、それが後に分裂して元の大陸の一部だった陸塊が互いに引き離され、今日のような世界が誕生したという考えまで提示した。オーストリア人のエデュアート・スースは一八八五年に、ゴンドワナ大陸の存在を断定したが、海洋の誕生に関しては、大陸の移動や漂移ではなく陸地の陥没や沈下が原因ではないかと考えていた。また、一九〇八年にはフランク・テイラーというアメリカの地質学者が、大陸が赤道方向へ少しずつ移動している可能性について書いている。しかし彼らのうちに、こういった地質学に関する見解で今なお人びとの記憶に残っている者はほとんどいない。そして、ヴェーゲナーは独自の地質学を展開してすぐに、世間から強く拒絶される羽目になった。

（8）彼と兄のクルトは五六時間飛んで、熱気球による滞空時間の世界記録を作り、その記録はしばらくの間、破られなかった。

マラヤから北の部分に、どことなく形の似た塊に分かれて浮遊していった。ここでもヴェーゲナーは地殻のさまざまな移動経路を示し、大陸が現在の形や位置に至った経緯を説明することができた。

考えを深め、理論化を進めるほど、この地味で気さくな気象予報士には、ローラシアとゴンドワナという昔の二大大陸も、じつはもともと一つの大陸だった可能性が高いように思えてきた。一つだった大もとの大陸は「パンゲア」と呼ばれるようになった（もっとも、この大陸を思いついた功績を認められているヴェーゲナー自身は、実際にこの呼び名を使ったことはなかった。彼の著作の後の版に北欧ゲルマン系言語でまさにパンゲアを指す「Pangäa」という言葉が見られるが、これも彼の造語かどうか定かではない。パンゲアという語は一九二四年にJ・G・A・スカールという人がヴェーゲナーの本を英訳したとき、初めて使われた）。パンゲアはやがて大規模な細胞分裂を起こして二つに分かれ、その結果できた巨大な欠片の間にテチス海が割って入り、何千万年も後に、この二大陸もまた分裂し、最終的に、今日私たちが見知っている世界の形になったのだ。「ある日、一人の男が訪ねてきた。その整った顔立ちと灰

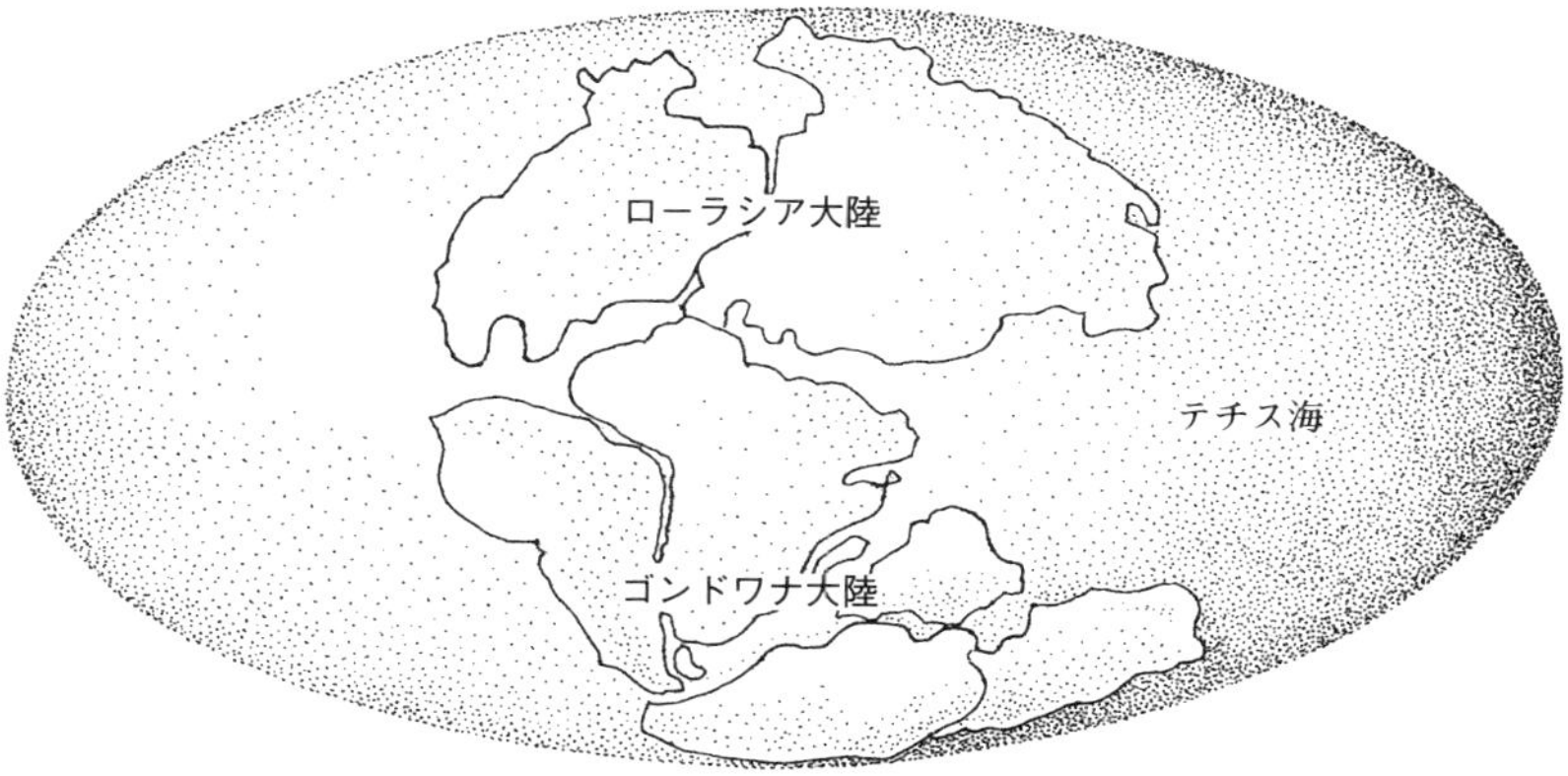

パンゲアがローラシア大陸とゴンドワナ大陸に分裂し始めたところ。テチス海が2つの巨大な超大陸の間でゆっくりと広がっていった。離ればなれになった両大陸から、もっと小さい現在の大陸がすべて生まれた。

色がかった青く鋭い目は、一度見たら忘れられなかった」ドイツの偉大な地質学者ハンス・クルースは、ヴェーゲナーとの出会いについて、後にこう語っている。「その男は地球の構造について、じつに奇抜な構想を延々と述べ、地質学上の事実や発想を提供して自分に協力してもらえないだろうかと尋ねた」自説を受け入れてもらおうとするヴェーゲナーの努力は、こんな具合に始まった。それは長い闘いで、けっきょく徒労に終わった。そのように大がかりなドラマを展開しながら地表が動いているという発想は、世間に受け入れてもらうには時期尚早だったのだ。

　断層の物理的性質と深層の花崗岩のひずみに関する論文で、やがて基礎地質学の重鎮となるクルースは、ヴェーゲナーに思いやりを示し好意的だった。だが、けっして彼の説にすっかり得心したわけではない。彼はヴェーゲナーの理論についてこう書いている。「確かな論拠に基づいており、わかりやすくて非常に興味深い構想を提起していた。大陸を地球の核から切り離して、玄武岩の海に浮かぶ片麻岩の氷山として捉えている。大陸は浮かんで漂い、分裂したり衝突したりし、大陸が分裂したところには亀裂や地溝や海溝が残り、衝突したところには褶曲《しゅうきょく》山脈（地殻変動のために地層が波状に曲がって形成される山脈）ができるという」信じたくなる話だったが、まだ包括的な証明がないころで、クルースをうなずかせるには至らなかった。

　このクルースを除けば、科学界ほとんど一人残らずただならぬ敵愾心を示した。「まったくばかげている！」とアメリカ哲学協会の会長は言った。アメリカ地質学界の第一人者トマス・チェンバレンは、一九二三年にヴェーゲナーがニューヨークで講演するのを聞いて、「この仮説を信じるとしたら、これまでの七〇年間に学んできたことをすべて忘れ、初めから研究し直さなければならない」と述べた。同じとき、ヴェーゲナーの説が大々的に報じられると、あるイギリスの地質学者は「科学者として正気を疑われたくない人間は、こんな理論はぜったいに支持しないだろう」と言ったという。

　初期の地球物理学の大家ハロルド・ジェフリーズは、憤りと侮蔑の思いを露わにヴェーゲナーを弾劾した。

いわく、地殻の下にかかる力がどれだけ強いとしても、地殻を移動させるほどとは考えられない。それに、ゴンドワナ大陸の南極の周りにきちんと並ぶという、二畳—石炭紀氷河時代の化石群の証拠（おそらくそれがヴェーゲナーが示せるいちばん有力な証拠）がどうだというのだろう。たんなる「地質学的詩作《ジオポエトリー》」で、根拠のないファンタジーとなんら変わらぬたわごとだ、と科学者たちは言った。

　こうしてヴェーゲナーは、喧嘩好きが集まる酒場に入った気難しい客のように冷遇された。文句のない経歴の持ち主だったにもかかわらず、大陸移動説を唱えたばかりにドイツの大学はどこも彼にふさわしい職を与えようとしなかった。ようやく教授の椅子を提供したのはオーストリアのグラーツ大学で、それも気象学の教授としてだけだった。地質学はほかの人に任せておけとばかりに、彼は蚊帳の外に置かれた。

　ヴェーゲナーは自分は正しいと確信しながら、彼のことを間違っていると確信して一歩も譲らぬ世間を変えられぬまま、若くして世を去った。彼の考えはよくてもせいぜいお粗末な科学の産物で、悪くすれば希望的観測にすぎないというのが、衆目の一致するところだった。

　ヴェーゲナーは愛するグリーンランドで、地面の下で起きたかもしれない複雑な事象についてあれこれ悩むかわりに、上空で起きている気象現象の研究に心から満足して携わっていて亡くなった。彼はそのとき、またしても複雑な寒帯気候の驚異を研究すべく、グリーンランドの内陸およそ四〇〇キロメートルの氷冠の高みに、観測用キャンプを設営するのに協力していた。同行者の話では、ヴェーゲナーは自分がはるか南の学界で巻き起こした大騒動のことなどまったく意に介さず、心から仕事を楽しんでいたという。

　彼と彼の忠実なグリーンランド人同行者ラスムス・ヴィルムセンが、グリーンランド西岸に戻るために出発したのは一九三〇年一一月一日、ヴェーゲナーの五〇歳の誕生日のことだった。とても寒く、記録によれば気温は氷点下五〇度で、暗かった。唯一の救いはひゅうひゅうと唸りを上げて吹きつける強風が、少なくとも氷上のキャンプを出発したときには追い風だったことだ。

しかしそのあと、二人の生きた姿を二度と見た者はいない。翌年の五月に派遣された探検隊がヴェーゲナーの遺体を発見した。防寒衣をしっかり着込み、トナカイの皮を敷いた上で寝袋に収まって横たわっていた。青い目を開いたままで、探検隊の報告によると、微笑んでいるように見えたという。死因は心臓発作のようだった。同行者のヴィルムセンはどうやら海を目指してさらに進んだものの、その途中で遭難したようだ。彼の遺体は見つかっていない。

　ヴェーゲナーを発見した探検隊は、彼が亡くなった氷河の名もない場所に六メートル余りの鉄の十字架を立てた。その後一九五〇年代になって、別のイヌぞり隊がそこを通りかかったとき、十字架は消えていた。氷河の氷が動き続け、途中こなごなに砕けてヴェーゲナーの亡骸ももっていったのだ。

　氷河の氷が大陸と同じように動いたと解釈するのは行きすぎだろう。事実、地殻が動くことを主張したヴェーゲナーにも、そのメカニズムはわからず、明確に想像することもできなかった。それがわからなかったこともあって、疑い深い論敵から盛んに攻撃を浴び、反論できなかったのだ。しかし、グリーンランドで氷は動いた。そして、そのとき証明できたかその後できるようになったかはともかく、地殻もたしかに動いた。最後までパイプをふかして落ち着き払っていたヴェーゲナーが、彼の説を信じようとしない周囲の人びとを前に説いている姿が見えるようだ。およそ三世紀前、地動説の撤回を強要した聖職者を前にガリレオ・ガリレイが言った言葉を使って――「エプル・シ・ムーヴェ」［「お望みどおりのことを無理やり私に言わせることもできる。自説を唱えたかどで私を罵ることもできる。それでも地球は動いている」］

　ヴェーゲナーもガリレオと同じだ。今日の根本主義者（根本主義は二〇世紀初頭にアメリカで起きたプロテスタント教会の教義で、創造、奇跡、処女受胎、キリストの復活などの聖書の内容を文字どおり信ずるのが信仰の根本であるとする）や創造科学論者（創造科学は科学説として提唱された創造論の一つで、宇宙およびそこに存在するすべてのものは比較的新しく超自然的に神によって創られたとする）や地球は平らだと信じているような人たちがささやくわずかばかりの異論は別として、今では科学界の誰もが、かつて頑固な変わり者と思われていたヴェーゲナーは本質的に、そして実際に、正しかったと文句なく認めている。

それればかりか、とくに本書の内容と関連づければ、ヴェーゲナーが初めてあれほど勇敢に提唱したプロセスこそが、比喩的な意味でも文字どおりの意味でも根底にあって、現実にすべての火山の形成と崩壊が起こることがわかった。そのうちでも際立っているのが、あの恐ろしくも壮大なクラカトアの大噴火だ。

解明の兆し

しかし、ヴェーゲナーの理論が初めてきちんと確認されたのは、けっして火山の近くではなく、ましてや高温多湿のジャワやスマトラではなかった。一九六〇年代には、大陸が移動したことを証明する決定的な科学的証拠が、さまざまなところからどっと集まってきた。なかでも説得力のある証拠のいくつかは、クラカトアの大惨事から八〇年後に、そこから一万六〇〇〇キロメートルは優に離れた、ちょうど地球の裏側で発見された。ヴェーゲナーの考えの一部を初めてしっかりと検証し、それが正しいことを確認したのは、北極にほど近いグリーンランド東部の雪原で行なわれた初期の探検活動だったというのだから、この地理的皮肉をヴェーゲナーが知ったら笑っただろう。

奇しくも（そして、ずっと後年、アナック・クラカトアの音と光のショーを眺めるまで、事の重みをはっきり認識していなかった奇妙な偶然が重なって）、私は大陸移動の最初の証拠が集められたグリーンランド探検旅行の一つに参加して、下働きながら忘れられない仕事をした。幸運だった。科学の歴史を顧みるとまさに決定的瞬間と言えるときに、まさに決定的な場所に居合わせたのだから。

一九六五年の夏、私はオックスフォード大学で地質学を専攻する二一歳の学生だった。当時は特別意味のあることとは思っていなかったが、世界の火山にまつわるもっとも深遠な謎、すなわち、地球には噴火が起こる場所もあれば起こらない場所もある理由がだいぶ解明され始めたちょうどそのころ、たまたま私は、グリーンランド東岸の荒涼とした未開の地に向かう、小規模な探検隊に参加する機会を得た。スチール製のアイゼンやサメ皮張りのスキーやモールスキン（モグラの毛皮に似た毛羽のある厚地で綾織りの布）製のスキーズボンなど、北へ向かう旅の荷造りをしているとき、その旅が、地球を半周回った先のほとんど知りもしない熱帯の山とかかわりがあろうとは、まったく思ってもみなかった。

地質学部の掲示板に、鉱物学の中古の教科書や卒業生のほとんど未使用のエストウィング社製ハンマーやブラントン・コンパス（一九世紀にアメリカの鉱山技師W・D・ブラントンが発明したプロ仕様のコンパス）の提供広告に混じって、グリーンランド探検の知らせが画鋲で留めてあるのを見つけた瞬間から、私ははるか北の彼方の寒い場所で過ごす夏を思い浮かべてうっとりとした。ぜひ行きたいと思った。

私には昔から緯度の高い地域に行きたいという妙な衝動があった。子供のころは私の世代のイギリス人としてはごく普通に、スコット（ロバート・ファルコン・スコット。一八六八〜一九一二。南極探検をしたイギリス海軍軍人）やシャクルトン（アーネスト・ヘンリー・シャクルトン。一八七四〜一九二二。イギリスの南極探検家）の華ばなしい英雄物語に親しみ、またやや変わったところでは、フリティヨフ・ナンセン（一八六一〜一九三〇。ノルウェーの北極探検家）やピーター・フロイヘン（一八八六〜一九五七。デンマークのジャーナリスト、ライター、北極探検家）といったもっと壮烈な外国人の途方もない探検物語を読んで育った。ずっとあとになって、北極圏に特別の興味を寄せたオックスフォード大学教授で、小柄だが強靭な肉体と明晰な頭脳をもち合わせ、エヴェレストの登山家でもあったローレンス・ウエイジャーの影響で、グリーンランドの探検家のなかでも名高いクヌート・ラスムッセン（一八七九〜一九三三。デンマークの北極探検家・民族学者）とジーノ・ワトキンズ（一九〇七〜三二。イギリスの北極探検家。カヤックでの旅の途中、グリーンランド東岸沖で溺死）の二人も、私にとって最高のヒーローとなった。彼らが探検して名を上げた未開の地、北極圏で過ごす旅のチャンスだ、そう思うと、急にそれがいちばん崇高で夢のあることのように思えてきた。

探検隊に参加させてもらうための特別な資格は何ももっていなかったので、身につけていれば、もしかしたらいくらか助けになるかもしれない技能を習得することにした。モールス信号がいちばんのようだった。そこで二週間練習して、すぐにそこそこ上達し、まずまずのスピードで打てるようになった。それから、ウィンチェスターはいざというときに役に立つかもしれない、といううわさを学内に流した。この作戦はどうやら図に当たったようだ。探検隊の出発予定日の少し前に、私の思惑どおり探検隊長から声がかかり、面接を受けた。隊長はモールス信号が打てると聞くと（「エッセンス」という単語を表わすたいへんリズミカルな信号を自分の机の上でたたかせてみて）、すぐに私を隊員に加えた。人並みに体力と腕力はあったので、そりの運搬係として参加することになったが、そのほかに無線通信の仕事もするように言われた。探検隊の無線機がじつは音声の送受信専用であることがわかったときは、すでに氷雪の上だった。モールス信号の電鍵は見当たらず、腕前を披露する機会はまったくなかった。

北極圏で過ごしたあのすばらしい夏の出来事は、どの国のどんな少年でも夢見るまさに真の冒険で、今でも最高の経験として心に残っている。その後ほとんどひっきりなしに世界を歩き回るような生活を続けているが、北極間近の大フィヨルド（世界最大）であるスコアズビー湾（グリーンランドの東岸、ノルウェー海に臨む大きな湾）の南方のブロスヴィル・コーストに行った、あの二カ月の探検旅行に匹敵する経験は一度もない。あの五〇日間のことは今もはっきり覚えている。

探検はコペンハーゲンで船に荷を積むことから始まった。冷たい北の海の香りと、甘く鼻をつく防水用ストックホルム・タールの香りの中で、いく巻きものロープやいくつもの魚の木箱の間に、探検用の荷物の箱を山と積み上げた。数日後、冷えびえとした砕氷船のブリッジから、デンマーク海峡の北の水平線に初めて氷映（水平線近くの氷の反射が低い雲に映じて生じる、白みを帯びた独特の輝き）の明るい輝きを認めた瞬間、本格的な旅が始まり、私たちを乗せた赤い小さな船は分厚い氷を砕きながら、寒風吹きすさぶ氷の海を進みだした。

その後、北極圏を北へ北へと突き進む間、一瞬一瞬の出来事がどれも強烈な印象とともに鮮明に記憶に刻

グリーンランド。スコアズビー湾の壮大なフィヨルドは東岸の中央付近から広がる。

みつけられた。私たちは謎に満ちた巨大な島の岩だらけの海岸にあるへんぴな浜に上陸した。輝く太陽のもと、氷壁をよじ登り、クレバスが走る動きの速い幅一・六キロメートルの大氷河をずっと登っていった。高い氷冠の上で何週間もキャンプした。黒い玄武岩の切り立った岩壁を懸垂下降したり、誰も足を踏み入れたことのない雪の上をスキーで何キロメートルも走ったりした。

グリーンランディックと呼ばれる、デンマーク語とイヌイット語が混ざった言語も覚えた。グリーンランディックでは、この国は「Kalaallit Nunaat（われらの地）」と呼ばれ、雪片は「qanik」、吹雪は「nittaalaq nalliuttiqattaarruq」という。この言語には雪や氷やそのさまざまな形態を表わす語がほかに四七もある。私たちはひげが伸び、たくましくなった。沈むことのない太陽のせいで真っ黒に日焼けした。夏も終わりに近づき、暗さと寒さが忍び寄るようになると、凍ったブーツを毎朝プリマスストーブ（キャンプのときなどに使う携帯用石油ストーブ）にかざして解かしたり、洗顔のあとの湯を空中にまいて、それが完璧な雪の結晶となって落ちてくるのを眺めたりしたものだ。

当然ながら問題も生じた。物資が不足してきたのだ（寒冷地用のマーガリンだけはたっぷり四分の一トンはあったが）。そこで、絶好調のときでもけっして名射撃手ではなかった私が、探検隊に一丁しかないライフルの管理係だったという理由で、食料用にホッキョクグマを撃つ羽目になった。撃ったのは歳のいったクマで、ぜんぜんおいしくないばかりか、四肢はプラナリア科の扁形動物の寄生虫だらけで、腿の肉からそれをほじくり出さなければならなかった。クマを撃った翌日、完全にまぐれだったが、私はまたしてもたった一発の銃弾で、飛んでいるガンを撃ち落とした。今の世の中なら、ぜったい顰蹙《ひんしゅく》を買うことだ。だが、そのときはどうしようもなく空腹なうえ、ほかに食べるものがなかったのだ。

そのあと悪天候で身動きがとれなくなり、予定より二週間遅れ、デンマークの砕氷船は、やむをえず私たちを残してコペンハーゲンに向けて出航した。そこで私たちは、比較的安全な場所を求めてエスキモーの村に行くために、貴重な岩石の標本が詰まった三〇キログラム近くある箱を背負って、荒れ狂う海で揺れ惑う薄い氷盤の上を丸一日歩き続けるという危険を冒す羽目になった。村に着いても食料は調達しなければならない。地元の人たちといっしょにジャコウウシの狩りをし、アザラシの子供を食べた。アザラシは腹を開き、そこにローストした海鳥の肉を詰めるが、私たちは残り少ない蓄えの中から、この土地ではじつに珍しい香辛料のローリエ（月桂樹の葉を乾燥させたもの）を出してこれに加えた。

こうして私たちはやっとのことで帰国した。季節は変わろうとしていて、日没が日に日に早くなり、北から嵐が押し寄せた。猛吹雪《ブリザード》を冒して薄闇の中を迎えに来てくれた勇敢なアイスランド人パイロットは、なんとその翌日、アイスランド北部のクローと呼ばれる神秘的で不気味な地域で、操縦していたセスナが断崖に突っ込み、死亡したという。この知らせを聞いたとき、私たちはちょうどロンドンのサヴォイ・ホテルで、クリームケーキを食べながら生還を祝っていた。みな、暗く重苦しい沈黙のうちに、すごすごと家路についた。

グリーンランドでの短い探検はそれ自体が忘れえぬ経験だが、その真価はやはり科学の分野にあった。この手の探検旅行はほかにも行なわれていた。ほぼ同じころ、オックスフォード大学はスピッツベルゲン諸島（ノルウェー北方、北極圏にあるノルウェー領の群島）、北カナダの北極圏地方、フィンマルク（ノルウェー北端の州）など、北極圏のいたるところに、同じ科学的な目的で探検隊を出していた。ほかの大学や研究機関も同様だった。その方面の人びとに「ザ・グレート・ホワイト」と呼ばれる地域で何が発見できるか、とりわけ地質学者は興味津々だった。

私たちの発見——もっと正確に言えば、私たちがもち帰った岩の標本を調べた、遠くの研究者たちによる発見——は、ある理論の証明に役立った。それは、当時はまだ裏づけが完全でなく確たる証拠が必要な理論だったが、今日ではしっかりと確立され、クラカトアとも、本書の本筋ともたいへん深いかかわりをもつこととなった。

黒と白だけの極寒のグリーンランド東岸は、ジャワ島の西の草木が茂る緑豊かな熱帯の島じまからは遠く離れている。しかし、地質学的にはこの二つの場所には、じつは多くの共通点がある。どちらも砂岩や頁岩《けつがん》、あるいは化石を多く含む柔らかい白亜層からはできていない。両者とも、火と硫黄のおかげで生まれた。グリーンランドもジャワも、地球のもっとも基本的な営みによって焼き焦がされて誕生した火山地帯だ。それだけではない。両者が誕生し、地球上の現地点にあるのは、かつては謎に包まれ多くの人にばかにされていたメカニズムがあってこそのことだった。そのメカニズムを最初に発見した（あるいは、少なくとも部分的に立証する以上の成果を上げた）のが、私たちのように小さくて微力な探検隊がもち帰った収集物や調査結果や観察記録を調べた人たちだった。

私たちの収集箱（そして、悪天候のため現地に残し、次の夏に回収しなければならなかった多くの箱）には、慎重に掘り出して番号を振った、グリーンランド東岸の母岩の標本がぎっしりと詰め込まれていた。母岩とは、マグマが貫入した火山岩だ。グリーンランドで私たちが滞在したあたりの緯度では、地下のほぼ全面に玄武岩が堆積している。これは暗灰色で粒子の細かい火山岩の一種で、第三紀（地質年代の区分の一つで約六五〇〇万年から二〇〇万年前まで）の今からおよそ三〇〇〇万年前にあとからあとから層をなして積み重なったものだ。

玄武岩は見たところ、どうということのない岩石で、普通この岩から美しい景観は期待できない（柱状になって、アントリム州のジャイアンツ・コーズウェー（北アイルランドのアントリム州北岸に約五キロメートルにわたって伸びる、六角柱の玄武岩の景勝地）やスタッファ島のフィンガル洞窟（スコットランド西部の小島スタッファ島にある洞窟で、内部は第三紀の玄武岩溶岩が冷却されてできた六角柱からなる）のような名所を形作る場合は例外だが）。じっくり見ても断じて美しいとは言えない。花崗岩や斑糲《はんれい》岩やもっとエキゾチックなさまざまな斑岩のように、見栄えのする火成岩には遠く及ばない。建築材としても、ジュラ紀（地質年代の区分の一つで約二億一〇〇〇万年前から一億四〇〇〇万年前まで）の石灰岩やイタリア大理石にはとうていかなわない。しかしあの夏、ある任務を帯びて雪原を歩き回った私たち六人にとっては、玄武岩はこの岩ならではの興味深い特徴を一つもっていた。何気なく見ただけで簡単にわかる特徴ではなかったが、当時始まったばかりの地球物理学的見地からの真相究明には欠かせない重大な特徴だ。

冷めていく玄武岩には酸化鉄の化合物――おもに立方晶系の鉱物である磁鉄鉱（Fe_3O_4）――の小さな結晶が含まれており、これが強い磁気を帯びていることがわかった。冷めていく過程の、溶融状態で可塑性のある段階では、これらの結晶がみなミニチュアの方位磁石さながらの働きをして、まだどろどろしている混合物の中で見事に足並みをそろえて、あちらへこちらへと向きを変える。そして、その向きは北極と南極の間を放射線状に結ぶ磁力線の影響を大きく受ける。

冷却が終わり、マグマがキュリー点(9)と呼ばれる温度以下になって固体化（専門用語では「凝固」という）すると、そこに含まれるたくさんの磁石の向きが固定され、その向きは永遠に変わらない。しかも、ここが肝心なのだが、結晶の一つひとつが、岩石が凝固した時点――グリーンランド東部の場合は三〇〇〇万年前――の北極と南極の方向を向いて並ぶのだ。したがってこの磁石は有力な証拠となる。はるか昔に、北極と南極はその岩石に対してどちらの方向にあったのか、あるいはその岩石は北極と南極に対してどちらの方向にあったのかを教えてくれるからだ。

私たちの任務はそういった玄武岩の標本を大量に集めることだった（これは、玄武岩の特性に着目した世

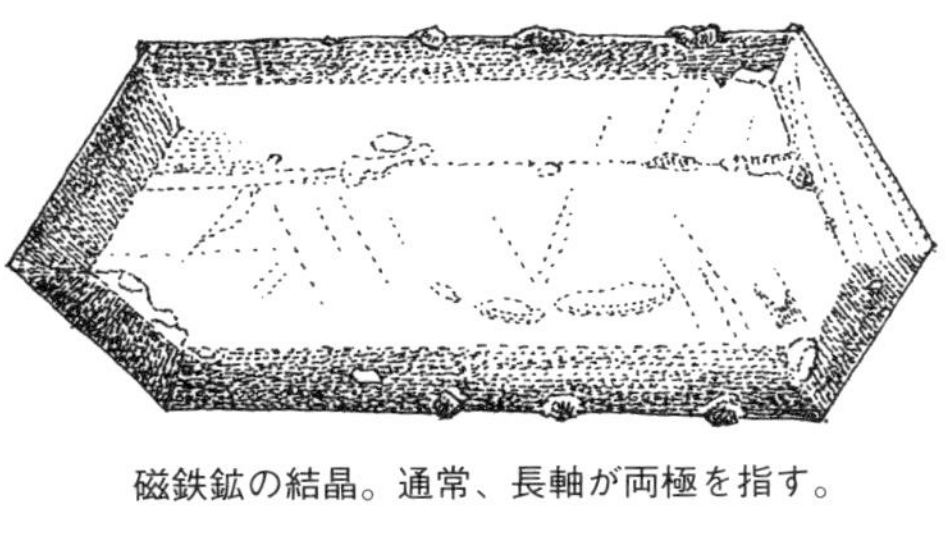

磁鉄鉱の結晶。通常、長軸が両極を指す。

（9）「冷却過程の溶岩に残留する磁性が恒久的に定まる温度」と定義されるキュリー点は、磁鉄鉱の場合、摂氏五八二度。

界各地の少数の研究室によって課せられた任務で、そうした研究室の教授たちは、何カ月か前に助成金を出してくれそうな団体を説得して回り、私たちが砕氷船をチャーターし、ナンセンが改良したそりやペミカン（乾燥肉の粉末を溶かした脂肪と混ぜ、干した果実などといっしょに固めた保存食糧）や堅パンを買って出発できるだけの資金を集めた）。私たちが標本をもち帰ったら、専門の研究者のもとにそれを送り、そこに含まれる酸化鉄粒子に残存する磁気の強さや向きを調べることになっていた。発生から長い歳月を経た磁気の強さは、一応興味の対象ということになっていたが、ほんとうはどうでもよかった。研究者たちが何より強い興味を寄せていたのは磁気の向きだ。その関係で、私たちは標本収集の際に、その岩が現在の北極と南極に対してどういう向きを示していたか、細心の注意を払って正確に記録するように言われていた。

そういうわけで私たちは何時間もかけて——夏の北極の沈まぬ太陽の光を浴びながら、昼も夜も——現地で言う「ヌナタク（イヌイット語で氷床に突き出した山のこと）」の切り立った岩壁から玄武岩の標本を丹念に掘り出した。携帯用の電動ドリルで掘り（先端にダイヤモンドがはめ込まれた刃は、バケツに入れた雪に突っ込んで冷まさなければならかった）、きわめて正確な太陽コンパスを使って、[10]掘り出した標本がそれぞれ現在の極点に対してどの方向にあったかを、つねに確実に把握できるようにした。長さ約二〇センチメートル、直径約五センチメートルのコア（採取された岩石の円筒形試料）を選別し、地質学上の層位（ほかの岩石層と比べてどの高さで見つかったか）と太陽コンパスで調べた方位を消えないように記して、ビニールで包み、防水加工を施した丈夫な繊維板《ファイバーボード》で作った特製の箱にしまった。

こうして集めた玄武岩のコアを必要としていた科学研究は見事なほど単純で、今日の基準で言えばやや面白味に欠けるものだった。これに興味をもった科学者たちは、六〇年代初頭にしだいに現実味を帯びてきた仮説の真偽を確かめようと、みな標本の分析をしたがった。急速に勢いを得つつあったこの仮説は、現代の地球の形成に関する口にできない見解、（ある方面の人たちの間では）依然として異端視されかねない見解に根差していた。それは、昔できた岩石に含まれる磁鉄鉱の結晶が示す磁気方位は、もしかしたら、ただの可能性にすぎないが、今日の岩石そのものの方位と大きく異なっているかもしれないというものだった。もし立証できれば、これは現代地球物理学の知識や見解を根底から変える大革命の発端となるだろう。これが証明されることにでもなれば、口にできない見解は突然声を大にして広めるべき考えとなり、異端の発想は一夜にして正統の教義に変わるはずだった。

そして、まさにそうなった。私たちがもち帰った岩石が、最後には（何カ月もたってからではあったが）基本的にまさしく誰もが期待していたことを証明してくれた。磁鉄鉱の磁石の向きを実際の方位と比較すると（このような現象を研究する学問は、およそ一世紀前からラテン語とギリシア語の混成語で「paleomagnetism〔古地磁気学〕」と呼ばれていた）、大勢の科学者が想像していたことが確認された。第三紀の磁石が示す方位と現在の南北両極の位置には大きな違いがあったのだ。採集された大量の磁石はどれも現在の極ではなく、極からおよそ一五度東の地点を指していた。単純な発見だが、驚くべき結果に結びついた。

この発見は次の二つのどちらかを意味している。岩石に対して極が動いたか、極に対して岩石が動いたか。最初は前者の可能性が有力に思われた。なにしろ北極は目に見えなくてかなり謎めいた存在だったので、一五度分どちらかへ移動するのも簡単に思えたからだ。しかし私たちがもち帰った岩石標本を研究していた科

(10) 厄介な事情のために正確な太陽コンパスが必要だった。北アメリカ大陸北部（専門的に言うとグリーンランドもそれに含まれる）の高緯度地域では、磁力線が互いにとても接近しており、毎年大きくぶれるので、普通の磁気コンパスは役に立たないばかりかかえって邪魔になる。このあたりの水域を仕事場にしている漁師や航海者ならよく知っていることだ。私たちはそんなこともあろうかと思い、方位の計測はすべてぜったいに狂わないもの、すなわち太陽の位置を基準にしようと、オックスフォードにいるときから決めていた。

学者は幸い、それがありえないことを知っていた。彼らはすでにスピッツベルゲン諸島（北極海とノルウェー海の間にある群島）やフェロー諸島（イギリスとアイスランドの間にある二一の島からなる群島）、ノルウェーなどの北極地方からもち帰った、同じ時代のほかの岩石標本を対象に、古地磁気学の研究をしていたのだ。その結果、それらの岩石に含まれる磁鉄鉱の情報から計算した北極の位置には、大きなばらつきがあることがわかった。極が動き回ったのではなく、むしろ北極がいくつも同時に存在したかのようなばらつきだった。

極が動いていないのなら、残る選択肢を受け入れるしかない。それは六〇年代の研究者の多くにとって、「ユーリカ！」と叫びたくなるような、ほんとうに人生を変えるほどの転機だった。岩石中の磁鉄鉱の方位を読み解くと、グリーンランド東部の玄武岩が動いていたことがわかったのだ。どういうわけか、グリーンランド東部の玄武岩は、地中から噴出して以来三〇〇〇万年のうちに、経度にして一五度ほど西方に漂移していた。

言い換えれば、昔から考えられていた（が、この瞬間まで一般にまさかと思われてきた）大陸移動という現象が、実際に起きていたのだ。しかもこれは今はもう証明可能な、議論の余地のない事実だった。第三紀に大西洋の海底が裂けて広がったのは確かだった。今や、グリーンランドの玄武岩から有力な証拠が出て、大陸移動説――最初、地球にはパンゲアという一つの超大陸があり、それが分裂して地球の表面を移動し、散らばったとする説――が、ほぼ間違いなく裏づけられた。アルフレート・ヴェーゲナーがあれほど執拗に提唱し続けた説、そしてそれまでの約半世紀間、科学界ではあれほど広範にわたって退けられてきた説が、ついに正しいと確認されたのだ。

一九六〇年代後半、グリーンランド東部から得たような証拠が次つぎに確保されるなかで、科学界の大変化は間近に迫っていた。それは初めは思いがけない形で起こった。偶然の出来事で、それは地理的にはグリーンランドより大変化にずっとふさわしいジャワ島の沖、クラカトア島も見えそうなところで起きた。大変化がありがちな海での出来事だった（英語では「大変化」のことを「sea change（海の変化）」と言う）。

まず初めに二つの発見があった。一つは、海底が広がり、その結果大陸が移動した裏づけとして、たんなる状況証拠ではなく議論の余地のない確実な証拠を提供した。もう一つは疑い深い人たちに、ヴェーゲナーがどうしても示せなかったもの、すなわち、海底の拡大と大陸の移動はいかにして起きるのか、そのメカニズムを説明するモデルを提示した。

最初の発見は、ジャワ島の南岸沖で大陸移動とは関係のない実験を続けているうちになされた。ジャワ島沖というのも本書にふさわしいが、この実験をしていたのがデルフト工科大学のフェリックス・ヴェニング・マイネツというオランダ人だったのだから、なおさらだ。

当初、ヴェニング・マイネツの知的興味の対象は大陸移動とはまったく無関係のことだった。彼はもっぱら、地球上のさまざまな場所での正確な重力測定に関心を寄せていた。とくに、深海の底の謎めいた世界における測定に関心があった。重力は加速度で測るので、何かそれ自体が動いているもの、たとえば船から測定するのはきわめて難しい。そこでヴェニング・マイネツは、自作の特殊な測定器具をあれこれ試さなければならなかった。

大陸移動説が全面的に受け入れられたのは、ヴェーゲナーの死後優に四〇年たってからだったが、ヴェニング・マイネツが初期の研究を実施したのは一九二三年から二七年までで、不遇の先駆者ヴェーゲナーがまだ生きているころだった。彼は反対方向に振れる二つの振り子でできた原始的な重力計をもって、思いつくかぎりもっとも揺れの少ない海の乗り物である潜水艦に乗り込み、ジンバル（羅針盤などをつって水平に保つ装置）の上に設置した。そしてオランダ海軍に頼んで、「女王陛下KⅡ」号と「女王陛下KⅩⅢ」号というやや味気ない名の潜水艦を、ジャワ島沖に何度か浅く潜航させてもらった。[11] すると驚いたことに、ジャワ島からでもスマトラ島からでも南岸沖三〇〇キロメートル余りのところで、重力場の力に劇的な低下が見られることがわかった。

大きな重力異常が見られる場所は、ジャワ海溝と呼ばれる、恐ろしく深くて長い海底の裂け目のある場所とぴったり一致した。この海溝の深さを実感するには、クリスマス島（ジャワ島の南方およそ三六〇キロメートルにある島）沖のあたりで海面下三〇〇〇メートル余りの海底を東に向かって移動しているところ（どうしても信じられないわけでなければ、海底を這うように進む車を運転しているところ）を想像するとよい。突然何の警告もなく、海底が一〇パーセント以上の勾配で下り始める。どんどん、どんどん下り続けて、やがて坂の突き当たり、つまり暗くて氷のように冷たいジャワ海溝の底に行き着くと、水深はおよそ七五〇〇メートルだ。そこで下るときよりもっと唐突に海底は上り坂になり、一度少し下って、それから大陸棚、浅瀬、裾礁《きょしょう》（岸から続いて広がり、海岸を縁取る珊瑚礁）へと一気に上り、ついにはジャワ島南部の浜にたどり着く。岸からおよそ三二〇キロメートル以内に、世界の海でも極端に深い場所が何カ所かあり、ヴェニング・マイネツは、その真上では重力加速度が極端に小さいことを発見した。

彼はすぐさまプリンストン大学の若手の科学者ハリー・ヘスによってアメリカに招かれた。そして、やがて新しい分野の新星となる二人の若者、モーリス・ユーイング（一九〇六〜七四。アメリカの物理学者）とテディ（のちのサー・エドワード）・ブラード（一九〇七〜八〇。イギリスの地球物理学者）を加えた四人で、ジャワで見られた重力異常が、カリブ海に存在が確認されている海溝の上でも観測できるかどうかを調べるために、「バラクーダ」号という船で出かけた。すると、たしかに観測できた。目を見張るほどの重力異常だった。四人は興奮しながら、その理由について話し合った。ヘスとヴェニング・マイネツは、何か不思議な力が海底の岩を下方に引っ張っている、そして（言ってみれば）同時に重力をも下向きに引っ張って、力を打ち消しているのが原因ではないか、という意見を公然と口にした。一九三九年にヘスが重要な論文を書いている。

最近、負の重力異常域が生まれる原因に関して、一つの重要な考えが新たに……提起された。……これは模型による実験に基づいており、実験では……回転する複数の水平シリンダーを使って堅い表面の下の液状層に対流を起こし、対流セル（対流による循環運動が起きている部分）を作り出した。反対方向の流れがぶつかって、ともに下方に向かうところでは……表面に下向きのひずみが生じた。対流が続いているかぎり、下向きのひずみは持続する。……自然界での対流の速さは、実際は年に一～一〇センチメートルだろう。

ついに理論上のメカニズムが解明されたのかもしれない。地球の堅い表層部の下にはいくつかの対流があって、その対流が大陸を乗せて引っ張って動かし、自らが下向きに流れを変えるとき、大陸もいっしょに下に引っ張ってゆくのかもしれない。こうして大陸は互いに近づくか離れるかして、毎年一～一〇センチメートルほどの割合で動いている可能性がある。奇蹟のような話だが、この割合は（かつて誰かが急いで計算したところ）、ヴェーゲナーが二〇年以上前に提示したゴンドワナ大陸の分裂の進度と、完全に一致していた。しかし、時は一九三九年、世界は人間の手によるまったく別の騒乱の波に呑み込まれつつあった。ヘスとその大胆な理論は戦争の終結を待たなければならなかった。

ところが戦争が終わると、地殻の動きを示す予想外のまったく新しい証拠が出現した。証拠は再び海で見つかったが、今回はジャワ島沖ではなく、アメリカ合衆国北西部の沖合いだった。戦前に行なわれた一つ目の草分け的研究は、地球の重力場における重力異常に関連していたのに対し、次の一連の実験は地球の磁気

(11) ヴェニング・マイネツはかなりの巨体の持ち主で、小さな潜水艦に同乗させるのは楽ではなかった。艦長は、この偉い博士が陣取るたびに身を縮めるよう、乗組員に注意しなければならなかった。

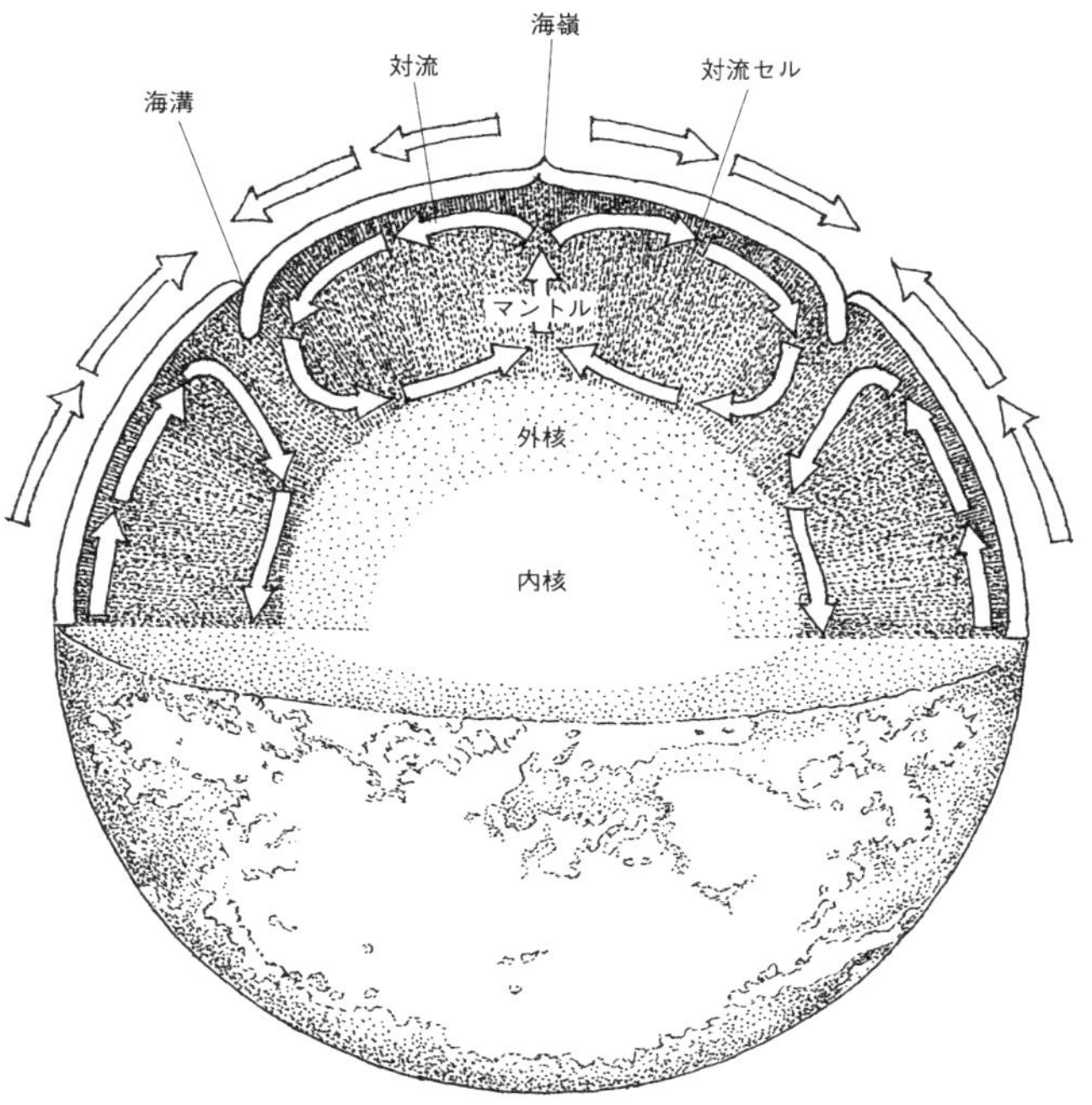

地球のマントル内の対流――大陸移動とプレート移動を引き起こすメカニズム。

の研究に関連していた。より厳密に言うと、海底の岩石が留めているかもしれない残留磁気なるものが関心の対象だった。後に私たちがグリーンランド東部の岩石で研究した、昔の磁気の残した痕跡だ。

　残留磁気に関する先駆的な研究は、意気盛んな赤毛のマンチェスター人キース・ランコーンに負うところが大きい。彼は常識にとらわれない地球物理学者で、ひょっとすると地球の磁場は、長い歳月の間に変化するのではないか、もしかしたら磁気の強さと向きは変化してきたのではないか、という疑問を提起した。もし変化したのなら、調査対象とする時期にできた岩石の残留磁気を調べることにより、変化の形跡が発見できるかもしれない。[12]

　一九五〇年代初頭、ランコーンは同

僚や助手とともに、いろいろな装置を用いて（そのうちには、いかにも不審でしかたがないという体の英国造幣局から借りた一七キログラム近い純金製の球体まであった）、イギリス中のさまざまな時代のさまざまな岩石に含まれる残留磁気を調査した。その結果は一九五四年に論文として発表された。岩石に残る磁気には、どの地質年代のものかによって、たしかに大きなばらつきがあることがわかった。これをきちんと説明できるのは、二つの現象のどちらか一つだけだった。磁極が地表の陸塊に対する位置を変えてきたか、陸塊が磁極に対する位置を変えているか、だ。後者が大陸移動で、ランコーンにはこれが至極もっともな説明に思えた。

この見解を裏づける説得力ある証拠がさらに、その後まもなく見つかる。もしほかの大陸の岩石も同じ残留磁気を示して、磁極の移動を裏づけるのなら、たしかに磁極自体が動いたものと思われる。だが逆に、もし遠く離れた大陸間で結果が異なったら、動いたのは磁極ではなく大陸ということになる。一九五六年、その調査結果が出た。磁気のばらつきは大陸間で大幅に異なる度合いを示していた。ランコーンやヘスたちにとっては嬉しい証拠だった。ばらつきの違いは、大陸が動いて分散していったと考える以外に説明のしようがない。真相の解明は間近だった。ヴェーゲナーの理論が復活しようとしていた。それも急速に。

決定的な証拠は、一九五五年八月に、アメリカ最西端のカリフォルニア州メンドシノ岬と、カナダのクイーン・シャーロット諸島（カナダ西部ブリティッシュ・コロンビア州西岸沖にある一五〇の島からなる群島）最南端の間の冷たい海で始められた研究で、思いがけなく見つかった。長期研究休暇でカリフォルニア工科大学を訪れていたイギリスの地球物理学者ロン・

(12) 残留磁気の発想を初めて提示したのはピエール・キュリー（一八五九〜一九〇六。フランスの物理学者で、マリー・キュリーの夫）で、彼は、ある磁場で冷却された岩石は、冷却の過程でその磁場の極性と向きを獲得することを発見した。磁気が（後の地質学者の研究には好都合なことに）確定する重要な温度はキュリー点と呼ばれ、岩石の種類によって異なる。

メイソンは、アメリカ政府が海底の磁気に関する調査を極秘で進めていることに、うすうす気づいていた。この調査が極秘だったのは、アメリカ海軍が深海における長距離潜水艦の隠れ場所を探していたからだと言われている。

ある朝、彼は計画の責任者とコーヒーを飲みながら何気なく訊いてみた。「プロジェクト・マグネット」と呼ばれるこの計画に加わって、政府の調査の妨げにならぬように磁力計を調査船に引いてもらい、海底で磁気異常が見つかればそれを記録して独自の調査図を作りたいのだが、可能だろうか、と。すると承諾され、その夏メイソンは、沿岸警備隊の「パイオニア」号が国防総省のために一見もっと大事なものを探索する際に、細長い魚形の浮遊計測器、正式には、サイエンス・フィクションに出てきそうな「ＡＳＱ—３Ａフラックスゲート・マグネットメータ[13]」という呼び名の機器を牽引してもらった。

メイソンの装置は「パイオニア」号の司令室にあり、船の後ろ下をついてくる磁力計と電線でつながっていて、海底の岩石に見られる磁気の強さと向きの変化を記録していった。ローラーから繰り出される記録紙には、複雑な線の積み重ねの形でデータが記される（用紙はあとで、太平洋岸の海岸線と海底の地形を示した地図上に重ねられる）。線のうちには特定の性質をもつ岩石を表わすものや、まったく逆の性質をもつ岩石の存在を示すものもある。

何百キロメートルにも及ぶインクの線が記録紙を埋めてゆくと、メイソンはわが目を疑った。初めは、延延と繰り出される記録紙に記されたものには何の意味もなく、わけのわからぬ象形文字を無作為に集めただけのように見えた。しかし何時間かのうちに、どういうわけかインク線がじつに規則正しく完璧な一貫性をもつパターンを示し始めた。船が着実に海を進み、海中に浮かびながらそれに続くＡＳＱ—３Ａが、何百メートルも下の岩石に見られる磁場をどんどん記録してゆくと、データは記録紙の上に、ちょうどシマウマやトラを思わせる、平行でまっすぐな、まぎれもない縞模様を描き始めた。

日を重ね、週を重ね、ついには月を重ねて、小さな調査船が記録経路を地道に進むうちに、縞はますますはっきりしてきた。調査船はスピードをたえず五ノット（毎時約九キロメートル）に保ったまま、予定の航路を行ったり来たりし、メイソンが定めた観測区域を何度もたどる。それにともなって、下の岩石から送られてくるデータのシマウマ模様が着実に姿を現わし、とうとう記録紙全体が、前にも増して気味が悪いほど規則的に黒から白へ、白から黒へと交互に変わる、白黒の長いつぎはぎ模様で覆われた。

そのうえ、すべての縞はただ規則正しいだけではなかった。「パイオニア」号が二、三度往復しただけで、その並び方がわかった。縞は全部、平行に並んでいるだけでなく、基本的に北と南だけを指していた。もっと正確に言えば、そのデータを得た海洋の経線に沿っていた。

船が東西に進もうが、斜めに進もうが、逆戻りしようが関係なかった。船が行ったり来たりを繰り返すたびに、海底岩石の磁気は長く南北に伸びる何本もの縞の模様として記録されていった。そのため海底はフレデリック・オヴ・ハリウッド（アメリカの女性用ランジェリーなどのカタログ販売業者。マリリン・モンローやマドンナの下着を扱ったことで有名）のアクリル製ベッドシーツか、あるいはシマウマかトラの群れのような、たんに磁気を示しているとは思えないエキゾチックな柄に染まった。

そして、それが何であるか、誰もが瞬時に気づいた。記録紙の上の縞模様は磁気異常を示すもので、地球の磁場にときどき起きていた極性逆転の記録だ。

これは二〇世紀の初めにフランスのジャン・ブリュンヌによって漠然と認知され、その後一九二〇年代に

(13) この装置はもともと、低空飛行用航空機に搭載して海中に潜む敵の潜水艦を見つけるために設計されたもので、「magnetic airborne detector（機上磁気探知器）」の頭文字をとって「MAD」と呼ばれる。これを帯磁していない魚形の容器に入れ、船で直接海中を牽引させるように改良するのは簡単だった。

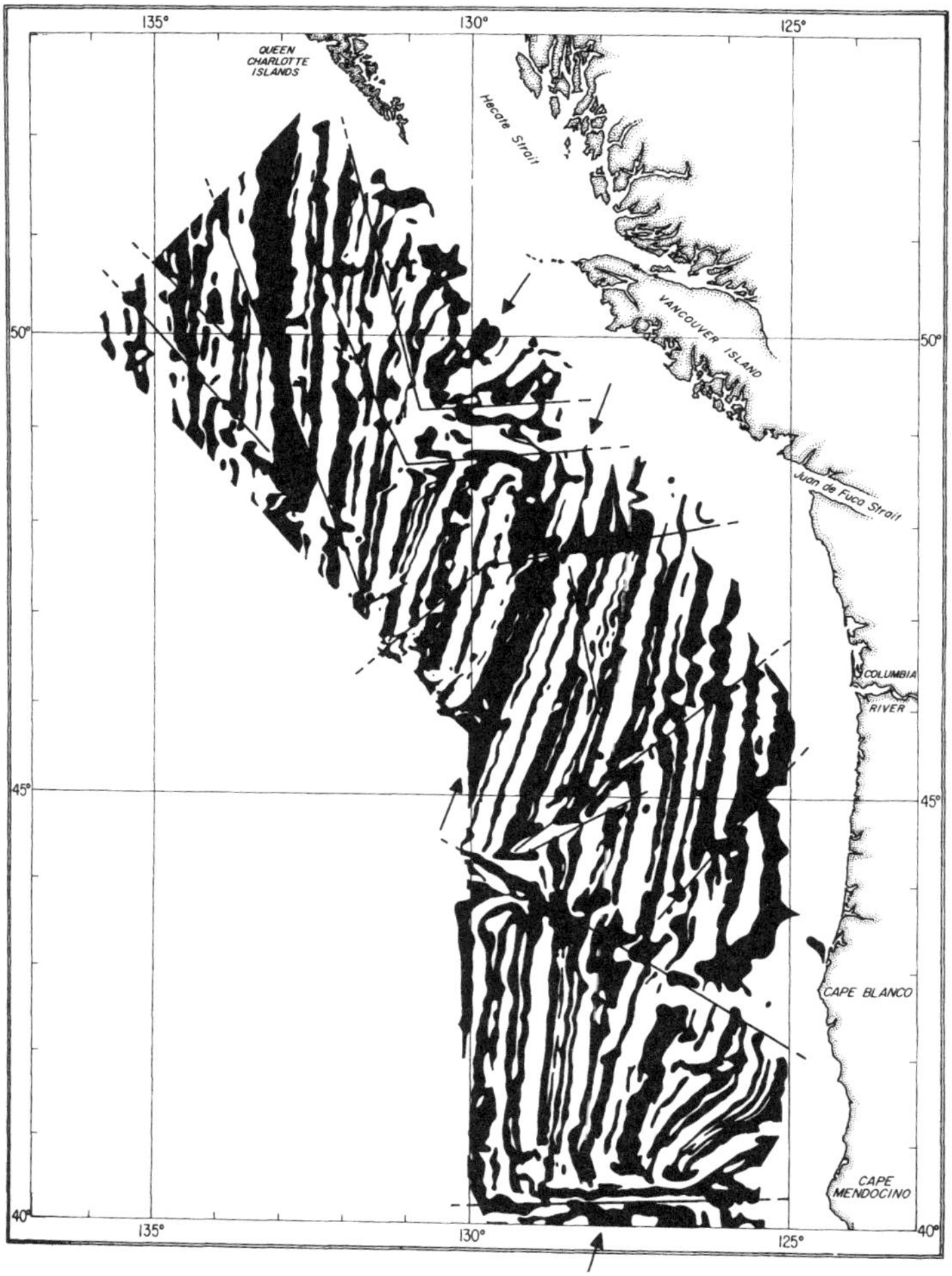

1955年にアメリカ北西部太平洋沖の海底で発見された磁気による「シマウマ模様」。これがついに海洋底拡大説を裏づけることになる。

（日本の地球物理学者、松山基範によって）確認された奇妙な現象だ（松山は東南アジアの岩石に見られる残留磁気を調べ、地磁場の逆転を明らかにした）。ブリュンヌは更新世（地質年代の新生代第四紀の前半で、約二〇〇万年前から一万年前まで）の終わり、今からおよそ一万年前に、磁場の逆転があったことを示した。それから三〇年後、彼の研究は完璧に裏づけられた。アイスランドの玄武岩層で発見された残留磁気に、連続した磁場の逆転が認められたのだ。以後、この現象に関して疑問の余地はなくなった。

アイスランドほか各地の研究により、磁場の逆転はちょうど人工の自励式発電機《ダイナモ》で起きるように、地磁場の（どうしても理由は説明できないにせよ）ごく普通の特徴であることがわかった。まもなく古地磁気学者が算定したところでは、過去七六〇〇万年間にそうした逆転が七六回もあり、測定できるだけでも一億五〇〇〇万年前のジュラ紀前期までさかのぼるという（ただし、一億一〇〇〇万年前から八五〇〇万年前までの間は例外で、これまた理由は説明できないが、この間には一度も逆転がなかった。それでこの時期は「白亜紀磁気静穏帯」と呼ばれるようになった）。

そして今度はついに岩石の磁場に見られる逆転の証拠が黒白で表わされ、そのうえそれは、地図上に記すと、太平洋北東の海底に消しようもなく刻まれた一つのパターンに基づいて、規則正しく並んでいるように見えた。さらに多くのデータを記録・分析すると、もっと驚異的な事実が判明した。海洋の片側で見られる、独特の複雑さをもつ縞模様は、反対側で見られる縞模様とほとんど同じで、この対称形の中心となる点または軸が海洋の中央に存在するのだ。その原因もすぐに明らかになった。

磁気の縞が南北を向いているということは、海底の岩石が外に向かって動いている、つまり、中央から東西に向けて遠ざかっていることを示唆している。屋根の棟木に落ちた雨水が、左右に分かれて流れるようなものだ。

ここから導かれる結論が、大陸移動のメカニズムの唯一解明されていなかった箇所、つまりヴェーゲナーがどうしても思いつかなかった部分であることが判明した。海洋中央の南北に走る軸は、論理的に言っておそらく――それにしても唐突で驚かされるが――真新しい海洋底が生み出されている場所なのだ。海洋中央の軸は地表を生み出す海嶺で、地球の内部から湧き上がったものがそこで海底に流れ出し、外へ、両側へと運ばれてゆく。こうして順送りに新たな地表が生まれうるように、つねに場所を空けているわけだ。

　このように、真新しい海底の土地は何百万年もかけて少しずつ着実に形成され、深海の棟木から東西に分かれて広がるので、その土地の岩石に閉じ込められた残留磁気は、数万年に一度の割で起きる地磁場逆転の記録を宿し、観測可能な状態で海底に残る。それに目を向け、その意味を理解することにより、科学者はついに海洋底拡大説の揺るぎない証拠を得たと宣言することができた。放射性化学による年代測定法が完成すると、海底が裂けて左右に広がった年代や新しい海底が形成された年代、そして大陸が移動した年代まで、すべてはっきりと特定できるようになった。

　大陸移動のメカニズムとそれが起きた年代がつかめると、残りも俄然、明快そのものになった。次から次へと結論が導き出され、四〇年前にヴェーゲナーが亡くなって以来ずっと科学者たちを悩ませてきた知識の空白が埋められていった。

　一九六二年にはハリー・ヘスが、「パイオニア」号をはじめとする、魚形の磁力計を牽引した多数の船から寄せられた新たな証拠[14]を武器に、戦争によって理不尽にも保留を余儀なくされたもののずっと頭から離れなかった問題に、再び取り組むことにした。地殻の下では対流が起きていて、大陸は実際にそれに乗って、ちょうど巨大ないかだのように移動し、衝突したり、跳ね返ったり、溶融状態の地球の中に向かって再び沈み込んだりして、たえず地表でダンスを繰り広げている、とヘスは言う。今回は彼の見解を裏づける確かな証拠があった。その年、ヘスは今や古典となった論文[15]にこう書いている。「細かい点に難癖をつける者もいるかもしれないが、古地磁気学を総合的に見るとそこには十分な説得力があり、この説は無視せず受け入れるのが妥当である」大陸移動はほぼ間違いなく起きている。疑いの余地はなかった。そして実際、ヘスがこの論文を発表して以来、これに疑問を投げかける者はない。

面白い巡り合わせで、私はハリー・ヘスともキース・ランコーンとも、わずかとはいえ、面識があった。ヘスとの出会いは、今でも赤面するほど恥ずかしい思い出として記憶に残っている。

一九六六年の初春、私が二二歳になろうというころのことだ。その少し前に私は、才があるからというより、たんに順番が回ってきたからということで、オックスフォード大学地質学会の会長に選ばれていた。その肩書きもあり、また私がアメリカを——そしてたまたまプリンストン大学を——よく訪れていたこともあり、私は二学期の学会最終記念集会での講演をヘス教授に依頼して、なんとか承諾を得ることに成功した。当時ヘスはすでに高名な学者で、一介の大学生が書いた招待状を彼が受け入れてくれたのは、学会の全員にとって大きな名誉だった。この偉大な科学者の講演を聞き逃すまいと、大学中の科学系の学部からお偉方が集まってきた。

学会のしきたりで、集会の主催者もゲストも黒い蝶ネクタイをつけて準正装することになっていた。私は補佐役たちをともなって、オックスフォード駅でヘスを出迎えた（ヘスはこちらの要望どおりの服装だったが、それを「タクス」と呼んでいたし〔「タクス（タキシード）」はアメリカ人の呼び方で、イギリスでは「ディナー・ジャケット」と呼ぶのが普通〕、適度に古ぼけていて学者

(14)　これらの証拠から、どの海洋でも新しい海底を生み出している海嶺が見られ、磁気を帯びた岩石の巨大ないかだが、そこからじわじわと離れていることがわかった。なかでも大西洋の海底の動きは、その不変性で群を抜いている。

(15)　『岩石学——A・F・バディントン記念号（*Petrologic Studies: A Volume in Honor of A. F. Buddington*）』（米国地質学会）五九九～六二〇ページ所収「海盆の歴史」。

にお似合いだった）。ヘスには（そして自分たちにも、学会もちで）、街から一五、六キロメートル離れた郊外の河畔にたたずむこぢんまりとした有名なホテルで、豪華な食事を振る舞うことになっていた。そこで、ヘスと私、それに学会の副会長、事務局長、財務部長の五人は、私の一九三五年型モーリス8（一九三五年からイギリスで量産された大衆車）で出かけた。この古びた車は友人たちには好評だったが、いかんせん古すぎて頼りにならないことが、あとになってわかった。

私たちは、昔ながらの草葺き屋根と大昔の持ち送り積み様式とを組み合わせて建てたホテルに早目に到着し、大きな暖炉のそばで、スープと子羊《ラム》料理とアロース・コルトン（フランスのブルゴーニュ地方のワイン）の五九年ものを堪能した。お集まりいただいた大学のお偉方との約束は、八時半に学内の博物館で、ということになっていた。店を出たのは八時一〇分前、所定の時間に会場に着くには十分余裕があった。ヘスはコルトンが気に入って、たしか五人で三本空けた。彼は上機嫌だった。

だが、車のほうは上機嫌とはゆかなかった。八キロメートルほど走った、ホテルと大学のちょうど中間あたりの、平坦な名もない沼地で動かなくなってしまった。霧が出ていて寒くて暗かった。携帯電話などなかったし、公衆電話を見つけることもできないところだった。歩くしかない。財務部長が見覚えがあると言った道、しかも笑止千万だが、近道だと言った道を歩いた。磨き上げた黒のエナメル靴は、オックスフォードシアの泥道を歩くのに向いているとは言い難い。パブを見つけて電話をかけたが、電話に出た人は集会と言っても博物館と言っても、ちんぷんかんぷんだった。ヘスはそこでウイスキーを二杯飲んだ。

大学に戻ったときはすでに一〇時で、五人とも泥だらけでびしょ濡れ、体は冷えきっており、ヘスは、すっかり酔っ払ってご機嫌だった。集まった聴衆はほかにどうすればよいかわからず、会場で待っていた。講演は散々だった。つまずいてよろける人もいたし、話はほとんど支離滅裂。地図も落ちれば、プロジェクターのヒューズも飛ぶ。最前列のお歴々は、この名門大学の大教授の名声に汚点がついてしまうのはお前たちのせいだと言わんばかりに、私たちをにらみつけた。

その後、地質学会の会合を主催するようにと私にお呼びがかかったことは、ついぞなかったが、ヘスは後に手紙をくれて、ここ数年であれほど楽しくて充実した夜はほかに思い出せない、これからも連絡を取り合おう、と言ってきた。実際、それから彼が亡くなるまでの三年間、私たちは連絡を保った。

キース・ランコーンのことは、私がニューカッスルアポンタイン（イングランド島北東部ノーサンブリア地方の中心都市で、タイン川流域に位置し、ニューカッスルアポンタイン大学がある）で新聞記者をしていたとき、よく知っていた。彼はそこで地球物理学の教授をしていた。私のことを科学に興味のある地元の新聞記者と見て、深海の潮流に関する研究を宣伝するのに役立つかもしれないと、何かと世話を焼いてくれた。彼はケーブル・アンド・ワイヤレス社から、使わなくなった同社の太平洋海底ケーブルを利用する許可を取りつけ、海洋の深海の潮流によってケーブル内にわずかに生じる電気インパルスを測定するため、現在、太平洋中西部のキリバス共和国の一部となっているファニング島にモニター装置を設置していた。身を切るような寒さの厳しい冬を過ごすタインサイド（ニューカッスルアポンタインを含むタイン川の下流地域）の新聞読者にとって、南太平洋の環状珊瑚島を取り巻く青い海と常夏の太陽が輝く空の記事は、よい気分転換になった。私はランコーンの記事をよく書いた。彼のことがとても好きで、新聞社に私をファニング島に派遣するだけの予算があればよいのにと、ひたすら思っていた。ランコーンも勧めてくれていたように、ファニング島で潮流を観測し、ポリネシア流の生き方を吸収しながら一シーズン過ごせたらよいのに、と。

私がイングランド北東部を離れると、ランコーンとは没交渉になった。私たちは大陸移動よろしく離れていってしまったとも言える。以後私は、さまざまな祝賀論文集や、あれやこれやを記念して開かれる会合のプログラムで、ときおり彼の名前を見かけた。どれも大陸移動説に関するもので、ヘスをはじめとする少数の学者とともに、彼は今やこの説の考案者の一人として世界に名を馳せていた。

ところが一九九五年一二月、無残に殺害されたランコーンの遺体がサンディエゴのホテルで発見されたというニュースを読んだ。米国地球物理学組合の年次総会に出席するため、サンフランシスコに向かう途中だったという。彼が新たに取り組んでいたテーマ、すなわち、当時観測されつつあった月面の磁場に関する論文を発表することになっていたそうだ。

詳細解明

大陸移動のメカニズムが完全に受け入れられてから、やがて「プレートテクトニクス」と命名される新理論が誕生するまでは、ほんの一息だった。変わらざる地球の諸原理をまとめた新理論は、真に地球規模のものとしては、地球科学史上初めて提示され受け入れられた理論であると、今日一般に認められている。

この理論に初めて言及した重要な論文は、一九六五年七月二四日発行のイギリスの科学誌『ネイチャー』に、今ではプレートテクトニクスの「父」としてもっとも広く受け入れられている愛想の良いカナダ人の名で掲載された。それまでに何百人という科学者が重力計や磁力計、偏光顕微鏡、ハンマーを使って、延べ何千年にも相当する時間を費やして一生懸命に研究を続け、芽生えつつある新理論の点描画のような漠然としたイメージを描いてきた。しかし、その全体像が初めてはっきりとつかめたのは、一九六五年のあの夏の朝、当時はいつもいらいらするほどきつく巻かれて送られてきた、赤い表紙の分厚い雑誌が、世界中の地質学研究室の机の上にドスンと置かれたときだった。こうして世に出た論文は、断層に関係してはいるものの、理論に断層はないようだった。これが栄光の瞬間であることに議論の余地はなかった。新しい科学を本質的に誕生させたのは、率直で愛想が良く、気さくで現実的なトロント大学教授のＪ・トゥーゾ・ウィルソンだ。彼は四ページの小論の冒頭で次のように宣言している。

これまで多くの地質学者が、地殻の変動は可動性の帯状地域に集中しており、山脈や中央海嶺や大断層の形で現われうると主張してきた。……本論文は、これらの地勢が孤立していないこと、ほかと連動しない地勢はまずなく、どれもがつながり合って、地球の周りに可動性帯状地帯による一連のネットワークを作っていること、それにより地球の表面は何枚かの固くて巨大な板《プレート》に分けられていることを示すものである。

ウィルソンの発見は基本的に二つに分けられる。一つは一九六五年の『ネイチャー』誌に掲載されたこの重要な論文で発表した発見、もう一つはこれと深いかかわりをもっているが、その二年前の発見で、当時は大陸移動説がかなり受け入れられるようになっていたが、まだ裏づけとなる確かな証拠ができるだけ多く求められていた。

ウィルソンが最初の発見をしたのは、ハワイ諸島の地図を見たときだった。目にしたものの意味を考えているうちに、一つの証拠を思いついた。縞模様を描く残留磁気が見つかったというニュースや海底に玄武岩のベルトコンベヤーがあるという話に続く強力な証拠だった。緻密な観察の後に先見性ある演繹を行なうというすぐれた科学の伝統にのっとり、さらにこの場合、洞察力のある地球物理学者という彼自身の鋭い目も活かしてみると、わかったことがある。じつはそれは、古代のハワイ人が何世紀にもわたって推測していたことだった。

ハワイ諸島は、経線を三〇度にわたってまたぎながら太平洋上に四〇〇〇キロメートル以上も伸びている。そのほとんどはハワイ諸島の島とは思われていないだろう。たとえば、ニホア島、ネッカー島、ターン島、ディスアピアリング島、ライサン島、リシアンスキー島、キタリー島、シール諸島などは、ほとんど知られていない。列島の北西端に位置するミッドウェー諸島やオーシャン諸島だけはおなじみだが、それもおもに戦争や海戦で有名だからだ。現在ハワイ諸島だと思われているのは（専門的に言えば間違いだが）、全長およそ六五〇キロメートルの海域に並ぶ岩とヤシの島九島だけで、いちばん外れにそそり立つカウラ島から、北西の果てにある（いまだに個人所有の）ニーハウ島を経て、南東は玄武岩の大きな塊、非ポリネシア人旅行者の間では「ビッグ・アイランド」の名で知られるハワイ島へと伸びている。

ハワイの伝説は古くから、ただの観光客でも気づくことを認めていた。埃っぽくて死にかけているニーハウ島は、血気盛んな火山島のハワイ島よりずっと古くてくたびれた島に見える。カウアイ島最高峰の、黒くてじめじめしたワイアレアレの湿地――地元の人に言わせると世界一湿った場所――は有史以前の世界のようだが、オアフ島のダイヤモンドヘッド（「ダイヤモンド」の正体は、きらきら光っていて、いかにも新しそうな橄欖《かんらん》石の結晶）の、できてまもないごつごつとした岩肌は若わかしく見える。

島じまの土壌の浸食や植物の状態を詳しく調べた古代ポリネシア人の目にも、その新旧の差はおのずと明らかだった。彼らはそれを地元の伝説に取り入れた。火山の女神ペレはかつてカウアイ島に住んでいた。ところが、姉で海の女神のナマカオカハイに襲われた。そこで南東のオアフ島に逃げた。もう一度ナマカオカハイに攻め込まれ、ペレは再び南東のマウイ島に移った。そして三度目に攻め込まれると、またぞろ逃げ出し、今度はハワイ島最高峰のキラウエア火山にあるハレマウマウ・クレーターに移った。こうしてペレは島から島へ跳び移り、南東に五〇〇キロメートル近く移動した。ペレが移るたびに、その後ろで火山が噴火しては死んでいった。

伝説というものはたいていそうだが、この古い話も事実に基づいている。海が火山を攻める、つまり海の波が、できて日の浅い岩を浸食する。それでペレは自ら動き、より若い火山、より新しい火山へとつねに移動したのだ。北西の古くてぼろぼろになった島じまは容赦なく見捨て、もっと新しく誕生してまだ痛めつけられていない、南東の仲間たちの方に向かって。

ウィルソンがこういう話に初めて目を通し、地質図をじっくりと眺め、ハワイ諸島のおもな島じまで起きた噴火や溶岩流出の記録を見詰めて、一つの考えに思い至ったのは、一九六三年、ハワイから遠く離れた寒いトロントでのことだった。ハワイにはかなり大昔から火山がいくつも存在してきたようだ。ということは、地球のマントルのまさにこの場所に、どういうわけか深くて不動のホットスポット（高温物質が地球内部から熱柱状に上昇している箇所）があるらしい。

この恐ろしく熱い区域が発する熱が、上にあるマントル上部の岩石を一部溶かす。こうしてできたマグマは、溶けていない周囲の岩石より軽いため、残りのマントルを突き破り、地殻に貫入してそれも突き破る。そのマグマが海底を破って噴出すると、ずっと海面下に姿をひそめている海山《かいざん》か、どんどん成長してやがて島として海面に姿を現わす海底火山かの、どちらかが誕生する。

ここまでは話は単純で理にかなっているようだった。しかしウィルソンはさらに、ポリネシアの伝説と自分の観察からこんな推論をした。ホットスポットは不動だが、その上に位置するマントルの上部と地殻は動いて、島を一つずつホットスポットから遠ざけてゆき、そこで突然火山活動を停止させたのではないか。しばらくすると、最初の、言わば動く島が去ったあとの新しい場所に、再びマグマが噴出し、まったく新しい別の島が誕生する。クレープ生地をいっぱいに敷いたフライパンのこちら側を、火力が一点に集中する強力なガスバーナーの上にかざしておき、それをゆっくりと手前に引き、バーナーから引き離してゆくようなものだ。生地の上には線状にさざ波が立ち、部分的に焼けた生地ができる。最初にずっと火があたっていた端では火が通り、反対端では生のまま、その間は場所に応じてさまざまな焼け具合となる。

太平洋ではスケールも大きく、六五〇キロメートルにも及ぶ長い火山の列があって、その焼け具合もまちまちだ。ここでは古い岩石ほど北西寄りにあり、新しいものほど南東にある。放射性炭素年代測定法によってこれが裏づけられれば、ハワイ列島に沿った区域のマントルと地殻は、それ自体が動き、現在ビッグ・アイランドがある場所の真下に昔からずっと留まっているホットスポットの上を、北西方向へ移動していることが、議論の余地のない事実として立証できる。

そこで岩石の年代測定を行なったところ、まさにそのとおりであることが立証された。カウアイ島の玄武岩はできてから五五〇万年たっており、ハワイ島の玄武岩の場合は平均すると七〇万年にも満たなかった。そして、ペレが現在ひそんでいると言われるクレーターでは、今でも玄武岩が作られている。ホットスポットで溶かされた何百万トンという溶融物が毎日焼かれているのだ。

年代測定で決着がついた。ウィルソンが完全に正しいことが証明された。科学は今や、シアトル沖の縞状磁気異常という証拠に加えて、海底に地質学的なベルトコンベヤーがあることを示す二つ目の証拠を得た。磁気による証拠は水面下で発見されたが、ハワイの証拠はそれとは対照的に、すべて水面より上にあった。両方を合わせると、まるで岩に情報を刻み込んだ巨大なテープレコーダーを見つけたようなもので、そこには過去五〇〇〇万年にわたって見られた太平洋中部の動きだけでなく、左右の大陸を間違いなく移動させながら広がる海洋底の拡大も記録されていた。

ウィルソンの二つ目の発見――まさに「ユーリカ！」と叫びたくなる世紀の大発見――は、彼が岩石でも磁気の痕跡でも放射性元素でもなく、紙とはさみを使って実験し始めてからなされた。『ネイチャー』誌に載った有名な論文のタイトル「新種の断層と大陸移動に関するその意味合い」から、彼が非常に夢中になった理由がうかがえる。

ケンブリッジ大学を経てオックスフォード大学の地質学教授になったジョン・デューイは、そのときのことをこう回想している。

……一九六四年初秋のある朝のこと、私がケンブリッジ大学のセジウィック地質学博物館の研究室にいると……長期研究休暇中だったトロント大学のトゥーゾ・ウィルソンがふらりと入ってきた。明らかに、自分の考えを聞いてくれる人なら誰でもいいから話したいといった様子だった。私が構造地質学の新任講師だと聞きつけてきた彼は、「デューイ君、新しい種類の断層を発見したんだ」と言った。「ばかばかしい。断層に関する地質学や運動学なら、私たちはもうどんな断層についても知り尽くしているよ」と私は答えた。すると、ウィルソンはにやりと笑って、紙に色を塗って折って作った、今では有名な「海嶺―トランスフォーム―海嶺」モデルの簡単な模型を取り出し、あのすばらしい笑顔を満面にたたえて、それを開いたり閉じたり開いたり閉じたりし始めた。私は、自分が根本的に新しく重要なものを目にしていることに気づくと同時に、なんと独創力のある有能な男と話しているのだろうと思い、身動き一つできなかった。

ウィルソンの業績は、どういうわけか裂けて左右に広がっていく海嶺に、地質学的なプロセスが原因でそれを横切る断層が走る、つまり一つの岩盤が別の岩盤から割れて、割れた面に沿って互いにずれるとどうなるかを示したことだった。彼がこの点に興味をもったのは、新しい測深学調査のデータ（海の水深データ）により、大西洋でも太平洋でも中央を走る大海嶺にはいくつもの深い裂け目が入っているという、驚くべき事実が判明しつつあったからだ。地質学者は初め、それらの裂け目は、ときの偶然により右に左に剪断して海嶺を裂く、普通の断層を大規模にしたものにすぎないと考えた。

しかし、ウィルソンはこれらの裂け目の海底地形図を見直し、違う！　と思った。仮に中央の海嶺自体が、まったく関係のない理由でたまたま裂けて開いてゆくところだったなら、ずれた海嶺軸の間に見られる断層のずれの方向は、完全に不動の線を横切る断層のずれと、まったく逆になるはずだ。彼はこの現象に新しい名前をつけた。左から右へ、あるいは右から左へとずれる普通の断層は「横ずれ断層」と呼ばれていたが、このとき予測していた断層はこれまで誰も見たこともなければ話題にしたこともない（なにしろ、海嶺が裂けて広がるなどとは、誰も想像したことがなかった）もので、彼はこれを「トランスフォーム断層」と呼んだ。

これがどのように起こるか、どうして普通と逆のずれが生じるのかを、彼は図示した。紙にクレヨンで断層モデルの図を描き、それを切り抜いて財布に入れてもち歩き、少しでも興味を示してくれる人なら誰にでも実演してみせた。一九六〇年代前半、切り抜いた紙の模型をポケットに入れて歩く、この身なりも態度もきちんとした気さくなカナダ人紳士は、少なからぬ数の大学のキャンパスですぐにおなじみとなった。

ウィルソンの実演を見た人は誰でも、デューイ同様、これぞまさしく「証明」だ、と即座に確信した。必要なのは検証だけだった。そして検証については、冷戦――というすばらしい時代、少なくとも多くの科学者にとってはすばらしい時代――のおかげで、すぐに助け舟が出された。五〇年代に「パイオニア」号で磁力計を牽引する計画に協力的だったアメリカ海軍は、六〇年代にも相変わらず協力的で、ソヴィエトや中国の核実験を探知するために世界中に張り巡らせていた地震観測ネットワークを、科学者にも利用させてくれ

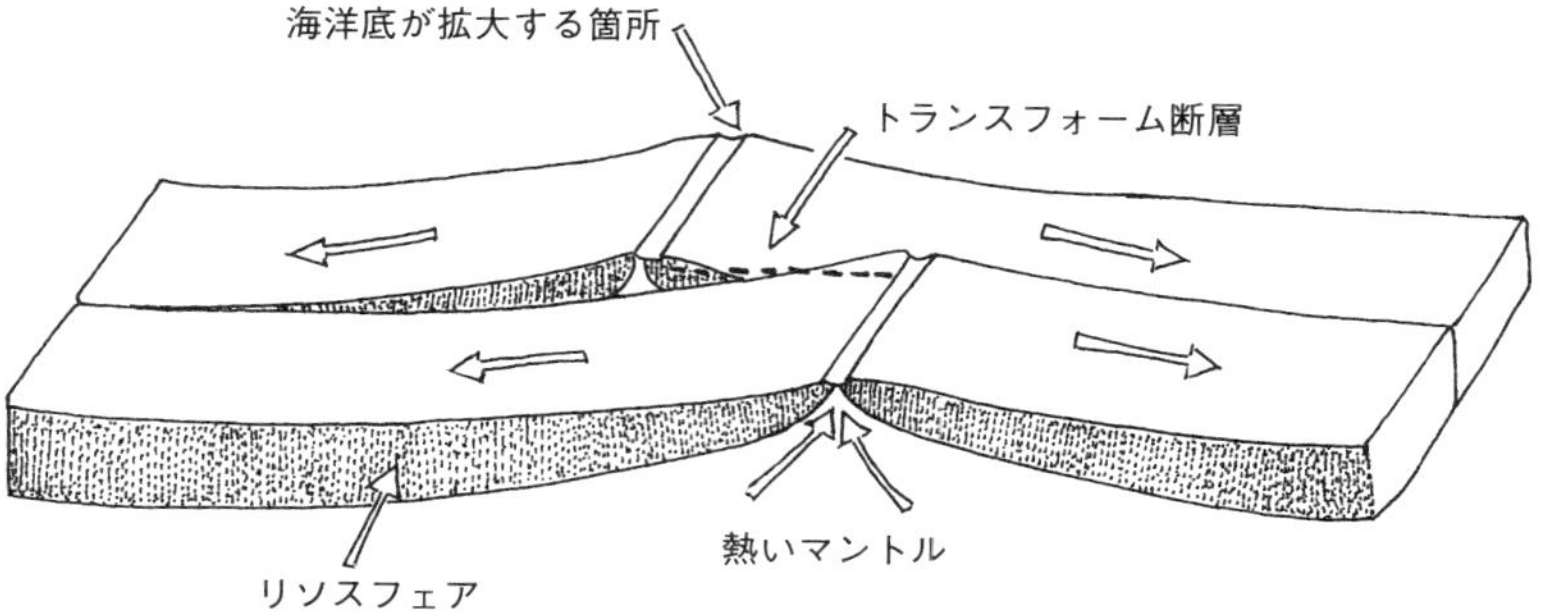

J・トゥーゾ・ウィルソンが示した有名なトランスフォーム断層の構造。これによりついに、海洋中央海嶺で海洋底の拡大が起きるとどうなるかが、はっきりと示された。

た。これは、大量の高性能地震観測装置を世界中に設置した観測システムだが、核爆弾の爆発場所だけでなく、本来の目的にはなかったもの、すなわち太平洋と大西洋の中央にある一部の大断層の、断層線に沿ったずれの方向を調べるのにも、最適な場所に配置されていた。

このシステムは魔法のような威力を発揮した。以前の調査では結果が軍事機密扱いだったために研究がなかなか進まなかったが、このときは国防総省は結果を機密扱いにしないことに同意した。それで一九六七年に、数値を調べたコロンビア大学の研究室から次つぎに結果が発表された。二つの海洋の中央にある大断層は、どれもまさしくトランスフォーム断層で、ずれの方向は通常の横ずれ断層の場合に予想される方向と、正反対だった。ウィルソンの考えはここでもまた正しいことが立証された。最初はベルトコンベヤーに乗ったハワイの島じまから得た証拠によって、そして今度は目に見えない海洋底で起きている現象について、ひいては地球全般について彼が立てた仮説によって証明された。

そして、海底の現象についてはもはや何の疑いもなかった。海洋を支える岩盤は間違いなく自ら分裂しつつある。過去半世紀にわたって闘わされてきた学問上の論争は、ここに永遠の決着を迎えた。不動論者[16]——かつてはほとんどの人がそうだったが、その名のとおり、この世も地球の大陸もつねにほぼ同じ場所にあったと信じていた人たち——は、ついに負けを認めざるをえなかった。そして、大陸は移動して現代の世界を

(16) アリゾナ大学の地球科学の名誉教授ウィリアム・ディキンソンもあるエッセイにこう書いている。「地球科学者になりたてのころは、深い考えもないまま、不動論者の立場にくみして、地球上の大陸の位置関係は地質年代を通して変わらなかったと思っていた。このように時代遅れの立場をとっていたのは、情報に基づいて確信していたからというより、まったく無知だったからだ」ディキンソン教授は現在プレートテクトニクス理論の熱烈な信奉者で、自分が贈られた、「プレートテクトニクスの英雄」「沈み込みを信じて」というモットーで飾られた陶器のプレートを、いちばんの誇りにしている。

形作り、今では周知のはっきりと目に見える劇的な結果をもたらしたと、ヴェーゲナーの時代以来主張し続けた移動論者が勝利を収めた。

科学界にとっては、信じられないほど興奮に満ちた時代だった。同時に、奇妙な時代でもあった。というのは、地質学者たちはまもなく研究の進め方が逆だったことに気づき始めたからだ。それはまるで、昆虫学者がハチの研究をするのに、一匹の虫としてその全身を見るのではなく、腹部に生えた黄色い体毛の微細構造を観察することから始めたようなものだった。あるいは植物学者がカシの木の研究をするのに、まず電子顕微鏡を使ってどんぐりの断面を見るようなものだった。もちろん、すべては地球という研究対象に比べて人間があまりにも小さかったことに起因する。しかし、じつはプレートテクトニクスが誕生したときに誰もが気づいたのだ。地質学はそれまでの二〇〇〇年、主要な科学として砂岩やら片麻岩やら地溝やらアンモナイトやらを詳細に研究してきたが、一歩下がって地球を巨視的に眺め、それから詳細の研究を始めるという、研究対象が人間より小さい科学ではたいてい行なわれていることができていなかった、と。

プレートテクトニクスは、地球をまとまりある一個の存在として捉え、その視点で観察するための知的メカニズムを、初めてもたらしてくれた。プレートテクトニクスがまったく新しい科学として誕生したころ、ちょうどうまい具合に、地球全体を一個の存在として眺められる人工衛星が開発されたことは、控え目に見ても思いがけぬ幸運だった。つまりこの結果、地質学者は初めて正しい視点からものを見ることができるようになったとも言える。

そしてこのとき、彼らの前に広がっていたのは、なんとすばらしい光景だろう！　海が継ぎ目で割れてゆく。すると、その下の地殻とマントル上部が深海の底に広がり、中央海嶺の両側面を左右に分かれて動いてゆく。やがてその動く物体が海洋底の端——今では世界中で受け入れられているウィルソンの用語を使えば、プレートの端——に到達すると、何であれそこで出くわしたものの下に沈み込み、地球の奥底でリサイクルされるのに備える。地下の半溶融状態域に戻ると、やがて再び海洋底の中央を突き破り、この長い循環プロセスを最初からやり直すのだ。

プレートテクトニクスは本質的には、地球が少しずつ熱を放出してゆくメカニズムだ。四五億年余り前、地球形成の過程で大量の熱が蓄積された。しかも自然放射能、とりわけカリウムとウランとトリウムの同位体の崩壊が、地球内の火に油を注ぐ結果となった。しかし、その熱は今、引いている。そして、地球の奥から表層部へ熱を運ぶのはおもに対流で、ちょうどコンロの上でぐつぐつ煮える野菜スープの大鍋の中で起きる現象と同じだ。

対流の動きはたいへん小さく、一般に年に何ミリメートルの単位で測定される。地球内部の物質による対流は、地下一六〇〇キロメートルほどだろうか、真っ赤に燃えているところから上昇してきて、岩流圏《アセノスフェア》と呼ばれる、目もくらむように熱くて、弱い可塑性のある層を突っ切り、その上の、地表から約六〜三〇キロメートルのあたりの層に到達すると、速度を落とし、上昇をやめ、けっきょく――野菜スープ型の標準的な対流の場合――向きを下に変えて戻ってゆく。

可塑性のある柔らかい岩石による対流が、上昇の途中ここで流れを変えるのは、上昇の邪魔になるもろいが硬い層にぶつかるからだ。これはマントル上部と地殻の全体で、今日岩石圏《リソスフェア》と呼ばれている。そして、地殻構造プレートそのものが存在するのが、このリソスフェアだ。

海洋のリソスフェアは薄く、厚さはおそらく六、七キロメートルで、できてからの日も浅く、わずか二億年しかたっていない。一方、大陸部分のリソスフェアは、大昔にできた石灰岩や花崗岩、頁岩《けつがん》、斑糲岩《はんれい》、片岩、片麻岩などが折り重なって、厚さは三〇キロメートル以上にもなり、海洋部分よりずっと古くて、できてから二〇億年もたっているのが標準だ。地殻構造プレートはこのような二種類のリソスフェアからなる。

そして、最終的にはすっかり暗く冷たくなるまで地球をゆっくりと冷ましてゆく地下の対流が原動力となって、プレートは地球の表面を動き、あちこちに位置を変え、よけ合ったりぶつかり合ったりしている。数理的にモデル化して、スーパー・コンピュータを何台も使って取り組むような、非常に複雑な現象だ。今はまだ、完全な解明にはほど遠い。

　しかし、研究初期のころ、そのプロセスが少しずつわかり始めると、もう一つ新しい用語が生まれた。「沈み《サブダク》込み帯《ション・ゾーン》」だ。どうやらここが、肝心なことが起きている場所のようだった。沈み込み帯は比較的幅の狭い帯状の区域で、この下、プレートの縁どうしが接するところで、動いてきた物体が衝突し、一方のプレートがもう一方の下に滑り込んで、沈み始める。こうして、海底の割れ目で作られた新しいリソスフェアの分を相殺している。実際、プレートがぶつかり合う収束境界のほとんどで沈み込みが見られる。したがって、地球上のどこに沈み込み帯があるかを知ることができれば、ほとんどの構造プレートの境界を見つけることができ、どのような境界かを見極めれば、そこに何が起きているのか、どこがどんな

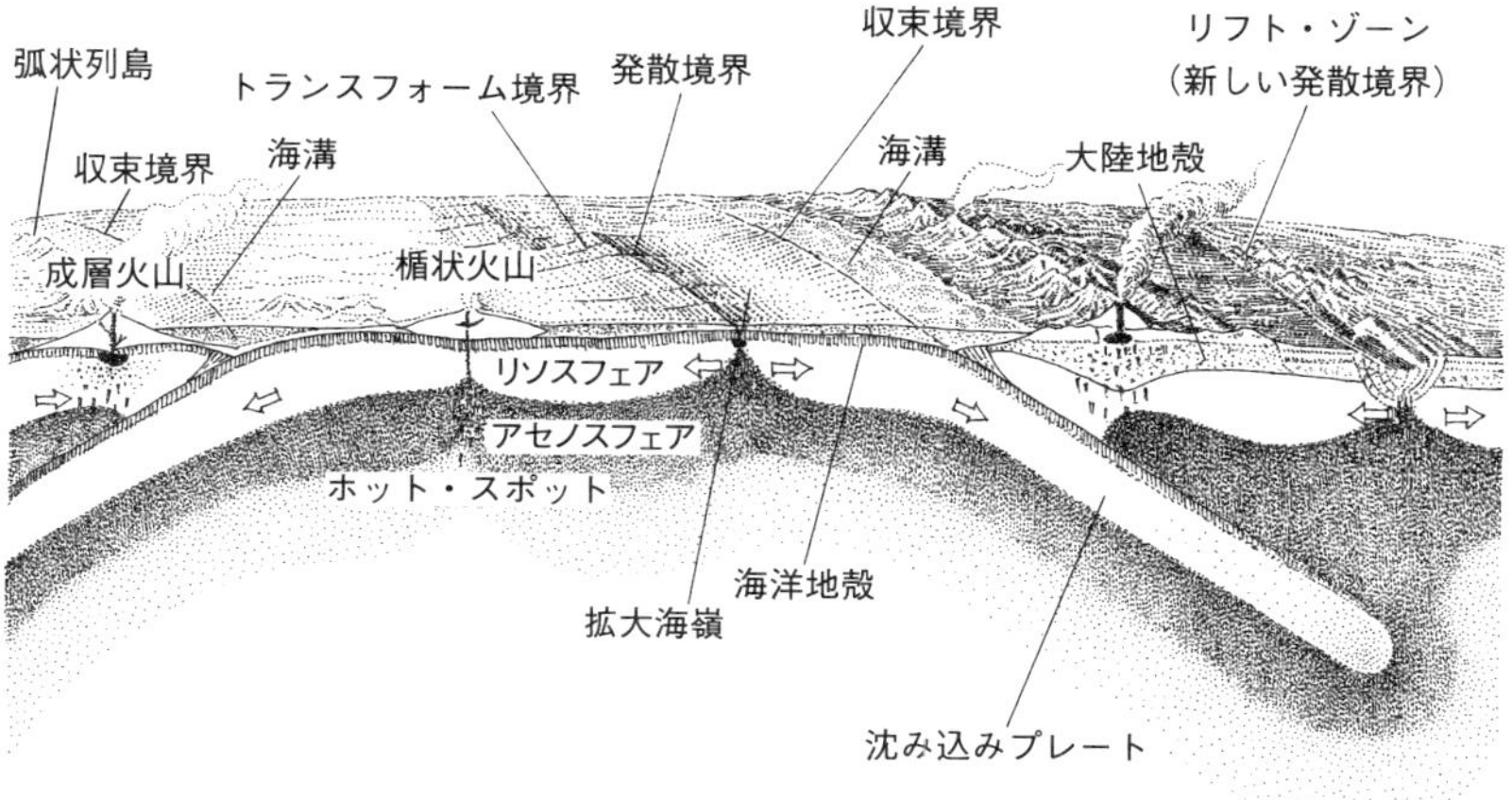

沈み込み帯――スンダ海峡の噴火の原因となったのもこういった沈み込み帯で、実際、地球上の激しい火山活動の95パーセントはこれが原因だ。

速さでどうしてそういう動きを見せているのかを割り出すことができる。

一九七〇年代初頭から――「沈み込み帯」という言葉は、（またしても）『ネイチャー』誌の一九七〇年一一月一四日号で初めて使われたようだ――沈み込み帯の途方もない複雑さやそれが地形に及ぼす重大な影響について、大勢の地球物理学者が世界中で研究を進めている。沈み込み帯の奥底、熱く煮えたぎる謎の部分で何が起きているのかは、地球形成の過程を解明するうえできわめて重要だ。陸地の進化の壮大なドラマは、すべてその中で起きている。

そして、そのドラマには次のような発見もあった。それは一九八〇年に、ほかにはとくに見所のない本で発表された。「インド＝オーストラリア・プレートがインドネシア諸島の下に潜り込んでいる、ジャワ海溝に沿った沈み込みこそが……一八八三年のクラカトアの大噴火を引き起こした」

地球の表面は、定義の仕方や数え方によって異なるが、六枚から三六枚のこういった硬いプレートで覆われているようだ。これまでに引かれたプレート間の境界線の多くは、研究に基づいた推測の域を出ない。たとえば、二つのプレートが出会うと考えられている中国奥地で何が起きているかは、まだ十分に解明されていない。冷えびえとした南大西洋のフォークランド諸島の東に位置する、スコシア島弧と呼ばれるあたり（南極大陸と南アメリカ大陸の間のスコシア海を囲むように、弧状のプレート境界があると考えられている場所）で、何が起きているのかもわかっていない。しかし一般に、現代の構造地質学では、主要プレート約一二枚の存在が異論なく受け入れられている。地球の構造上のメカニズムがいちばんよく現われている、これらのプレートの境界線も、今ではかなりきちんと引かれている。

境界で正確には何が起きるのかは、多くの要因によって決まる。プレートが完全に海洋性の物質、つまり基本的に玄武岩でできていて、ほかの同じタイプのプレートとほぼ正面から衝突した場合は、片方のプレートがもう片方の下にたしかに沈み込むが、どちらが沈み込むかはほとんど偶然によって決まる。たいてい、小さな火山島の弧状列島ができ、弧の形はプレートどうしがどのように動き合うかで違ってくる。たとえばトンガの南に日付変更線に沿って並んだ列島は、二つの海洋プレートがぶつかり合ったらどうなるかを示す典型例だ。本書の内容を考えると、これには触れずにおくのがいちばんだろう。

一方、両方のプレートがおもに大陸性の物質——海洋の玄武岩の上に、大昔の花崗岩やその他の堆積物や変成岩などの軽い砕屑物が載ったものと考えるとよい——でできている場合は、両者の衝突で沈み込みが起きることはまずないだろう。大陸性の物質は比重の軽い岩石でできているので、たいていは地表の下に押し込まれまいとする。そして、両プレートともに地表に残り、圧力でゆがんだり押しつぶされたりして山脈を形成するが、こういう山脈にはほとんどの場合、火山は一つもない。たとえば、インドとアジア大陸はどちらも大陸プレートで、それが衝突している。その結果、両者がぶつかり合ったところでは、地殻がくしゃくしゃにつぶれて厚みは二倍以上となり、世界の最高峰を擁するヒマラヤ山脈が誕生した。

アフリカ・プレートも同様にゆっくりと北に向かって動いて、ユーラシア・プレートと衝突している。地盤が非常に不安定なコーカサス山脈、地震の多いトルコの丘陵地帯、絶えず変動しているバルカン諸国の断層破砕帯、イランのダマーヴァンド山のスキー斜面は、すべてこの大陸プレートどうしの衝突が生んだ結果だ。しかし、ナポリのヴェスヴィオ山やシシリー島のエトナ山付近のように、わずかに沈み込み現象が見られる場所には火山がある。極度に危険な浅発地震は、大陸プレートどうしの衝突地帯にはどこにでも見られるが、火山があるのは沈み込みが起きている場所の可能性が高い。

地球の地形の複雑さを見ると、プレートが正面からぶつかっているのではなく、ちょうど駐車がうまくゆかないときに縁石をタイヤがこするように、互いに並んでずれ動いていることも考えられる。こういう接触の例として世界一有名なのは、カリフォルニアのサンアンドレアス断層（サンフランシスコから南カリフォルニアまで西海岸沿いに延びる大断層）で、一般の人に言わせると気まぐれな動きを見せることでよく知られている（地質学者なら気まぐれだなどとは夢にも思わないだろうが）。多くの地震を引き起こして、ハリウッドに映画のヒントを提供し、おかげで、パサデナ（ロサンゼルス東方の町）で火山が噴火したり、ペブル・ビーチ（サンフランシスコの南、モントレー近くの海岸）沖で津波がサーファーを呑み込んだり、遠くにいる政治家から「西海岸は黒焦げ」などと冗談まぎれの発言が飛び出したりする、そら恐ろしい映画が誕生している。

サンアンドレアス断層は、プレートの衝突もひずみも沈み込みもない、いわゆる横ずれ境界の典型例だ。巨大な太平洋プレートが、ここではただ北アメリカ・プレートに沿って、年に一センチメートル余りずつ北向きに動いている。この動きが、たとえば摩擦などの、なんらかの原因で妨げられると、異常な圧力が蓄えられる。そして、圧力が極限に達し、突然解き放たれると、激しい地震が起こりうる。実際、これまで何度も起きてきた。一九〇六年のあの忌まわしいサンフランシスコ地震のときには、近年では年間およそ一〇センチメートルにまで動きを速めてきた断層の一部が、わずか二〇秒の間になんと合計六・五メートルほどもずれた。

最後に、そして、クラカトアで何が起きたのかを知るうえでいちばん重要な、種類の異なるプレートどうしが衝突する組み合わせが考えられる。すべて玄武岩の海洋プレートが大陸地殻を載せた別のプレートにぶつかった場合だ。これこそクラカトアの話にとって肝心だ。

組成の異なるプレートがぶつかった場合は、予測に難くないが（と言っても、一九六七年に突然解明されるまで、実際には予測されなかったのだが）、重いほう、つまり玄武岩の海洋プレートが、軽いほう、すなわち大陸の載ったプレートの下に沈み込む。沈み込みが始まるや、衝突した場所の真下、つまり典型的な形で生じた沈み込み帯の中で、事態は信じられぬほど複雑な展開を見せる。地球物理学者にとってはどこまでも魅力的な現象だ。沈み込み帯の中で起きることは、その上の区域の地形やそこに住む人間や動物の生活にも大きな影響を与える。プレートが衝突し、沈み込み帯ができると、ときおりほんとうに危険な結果になることがあるので、なおさらだ。

基本的には、沈み込み帯で展開されるプロセスは、玄武岩の海洋プレートが下に向きを変えて地球の中に入りだしたときに始まる。海洋プレートは大陸プレートの一部をいっしょに引きずり込み、それにより、下からつまんだような溝が海底にできる。海溝だ。ジャワの場合、岸から三〇〇キロメートル余り離れたところにある深さおよそ八〇〇〇メートルのジャワ海溝が、海洋プレートが急速に下に向かい始めたことをはっきりと示す証拠になっている。プレートの後方には、ココス（キーリング）諸島の珊瑚礁やクリスマス島、穏やかに青く広がるインド洋、そしてはるか彼方にオーストラリアの海岸があり、すべてが静穏な楽園の趣を見せている。一方、急速に下降するプレートの前方には、海溝、沖合いに並ぶ島じま、そして、有史以来、際立って激しい火山活動を見せるジャワ島とスマトラ島がある。

この二島で噴火が頻発するメカニズムは、驚くほど複雑とはいえ、よく知られている。下向きに進むプレートは熱い地球内部に向かってゆく際に、膨大な量の物質を道連れにする。そのうちもっとも重要なのが水だ。水は海底から引きずり込まれる分厚い堆積物にたっぷりと含まれている。この十分に水を含んだ物質がほかの物質に混ざり、臨界点とでも呼ぶべき深さに達すると、発見者にとってはかなり意外な現象だったが、融け始める。水が加わることで混合物の溶融温度が下がったからだ。

こうして、海の下で動き出したときは冷たい固体だったものが、今や熱いマントルに向かって進み、どろどろになる。そして、突然、その液体成分が泡と化して出始め、「汗」よろしく流れだす。これは軽くて揮発性なので逆戻りして上昇し、下降したときすべての物質が通り抜けた固体マントルの中を逆向きに進んでゆく。ここで事態はさらに複雑になる。固体マントルの中を上昇する際、そのマントルも融かし始めるのだ。

海洋プレートが沈み込んだ大陸プレートの地殻の何キロメートルも下で、突然地獄の悪夢が繰り広げられる。ガスを多く含んだ猛烈に熱い大量のマグマがぶくぶく泡立ち、エネルギーに満ちて絶え間なく動き、想像を絶するほど大きく高温のマグマだまりを作る。この物質はほとばしる意欲に突き動かされるように、上にある地殻の弱った部分をたえず探し、ときおりひびや割れ目や断層を見つけると、そこを抜けて、浅部にもマグマだまりを作る。ほどなくして、この上昇物質に蓄えられた圧力と温度と溶解ガスの割合が限界を超えると、激しい破壊音を轟かせて爆発し、外に噴き出す。世界にはさまざまな種類の火山があるが、このように沈み込み帯の縁にあるものは、群を抜いて噴火しやすく、危険だ。それが突然噴火する。周囲に人がいれば、まちがいなく彼らを震え上がらせる大噴火だ。

最後に単純な地理学の話を二つしよう。一つは構造地質学のトリビアだ。ジャワ島やスマトラ島、そしてかつてその間にあったスンダ海峡の小さな島クラカトアで、悲惨なことで有名な大噴火ショーを繰り広げてきた張本人のインド＝オーストラリア・プレートは、オーストラリア南方の海底が裂けて拡大しているため、今も動いている。拡大する速度とそれに際する回転移動の中心軸の位置は、両方とも計算で割り出すことができる。

海底が裂けて拡大する速さ、つまりインド＝オーストラリア・プレートが北に向かって移動してユーラシア・プレートにぶつかってゆく割合は、年に約一〇センチメートル、一〇〇〇年で約一〇〇メートルのようだ。見方を変えれば、およそ一七〇万年前、アフリカから初めてこの地域にやって来た直立原人のジャワ原人がジャワ中部に住んでいたころ、オーストラリア大陸とアジア大陸は今日より一七〇キロメートルほど離れていたことになる。両者は以来ずっと近づき続け、妙に思えるかもしれないが、エジプトのカイロ南東数キロメートルのあたりを軸に回転するような方向に動いている。

さて二つ目の話だが、さまざまな詳細が明らかになるにつれ、（どう見ても完全とは言えず、きわめて複雑ではあるが）ある見事な一致が浮き彫りになってきた。インドネシアの島じまを抱き、いくつもの海溝や弧状列島や火山を生み出し、東インド諸島の島じまに混乱を巻き起こしている沈み込み帯をたどって線を引くと、一八五七年にフィリップ・スレイターが初めてその存在を示唆し、翌年にアルフレッド・ウォーレスが引いた、動植物棲息域の見えない境界線にほぼ一致するのだ。

線の片側にはオーストラリアがあり、ヒクイドリやエミューやカンガルーの棲息域、反対側はウシやサルやツグミやゾウの棲息域になっている。片側にはインド゠オーストラリア・プレート、反対側にはユーラシア・プレートがある。その中央、二つのプレートが遭遇して、ゆっくりとだが信じられぬほど強大な力で衝突する場所が、結果的に、世界でもっとも大きく危険で、予測にたがわず噴火の予測がまったく立たない火山の並ぶ場所となる。わけても危険な実績をもち、かつては威容を誇っていた島クラカトアも、ここ、ウォーレス線という目に見えぬ境界線のアジア側に潜んでいる。この島は、何度となく噴火を繰り返してきた。今日あまりにも有名な大噴火は、そのうちの一回にすぎない。

第4章

過去の火山活動

兆候はまず太陽に現われた。そのような現象が目撃されたり報告されたりしたことは、かつてなかった。日が陰り、暗い毎日が1年半も続いた。日差しが見られるのは1日4時間ほどで、しかもその光は弱よわしいかぎりだった。太陽が以前の輝きを取り戻すことはもう二度とないだろうと誰もが言い切った。果物は熟さず、ブドウ酒は酸っぱいブドウのような味になった。

——6世紀の歴史家エフェソスのヨーアンネースが記したと思われる文書から、シリア人のミカエルと呼ばれるアンティオキアの総主教が11世紀に剽窃《ひょうせつ》した一節で、ある出来事が引き起こした過酷な気象変動について書かれたもの。その出来事がクラカトアの初期の噴火だという説もある。

人類はおよそ三万年にわたり、洞窟の壁画や歌、彫刻や書物などの形で、自らの記憶するところを記録してきた。その間に、ここ三〇〇年はひとまとめにクラカトアと呼ばれてきたジャワ島沖の火山と島の小さな群れは、一回または二回、はたまた四回、ことによると一一回も噴火した。地質学や神話、さまざまな状況の記録をどう解釈するかによって、その回数も異なってくる。

そのうち四回が不確かな歴史の霧の中から抜け出し、現実的な可能性をもつ域に達したと一般に受け止められている。もっとも、一回目は、現在では実際に発生したとはとても考えられないという見解が優勢で、二回目は発生時期に関しては誰もが心から賛成しているわけではないし、三回目については情報が非常に乏しく、そうとう誇張されている。間違いなく起こったと考えられているのは、最後の噴火だけだ。

最後の噴火のはるか昔、六万年以上前かもしれないが、今よりずっと大きな山があったことを示す証拠がある。一部の地質学者は、この山を指して、古代クラカトアという名称を好んで使う。彼らによれば、古代クラカトアは、直径一五キロメートル弱のほぼ完全な円形の島の中央に位置し、約一八〇〇メートルの高さがあったという。しかし、あるとき大規模な噴火が起き、山も島もほとんどまるごと吹き飛ばされてしまったのかもしれない。仮に目撃者がいたとしても、それはサルのような鳴き声を上げるだけのヒトの祖先やネアンデルタール人ぐらいのものだっただろう。

ひとたび火山塵が降りやむと、古代クラカトアのあった場所には、かなり小さくて安定感のありそうな四つの島からなる群島が残るばかりだった。この群島の北端には、三日月形をした低い小島が二つあった。東側に位置する長さ五キロメートル弱の島はパンジャン、西側に位置する島はそれより大きく長さは六キロメートル半ほどで、セルトゥンと呼ばれていた(1)。この括弧形の双子の島にはさまれる形で水面から顔を見せていたのが、

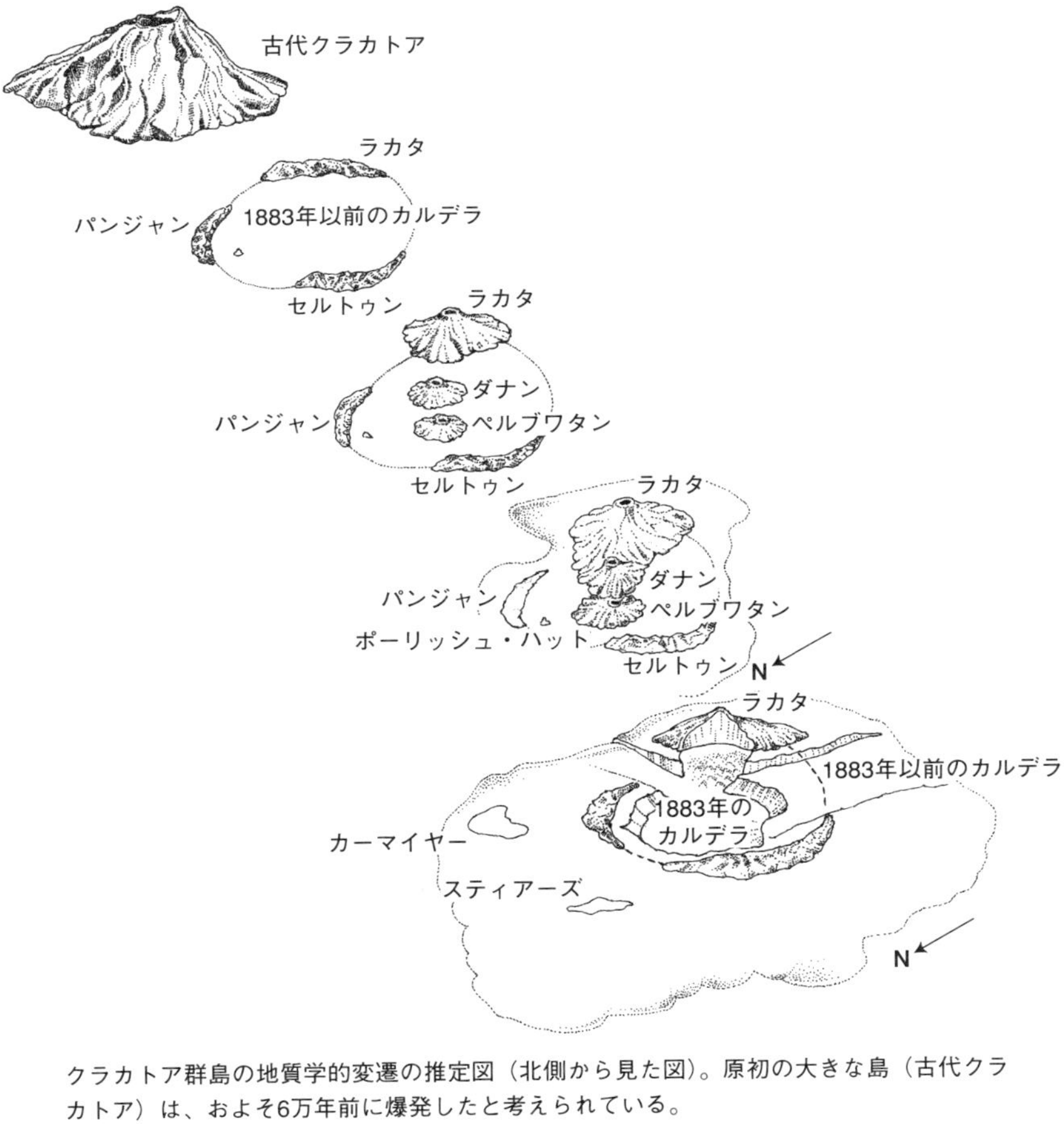

クラカトア群島の地質学的変遷の推定図（北側から見た図）。原初の大きな島（古代クラカトア）は、およそ6万年前に爆発したと考えられている。

安山岩という肌理《きめ》のこまかい火山岩の小さな塊のようなポーリッシュ・ハット島であり、かつて私たちがこれこそ古代クラカトアと見なしている島の北端だ。古代クラカトアの跡に誕生したクラカトアは長さ一〇キロメートル弱、幅三キロメートル余りの細長い島で、いちばん高い南端の標高は八〇〇メートルほどだった。この南端の山はラカタと呼ばれており、その北側には火口をもつもっと小ぶりの山が二つあった。一方は島のほぼ中央に位置し、ダナンと呼ばれ、もう一方は、幅の狭くなった島の北端から空へ向かって突き出しており、ペルブワタンという名で知られていた。

人びとがここを訪れるようになったころ、群島の中心となるこの島には、つねに木ぎが生い茂り、流出してまもない様子の溶岩流が豊富に見られ、湯気の上がる温泉が湧き出し、のちにバタヴィアのダイナマイト製造業者が利用したという硫黄がところどころに露出していた。この島は何世紀にもわたって、オランダ東インド会社（VOC）の海軍偵察基地や小型船の造船所、スンダ海峡北部の小さな漁船団の拠点など、さまざまな用途に使われた。一八〇九年以降の一〇年間は、ジャワ本島では始末に負えない反抗的な現地人の囚人を収容するため、外部との接触がほとんど不可能な遠方の刑務所として利用された。

悪評高い島だ、海賊の隠れ家だ、木材や野生の果物を採取するためにジャワ島とスマトラ島から小舟《プラフ》に乗ってこの島にやって来た者たちが幻滅してクラカトアの神がみに捧げものもしないで帰ったらしい、などと言う者もいた。だが、じつのところ、そうした説は根拠に乏しい。悪名高い島が爆発によって何千もの命を奪うというのは、象徴的で因果応報が歴然としていて、非常に魅力的な筋書きではあっても、だ。信頼性の高い記録によれば、クラカトアの真の評判はこれと正反対だった。

この島を訪れた西洋人の報告を読むとたいがい、島には折おり小さな村落がいくつもでき、そこの住民は多少貧しくともみな満足して暮らしていた、という記述がある。たとえば、イギリスの著名な航海探検家キャプテン・ジェイムズ・クックは、クラカトア本島に二度立ち寄った。同行した、植物学者・博識家としても名高いジョゼフ・バンクスは、一七七一年一月、こう記している。「夜、標高の高い島の岸に船を着けて錨を下ろした。この島は地図にはクラカトアと書かれているが、先住民にはプロ・ラチャッタと呼ばれていた……今朝起きると、島の様子がよく見えた。クラカトアには多くの家が建ち並び、農耕が盛んに行なわれている。船がここに寄港すれば、乗組員は飲食物にありつけるだろう」六年後にクックが再びここを訪れたとき、村と畑はまだあった。胡椒《こしょう》が他の換金作物とともに栽培・収穫されていたという。

そのさらに三年後の一七八〇年二月に、「レゾリューション」号と「ディスカヴァリー」号（ともにクックが探検に使った船）が再度クラカトアに寄港した。しかしこのときは、ジェイムズ・クックの姿はなかった。前年の一一月にハワイで斬殺されてしまったのだ。二隻はクラカトア島とパンジャン島に囲まれた三日月形の水域に五日間停泊した。その間を利用して、探検隊所属の画家ジョン・ウェバーは、南方の二つの山ダナンとラカタにはさまれたクラカトアの谷に繁茂しているヤシや背の高い草、シダなどの植物と村落の精緻な絵を何枚も描いた。探検隊の日誌には、滞在中のことが克明に記録されている。

（1）地名にはその土地固有の問題が表われるものだ。さまざまな形で植民地化されたことのある多くの地域ではとくにその傾向が強く、その結果、同じ場所に三つの名前がつけられる（もともとの土着の地名、植民者が定めた地名、植民地時代終焉後の地名）事例もしばしば見られる。クラカトアで群をなす島じまの地名にも、そうした複雑な事情が反映されている。たとえば、パンジャン（初期の地名）はまずラング島に変わり、現在はラカタ・クチルと呼ばれている。セルトゥンはオランダ植民地時代にフェルラーテン（「孤立したわびしい島」の意）となり、現在はまたセルトゥンに戻っている。これ以上解説だらけにならずにすむので、この注にとっては幸いだが、かつてクラカトア群島にあったポーリッシュ・ハット（ポーランド人の帽子）という英語名をもつ島は、もはや存在しない。噴火の犠牲となって姿を消したのだ。

クラカトア島の海辺の鬱蒼《うつそう》としたジャングル。キャプテン・ジェイムズ・クック率いる探検隊が1780年に島を訪れた際、同行していた画家ジョン・ウェバーの描いた絵。

「レゾリューション」号の乗組員は、この小さな島の南端の、海岸線からそう離れていない場所にある小川で水樽を満たした。やや南寄りには温泉があった。島民たちはそこで沐浴《もくよく》する。われわれが島の南端あたりにとどまっている間に、船長はエーガドゥ［給水のできる泉］を船で探しに行ったのだが、上陸は困難だったため、清水の一滴も得られずに引き返してきた。

周辺の島じまと比較すると、クラカトア島は非常に健全な場所だと思われる。海岸線のどこからでも、島の中央へ向かうにつれて少しずつ地面が高くなっている。島民が稲を栽培するために開拓した場所数カ所を除いて、樹木に覆われている。人口はそれほど多いわけではない。この島の首長は、スンダ海峡内のほかの島の首長と同じく、バンタムの王の支配下にあった。珊瑚礁の上には食糧となる小さなカメの大群がいた。よそではなかなか見られない、非常に高価なカメだ。

一〇年後、オランダの行政官がこの島にやって来たときには、胡椒の木はほとんど姿を消していた。当時、クラカトアの住民はニワトリやヤギを飼育したり、寄港した船の乗組員に薪や水、食糧を売って小金を稼いだりしていた。初期の噴火が起きたとき、この島には人間が住んでいたかもしれないが、大噴火のときには、じつに賢明な話だが、そこに住む者はなかった。しかし、この島が悪名高かったということはないようだ。

最近の歴史書では、実際に起きた可能性のある最初の三回の噴火の時期は、近年ようやくジャワで採用されるようになったばかりの西暦で言うと、それぞれ四一六年、五三五年、一六八〇年とされることが多い。まったく定かではないのだが、九世紀から一六世紀の間にさらに七回も噴火があったという説や、中部ジャ

（2）この王朝は、数かずの記念建造物に加えて、世界最大の仏教建造物、巨大で華麗なボロブドゥール寺院を建設した。

ワに仏教を信仰するシャイレーンドラ朝[2]が栄えていたほんの一世紀弱の間（七五〇〜八三二年）には、クラカトアは知らぬ者がないほど暴れ続けたので「火の山」と呼ばれていたという説もある。この七回という数字を、起きた可能性のある三回と、確実に起きた悲劇的噴火一回に加えれば、噴火は総計一一回という計算になる。しかし、この数字はかなり疑わしいものと言わざるをえない。

次にクラカトアが大噴火したのは一八八三年で、この発生時期だけは疑問の余地がない。最初の三回については（前述のシャイレーンドラ朝時代の七回は、仏教の文書に見られる「火の山」という明確とは言い難い記述以外に確たる裏づけがまったくないため、計算に入れないことにする）、実際に噴火があったのだとしても、正確にはいつ何が起きたのかは、じつにあやふやでしかない。

とはいえ、万全を期すため、手始めに昔のジャワという影の多い世界を探ってみても損はないだろう。それによって、この島における初期の火山活動の歴史を、少しでも信用のおける形で裏づけることが可能かどうか検証することができる。そして、クラカトアの噴火の歴史を解き明かせば、少なくとも、この島の将来を占ううえで役立つヒントは得られるかもしれないのだ。

四一六年に起きた可能性のある噴火

最初の三回の噴火とその時期に関してはかなり疑わしい点があるが、このうち一回目について（そして、ことによると二回目についても）もっともよく引き合いに出される情報源は、一九世紀に書かれた現代的な年代記の大著で、ジャワ版『列王記』として知られている。この本の著者でジャワの宮廷詩人のラーデン・ンガバヒ・ロンゴワルシトは、当時のオランダ植民地体制の支配者層と密接なつながりをもつと同時に、伝統ある地元社会の高貴な階層でもとりわけ重要な地位を占める人物だった。彼はジャワ中部にある王国の都ソロのクラトン、つまりスルタンの宮廷に仕えていた。そこはまぎれもなくジャワの全宮廷のうちでもっとも洗練された場所であり、ガムランという楽器とワヤン・クリットという影絵芝居と詩歌が、比類ないほどの優雅さ、様式、土着文化の純粋さを今なお保っている。

しかし、知的な詩人であるとともに博学者でもあり、ヨーロッパにおける歴史の記録にも精通していたロンゴワルシトにとって、宮廷での生活は明らかに物足りなかった。ソロのスルタンの人生にとって重要な事跡を記録するために叙情詩を詠《よ》むだけでは野心が満たされなかった。彼は、もっと意義深くいつまでも失われることのない価値をもつものを生み出したかった。そこで、ジャワ島全体の真に包括的な年代記を作成しようとした――ヨーロッパの各国・国民についてまとめられたりっぱな書物にひけをとらぬような歴史書を。彼は成人してからの人生の大半をこの企画に費やした。そして、まるで報われなかったに違いない苦労を何十年も積み重ねた後、一八六〇年代にとうとう目的を果たした。完成して発表されたのは、読者の心を惹きつけはするが、とりとめのない話を寄せ集めた作品で、世界一長い本かもしれない[3]。批判する人は数多く、残念ながら彼らによれば、中身はほとんど捏造《ねつぞう》だという。

したがって、これまでロンゴワルシトの大著を真剣な歴史研究の土台として使おうとした学者たちが慎重な態度をとってきたのもうなずける。とくに懐疑的なのはこの本を読んだ科学者、とりわけ火山学者だ。火山学者たちは、次に引いた非常に魅惑的な一節に惹きつけられ、また頭を悩ませてきた。

（3）　一日三ページという割合で書き続けること三〇年、ロンゴワルシトは、すべて宮廷ジャワ書体と呼ばれる凝った文体で、六〇〇万語からなるこの大著を仕上げた。五世紀に起きたかもしれない噴火に言及しているとおぼしき箇所は、ロンゴワルシトの年代記『プスタカ・ラジャ・プルワッ（古代の王たちの書）』の最初のほうに出てくる。

全世界が大きく揺れ動き、轟音が響き渡り、激しい雨とともに暴風が吹き荒れた。しかし、カピ山から噴き出る炎は、この豪雨のせいで消えるどころか、さらに勢いを増した。あたりに鳴り響く音は耳をつんざくばかりで、とうとうカピ山は轟音とともに粉ごなになり、地中深く沈んだ。海が盛り上がって陸に押し寄せ、バトゥワラ山の東からラジャバサ山までが水浸しになった。スンダ地方北部からラジャバサ山までの地域の住民は溺れて、財産もろとも流されてしまった……

これは何を意味するのか。この一節はどの山についてのものなのか。カピという名は現在では知られていないため、こうした疑問点が出てくる。[4] また、何が起きたにせよ、それはいつなのか。化石を凝視したり顕微鏡をのぞいたりするほうがお得意の地質学者たちは、格調高いジャワ語で書かれた散文のこの一節を熟読し、綿密に調べてきた。

起きたとされるこの大噴火についてロンゴワルシトがたった一度だけしか書かなかったのであれば、すべてははるかに有用なものとなり、それほど混乱を招くこともなかっただろう。しかし実際には、彼はこの部分を一度書き直している。前述の一節は彼の本の一八六九年版から引用したものだ。一八八五年に第二版を出すまでに、彼はこの部分（いつどこで何が起きたかは知れないが）を見直すことにし、以下のように修正した。[5]

……サカ暦三三八年［すなわち西暦四一六年］、バトゥワラ山から轟音が聞こえ、それに応えるように、近代で言うバンタム王国の西方に位置していたカピ山から同様の音が聞こえてきた。後者から巨大なまばゆい炎が上がり、天を焦がした。全世界が大きく揺れ動き、轟音が響き渡り、激しい雨とともに暴風が吹き荒れた。

しかし、カピ山から噴き出る炎は、この豪雨のせいで消えるどころか、さらに勢いを増した。あたりに鳴り響く音は耳をつんざくばかりで、とうとうカピ山は轟音とともに二つに割れ、地中深く沈んだ。海が盛り上がって陸に押し寄せてきた。

バトゥワラと呼ばれる山から東はカムラ山まで、西はラジャバサ山までが水浸しになった。スンダ地方北部からラジャバサ山までの地域の住民は溺れて、財産もろとも流されてしまった。水が引いたあと、粉ごなになったカピ山と周囲の陸地は海に沈み、陸続きだった一つの島「ジャワとスマトラ」は、二つに分かれた。スマトラ内陸部のサマスクタという町は海に沈んだ。そこは水が非常に澄んでいて、のちにシンカラ湖と呼ばれるようになった。これがスマトラとジャワが分離した所以《ゆえん》である。


この二つの引用文のうち、後者には、地理に関する記述がより多く盛り込まれている。スマトラとジャワの分離が語られ、「スンダ地方」が識別され、カムラ山（現在では別の情報源から、今日のジャカルタの南方、ジャワ西部のゲデという火山だということがわかっている）やバンテン西部のバトゥワラ山、スマトラ

（4） ロンゴワルシトが執筆していたころには、クラカトア、または少なくともクラカタウという名称が一般的になっていた。このため、彼がなぜわざわざカピ山と書いたのかは謎だ。もちろん、彼が調査に使った原典からそのまま転記したということも考えられるが。
（5） 一八八三年のクラカトアの噴火にまつわる話題が毎号満載されていた『ネイチャー』誌の一八八九年八月号に掲載された英訳より。

南端にある標高およそ一二〇〇メートルの山で、現在も同じ名前が冠されているラジャバサ山といった火山の名前も挙がっている。地図が作成できそうなほどの記述をこれだけ並べられると、「カピ山」がじつはクラカトアだと考えてもよさそうに思える。

しかし、これには少し問題がある。一八八五年の第二版の一節は、まばゆい炎、耳をつんざくような音、海面の上昇による浸水、海面下に沈んだ村むらなど、報道文のような記述にあふれているが、一八八三年のクラカトア噴火の約二年後に書かれたものなのだ。また、一八六九年版よりもかなり詳細に説明されていることから、懐疑の目で見れば、ロンゴワルシトはあらゆる新聞を読み、ことによると、バンテン（一八八三年の洪水による被害の大半はここで発生した）の住民から事情聴取したり、気さくなオランダの役人ばかりか科学者からも話を聞いたりしたうえで、一八六九年版を見直し、初版が出てから一五年後に、ありていに言えば尾ひれをつけて第二版としたように思える。過去の出来事に関するあまり面白味のない自筆の記事に、一八八三年の噴火にまつわる詳細をちりばめたのではないだろうか。

また、もしそれが事実だとすれば、そのためにこの宮廷詩人は、何か一つでもでっち上げたノンフィクション作家なら誰もが逃れられない宿命を背負うことになる。彼の書くものはすべて読者が疑いの目で見るようになるのだ。彼の書いた年代記も、全篇欠陥だらけではないかと怪しまれる。そして読者は、最初の版に出てくる「カピ山」の噴火やそれに続く浸水、多くの人びとの死に関する記述さえも疑問視し、噴火の時期のみならず、実際に噴火が起きたかどうかについてまで疑念を抱くのだ。

ただし、もちろん（ここで突如ロンゴワルシトの擁護に回るが）、彼が初版を執筆した一八六九年に、自分の書いたものに尾ひれをつける術《すべ》などまったくなかったことは確かだ。なるほど、彼は一六八〇年五月に起きたとされる噴火について書かれた歴史書を読んでいたかもしれない。だからといって、あのような内容をすべてでっち上げるなどということがありうるだろうか。おそらく無理だ。『列王記』の初版の記述は、彼が一次資料の調査から得た知識である可能性が非常に高い。問題は、その一次資料は何か、だ。彼の史料編纂の手法についてはほとんど知られていない。したがって、こう推測するしかないのだ――スンダ海峡での噴火に関する彼の記述は、シュロの葉に手書きされたたいへん美しくも脆い古代ジャワの原稿を参考にしたものではないだろうか。こうした原稿はソロの宮廷図書館に大量に保管されていた。

このあたりで話が少し曖昧になってくる。残存しているシュロの葉の文書（バリ書体や宮廷ジャワ書体、山の書体と呼ばれる複雑で興味深い飾り文字など、さまざまな様式で手書きされており、ロンゴワルシトのほかには一握りの人間しか読むことができなかった）およそ一万点のうち、実際にジャワ古代史について語るものはごく少数しかない。大半は九世紀あたりから書き始められているようだ。それ以前のジャワについては、信頼できる資料はほとんどないらしい。

こうした不確かさの一例を挙げよう。ロンゴワルシトの本には、ジョヨボヨという謎の王が登場する。ジョヨボヨは、シュロの葉の文書のうちでも古いものに書かれている噴火についての記述を監督したことになっている。ジョヨボヨは、ヒンドゥー教の神ナーラダからその噴火の話を聞かされたと言われる。ナーラダは天から降りてきて、いくつかの神話的物語をジョヨボヨ王に聞かせると、それをジャワのあらゆる歴史書の中に盛り込むよう強く求めたという。

さあ、これでおわかりだろう。古代の神から託された話を、一〇世紀の謎多き王が書記官に口述してシュロの葉に書き取らせ、それを読むことのできた一九世紀の宮廷詩人が広めた、しかも明らかにこの詩人はとんでもない空想癖をもっていた、というわけだ。クラカトアの噴火を初めて記録したこの基本的な話を、科学界が適度の懐疑心を抱きながら受け止めたのも不思議ではない。

ただし、以下の二点については信憑性がある。一つは、（比較的簡素な一八六九年版でさえ）詳細が非常に現実味を帯びており、地質学的にはかなり信用できるものであるということ。もう一つは、噴火の時期が西暦四一六年と特定されていることだ。この点について、ロンゴワルシトは何の疑問も抱かなかった。ヒンドゥー教の神がジョヨボヨに、噴火はサカ暦三三八年に起きたと言ったらしい。サカ暦は、この周辺の島じまで使われている有名なヒンドゥー教の暦で、西暦で言えば七八年を紀元としている。これは、今日のヴェトナムに当たる場所にあったチャンパ王国から南方へヒンドゥー教が伝えられたとされている年だ。西暦四一六年というのは、簡単な足し算で割り出せる。

だが、五世紀初めに、ジャワに限らず世界のどこであろうと火山の噴火があったことを示す当時の証拠はほかにいっさい見つからない。北極・南極の氷冠から採取された氷床コア（氷床を掘削して採取する円柱状の氷の試料で、過去の地球環境を知る手掛かりになる）のいずれにも、塵の薄い層一つ見られない。古代から残る世界の原生林のどの場所から採取されたどの木の年輪にも、一ミリの幅の狭まりも見られない(6)。こうした測定法による誤差の幅はプラスマイナス二五年だから、科学的証拠に基づくと、五世紀の最初の二五年間に大きな火山の噴火がなかったのは明らかなようだ。サカ暦やまばゆい炎、浸水、カピ山の噴火などの記述はあるものの、それだけは間違いないように思える。確たる科学的証拠がないうえに、歴史的根拠とされるものも、ヴィクトリア朝のころの空想癖のある詩人が生き生きと語った物語だけという状況では、五世紀の噴火がほんとうに起きたのかどうか、心底疑わざるをえない。

四一六年と五三五年の混同

しかし、西暦四一六年の約一世紀後に何らかの重大な出来事が起きたことについては、きわめて多くの裏づけがある。木の年輪や氷床コア、世界各地に伝わる逸話など、莫大な数の証拠があるので、五三五年ごろにジャワかスマトラのどこかで火山が大爆発した可能性は高い。もしかしたらこれもクラカトアのことではないだろうか。ひょっとするとロンゴワルシトの年代記にサカ暦で書かれた噴火発生時期が誤りで、その他の情報はどれも（少なくとも初版に記録されたものについては）かなり正確だった、とは考えられないだろうか。

数も内容もやや貧弱ではあるが、時期を取り違えたことを示唆する証拠は存在する。その証拠は、火山の噴火、それもとくに広大な居住地域の周辺で発生した大規模なものは、広範に及ぶ社会混乱を引き起こすという経験則にのっとっている。何百という人間が命を落とし、通信が断たれ、疫病が流行し、集落が荒廃し、社会秩序が崩壊する。見落とされがちなことだが、こうした騒乱があると、史実の記録に支障が出て、記録はつぎはぎだらけの不完全なものになる。こういう状況では、歴史家もほかの人間同様、自分が生き延びることで頭がいっぱいになってしまうのだ。

ジャワ版『列王記』にも、ちょうど五三五年の噴火の時期にあたる部分にこの種の不完全さが見られる。五世紀を通じて、記載内容は決まりきっており、変化に乏しい。執筆の障害となるものは何もなかったようだ。西暦四〇〇年から五〇〇年にかけての一〇〇年間には、歴史家たちも、ジャワ島で起こった小事件の記録を長期にわたって不可能にしてしまうようなトラウマとは少しも縁がなかったらしい。五世紀のジャワには、幸いにもこれといった災難はなかったようだ。四一六年という年は噴火に関する記述に登場するが、そ

（6）　莫大な量の塵を大気中に放出する火山は、容易に識別できる二種類の痕跡を残す。まず、堆積した塵の形成する薄い層が氷床コア中に認められる。また、樹木の生長が短期的に鈍化した証拠も見つかる。塵は太陽の光にフィルターをかけて世界的な気温低下をもたらすからだ。気温が下がり、樹木の生長が遅れると、年輪の間隔がかなり狭くなる。このように、年輪は過去何百年間もの気候を容易に手際よく特定するのに役立つ（ただし、測定しようとする時代に生えていた木を伐採した試料が入手できることがつねに必須条件となる）。

の後何年も混乱状態が続いた様子はない。歴史家たちが自分の身を守ることで精一杯になり、仕事を中断してしまった事実はまったく見受けられないのだ。四二〇年から四三〇年までの一〇年間は四〇〇年から四一〇年までの一〇年間となんら変わりなく、シュロの葉の歴史書には、さほど重要でないことばかりが書かれている。

だが、次の六世紀はすっかり事情が異なる。六世紀の初めの三〇年のうち、シュロの葉に記事が書かれている年数は四分の三を下らない。これがいわば標準の記載率だ。しかし、肝心の五三五年に続く一八年間のうち、記載がある年数は五分の一にも満たない。そして、それに続く三〇年間で、一般的な出来事が記録されている年数は再び増加し、標準の記載率の四分の三をわずかに下回る程度にまで回復する。これはどうも、五三五年またはその前後に何かが起こったとしか思えない。その「何か」によって、その後ほとんど二〇年間、シュロの葉に記録を残す書記官たちは筆を執ることができなくなり、ジャワは歴史的な硬直状態に陥ったのではないだろうか。

さらに、ジャワ以外の地域でも氷床コアや年輪による有力な証拠が数多く見つかっている。今日、氷床コアや年輪による年代測定の精度は非常に高く、その結果によれば、五一〇年と五六〇年の間に、世界中に塵をまき散らし、日を陰らせて樹木の生長を阻害するような大異変が起きたのは（二五年の誤差を考慮に入れても）確実のようだ。また、中国にはそのころに大きな爆発音が聞かれたことを裏づける記録（中国の史書でとりわけ権威ある正史の一つ『南史』）が残っている。その記録中に、爆音は南方から、つまり中国の南方から聞こえた、とあるのでさらに興味を惹く。言うまでもなく、クラカトアは中国の真南に位置する。

こうした証拠のどれをとっても、十分な説得力をもつと言っては言いすぎになる。しかし、起きたとされる初めの二回の噴火のうち、クラカトアと関係があったのは五三五年の噴火だけとしてもよさそうだ。四一六年の噴火についての記録は、たんなる時期の誤認でなければ、ジャワ島にあるほかの二〇余りの活火山のうちいずれかの噴火に関するものかもしれない。それとも、神話や伝説、他の事件との混同、粉飾などが入り混じっただけで、実際には何も起きていなかったのかもしれない。

五三五年に起きた可能性のある噴火

次に、クラカトアの最初の噴火が四一六年ではなく五三五年に実際に起きたとすると、当時のジャワ島西部における社会環境についてわずかに知られている事柄から判断すれば、その噴火に気づいた人はおそらくごく少数だったろう。噴火地点から半径約一六〇キロメートル以内には、町と名のつくような場所など皆無だったらしい。中国の貿易商、つまりジャワ島とスマトラ島の北岸や東岸に沿って航海していた船長たちは、この地域について非常に包括的な記録を書き残したようだ。そのなかに、スータオという当時の共同体について記したものが多数ある。この共同体は、ジャワ島にあった可能性が高く、「肥沃な土地と道路のある地域社会」をもっていたらしい。

北京の高級官僚による記録の中でプーデイと呼ばれている、おそらくスマトラ島南部にあったらしい別の土地には、「漆のように色黒の」人種が住んでいた。彼らは中国の皇帝が所有する帆船が通ると居住地から舟を出し、ニワトリや果物を売っていた。ホロタンというやや暗い響きの名をもつ共同体についての記録も残っている。そこの住民は、近隣からの襲撃が絶えない、と中国人に不満を漏らしたそうだ。また、「しっぽ（ボルネオ島南部に現在も見られる類いの、儀式の際に着ける長い頭飾りの原型を指しているらしい）をもった」人食い人種も、中国の宮廷に仕える几帳面な書記官たちの興味を惹いたようで、記録に残っている。

しかし、黄金や翡翠《ひすい》、白檀《びゃくだん》、丁子《ちょうじ》を積んで、インドネシア近辺を航行していたインドや中国の貿易商たちが、ジャワやスマトラで大きな町や都会的で洗練された住民を発見した形跡はない。噴火の炎が上空を輝かせ、雲から灰や軽石が雨あられと降り注いだかもしれないが、その光景を目のあたりにし、轟音を聞き、当然ながら驚愕して恐怖に震え、損害をこうむったヌサンタラ（「間の島じま」という意味の古いマレー語）の人びとはあくまで村落の住人に限られていた。田舎の素朴な民がその一大変事を口伝していったのだから、どうしても不確かで、想像たくましいものになった。

一九九九年、ロンドンを拠点とする作家デイヴィッド・キーズのすぐれた著書『西暦五三五年の大噴火』に基づくテレビ・ドキュメンタリーがイギリスで放送された。その番組の中で、五三五年にクラカトアの大噴火が実際に起こったばかりでなく、その大災害が一見つながりのない、それでいて世界を揺るがすような、驚くほど多数の出来事の根本原因であることが強く示唆された。

もし実際に噴火が原因だとすればの話だが、それがもたらした気候変動が発端となり、真にこの世の終末を思わせる出来事が連鎖的に起こった。番組でそうした出来事の例として挙げられたものには、東ローマ帝国の衰退や、ネズミを媒介するペストの蔓延、歴史に残らぬ暗黒時代の惨事の数かず、イスラム教の誕生、蛮族によるヨーロッパ侵攻、中央アメリカのマヤ文明の崩壊、少なくとも四つの新しい地中海国家の誕生などがある。こうした見解につながる議論はときに、ただの推論にすぎぬようにも見えるが、最終的にはどれも一つの事実に収束する。それは、六世紀の前半、世界のどこかで何かとてつもなく大きなことが起き、世界の気候に甚大な影響を及ぼしたという事実だ。だが、その「何か」とはいったいなんだったのか。

諸説を考え合わせると、火山の噴火だということになる。四一六年には何も起きなかったことを示すのに使われた手法がそのまま、一一九年後にたしかに重大な出来事が起きたことを証明するのに使える。氷床コアから採集された塵、グリーンランドや南極大陸の酸性雪、無数の年輪サンプルから得られる、いかにも魅力的なデータ――これらすべてが、六世紀前半にどこかで起きた一つの出来事を指し示している。そして、たとえどれだけ信頼性に問題があろうと、そもそもはロンゴワルシトの書物のおかげで、その出来事の起きた場所として、クラカトアがじつに有力な候補として浮上してくる。

驚いたことに、クラカトアのこれまでの噴火の時期を割り出す、多少なりとも信頼に足る科学的調査はほとんど行なわれてこなかった。科学がクラカトアの過去の検証を歴史家の手に委ねておおむね安穏としてきたとは、まったく信じ難い話だ。なにしろ、放射性年代測定法を筆頭とする、より精密な方法を使えば、当然、ソロの宮廷詩人たちが逆立ちしてもかなわぬほど正確な答えを割り出せるのだから。前述のテレビ番組の制作者たちは、このような情けない状況が改善されるように働きかけた。

一九九九年、『西暦五三五年の大噴火』が提唱した非凡な説が世間の幅広い関心を呼び、それに応える形で、ロードアイランド州立大学所属のクラカトアの専門家ハラルダー・シガースソン教授が現地へおもむき、(7)ロンゴワルシトがかけた謎に対して、現代化学の力で決定的な答えを探すことにした。教授はまず一八八三年の噴火の名残りとして今なお残るラカタ山で発見した、明らかに非常に古い各種溶岩流から木炭サンプルを数多く採取した。そして、よく知られた放射性炭素(C—14)の半減期を用いてサンプルの年代測定を行なった。

しかし、測定結果からはおおよその結論しか得られなかった。シガースソン教授は、サンプルの木炭ができた時期として、西暦元年から一二〇〇年の間というじつにおおざっぱな範囲しか特定できなかった。言い換えれば、西暦で最初の一二〇〇年間に、クラカトアできわめて大きな火山爆発があり、それは世界的な天候異変を引き起こしてもおかしくないほどの規模で、その気候変動が今度は経済的・社会的混乱(そして疫病を運ぶネズミの移動)を引き起こし、ひいてはそれが『西暦五三五年の大噴火』の中心テーマである数かずの重大事件の原因となったのだろう。

(7) イギリスのテレビ局「チャンネル・フォー」が出資。

だが、そのおおもとの噴火が起きた年をはたして特定できるのかどうか、またそれが四一六年と五三五年ではどちらの可能性が高いのかは、まだ即答はできない。何か手掛かりをつかんでいたのは、ロンゴワルシトだけなのかもしれない。

ほぼ歴史的事実と見なされる一六八〇年の噴火

しかし、それから一一〇〇年余りの歳月を経た一六八〇年、再びクラカトアが噴火したかもしれないという説については、それ以前の二回と異なり、人びとの純然たる空想に基づく要素は少なかった。ただし、あくまで「噴火したかもしれない」と言わざるをえない。西暦四一六年と五三五年にあったとされる噴火についての記述が、あやふやで想像の産物にすぎないかもしれないことは、すでに見たとおりだ。仏教信仰のシャイレーンドラ朝時代にも、噴火があったという証拠はまったく見当たらない。一六八〇年に何が起きたにせよ、それに関する記述もまた、文句のつけようがないほど克明で正確というわけにはいかないのだ。

第二章で述べたように、一六八〇年に起きたとされる噴火については、ヨーロッパ人証言者は三人しかいない。島で最初に噴火の爪痕を目にした、銀含有量の分析者ヨハン・フィルヘルム・フォーヘルと、一年以上経過してもなお噴煙が上がっていた、とあまりに生なましい描写をした著述家エリアス・ヘッセ、そして、ベンガルと行き来する交易船「アールデンブルフ」号の名もない船長だ。

三人の目撃者のうち、最初の二人の残した噴火の記述は、控えめに言ってもかなり脚色されているようだ。残る交易船の船長は、バタヴィア港の酒場で耳を傾けてくれる酔客を相手に、噴火について一席ぶったのだろうが、航海日誌にはバタヴィア城にいるお偉方の注意を惹くほどのことは何一つ書かなかったようだ。バタヴィアの公式記録は何事も細大漏らさず記録するが、噴火にはいっさい触れていない。クラカトアで間違いなく何かが起きた。それは疑う余地はない。だがそれがどんなことであったにせよ、六世紀に起きたらしい噴火よりは、はるかに些末な出来事だったのだろう。まして、二〇〇年後の一九世紀に起きた噴火と比べものにならなかったことは言うまでもない。

それでも一六八〇年の噴火は、植民地の町の住民にかなり近い距離で起こった。当時、オランダ東インド会社（VOC）最大の根拠地バタヴィアは、優に八〇年の歴史を刻み、ある種の成熟した落ち着きを見せていた。城壁を巡らせた地区の中にいくつも砲塔を備えた政庁があり、チャイナタウンやたくさんの倉庫も築かれ、街路には小さな棟続きのテラスハウスが無数に立ち並び、運河や酒場もあった。それらが渾然一体となって、VOC従業員が思い焦がれてやまない彼方の故郷アムステルダムやライデン、デルフト、ユトレヒトを彷彿《ほうふつ》させる白日夢のような、高温多湿の町を形作っていた。

一七世紀にバタヴィアへ移住したオランダ人が、さほど満足していなかったことはあらゆる資料から明らかだ。ここでの暮らしは厄介な試練の連続だった。人びとが健康そのものということはめったになかった。まずマラリア、コレラ、デング熱などいろいろな熱帯病に倒れることが多かった。そのため、原因の細菌を運ぶとされた空気を病的に恐れた。たいてい朝食どきに吹き始める潮風に乗って海岸(8)の方から悪臭が漂ってくると、町の住民は急いで窓や戸をしっかりと閉め、夕方までそのままにした。そのあとわずかに開けたかと思うと、今度は蚊が入らないように再び閉め切る。誰もが街の運河で沐浴をした。ベルナルド・フレッケという人物はこう記している。「ご婦人方は臆面もなくこの公共の浴槽に飛び込んだ。それはいちおう禁じられていた……運河は下水道として使われており、そうとう不潔だったからだ」

それにオランダ人はよく酒を飲み、煙草を吸い、パーティーで浮かれ、いくぶん無軌道な戯れ事で植民地

(8) 地元民は、好んで浜辺で体を洗った。

生活の憂さを晴らしていた。この植民地の創設者ヤン・ピーテルスゾーン・クーンほどの人物までがアルコールの効用を説いた。「わが国民は飲まなければ死んでしまう」という彼の言葉が残っている。今日でもオランダの蒸留酒産業が好んで引用したがる台詞だ。一七世紀バタヴィアの平均的オランダ人なら、まず朝食前にジュネヴァというジンをストレートでグラス一杯流し込み、日中は薄暗く風通しの悪い家の中に座って汗だくになりながら、アラック酒を何杯も飲み干し、退屈をまぎらせたものだった。そして、数ギルダーも出せば一〇〇〇本入りの箱が買える小ぶりのオランダ葉巻や、もう数ギルダー高いだけの長いハバナ葉巻、海泡石のパイプの火皿を満たすほどの量が二、三セントで買える粗悪なタバコをたえずくゆらせるので、バタヴィアの空気はいつも紫煙で霞んでいた。

ジャカルタのスンダ・クラパ港一帯には、今でもわずかながら当時の面影が見て取れる。いつもにぎやかで、絶え間なくそして荒あらしく変化する町、人種と宗教が呆れるほどごちゃ混ぜでいさかいが絶えず、ときに暴力沙汰も起こる町に、かろうじて昔の片鱗がうかがえるのだ。油っぽい海水が、ひび割れた木の桟橋にパシャパシャと打ちつける埠頭の近く、魚市場の建物の間に身を寄せるようにして、オランダ領時代の香辛料の倉庫が残っている。大規模な船の修理用ドックもあり、床は板石、梁はチーク材でできている。今はレストランに改造され、ライスターフェル（米飯に、肉や魚介類、野菜、香辛料などの小鉢が添えられたインドネシア式の食事）や、きーんと冷えたビンタン・ビールが客に出されている。古い城壁の一部や、屋根が丸みを帯びた細長い見張り番所も残っている。どちらも傷みがはげしい。クレムボルフの要塞跡には、一九世紀に建てられた監視塔がある。その昔は税関だった場所だ。床には漢字が彫りつけられていて、ジャワの標準時間（はるか東方のバリよりは一時間遅く、西方のスマトラ島のアチェよりは一時間早くなる）の子午線を示すと言われる印もあった。

しかし、スンダ・クラパで最高に美しい眺めといえば、それはオランダやVOC、そして見たところクラカトアとも無関係で、もっとずっと原始的で、時を超えたものだ。それは、派手な塗装をほどこされた大型木造帆船がびっしりと寄港している光景だ。混み合ったときには五〇隻を数えるだろうか、長い埠頭に並んで係留されている。帆船は「ピニシ」と呼ばれるスクーナー（縦帆式の伝統的な帆船）で、スラウェシ島の粗野なブギス族や、カリマンタン島やそのほかの離れ島の水夫たちが乗ってくる。彼らは、たいていがボルネオ島やスラウェシ島の森林で不法に伐採された木材を運び込んでジャカルタの市場で売りさばき、テレビや洗濯機など、遠方の島で手に入れにくい必需品を積んで帰ってゆく。

かつて私は波止場の酒場で偶然、一人の森林学者に出会った。ビールを何杯も空けながら、彼は親切にも、東インド諸島における、伐採可能な木と保護されている硬木の分布状況[9]を説明してくれた。そして午後遅く、まだうだるような暑さの中、波止場の涼しいところへ連れていってくれた。先ほどのインドネシア熱帯雨林の破壊の話を実例で説明してくれることになり、私たちはずらりと並んだ商人たちの船の横を歩いていった。船はみな斜めにつなぎ留められ、堂々たる船首が埠頭に無数のアーチをかけている。そのアーチが作る心地よい日陰で、若い男や野良犬たちがまどろんでいた。

森林学者は、ピニシ船を所有しそれを走らせている商人たちに対して複雑な思いを抱いていた。彼らの勇気や操縦の腕前、大胆不敵さには一目置いていた。彼らがまともな装備ももたず、そうとうの距離を航海していることを知っていた。また彼らの歌や詩、荒唐無稽な冒険話が好きだった。女性がいっしょに航海することをめったに許さず、船乗りとしての伝統を何より重んじていることもわかっていた。それに水夫たちの

（9）東インド諸島西部の木——主として翼状の萼《がく》がある双葉柿——は諸島東部の森林に見られるユーカリノキやゴムの木と著しく異なる。前者は明らかに東洋種、後者はオーストラリア種で、樹木独自のウォーレス線によって隔てられている。予測に難くないことだが、この境界線は、ヒクイドリ、バタンインコ、ツグミ、カンガルー、類人猿など、同諸島に生息するほかの生物の分布の境界線をそのままなぞるものだ。

体力には舌を巻いていた。裸足のブギス族水夫たちは、小柄だが筋骨たくましい。大人の男の倍は重さがありそうな巨大なマホガニーの長材を船から下ろし、狭くて滑りやすい道板《みちいた》の上を運んでゆく。森林学者はジャワ島に住み始めてかれこれ二〇年になるのに、今でも彼らの強靭さに驚嘆するという。だがその一方で彼を悩ませるのは、船乗りたちが運び込む木材だ。彼らは自ら知らぬ間に、ジャワの珍しいチーク材を西洋の居間のくだらない飾り物に変える流通網の一部と化している。なんとかやめさせなくては、と彼は考えている。

私はアパートに帰る彼に同行した。彼は魚市場の端にそびえる小型摩天楼の二〇階に、中国人の妻と三人の子供とともに住んでいた。最近、玄関に厚さ一〇センチメートルほどの鋼鉄の扉を据えつけた。ごついボルトのせいで、銀行の金庫室のドアかと見紛う。一九九八年の政変時に起きた、中国系住民を標的にする暴動が原因だそうだ。波止場の南に位置する中国人居留地域グロドックには今でも、当時の傷跡や焼け焦げがいたるところに残っている。その戦慄の日、ジャワ人暴徒は彼のアパートを襲撃し、妻と子供たちを通りへ追い立て、家財いっさいをもち去った。彼の妻に手を出さなかったのは、ひとえに、夫の彼が外国人であり西洋人だったからだ。

思わず惹き込まれる話だったし、熱帯雨林やブギス族の商人に対する彼の見解にも感服したが、それよりも居間の壁に掛けられた一枚の絵に、私はすっかり魅せられてしまった。一八世紀の見事な銅版画で、有名なオランダ人地図製作者ヤン・ファン・シュリーの作品だ。積荷を満載した二隻のVOCの船が描かれている。どちらも順風を受けてわずかに傾いており、尖った山のある島の前を通過しているところだ。島の岸から一メートル余り上ったところに、木が横一列に並んでいるが、それ以外は岩肌がむき出しになっている。山頂から巨大な炎が枝分かれして燃え上がり、大量の黒煙が怒り狂ったように噴き出して、大型帆船の頭上にもくもくと立ち昇り、上空の雲と混じり合わんばかりの勢いだ。絵のタイトルはずばり「燃える島」で、

ヤン・ファン・シュリーの初期の銅版画「燃える島」。二隻の帆船が、噴火（1680年当時のものと思われる）の真っ只中のクラカトアらしき山の前を通過している。

ほかにさしたる記録のない噴火、一六八〇年にあったとされる噴火を描いたものに間違いなかった。

森林学者は何年か前にこの銅版画を、ジョクジャカルタの骨董品店で見つけた。いかにも奇想天外で、実際の出来事の正確な描写というよりは、シュリーの、日ごろは抑制された空想の産物なのだろうと思っていたという。それにしても、強烈な絵画だ。彼らの住まいから遠からぬ火山が秘めたすさまじい力を、居間の壁を見るだけでまざまざと思い起こさせてくれる。そして、彼を取り巻く国内事情を考えると、もっと広く象徴的な意味で、この地の不安定な、しばしば明日をも知れぬ暮らしが想起されるようでもあった。

確実にあった一八八三年の噴火の前夜

ファン・シュリーが写実的に描くか、もしくは想像で描くかした一六八〇年の噴火から二世紀後、クラカトアがついに噴火の腹を決め、劇的な爆発を起こしたころには、バタヴィアの町はすっかり変貌していた。

そもそも一八八〇年代のバタヴィアは、もはやたんなる企業町ではなかった。一世紀ほど前の第四次英蘭戦争により、事実上その時代の幕は下りていた。戦時中、イギリス海軍による海上封鎖でＶＯＣの資金は底をつき、他方、何千トンというジャワの選《え》りすぐりの輸出品がバタヴィアの倉庫に眠ったままになった。やがて一七八二年にパリ条約が結ばれ、それにより一七八四年に戦闘が終結すると[10]、オランダはこの地域での貿易独占権を失い、かつては華ばなしく、安定していたＶＯＣは巨額の財政負担を強いられた。世界の香辛料貿易におけるオランダの市場占有率はとたんに落ち込み、コーヒー、茶、キニーネなど新たに取り入れた栽培作物による収入も、ＶＯＣの莫大な出費を埋めるにはほど遠かった。かくて二世紀にわたる操業の末、疲弊したＶＯＣはついに破産を宣告された。ＶＯＣの統治の権限は、一七九九年に正式に失効し、以後オランダ本国が、純粋に植民地として東インド諸島を直接統治した。

その六年後、世界制覇の野望を抱くフランスの皇帝ナポレオン一世がオランダを武力で制圧し、ほどなく弟のルイをオランダ王の座につけた。その後一〇年間、イギリスとの戦いでヨーロッパは戦争一色となった。その影響が東インド諸島、とくに当時オランダ領東インド諸島と呼ばれた植民地の首都として新たな役を担っていたバタヴィアへも波及した。イギリス海軍が東洋の海域に出没した。ヨーロッパ全土を巻き込んだナポレオン戦争は、バタヴィアの町と、そこで運営されていた政庁の発展の仕方にも重大な影響を及ぼし、その多くは今なお目に見える形で残っている。

町をもっとも大きく変えたのは、ナポレオン麾下《きか》の元帥ヘルマン・ウィレム・ダーンデルスだった。彼が、後年ついにクラカトアが大噴火した際の町の姿を決定することになる。一八〇八年に総督に任命されるやいなや彼が下した命令は単純明快だった。すなわち、どれだけ費用がかかろうと、また、どんなことをしてでも、イギリス軍のあらゆる攻撃に備えてバタヴィアの守りを固めろ、というものだった。

彼は、海沿いのすべての城と倉庫と要塞を正式に放棄し、「ベネデンスタッド（下のほうの町）」と呼ばれて見下されていた古くからのバタヴィアを事実上閉ざし、かわりにまったく新しい首都を八キロメートルほど内陸に入った場所に築いた。考えられる海からの攻撃に対して、地理的に安全を確保したのだった。

かつてヤン・ピーテルスゾーン・クーンによって作られた旧バタヴィアは、今やむさくるしくて窮屈で荒廃し、一八世紀には疫病が蔓延するヨーロッパ系住民の「墓場」として、東洋中に悪名を轟かせていた。南方へ移転した新バタヴィアこそ、長くなおざりにされた「東洋の女王」という呼び名に真にふさわしい、とダーンデルスは考えた。そんな気持ちから、彼はこの内陸の新都を「ウェルトフレーデン（十分満足し

(10) フランスと、誕生したてのアメリカ合衆国は、それぞれイギリスと講和したが、オランダはその後もしばらく戦闘を続行し、遠く離れた植民地の住民にいっそうの負担をかけた。

た)」と名づけた。感謝に満ちたオランダ人入植者の心境はかくあるべし、と切に望んでのことだった。

ダーンデルスはバタヴィア城を取り壊し、自身のために、きれいに刈り込まれた芝生の広大な平地に宮殿を建てた。その後数十年にわたり、ここがオランダ領東インド諸島の総督府となった。ダーンデルスが行政府の中心を移したとき、上流社会の人びともいっしょに居を改めたため、旧市街は一九世紀なかばまでにすっかり空洞化してしまった。イギリスの著名な植民地行政官トマス・スタンフォード・ラッフルズ[11]は、一八一七年に次のように記している。

通りの建物は解体され、運河は半分埋められ、城砦は取り壊され、邸宅は地に倒されていた。今もなお最高法院が招集される市庁舎は残っている。商人たちは日中、町で取引きをし、倉庫にはまだ島の豊かな産物が収まっているが、社会的地位のあるヨーロッパ人で、旧市内で寝起きする者はほとんどない。

一八五八年にバタヴィアに立ち寄ったオランダ人A・W・P・ワイツェルが描くバタヴィアはさらにさびれている。

日没後のバタヴィアは、がらんとして静まり返っている。事務所や大きな倉庫ばかりか、店まで閉まっている。馬車の音もやみ、たまに通りを行く先住民も、裸足だから物音一つ立てない。警察から松明《たいまつ》をもつように言われていなければ、さまよう黒い影にしか見えないだろう。

トマス・クックの旅行案内が初めて書かれたのは、大噴火から二〇年を経た一九〇三年のことだが、ダーンデルスが旧市街を解体した残骸を使って創り出し、世紀末に最盛期を迎えた新しいバタヴィアの雰囲気をそこはかとなく伝えている。

本来のバタヴィア、つまり、会計事務所や店舗が軒を連ね、先住民や中国人が多く住み、運河と堀が巡らされ、泥と埃にまみれ、古びた屋敷のある下のほうの町は、およそ魅力的な印象は与えない。一方、夕刻になるとヨーロッパ人がみな帰ってゆく山の手の町は、さながら巨大な公園のようだ。邸宅が列をなし、幅のゆったりとした砂利道に大樹が影を落とし、大きな広場からは新鮮な空気が風に乗って運ばれてくる。

噴火直前の数年間、町は安定のうちに繁栄し、発展を続けていた。一八世紀末のVOC倒産のあおりでバタヴィアがこうむった景気後退がどんなに厳しいものだったにせよ、それは一九世紀後半の、世界を股にかけて大胆不敵な自由貿易を行なった歳月によって、十二分に埋め合わされていた。一八六九年にスエズ運河

(11) ラッフルズのもっとも有名な功績はシンガポールを実質的に創設したことだが、彼はまたナポレオン戦争中、束の間のイギリス統治期間、すなわち一八一一年から一六年まで、ジャワ副総督の任にあった。カルカッタにあるイギリス東インド会社により、自国領が五年にわたって支配されたことをオランダが平然と受け止めるようになって久しい。ハーグにある旧植民省の「統治者の間」の壁には、ほかのオランダ人総督の絵に混じって、ラッフルズの上官ミントー卿の肖像画が、とくに説明もなく掛けられている。また、ラッフルズ夫人は、ジャカルタ南方のボゴール植物園内の美しいギリシア風の墓に葬られている。ラッフルズは、ジャカルタ中部、ボロブドゥールにあるすばらしい仏教寺院の発見と復元、信頼性の高い歴史書『ジャワ誌』の執筆、地球上最大の花ラフレシア・アルノルディ（直径約一メートル、重さ約一〇キログラムで、すさまじい悪臭を放つ）の発見と命名など数かずの業績で人びとの記憶に残っている。

が開通し、砂漠を通る近道とますます速くなった船のおかげで、東洋は今やヨーロッパ市場にぐんと近づいた。その東洋からの商品に対する需要が増すことで、商社が次つぎに開業し、目新しい熱帯特有の産物や製品を取引きする市場がいたるところに出現した。ヨーロッパ人に人気の高い東洋の都市はみなそうだったが、バタヴィアも人口がみるみる増加し、一八六六年に五〇万人だったものが、八三年の噴火時には一〇〇万人をはるかに超えていた（そのうちヨーロッパ人はわずか一万二〇〇〇人、中国人が八万人で、残りはすべて、身近に集まってくる富の分け前にあずかろうと当然ながら熱を上げる東インド諸島の先住民だった）。ジャワ語の研究で名高いオランダの学者P・P・ロールダ・ファン・アイシンガ教授の記述によれば、早くも一八三二年に、飛躍的な繁栄の兆しが広く見られたという。

……ヨーロッパから来た役人や商人の何百台という馬車がもうもうと土埃《つちぼこり》を上げて通りを行く。中国人は一目でわかる不愉快な顔立ちに、弁髪、絹の帽子という格好で巷にあふれ、せわしなく槌を振るい、鋸を引き、塗装や針仕事、普請などにいそしんでいる。裕福なアラビア人や中国人は乗り物で道を行き交い、半裸のジャワ人は重い荷物を運び、身なりの貧しい欧亜混血の事務員は日傘をさしながら歩いて職場へと向かう。老女は焼き菓子を売り、インド人は静かに座ってバナナの葉に乗せた米を食べていた。そこへ野菜や牛乳や果物の売り子、肉屋、サルや鳥を売りに来た丘陵地帯の住人らも合わさり、たいへんな混雑だった。

こうして大勢の人が寄り集まり、バタヴィアの暮らしはいよいよにぎわい、せわしくなっていった。その結果、新たな変化が起こった。イギリス支配下のインドと同じように、より裕福で影響力のあるヨーロッパ系住民が、うだるように暑い首都市街から、涼しくて緑豊かな丘陵地帯の町へ移り住んだのだ。東インド政庁はすぐにこの町に「バイテンゾルフ」という名をつけた。「気楽な」「憂いのない」という意味だ（現在は、気楽な響きにはほど遠い「ボゴール」という旧称が復活している）。

バイテンゾルフは、インドのシムラやマーリー、ウータカマンドといった高原避暑地のように、一九世紀初頭にはすでに高級な地域になっていた。その評判を不動のものにしたのが総督のダーンデルスだ。彼は一八〇八年、一八世紀のVOC総督がこの地に建てた壮大な別荘を総督邸にすることに決めたのだった。高官たちは、バイテンゾルフまでの道のりが遠いことに難色を示した。冬に土砂降りの雨にでもなれば、三〇組もの馬が必要になるだろうと言って諭した。それを聞いたダーンデルスは、「では三一組にしよう」と息巻いて、ただちに引っ越したという。以後この宮殿が、ラッフルズも含めて、ダーンデルスに続く歴代総督の公邸となった。

その公邸は、今日でもほとんど変わらぬ姿で残っている。広大な平屋の白亜の宮殿で、現在その広びろとした風通しのよい部屋は、豊満な肢体をわずかに覆っただけの若い女性の絵で埋め尽くされている。作品もその題材も、現代インドネシアを独立へ導いた故スカルノ大統領[12]が熱心に収集していたということだ。宮殿周囲の緑地には、何千頭ものノロジカがいる。肉は値段も手ごろで味もまあまあなので、オランダ人が好んで催した公式の晩餐会でふるまうために、一世紀ほど前に輸入したものだ。

(12) スカルノの私用の書斎でひときわ目立つのは、旧ソ連で骨身を惜しまず嬉々として働く労働者が描かれた巨大な油絵だ。ここを訪れたソ連共産党政治局長からの贈り物で、スカルノが明らかに左翼に傾倒していた事実を物語っている。彼はやがて、アメリカに支援されたクーデターでスハルトに取って代わられた。この政変ののち、インドネシアは腐敗と内戦で彩られ、その弊害は今に及んでいる。

サミュエル・モース

オランダが創設した植民地ジャワに、ある日突然、近代化の波が訪れた。

一八四四年五月二四日、サミュエル・モースは聖書から引用した「神は何を為し給いしか」という有名な言葉を、ワシントンの最高裁判所から、六〇キロメートル余り離れたボルチモアにいる協力者アルフレッド・ヴェールへ発信した。その一二年後、クラカトアの惨事を伝えるにあたり決定的に重要な役割を果たすことになる電信技術が、東インド諸島に正式に導入され、ほぼ同じ六〇キロメートル余りの距離がつながれた。一八五六年の夏に、バイテンゾルフの宮殿とバタヴィアの政庁が結ばれたのだ。これを境に、ジャワでの技術革新は一気に加速した。一八五九年にはシンガポールまで海底ケーブルが敷設され（このときは一月もしないうちにだめになったが）、ジャワは海外とつながった。そして一八七〇年にはマレー半島とオーストラリアとも接続された。こちらはまったく問題なく、クラカトアが噴火したときには、爆発をじかに見聞きし、揺れを感じ、損害をこうむった地域がすべて、モールス符号によって世界中と結ばれていたのだった。

実際、クラカトアの噴火は、世界規模の電信ケーブル網、すなわち災害のニュースを全世界に迅速に伝えるネットワークが確立されたあとに起こった初の大惨事だった。情報が世界中へ急速に広まることには計り知れぬ意味合いがあった。それに関してはあとでまるまる一章を費やすことにする。

一八八二年から、バタヴィアの家いえには電話が普及し、ニュースや警報、行事の招待にとどまらず、さまざまなゴシップまでもが容易に伝わるようになった。すでに町にはガス工場もあり、一八六二年にはガス管によるガスの供給が始まって、料理や街灯に使用されていた（今日でもガス工場の事務所の外に古風なガス灯が一つあり、ときどき点灯される）。馬が路面で客車を引く鉄道馬車も一八六九年に運行を開始し（車を引かされたスンバワ島産のポニーが毎週一〇頭ほど死んだ）、一八八二年からは馬に代わって、騒々しくて汚くてたえずシュッシュッと音を立てる蒸気機関車が客車を牽引した（貧しい者、つまりインドネシアの人びとはヨーロッパ人と別の車輌に乗せられた）。また、一八六九年に植民地政庁がバタヴィ

1865年ごろのバタヴィア市の一風景

アで鉄道建設に着手し、一八七三年に最初の路線――当然のことながら、バタヴィアからバイテンゾルフまで――が開通した。

そして一八七〇年には、東洋へもたらされたヨーロッパ文明のうちでもっとも象徴的なものが、ついにバタヴィアにも到来した。製氷所ができたのだ。ジュネヴァを飲むオランダ人は、もう、ハーモニーやコンコンコルディア・ミリタリー・クラブといった社交クラブの酒場で、ボストンからの氷の運搬船――アメリカ人が「凍結水貿易」と呼んだ取引きを行なう船――がスンダ・クラパ港の沖に現われるのを待ってしびれを切らし、いらいらしながらチーク材のカウンターを指でたたかなくてすむようになった。今では地元で作られた氷を、ウェルトフレーデンにある自宅の、透かし彫りのほどこされた張り出しのある玄関まで毎日届けてもらったり、クラブの酒場で働く現地人《インディッシュ》のところへ運ばせたりもできた。さらに、ディナー・パーティーがにぎわいすぎたり、クラブに客が入りすぎたりした際には主人が使いを出すだけで、追加の氷をすぐ手に入れられるのも心強かった。もう、一年中いつ何時でも、新鮮でしずくがしたたる氷をすぐに配達してもらえるのだ。非常に満足したW・A・ファン・レースという旅行者は一八八一年にこう書いている。「バタヴィアでは、何もかもゆったりとして、風通しがよく、優雅だ」

かくして、一八八三年という重大な年が迫り来るころ、バタヴィアはすっかり快適な町となっていた。そこには、穏やかで満ち足りた雰囲気が漂っていた（スマトラ島北部のアチェでの、オランダ対イスラム勢力の長年に及ぶゲリラ戦は、バタヴィアの政庁にとって高くついていたものの、それを除けば市民にたいした影響はなかった）。バタヴィアの貿易商たちの事業もうまくいっていた。まるでカンザスシティ並に、ここではすべてが最先端を行っていた。ヨーロッパ系住民のために、現代の利器が取り入れられ、来る日も来る日もおびただしい数の先住民が町に流れ込んできた。それはいずれにせよ、首都バタヴィアが豊かになる一方であることの証だった。

東インド諸島総督フレデリック・シャコブ（1880年）

町の外の農園主たちも同様に懐が潤っていたものの、自らの努力だけではどうにもならない問題を山のように抱える農民たちが、たえず警告を発していたので、満足ばかりはしていられなかった。一例を挙げれば、一八八〇年代の新聞は、葉枯れ病などの病気が作物を台なしにするのではないかという懸念が募っている様子を報じている。そんなわけでジャワの農園主たちは、生産品目の多様化に向けた実験に着手した。たとえば、コンゴからロブスタ・コーヒーの木を取り入れるなどして、アラビカ種やリベリカ種のコーヒーに葉枯れ病が発生した場合の被害の緩和を図った。

探鉱者たちは錫《すず》を発見し、バンカ島とビリトン島で採掘を始めた（当時のオランダ国王ウィレム三世の兄弟が、ビリトン・ティン・カンパニーのおもな発起人だった）。一方、石油試掘者は、ボルネオ島に浅い井戸を掘っていて油田を発見した。ただし、抽出する価値があるかどうかを見極めるまでに何年か要し、後にロイヤル・ダッチ・ペトロリアム社となる巨大な企業連合が創立されるまでには、さらに多くの年月が流れた。

植物の輸入業者は、キナノキによる成功にすっかり気を良くしていた（キナノキ一本からは、その重量の七分の一もの純正キニーネが採れた）。そこで今度はブラジルから、新種のゴムの木をもち込んだ（バイテンゾルフ植物園行きの貴重な種を運んでいた船の一隻は、なんと噴火の当日にスンダ海峡を通過していた）。

そのころ、オランダ本国では、気難しく、不器用なまでに外交下手のウィレム三世が王座にあった。一八八〇年一一月、国王は意外な人事で周囲を驚かせた。白羽の矢が立ったのはフレデリック・シャコブという五八歳の元船乗り・地図製作者・砂糖製造業者で、過去一〇年はオランダ鉄道総裁の要職にあった人物だ。国王は彼を東インド諸島の総督に任命した。翌年四月に着任した彼は、最初の数年間、淡々と効率よく仕事をこなした。

オランダ植民地総督の職務には、たくさんの儀式がつきものだったので、シャコブの正装した姿を目にすることは、けっして珍しくなかった。先住民を敬服させるとともに、入植者の士気を維持するために、長大で派手な金襴、銀やエナメルの星、飾り紐などで飾り立てられた官服をまとい、膝丈のズボンに、赤、白、青の国旗の三色が入った靴下留め、ごてごてした花形帽章がつき、つばに羽飾りをあしらった高さのあるフエルト帽という格好だ。彼はこの姿で一八八三年二月一九日、この年初の公式行事に臨んだ。はるか彼方のオランダ国王の誕生日を祝う公式の式典だった。

バタヴィアでの誕生式典は、形式を踏まえて首尾よく執り行なわれた。困ったことと言えば、みなついつい強い酒に手が伸びてしまうことぐらいだった。だがそのころ、総督府から西へ真っすぐ一四〇キロメートル余り行った場所では、スンダ海峡の北端にある、木ぎに覆われた不気味に暗い頂上の一つの地下深いところで何かが動きだしていた。先の尖った山のある島、ちょうど三〇〇年ほど前に初めてヨーロッパ人の目に留まり、命名され、以後じつに長い歳月にわたって静けさと美しさを保ってきたその島が、今や再び眠りから覚めようとしていた。

第5章

地獄の門が開かれる

そして私は思った。この世は無慈悲な敵だ。飽くことを知らず、出し抜くことは不可能に近い。

——アンイェルの近くで噴火に遭ったオランダ人水先案内人の言葉。小説家ジム・シェパードの作品集『カストロを打つ』（1996年）所収の短篇「クラカタウ」より

ジャワ島ではたいてい年初めの二、三カ月はすさまじい量の雨が降る。一八八三年の二月も例外ではなかった。バタヴィア旧市街の低地帯は洪水に襲われ、田舎道の多くは通行不能となった。一八日日曜日の午後、守備隊の砲兵連隊の副官たちがワーテルロー広場のパレード会場の下見に行くと、赤土があまりにひどくぬかっていて、とうてい大砲を引いて行進できないことがわかった。そこで将官付きの副官を送って、バイテンゾルフの白亜の宮殿にいる総督シャコブに知らせた。遠く離れた本国にいらっしゃいます国王陛下ウィレム三世の御誕生日を祝して明朝行なわれる予定になっております恒例の軍事パレードは、まことに遺憾でありますが実行不能の模様です、と。

このパレードの中止を不吉な前兆と見る人がいたかもしれない。いずれにせよ、当時はオランダの君主制にとって良い時期ではなかった。オラニエ家の当主――オランダ国王とルクセンブルク大公の称号を戴き、ウィレム・アレクサンドル・パウル・フレデリク・ルートヴィヒという長くいかめしいフルネームをもつ人物――は、良き時代《ベル・エポック》（普仏戦争終了後から第一次世界大戦までの期間）のきらびやかなヨーロッパ貴族社会にどっぷり浸かっていた。革命と戦争に蝕まれる時代がほんの数年後に迫っていたが、それを感じ取れるほどの賢さも先見の明もなかった。

二月一九日が六六歳の誕生日となるウィレム三世は、人びとの士気を鼓舞するような君主ではなかった。王位に就いてすでに三四年、もはや気力も体力も失い、気難しく、徹底した反カトリック主義者で、極めつきの外交下手だった。また、皇太子のころに知っていた王の権限に数かずの制限が課せられたことに大きな不満を抱えていた。もっとも、王権を厳しく制限する憲法改正を実施したのは、実の父であるウィレム二世だった。

しかし、本国を遠く離れた東洋の植民地までは、そんな王の愚痴も届かなかった。あるいは、届いても無視された。王の誕生日の二月一九日月曜日は、北半球では真冬の週末に祝祭の催しがひとしきり続いたあとで、最高の盛り上がりを見せた。パーティーは土曜日に、バタヴィア中の名士が出席する舞踏会で始まった。総督はバイテンゾルフの宮殿から特別列車で駆けつけ、会場となったウィレム三世中等学校で、三日にわたる祝祭への紳士淑女の参加を歓迎するスピーチを行ない、妻のレオニーとワルツを踊って舞踏会の幕を開けた。若い女性たちが着ている、贅沢に生地を使った夜会服（『ロコモーティヴ』紙のコラムニストは皮肉をこめて、パリの流行に丸一年は後れていると書いている）をほめたたえ、お決まりの一一時のコンガ（アフリカ起源のキューバのダンス）に参加し、総督はようやく帰路に着いた。しかし、パーティー参加者たちはその後も熱狂的に踊り続けた。このようなお祭り騒ぎは、使用人の多い植民地で、しかも怠惰と祝祭の長い週末の始まりの夜だったからこそ許されたものだ。

一方、総督にとっては忙しい三日間だった。日曜には礼拝に出席し、施しをし、軍事パレードを謁見しなければならなかった。そこへ、バタヴィアの悪天候と翌日の騎兵隊の軍楽行進の中止を伝える例のありがたくない知らせが舞い込んできた。一夜明けて月曜日、シャコブは再び最高の礼装に身を包み、バイテンゾルフから、うだるように暑く雨に濡れる首都バタヴィアへ向かった。その日は一連の祝祭行事のなかでも（パレードはないが）もっとも格式ばった式典が行なわれる予定だった。オランダ人所有の建物はすべて、赤、白、青の三色旗で飾られ、港に停泊している船は各種の旗を揚げていた。邸宅や兵舎が集まるワーテルロー広場(1)では、何千もの将兵（オランダ本国の正規軍の士官と東インド諸島各島の「忠実なる民族たち」からの徴募兵の両方）が閲兵を受けるために整然とした分列隊形を作っていた。

（1）そこにはワーテルローの戦い（この戦いでウィレム三世の父ウィレム二世はオランダ軍の現場指揮官だった）での勝利を記念する背の高い記念碑が建っていた。記念碑の上にはとても小さなライオンの像があったが、あまりにも小さかったので、バタヴィアの人たちの大半はまるでプードルだと嘲った。

東インド諸島における王の代理人であるシャコブは、高温多湿のバタヴィアに出てくるときには、コーニングス広場（王の広場）にある、完成したばかりのドリス様式の巨大な白い大理石の宮殿で謁見を行なった。その日は朝に公式の謁見式を催した。東インド評議会の評議員、上級公務員、軍幹部、高位の聖職者、イギリスの総領事キャメロンとアメリカの総領事オスカー・ハットフィールドら諸外国の外交官、バタヴィア上流階級から選《え》りすぐった名士たちをずらりと前に並ばせると、総督はいつものように、数多くの囚人の特赦を発表した。また、汗だくの聴衆に向かい、言論活動を禁じられた十数名の人物を、国王陛下の代理人からの誕生記念の贈り物として、その厳しい試練から解放すると宣言した（「言論活動の禁圧」は、後にアパルトヘイト政策の顕著な特徴となった。それが実施されたのも同じ旧オランダ領のアフリカ南部だったが、その当時の東インド諸島でも徹底して行なわれていた）。

その後、このおめでたい一日には、クリケットなどのスポーツの試合（クリケットはその一〇年前にシンガポール・クリケットクラブが訪れたことがきっかけで東インド諸島に広まった）や、バタヴィアの二大社交クラブ、ハーモニーとコンコルディア・ミリタリーでのパーティー、大がかりな花火大会が催された。翌日の『ヤワッシェ・クーラント』紙（オランダ総督府の機関紙）は当時の植民地内の空気を反映して過剰なまでのへつらい調でこう伝えている。「総督閣下が宮殿で豪華な祝宴を催された。宮殿はきらびやかに飾り立てられ、燦々たる灯火の輝きに包まれた。植民地内の有力者は一人残らず招待され、総督閣下が国王陛下の御健康を祈念してグラスを上げるると、全員一斉に歓喜の声で応じた。そのあとコーニングス広場では見事な花火が打ち上げられ、何千もの人がその光景を楽しもうと夜の街に繰り出した」

ふだんよりひどい雨が降ってパレードが中止されたことが何かの前兆と見られたかどうかを別にすれば、すべてが完全に植民地の日常どおりに見えた。この日の祝祭の行事を見ればわかるように、この植民地は厳格かつ綿密な秩序をもって経営されていた。先住民もこの時期は自分たちの生活におおかた満足していた。

商人たちの仕事も順調だった。バタヴィア、スラバヤ、バンドン、ジョクジャカルタ、ソロ、アンイェルなど、ジャワの大きな町は概して平和で、治安も良かった。

それでも、学識や先見の明のあるほんの一握りの人、そしてジャワ島やスマトラ島の奥地でスルタンが君臨する宮廷《クラトン》内の少数の人以外には知られていなかったが、多くの不思議な未知の力が急速な勢いで動き始めていた。そうした社会的・政治的・宗教的・経済的な力は、まもなく植民地中で噴き出すことになる。迫り来る騒乱――やがて、全体として反帝国主義、具体的には反オランダの流れとなる暴動や反乱、好戦性――の種は、ちょうどそのころ芽を出し始め、暗闇で生長するキノコのように、人目につかぬところで着実に成長していた。これについては、後ほど触れることにしよう。この時点では、まだそうした情勢は、この年を支配することになる、もっと劇的な出来事の背後に流れるかすかな通奏低音にすぎなかった。

一見満ち足りて見える東インド諸島社会の表面下で何が起きていたにせよ、まさに時を同じくして、偶然にもまったく別の見えざる力（後年、これをこのあと起きる社会変化と結びつける歴史学者も出てくる）も蓄えられ始めていた。だが、そうした力は物理的なもので、当時はまだ認識されていなかった、構造地質学や沈み込み、断層帯、海洋底拡大などの現象とかかわるものだった。そして長い休止期間を経た今、それらが再び結集し、政治や社会生活における来るべき変化と同様に目に見えぬところで、また覚醒するための準備を整えつつあった。

それらの力は、半年に及ぶ悪夢のような激しい活動期へ向けて、とくに西ジャワの地表下で、準備に余念がなかった。そして、国王の誕生パーティーで打ち上げられた最後の花火の煙と炎と轟音がゆっくりと消えていってからわずか九〇日後に、初めて、それもいかにも乱暴なやり口でその存在を知らしめたのだった。

それは突然の振動から始まった。初めは微々たる揺れだった。どちらかといえば、空気の振動、風の響き、かろうじてわかる程度のかすかな大気の揺れという感じだった。いつもならおそらく誰も気に留めなかっただろう。酒場で飲んでいたどこかのオランダ人大農園主が面白がって自分のグラスを指差し、いっしょにいた人たちに中のジュネヴァが揺れて波立っているのを見せる、というようなことぐらいはあったかもしれないが。震動が起きて岩が勝手に動くなどということは東インド諸島では珍しくもなかった。地震と噴火は、雷雨や蚊の大量発生と同様、日常茶飯事に思えた。

しかし、今回は少し様子が違った。まず、その年はそれまでのところ、植民地中が奇妙なほど静かだった。一月から五月まで、バタヴィアの観測所ではたった一四回の地震しか観測されなかった。しかも、そのうち四回がジャワ島東部で七回がスマトラ島だった。今年は平穏だ――人びとはそう思い込み、安心しきっていた。

そして地震に関して言えば、ジャワ島西部は島じまのなかでも比較的静かな地域だった。たしかに、大昔に何度もあったという噴火の話はみな耳にしていた。地図を見て、もとは一つだったジャワ島とスマトラ島が、遠い昔のすさまじい噴火が原因で二つに分かれたという言い伝えを思い出す者もいた。しかし、たいていの人は、クラカトアは活動を停止して久しい静かな山で、おそらくもう死火山なのだろうと思っていた。清潔な白い砂浜の西の海辺へ泳ぎに来たバタヴィアの町の人びと、ヨーロッパへ戻る長い航海に出る船客たちにかわいいアンイエルツバメ[2]を売る地元の鳥売りたち、通りかかる船に果物や珊瑚、骨董品を売る物売り船の船頭たち――その誰もが東インド諸島のこの区域は永遠に穏やかなままだと思っていた。激しい火山活動が頻繁に起こるブロモ山やメラピ山、メルバブ山などの近辺からは遠く離れた場所なのだ、と。

だが、やがて振動が始まった。五月一〇日木曜日の午前零時を過ぎたばかりのことだった。当時第一《ファースト・ポイント》岬と呼ばれていた場所の灯台（スンダ海峡の南東の入口に巨大な岩の岬が張り出していて、船乗りの間ではジャワ岬《ヘッド》という呼び名で通っていた。第一《ファースト・ポイント》岬の灯台は、その岬に立つ二つの灯台のうちの南寄りのほう）の灯台守が、もうおなじみの、例の空気の揺れを感じた。そして突然、灯台が基礎から動いたように思った。海が白くなり、一瞬凍ったように見え（現代人なら、水中爆雷が爆発したときの様子を思い浮かべるかもしれない）、水面が鏡さながら異様なまでに滑らかになり、かすかに震え、それからいつものようにに静かなうねりを見せ始めた。

別に、たいしたことではなかった。振動がどこから来たのかを示すような手掛かりは少しもなかった。灯台守は記録を調べた。近くで最後に噴火があったのはラモンガンだったが、その山は東に一〇〇〇キロメートル近く離れている。だが、この低い轟きを起こしたのが何であったにせよ、おそらくもっと近くのもののはずだ。目に見える被害はなかったが、この揺れはかなり強く、パターンも不自然で、地理的にも奇妙だったので、灯台守は日誌に記し、その週末に書いた報告書の中で触れ、通例の週次報告といっしょにバタヴィアに送った。

最初の振動から五日後、また同じような振動があった。しかし今回は前回よりも強く長く続き、もっと広い範囲で感じられた。最初はジャワ島西部だけで感知されたものが、今度はスンダ海峡の反対側のスマトラ島でも感知された。同島南部の町ケティンバンのオランダ人監督官《コントロルール》ウィレム・ベイエリンクは、五月一五日の夜、足下に鈍く重おもしい衝撃音を聞き、上司のランポン州長官に事の次第を知らせる親書を電報で送ることにした。しかし、電報を打つ勇気を奮い起こすまでに五日かかった。ただの錯覚ではないことを確かめ

（2） 当時の『イラストレイテッド・ロンドン・ニュース』誌によると、船が肌寒い地域に入ると鳥たちはばたばたと死んでいったという。ヨーロッパまで無事行き着いた鳥はほとんどいなかったらしい。

る必要があったからだ。そしてついに、彼は次のような電報を打った。「海峡の北と西に面するスマトラ島の海岸のいたるところで、強い揺れが間断なく感知されております」

この電報が、何か不穏なことが起きているのに触れた最初の公式報告となった。発信者が監督官という地位にある文官だったため、この報告はかなりの重みをもって受け止められた。オランダ植民地の監督官は、簡単なことでパニックを起こすような人間ではなかった[3]。

次に事態に気づいたのは船に乗り合わせていた人びとだった。いちばん狭いところでは幅が二七キロメートルしかないスンダ海峡は、当時も今と同様、とても混雑していた。一八八〇年代、ヨーロッパや南北アメリカ、中国や東洋のもっと外れの国ぐにとの間を行き来するのに、ジャワ島とスマトラ島を隔てるこの海峡を通る船は非常に多かった。クラカトアの最初の噴火が始まったとき、少なくとも一〇隻がこの付近にいた。はっきり確認されているのは、アメリカのブリッグ型帆船（二本マストに横帆を張った船）「A・R・トマス」号、ウォーカー船長指揮下のイギリスのバーク型帆船（三本以上のマストがあり、最後部のマストだけが縦帆で残りには横帆が張られた船）「アクタエア」号、バタヴィアからインド洋に出て、はるかオランダを目指す予定の、マッケンジー船長指揮下のオランダの郵船「ゼーラント」号、バタヴィアから同じジャワ島の港を次つぎに回る予定の蒸気連絡船「スンダ」号、オーストラリアのクイーンズランド・ロイヤル・メールラインの蒸気客船「アーチャー」号、ヨーロッパからやって来て、バタヴィアを目指して海峡を北上していたオランダの郵船「コーンラート」号、ロス船長指揮下のオランダのバーク型帆船「ハーグ」号、シンガポールから南に向かうドイツの軍艦「エリーザベト」号、そして多少ロマンチックさに欠けるが、ジャワ島とスマトラ島を往復し、バタヴィア港湾管理局の仕事を請け負って港の廃棄物の処理をしていた底開き運搬船（泥土やゴミを運搬し、開閉できる船底から投棄する船）の「サマラン」号と「ビンタン」号だ。

それぞれの船が異変を察知している。最初に異常を記録したのは、ドイツのコルベット艦（船団を護衛する小型の軍艦）「エリーザベト」号だった。ドイツ帝国海軍極東基地の前哨艦として中国と日本で働いていたこの船は、一二年間の任務を終えて本国に帰る途中だった。(4) 短期間シンガポールに寄港し、その後バタヴィアを通過してアンイェルで石炭と水を積み込み、乗客を一人降ろした。そして五月二〇日日曜日の朝、アンイェルの小さな港の波止場を出て、南に向きを変え、帆を調整し、スンダ海峡を南下して外海へと出る航路をとった。

そして、「エリーザベト」号のホールマン艦長は、噴火の始まりを見た最初のヨーロッパ人となった。灯台守が同じ月の一〇日に体験した奇妙な振動の概要を報告して以来、この地域周辺では轟音と揺れが感知されてきた。ホールマンはその背後にあると思われるものについて、誰よりも早く報告を書くことになった。

(3) 監督官《コントロルール》はオランダ植民地では比較的低い等級の役人で、州の下の行政区であるアフデリンフ(県)を管轄していた。しかし、等級の高低とは関係なく、監督官候補者は四年間デルフト大学で勉強し、厳しい試験に優秀な成績で合格しなければならなかった。試験科目には、(よく似ているとはいえ)ジャワ語とマレー語の両言語、フランス、ドイツ、イギリスの言語と文学、イスラム法、代数学、幾何学、三角法、地質学(今回の噴火時に役立ったことは請け合いだ)、製図、土地の測量と水準測量が含まれていた。もちろん、ほかにも簡単な学科の試験がたくさん課された。そのうちには、なぜこれがと思われるような、「イタリア式簿記」の奥義もあった。ともかく監督官によって発せられた不穏な地震活動に関する公式の報告は、植民地行政府の高官たちを驚かせ、注意を喚起したことだろう。

(4) 一八八〇年代後半、ドイツの極東への商業的・軍事的関心が急速に高まっていったのは、北京の紫禁城内の満州族が、一八七一年以後のプロイセンによるドイツ帝国の強化におおいに感心し、ドイツ軍に自分たちの軍隊の近代化を支援してくれるよう頼んだことが大きなきっかけだった。しかし、状況はすぐに悪化した。一八九八年、ドイツは山東半島の膠州湾を租借し、自国の海軍のために(「エリーザベト」号のような船が停泊できるよう)現在の青島《チンタオ》に港湾都市を建設した。その後一五年にわたるドイツ支配の影響は今なお残っている。ドイツ様式の建築物は今でも町中でよく見かけるし、中国の輸出品としてよく知られる青島ビールは何年もの間、バイエルン出身の醸造技術者の指導で醸造されていた。

それは蒸し暑く、雲一つない夏の朝の一〇時三〇分のことだった。ホールマンは、船橋楼からちょうど右舷の方角にある標高約八〇〇メートルのクラカトアの南峰[5]を見ていた。そのとき突然、想像もしなかったことが起きた。何の前触れもなしに――

……島から白い積雲が猛烈な速さで湧き上がるのが見えた。雲はほとんど垂直に昇ってゆき、およそ三〇分後には一万一〇〇〇メートル近くの高さになった。そのあと、傘のように横へと広がっていった。おそらく反対貿易風が吹く高さに達したのだろう。まもなく水平線上にはほんの少しの青空しか見えなくなった。午後四時ごろに弱い南南東の風が吹き始め、細かい灰が降ってきた。灰の降る量はみるみるうちに増え……やがて船全体がすっぽりと細かい灰色の塵に覆われてしまった。

白い雲が筋をなして天へ昇り、澄んだ青空で、航海長の計算によれば約一万一〇〇〇メートルの高さに達する。この驚くべき光景を目のあたりにして、その船の従軍司祭ハイムス神父は、帝国海軍の指揮官よりももう少し自由にペンを振るった。

……日曜日用の清潔な軍服を着た乗組員たちが、部隊ごとの点呼を受けるために上甲板に集まっていた。艦長が乗組員たちの行進に目をやってから、きれいに掃除された船の点検にかかろうとしたとき、やはり日曜日用の軍服を着て上甲板や船橋に集まっていた将校たちの間に動揺が起こった。双眼鏡と頭が一斉にうらさびしい田園地帯に向けられた。スマトラ島とジャワ島の海岸がクラカタウという小島をはさんで重なっているあたりだ。少なくとも一七海里（約三〇キロメートル）は離れた場所に、蒸気でできた巨大な光る柱が水平線上を急速な勢いで半分余り埋めた。そして、その柱はあっという間に、一万一〇〇〇メートルはくだらないであろう、驚くほどの高さにまで達した。雪のように明るい白が晴れた青い空に映えていた。蒸気の柱は幅広い巨大な珊瑚の茎のようにねじれながら天へ向かっていた。

ここから善良な司祭の文章は、おそらく本人が意図していたよりもずいぶんと凝ったおおげさなものとなる。彼はクラカトアから立ち昇る煙と蒸気の柱をまず巨大なカリフラワーにたとえる。それから棍棒に、次に「停止した巨大な蒸気機関車の煙突から昇る渦巻状の蒸気の柱」にたとえる。そしてついには奇妙な砂糖菓子になぞらえ、それを「立体的な蒸気の玉」と呼んでいる。

ありがたいことに、このような描写が二、三行続いたあと、彼は後世に残るような文学的表現を追い求めることをやめ、彼がもう一度説教壇に戻ることを熱望しているはずの本国の教区民たちに向けて書き始めた。そして結果的に、後にこの噴火の初期段階を研究する人びとにとってとても有益な証言を残した。

何の爆発音も聞こえなかった。厚いベールが空一面を覆っていて、夜の間は満月に近い月がかろうじて見えるだけだった……そして翌朝……二四時間前にはあれほど清掃が行き届いていた船は異様な姿に変わっていた。まるで工場船のよう、もっと正確に言えば海に浮かぶセメント工場のようだった。外に

(5) このラカタ峰はクラカトアの南端にあった。島ではずば抜けて高い頂きなので、深い森に覆われた南北約一〇キロメートル、東西は南のいちばん広いところで三キロメートルほどの細長い島の中でもっとも目立った。目を凝らして見なければ見えなかったが、ほかに二つの頂きがあった。島の中央にあるクレーター状のダナン峰(標高四五〇メートル)と狭い北端にあるペルブワタン峰(標高一二〇メートル)だった。また、クラカトアの北東三キロメートル余りのところにあるラング島と、西に同じぐらい離れているフェルラーテン島もこの島と関連がある。二つとも、前述のように昔のもっとずっと大きな島だったころのクラカトアの名残りと見られている。

あるもののいっさい、壁や魚雷発射管、マスト全体などを灰色の粘着質の塵が一様に覆っていた。……塵は帆にも厚くずっしり積もっていた。乗組員たちの足音も鈍く響いた。……彼らは溶岩の塵を嬉しそうに集めた。磨き粉として使えるからだ。さほど骨を折らなくても、袋や箱にたっぷり集まった。
　灰の雨が降ってくる空は、くすんだ乳白色のガラスでできた大きな鐘のように見えた。その鐘の中に太陽が水色のランプのようにぶら下がっている……その晩は、船がさらに七五ドイツ・マイル進む間、新鮮な空気を吸うには顔を進行方向の逆に向けて座らなければならなかった。灰は、少なくともドイツぐらいの広さの範囲にわたって降っていたと思われる。

　近くを通過中のほかの船からも続々と報告が発せられた。そのうちのいくつかは、数日もしくは数週間のうちに公にされた。後年、航海日誌が発見され、出版された。事態に衝撃を受けた船長や船員が書いた私的な手紙も公表された。尋常でないものを目にしたことを知り、それをどうしても伝えたかった乗客たちのメッセージも発表された。

　たとえば、クラカトアの西約一三〇キロメートルのところを進んでいたイギリス船「アクタエア」号の乗組員は、東南東の朝空が「奇妙な緑色」をしていることに気づいた。午後の中ごろには帆と索具が細かい灰と塵に覆われていた。そして夕暮れどきには、沈んでゆく太陽がまるで「銀色の玉」のように見えたという。

　底開き運搬船「サマラン」号は、メラック（ジャワ島の最西端にある町）の港へ向かう途中で、突然の大波に襲われた。船体がもち上がり、スクリューが海面から完全に出るほどだった。

　乗客と郵便物を満載し、オランダへの帰路についていた「ゼーラント」号は、クラカトアから八キロメートルと離れていないところを通過した[6]。すると、コンパスの針が突然、意味もなくぐるぐる回り始め、止まったときには通常の方位から一二度もずれていた。それから、島に見える三つの山のうちもっとも北寄りのものから蒸気と岩屑が大きな音を立てて噴き出した。そして乗組員の耳をつんざくような音が響き始めた。重砲のずっしりした砲声と機関銃の連射音を合わせたような音だった。

続いて目にした光景に、マッケンジー船長は肝をつぶした。巨大な黒い雲の柱が出現したのだ。ほかの人びとは白だったと言っているが、このときはたしかに黒だったという。柱は急速に山の上空へと伸びてゆき、雲の奥深くでは稲妻のような光が走り、ぱちぱちと言う音が絶え間なく響いていた。島を囲む海では、水面を貫くようにして、いたるところで灰色の巨大な水上竜巻が空に伸びていた。あたりが急激に暗くなったため、船長は船の速度を時速五ノット（約九キロメートル）まで下げざるをえなかった。当時は無線がなかったので、一続きの色つきの信号旗を夢中で揚げ、自分を見ているかもしれない人全員に警告を発した。アンイェルにいたロイズ協会の代理人がしっかりそれを見ていた。彼は、マッケンジーが危険に遭遇しており、彼の近くを航行する者も同じ目に遭うかもしれない旨を日誌に記していた。

それからしばらくして、バタヴィアの旧市街でデルフト焼きの大皿がダイニングルームのテーブルから落ち、粉ごなになった。

その大皿は中年のオランダ人女性ファン・デル・ストック夫人のものだった。彼女は皿が割れた日曜日の

（6）インド洋と南シナ海を結ぶこの重要な水路を通る船はみなそうだが、「ゼーラント」号もスンダ海峡に入るために、海峡の北の入口をほとんど遮っているように見える別の（噴火する心配のない）島を迂回しなければならなかった。この島は現在サンギャン島と呼ばれている。しかし、一九世紀には海岸沿いの特徴的な場所の多くが英語の名前をこぞって冠していて（胡椒湾《ペッパー・ベイ》、歓迎湾《ウエルカム・ベイ》、第一岬《ファースト・ポイント》、ジャワ岬《ヘッド》、ポーランド人の帽子《ポーリッシュ・ハット》は、みなスンダ海峡沿いにある）、この岩と森に覆われた航海の邪魔者も、海軍の海図上では行く手をふさぐ島《スウォート・ザ・ウエイ・アイランド》と名づけられていた。

午前一〇時五〇分過ぎ、おそらく家族の昼食の準備でテーブルセッティングをしているところだったのだろう。その皿は、彼女が夫のJ・P・ファン・デル・ストック博士と結婚したときに嫁入り道具として持参したものだった。博士はユトレヒト出身の著名な科学者で、この植民地の地磁気・気象観測所所長に任じられて、妻とともに数年前にこのバタヴィアに来た。夫妻は観測所に併設された平屋に住んでいた。そして、この晴れた蒸し暑い日曜の朝に、二人はそろって、どこかで何かとんでもないことが起きたことを思い知らされた。

まず、大皿がダイニングルームの大理石の床に落ちて粉ごなに砕けた。それから、今度は博士が居間でジャワの『ボーデ』紙（ボーデは「メッセンジャー」の意）の日曜版を読んでいると、家中の窓とドアがガタガタ揺れたりバタンと閉まったりした。どこか西の方から、遠くで砲撃しているかのような、低く重おもしい音が響いてきた。博士は懐中時計を取り出し、時間を見た。午前一〇時五五分だった。

それから博士は観測所に入り、磁気偏角計（偏角、すなわち磁針の差す北と地球の回転軸を基準とした北とのずれの角度を測定する装置）の繭糸から下がっている針とペンが激しく揺れ動いているのにすぐに気づいた。地震のときに見られる通常の横揺れではなく、ドラムから繰り出される紙には正確に記録されないような上下の小刻みな動きだった。考えるほどに、何か尋常ではないことが起きているのがわかった。振動は、地球の奥深くから発散されているときは足から伝わってくるものだ。だが、このときの振動は空気から感じられた。たしかに地面も揺れていたし、建物も揺れてはいた。それは言うまでもなかった。しかし、揺れの大半は大気そのものを通して伝わってきた。そして、この種の振動はまさしく火山が噴火していることの証明だった。地震のような地中からの揺れではなかった。

その後、博士は偏角計にいつもの左右の振れを見ることになる。しかし、それはその晩、灰が町中に降り積もり始めてからのことだった。そのとき彼は、磁針の振れ幅が激しくなっているのは、たんに降ってくる灰に鉄が多く含まれているからだということを正確に推理した。それは小さな磁石が吹雪のように降ってくるのと同じようなものだった。

しかしこの時点では、振動と轟音ばかりが続き、ときおり何か重たいものが落下したときのようなもののしい衝撃が伝わってくるだけだった。博士はひざまずき、床に耳を当ててみた。何も聞こえない。地中深くで何かが起きている様子はまるでなかった。そして、振動は恐ろしいほど長く続いており、すでに一時間たつのに、途絶える気配すらない。地震による振動は、続いても数秒、長くてせいぜい数分程度だ。揺れのあとにはしばらく静かな時間があり、何度か余震が発生する。それからもっと大きな揺れや破壊が来る。今回の揺れはまったく異なっていた。

日曜の正午、博士はこうした事実を総合し、自分は今、何が起きているかを正確に理解していることを確信した。この種の揺れは間違いなく火山が引き起こしたものだった。それから博士は、新しい揺れの波が来るたびに時刻を観測所の日誌に記した。もしこれが地震だったとしたら、余震を記録する必要はあまりなかったろう。いずれにしても余震の時期は数学的に予想できるからだ。しかし、これはどこかの火山噴火の証拠であり、振動の間隔を計れば、以後の火山活動を予測する手掛かりが得られるかもしれなかった。

博士はその間ずっと、心配したバタヴィアの人びとからの問い合わせをかわすのに忙しかった。こんなに天気の良い日曜日だというのに、男も女も観測所に押しかけ、いったい何が起こっているのか知りたがった。その多くが、こんなことは今までになかったと口ぐちに言う。誰もがその日は朝から奇妙な体験をしていた。異様な音に目が覚め、そのときはただ何だろうと思っただけだったが、朝食のころには少し不安になっていた。キリスト教徒はいくぶん心配しながら教会へ出かけた。朝の祈りが終わると、再び通りへ繰り出した。そのときにはそうとうの数に膨れ上がっていた。人びとは、少なくとも心のうちでは最初からかなり興奮しており、轟音が続くと不安は募る一方だった。

訓練された観察者の冷静な目をもつ博士は、この出来事に対する人びとの態度が、人種により著しく異なっているのを見逃さなかった。博士に会いに訪れたオランダ人は、表面上落ち着いているように見えた。東洋での長年の経験からくる落ち着き、あるいは、彼らが誇り高き公正中立な植民者という立場にふさわしいと考える、公の場での自制、不屈の精神、人前での慎み《パ・ドゥヴァン》の作法といったものを示していた。それにひきかえ、地元のジャワ人はもっと深刻な不安を抱いているようだった。おびえている者が多く、恐怖の虜になっている者もいた。

ジャワ人とスマトラ人、とくに今なお神秘的な信仰と敬虔さで知られる特異な民族集団でスンダ人と呼ばれている海岸の住人にとって、スンダ海峡で発生したこのような出来事には、強い暗示がこめられていた。彼らにしてみれば、噴火とは、広く恐れられている山の神オラン・アリイェが何かの理由で怒り、山を飛び出してあたりをさまよいながら、火や煙を噴き散らし、不快感を示しているのだった。そんな事態は誰にとっても凶兆でしかない。植民者の多くは現地人の迷信を表向きにも本能的にも認めなかったし、博士自身、冷淡にはねつけた。それでも老練な植民者のなかには、この迷信について考える者がいた。少なくとも彼らは、何カ月もたって恐怖がすっかり収まったあとで、事の真の意味合いについて考えてみることになる。

しかし当面、早急の課題は、ジャワ島西部やスマトラ島南部の住民が、自然（あるいは神がみ）がいったいどんな運命を見舞うつもりなのかを見守るなかで、非常事態に備えることだった。それからの二日間というもの、さまざまな出来事が起こり、住民たちの心は片時も休まることがなかった。

ケティンバンというスマトラ島南部の小さな町は、ふだん何事もないときですらひどく脆弱な地勢だ。町は擂り鉢状の入り江に面しており、その入り江が大潮になると波が押し寄せ非常に危険なうえ、町自体も、上げ潮にはいつも水浸しになるマングローブの湿地や干潟のきわにあった。おまけに、町のすぐ上にはラジャバサと呼ばれる小さな火山まである。山は急勾配で一二〇〇メートル以上あり、海岸の集落や小さな漁港を見下ろしている。ウィレム・ベイエリンクは植民地監督官で、五日前、不吉な初期の地鳴りに最初に気づいた人の一人だが、やがてこの出来事がもたらす試練を受けることになる。彼の妻は、最初から最後までこの一件をつぶさに観察し、詳しく日記に綴っていた。五月ごろの日記に見受けられる他人事のような呑気な調子から察するに、噴火の初期段階で妻はほんとうに不安というより迷惑に思っていたらしい。

すべての発端となった日曜日の朝、彼女はベランダで外気に当たりながら、相変わらず船舶の往来の激しい海峡をのんびりと眺めていた。バタヴィアを出港したばかりの船が遠洋航海に出てゆく姿は、何時間でも楽しく見ていられた。一斉に帆を上げ、浜風をはらみ、ヨーロッパへ向けて滑るように進んでゆく。いつもたくさんの船影が望まれた。監督官の小ぶりながら瀟洒《しょうしゃ》な家からの眺めは最高だった。

ところがこの朝、なんの前触れもなく妻は物思いから現実に引き戻された。再び強い一撃があり、激しい揺れがまたひとしきり始まった。「とても気になった」と彼女は書いている。バスルームに備えてあった貯水用の樽を見れば、揺れがいちばんよくわかった、揺れのたびにきれいな波紋が広がったからだ、とも書いている。彼女は日記を取り上げると、またしても地下で起きた活動について記録を始めた。

その途中、一艘の小舟《プラフ》がいきなり入り江に到着すると、大急ぎでぬかるみに乗り上げ、長い竹製のアウトリガー（舷外に張り出して取りつけられた浮材）を支え棒のようにして船体を傾けて停止した。おびえた様子の八人の漁師が船から飛び降り、浜辺を駆け上がると、一目散にベイエリンクのオフィスを目指してやって来た。一行は、スンダ語とピジン・オランダ語をごちゃ混ぜにして息せき切ってまくし立てた。自分たちはセベシ島の住人で、その日の朝はみんないっしょに、あのクラカトアにいた、と言う。

舟を造る木材を集めるためだった。仲間内でおしゃべりしながら木を切り倒し、積み重ねていると、突然軍艦が大砲を発射したかと思われる轟音がした。海峡でオランダの軍艦が演習でもしているのだろうと、初めは気にも留めず、伐採を続けていたが、今度はぞっとするほどの大音響が鳴り響いたので、浜辺まで駆け下りて何が起きているのか見に行った。

着いてみると、なんと海岸そのものがぱっくりと裂けていて、黒い灰と赤く焼けた石がうなりを上げて宙へ噴き出していた。恐ろしさのあまり、安全な場所を求めて逃げ出すと、海に飛び込んで泳ぎ、残してきた小舟のところまでたどり着いた。潮がとてつもなく高くなっていたという。ほんの一時間前には、舟の係留場所まで歩いてゆくことができたそうだ。

疑り深くいささか頑固な婦人という評判の、監督官の妻は、すぐ興奮する現地人たちの話など、およそ聞く気分ではなかった。浜辺が噴火することなどあるはずがないと、棘とげしい口調で夫に伝えると、監督官は妻の考えにあっさり同意し、漁師たちを追い払った。ところが折しも、ベイエリンクの上官が、ランポン湾のずっと奥まったところにあるテロックベトンという小さな港町の本庁から、急に出向いてきたのだ。

名はアルテールといい、そのときランポン州長官の五年の任期も余すところあと一月になっていた。彼は、是非とも適切な対応を見せ、良い評判を得て離任したいと考えていた。つい先ほど総督から電報が届いた、と彼は部下の監督官に伝えた。バタヴィアでも音が聞こえ、今や全市民を不意の恐怖に陥れている異変を調査するように、との命令が下されたのだ。どんな危険を冒しても、アルテールとベイエリンクは即刻クラカトアに向かわなければならなかった。

そこで二人は、アルテールがテロックベトンから乗船してきた行政府の汽艇に乗り込むと、湾の荒れた海に乗り出し、真南に向けて疾走したが、寄せ来る波という波には奇怪にも軽石が漂っていた。一行はセブク島とセベシ島を通り過ぎていったが、クラカトアは二島の島陰に隠れていた。大量の軽石や黒焦げの流木を巧みによけ、不意に襲いかかる大波にずぶ濡れになり、息もできぬほどのガスや降灰の毒気が立ち込める中を進んでいった。ケティンバンからクラカトアまでは四〇キロメートル弱ある。四時間の航海の末、島の海岸線がかろうじて見えてきた。

彼らの記録からは、二人が実際に上陸したかどうかはわからないが、先に漁師たちを驚愕させたのがどんなものなのか、しっかり見届けたことはわかる。クラカトアの最北端の海岸はたしかに火と煙を噴き、島の三つの円錐火山のうちもっとも小さくて北にあるペルブワタンは噴火の真っ最中だった。爆発音や衝撃音、噴き出す火は、時々刻々と勢いを増していった。

二人の官吏は恐れをなして逃げ出した。身の安全を思う気持ちが、アルテールの植民地での業績よりもとうとう優先されたわけだ。二人は急いで引き返し、行きよりなお多く漂う熱い灰色の軽石をかき分けるようにして、瞬く間に下りてくる熱帯の夜の帳《とばり》をくぐって海岸にたどり着き、ケティンバンの電報局へ駆け込んだ。そして、日付が変わる直前に、総督だけにお見せするようにとの旨を添えて、急いでまとめた電文をモールス信号で送った。

わずか数分で総督から返事が来た。海峡の向こうのジャワ島西部の町バンタムの長官から、本質的に同じもの、すなわち、炎、火の噴出、海に漂う軽石、降灰を見たという報告があったという。さらにバンタムの長官は音も聞いていた。間違いなく噴火と思われる音で、そのすさまじさは忘れようもなく、まるで大型船の錨鎖が果てしなく巻き上げられ、錆ついた鎖が舷側に激しくぶち当たっているような、強く耳障りな音がしたという。

その間にも方々から証拠が続々と寄せられてきた。北へ航行中の「コーンラート」号は、灰と粉塵が立ち込めて息もできぬ地獄のような状況に遭遇した。その場の温度はほかより少なくとも五度は上昇していた。船は、漂流する軽石でなかなか突き進むことのできぬ海を、苦闘の末、優に五時間以上かけて脱出した。海面は流氷のような無数の灰色の石塊にぎっしりと埋め尽くされていたのだ。クラカトアの山腹の森林が燃え盛っているのが見えた。南へ航行中の「スンダ」号の船医は、ペルブワタンからもうもうと噴き上がる煙の中から真っ赤に燃える「麦束のような」火柱が勢いよく上がっているのを見た。島の西側にできた噴火口からは暗赤色の炎がほとばしり出ていた。夜も更けたころ、「スンダ」号は噴火する山から五〇キロメートル近く離れ、ほぼ外洋に出ていた。船医は海にバケツを降ろしてくれるよう水夫に頼んだ。水夫が引き上げてみると中身は軽石ばかりで海水はほとんど入っていなかった。

不吉な異常音は、八〇〇キロメートル以上北のシンガポールでも聞こえた。二〇〇〇キロメートル以上離れたティモール島で仕事をしていたフォーブズというイギリスの植物収集家は、自分の草葺き小屋の周りに灰が降ったと報告している。現実にありそうもない出来事の報告もあった。たとえば、約八〇〇キロメートル離れたジャワ島東部のスラバヤで行政府の観測所にあるすべてのクロノメーター（公式に認定された高精度の時計）が、不可解にも一気に進んだとか、港の船に時を知らせる報時球がどういうわけか軸にくっついてしまったとか報告されたが、後にどれも事実無根であることが判明した。

一方、ふだんから慎重なロイズ協会の代理人で、しかもアンイェルでドック脇にアンイェル・ホテルという名の小さなペンションをもっていた人物[7]は、全面的に信頼できそうな報告を行なった。彼はバタヴィアの本部にあわてて電報を打ち、この知らせは最終的にロンドンの保険取引所まで届いた。それには、彼が目にしている状況の第一印象が無造作に綴られていた。「クラカタン［原文のまま］が噴火し、遠方まで重おもしい音を轟かせながら、火や煙、灰を噴き上げている」その日彼は、遅くなってからようやく、もっと多岐にわたる内容を報告することができた。

こうして、初期微動が初めて灯台で感じられてから一週間以上たったこの時点で、揺れの原因や元が判明し、目撃された。長い間活動を休止していた（が、今や死火山でないことが明らかな）クラカトア島が、地質学的発達のまったく新しい段階に入り、再び活動が活発化し、瞬く間に噴火し始めた、ということはもう疑いようがなかった。しかし、次に何が起きるか、そして、ほんの一〇週間余りあとにこの地方を見舞う災害がどれだけの規模になるかは、人びとの想像を絶していた。

とはいえ、この驚くべき第一撃の二日後、島は静けさを取り戻した。ペルブワタンの噴火口の上空にはまだ白煙や水蒸気がうっすらと立ち昇り、地下で何か不穏な動きが続いていることを示していた。しかし、外面上は再びすっかり落ち着いたように見えた。三つの噴火口のある低い島と周辺の島じまは、穏やかな紺碧の海に囲まれて、熱を帯びながらまどろんでいた。ジャワ島西部の港から眺めると、はるかに浮かび上がるスマトラ島の紫に霞む巨大火山群の山影に比べて、また目立たぬ存在に戻っていた。

平穏な日が二日、三日と過ぎていった。四日後、総督は決断した。もし山がほんとうに沈静したのなら、今こそクラカトアに出かけてもっと丹念に観察するのが賢明だろう。すでに何が起きていたのか、そしてさらに肝心なのだが、そんな事態がまた起こりそうなのかどうか、見極めることだ。

初めて政府の調査官がこの島を訪れたのはちょうど三年前だった。彼はロヒール・ディーデリック・マリウス・フェルベークという名で、オランダのドールンからやって来た鉱山技師だった。彼は一八八三年の大噴火についての堂々五四六ページからなる研究論文によって、後年歴史に名を残すことになる。しかし、一八八〇年七月、初めてこの島の「地質学的にまったく知られていない領域」に足を踏み入れた時点では、彼自身もまったく世に知られておらず、ボルネオ島東部の石炭鉱にだけ詳しい一介の技師にすぎなかった。彼がクラカトアの近くにいたのは、王立灯台海岸照明局という輝かしい名称のオランダの機関に一時期所属し

(7) その代理人はスハウトといった。しかし、この名前がこの先おおいに混乱を生むかもしれない。同じ時期、アンイェルにはたまたまスハウトという名の灯台守がいたし、親族ではないが未亡人にやはりスハウト夫人という人もいた。また、新たに着任した電報局長はスーライトという名だった。これらの人物はすべて八月の大噴火の際、大きな役割を果たすので、ここで前もって警告しておいてもよかろう。

ロヒール・フェルベーク

ていたころ、この組織が所有する小型船「エーヘロン」号に乗って、灯台を調査しに向かっていたときのことだ。灯台のほうはフラット・コーナーという、いささか平凡な名前の絶壁に建っていた。「バタヴィアへの帰路、私はスンダ海峡の島じまに短い間、立ち寄ることができた[8]」そのなかでもクラカトアがずば抜けて興味深かった、と彼は述べている。

彼はこの群島のうち、四島の概要を記録している。小舟でクラカトア島の北端まで行き、後に有名になるペルブワタンの一二〇〇メートルの山頂に近づき、いかにも真新しい溶岩流の一部をハンマーで剥離させ、かなり珍しい暗色の安山岩質の標本を採集した。あとで調べてみると、黒曜石[9]、すなわちガラス質で、明らかに急速に融解・冷却されてできた岩石であり、たいへん面白いことに、強い酸性を示したという。

実際、その組成は「面白い」ばかりか、非常に示唆的なもので、この岩石が、今日の地質学では典型的な沈み込み帯として知られている場所の深奥で、海と陸のプレートがぶつかって溶融した物質から生成されたことを示していた。しかし、フェルベークはそんなことは知る由《よし》もなかったし、この岩石が通常ありえぬほどの強い酸性を示したという観察結果について、きわめて初歩的な推測しか導けなかった。沈み込み帯の概念自体、一九世紀にはまったく知られていなかったのだ。海洋底拡大や大陸移動の謎とともに、こうした沈み込み帯は、ほぼ一世紀後にやっと理解されることになる。

それに、いずれにしてもフェルベークがこれ以上観察を許されることはなかった。というのも、「エーヘロン」号の小舟の乗組員たちが、早く帰りたがっていらいらし、フェルベークに採集をやめるよう、サイレンを鳴らし続けたからだ。フェルベークもいらだっていた。クラカトアの密林は水際まで伸びているので、それを抜けて海岸に沿って進むのがほぼ無理だとわかったからだ。「南側の……つまり山頂の南側の、岩石標本を集める時間はなかった」と彼は力なく認めている。だが、と彼はそっけなくつけ加える。「岩石を採集した場所が三年後にはすっかり消えてなくなるとは、思ってもいなかったのだ」

三年後フェルベーク博士は、彼の地質学の業績で金字塔となる出来事に危うく出会いそこないかけた。彼はジャワ島を発って祖国オランダのユトレヒトへ向かい、スマトラ島南西部の地質図作成の指揮監督に当っていたが、なんとも運のいいことに、一八八三年の夏は休暇でジャワ島に戻ったのだ。じつのところ噴火の最初の段階は完全に見逃した。それでも、最初の噴火が始まって六週間後の七月に、彼の乗った蒸気船は、炎に引き裂かれ、なかば破壊された島のそばを通っている。フェルベークが不在のため、総督シャコブはやむなく、フェルベークの部下の一人で無名の鉱山技師Ａ・Ｌ・シュールマンを抜擢し、クラカトアへの初めての危険な旅に出発させた。使命は単純明快、ありのままを見て破局的な事態がまた起こりそうかどうか報

（8）ほんの「二、三時間」だった、と彼は後に語っている。
（9）ヴェスヴィオ火山の黒曜石には、鋭利な縁をもつ形に割れる特性があることから、古代ローマ人はその破片を剃刀として用いた。

告することだった。

シュールマンにぴったりの船を見つけるのは、いとも簡単だった。広く人びとの関心が今回の出来事に惹きつけられ、その好奇心を満たすことに地元の船主たちが熱心だったので——換言すれば、市場《しじょう》の力ということだが——彼にうってつけの船が用意される運びになった。

バタヴィアにいたイギリス海軍付き牧師のフィリップ・ニール師は、後に次のように書いている。「あの噴火はオランダ人たちの好奇の的だったので……島への快適な探検旅行が、ジャワ海で交易していた郵便船の一隻によって実現した」噴火を見たがっている人びとがいることに最初に着目したのが、オランダ領東インド汽船会社(10)で、すぐさま一二三九トンの観光船「ラウドン総督」号を用意した。五月二六日土曜日、会社の販売員がハーモニーとコンコルディアの二つのクラブにビラを貼った。それには、そんな「快適な探検旅行」の楽しさが宣伝され、しかもわずか二五ギルダーの格安料金とうたわれていた。人気が沸騰し、日曜日の午前中には申し込みの受け付けが締め切られ、夕方、一行は出航した。最初の揺れから一七日後、最初の噴火からわずか一週間後のことだった。「ラウドン総督」号は定員の八六人の乗客を乗せており、そのなかに政府の命を受けたシュールマンの姿があったことは言うまでもない。

スンダ海峡の中央に見える「まぶしく燃え盛る紫色の炎」の方角に夜を徹して航行してゆき、ついに夜が明けると、乗客たちはその炎に見入った。シュールマンは報告書にこう書いている。

島の眺めはこの世のものとは思われなかった。熱帯雨林が生い茂っていたところは、むき出しの乾いた岩肌になっていた。煙が島から立ち昇る様子は、かまどから煙が上がるさまを思わせた。いちばん高い「ラカタ」峰にだけいくらか緑が残っていたものの、「ペルブワタンの」なだらかな北斜面は、濃い灰色の火山灰に厚く覆われ、ところどころで顔を出すわずかな裸の根株だけが、つい先日まで島を覆っていた踏破不能の密林の、ささやかな名残りだった。くすんだ空っぽの風景は身の毛がよだつ眺めだった。その風景は海から完全なる破壊の魔手が伸びてきた模様を描いた一幅の絵のようであり、そこから立ち昇る煙の柱には信じられぬほどの美しさと途方もない力がみなぎっていた。噴煙は、下方では幅二、三〇メートルしかなく、もくもくと輪を描き、幅を広げながら一〇〇〇～一二〇〇メートルの高さまで昇り、今度はそこから二〇〇〇～三〇〇〇メートルの高さまで色褪せながら上昇し、灰を東風に乗せて、黒っぽい霧のように降らせ、この風景画の背景を織りなしていた。

「ラウドン総督」号のT・H・リンデマン船長は、島から十分距離をとっていたが、シュールマンにボートを貸してくれたので、この鉱山技師と好奇心旺盛な命知らずの連中はボートに乗ってクラカトアの北端へ近づいた。海岸は軽石で埋め尽くされていた。膝下まで灰に埋まりながら一行はやっとの思いで上陸した。

もっとも勇敢な人びと、というより、ことによるともっとも愚かな人びとのあとに続いて、私たちは内陸へと登っていった。もう行く手を阻むものはなく、灰の積もった足元が悪いだけだった。丘を越え

(10) この区域を周航するさまざまな海運会社の旅程案内は、読んでいて楽しい。一八七〇年に設立されたオランダ王立郵船会社は、「ヨーロッパ＝ジャワ間にて二週に一度の定期便を運航。隔週土曜日にアムステルダムを出港し、サザンプトン、リスボン、ジェノヴァ、ポートサイド、スエズ、コロンボ（通過の場合あり）、サバン（スマトラ）、シンガポールに寄港し、目的地の美しいジャワ島へ（終着港はバタヴィア、サマラン、スラバヤなど）。当代一の設備と快適さを備えた船舶。極上の料理。オランダ王国とイタリア王国の郵便も極東アジアに運んでゆきます」とうたっていた。サザンプトン港の延長桟橋（ウォータールー駅発ロンドン臨港列車と接続しており、隔週火曜日に出航）からの片道料金は、六五ポンドだった。

る道筋をとったので、頂上からは、灰の中から突き出た木の幹が何本か見えた。みな折れており、枝が恐ろしい力でもぎ取られてしまったことが見て取れた。木ぎは枯れていたが、燃えた気配もくすぶった気配もまったくなかった。灰の中には葉も枝も見つからなかった。したがって、森林の破壊はつむじ風のせいに違いないと思われる。

探検に来た人びとの無謀さは、とどまるところを知らなかった。噴火がいかに危険で予測不可能なものかを知りながら、噴火口に登り、驚嘆しながら深い鉢形のくぼみをのぞき込んだ。シュールマンはこう記している。噴火口の底は「ぼてっとした、つややかな殻」で覆われ、ときおりバラ色のまぶしい光を放った。その「殻」から噴煙柱がもくもくと湧き上っており、肝がつぶれるほどの大音響が聞こえている。

もうもうと立ち昇る煙は、やっとのことで噴き出しているようだが、その力は比類ないもののように思えた。また、その煙はおびただしい数の途方もなく大きな泡が密着した状態で空へ逃げてゆくように思われた。その泡の内部摩擦によって、噴煙柱の底部では煙がぐるぐる渦巻いていた……無数の割れ目から水蒸気が噴き出す様子は、噴火地点の縁でのみ観察された。

人びとはその日の大半を噴火口付近で過ごした。靴底を焦がし、もうもうと立ち込める火山灰に咳き込み、興奮気味に早口でしゃべる。ときどき噴火口から特大の泡が出て煙や硫黄ガスがどっと噴き上がると、みな、あわてて逃げ出した。やがて、六時を回った直後、熱帯の闇が忍び寄ると（クラカトアは赤道からわずかに六度南にあった）、リンデマン船長が「ラウドン総督」号の汽笛を鳴らし、島から引き揚げるよう、みなを促した。ハンブルクという名の乗客が写真を撮ろうと二、三分ぐずぐずしたものの、まもなく全員島をあとにした。「夜の八時、私たちは目にした美しい光景に感謝しつつ、バタヴィアへの帰途についた。すべての者に深い感銘を与え、多くの者に生涯忘れえぬ感動を与えた壮観な眺めに感謝しながら」と、シュールマンは報告書の最後に記した。

その後の八週間は、すべてが沈静化したように思われた。専門的見地からすれば噴火は依然続いており、ペルブワタンの噴火口からは鋭い音を立てて煙が湧き上り、空高く灰が噴き上がっていたとはいえ、あまりに静まり返っていたために、「バタヴィアを訪れる人は、自ら尋ねなかったら、噴火の話を伝え聞くことなどなかったかもしれない」クラカトア島史のこの知られざる時期について懸命に情報収集している地質学者H・O・フォーブズは、次のように言い添えた。「［このころ飛び込んできた船舶からの報告の多くは］自分が置かれている恐ろしい状況に気づいた船長や航海士が、困惑し混乱した精神状態で書いたか、出来事を回想して書いたかのいずれかと思われる。そのような条件下では、出来事がいつ、どこで、どのような順序で起こったかという重要な客観的事実が、無意識のうちに誤記されやすい」

どうやら信頼できそうな報告が一つ日の目を見たが、それは半世紀後のことだった。R・J・ドールビというリヴァプール出身の若い船員によるもので、彼はその年の六月、バーク型帆船「ホープ」号に乗船していた。この船は、南ウェールズから半年の航海を経てサイゴンへ向かう途中だった。電報による指令を受け取るために（もちろん、これは船舶無線が登場する以前の話だ）船がアンイェルに寄港している間、上陸許可をもらったドールビは、カヌーに乗って海峡を渡った。一九三七年、彼はラジオの聴衆に向かって思い出話を語った。どちらを向いてもその眺めは、

……楽園そのものといった感じで、生い茂る植物が、海岸から一〇〇〇メートルはある山の頂上まで

覆い尽くしていた。あの夕べのことはよく覚えている。海風と陸風がぴたりとやんだころ、あたり一面に神秘的な雰囲気が漂い、畏怖の念に打たれた。島に豊かに茂る香辛料の木のえもいわれぬ香りに、その思いは募り、カヌーを漕いで暗い海岸へと近づいてゆく現地人の甘く切なく、それでいて奇妙な歌声に、感極まった。舟には三人で乗っていた。私たちはあたりの不思議な雄大さを味わおうとして長い間じっとしていた。そのときだ、クラカトア島の山頂から一筋の長い黒煙が真っすぐに立ち昇っているのに気がついたのは。

ことによるとドールビの記憶は、新たな証拠なのだろうか。六月にはラカタの高峰もペルブワタンにならって噴火していたのだろうか。たしかにその月には第二の噴火口が活動を始めた。六月二四日、強風がやむと、ジャワ島の海岸の住人は、噴煙柱が二本上がっていて、そのうち北のほうが勢いが良いのを、その目で見ることができた。五月に小舟を漕いで初めて島に行ったケティンバンの勇敢な監督官ベイエリンクが、七月に再訪すると、噴火口は二つあった。しかし、北側の噴火口はラカタではなく、島の中央のたいした山でもないダナンのふもとにあった。

その後、七月三日、ほかならぬフェルベーク博士がクラカトアを目にした。ヨーロッパからバタヴィアへ帰る船で通りかかったのだ。博士はクラカトアで起きたことについて何も知らなかったとしても不思議ではない。クラカトアが盛んに噴火していたころ、博士はジブラルタルとスエズの間の洋上を東へ進む郵便船「プリンセス・マリー」号の甲板でのんびり日光浴をしていた。もちろん、船に無線の設備などない。博士が最後に島を見たのは、一八八〇年だった。そして今、夜明け前の闇の中では[11]、左舷にちらちらする赤い光がぼんやりと見えるだけだった。

そして最後は八月一一日、H・J・G・フェルゼナールというオランダ陸軍の大尉が、陸軍測量部の測量の下検分を命じられ、島に上陸して二日間滞在した。大尉は一人だった。地元の長官は（「約束を守ることができず」）同行を断り、大尉が打診したほかの官吏も臆病者ばかりだった。

フェルゼナールは、島がまた何かとんでもない活動へ向けて準備をしているかもしれないことを示す困った兆候をいろいろ発見した。今や噴火している火口は少なくとも三つあった。とくに大きな爆発を起こしそうに思われたのは、中央のダナン峰の南斜面にある噴火口だった。岩肌には合計一四もの穴があった。今日なら「噴気孔」と呼ばれるもので、そこから灰色がかった噴煙やピンク色の噴煙が上がっていた。穴の多くも、非常に不安定な様子のダナンの南斜面にあった。

フェルゼナールは小舟《プラフ》を漕いで、クラカトアの東海岸を巡り、さらに、北の突端を回り、北西方向に浮かぶ切り立った小島の外海側を漕ぎ進み、この日の調査はここまでとした。大量の煙が視界を遮ったので、動力のない小舟で動き回るのはことのほか骨が折れた。大尉はできるだけ詳細な地図を描き、新たに噴火が始まっている場所を赤色の小さな点や線で書き込んだ。

けっきょく、この小さな美しい地図で間に合わせるしかなくなった。「［この島の正式な測量は］時期を待たなければならない。測量するにはまだあまりに危険すぎるからだ。少なくとも私なら、測量技師を派遣する責任を引き受けるのは御免こうむりたい。島の大部分の測量は周りの島から可能だろうが、直接この島を測量することはお勧めできない」

フェルゼナール大尉がここまで慎重だったのももっともだ。彼は、クラカトアの地を踏んだ最後の人間となった。

（11）　博士が午前三時に起きて甲板に出ていたということは、おそらくポートサイドやシンガポールなどいろいろな港に立ち寄って、五月の噴火について十分知らされており、一目見ようと待ち構えていたのか、あるいは、博士が慢性の不眠症に悩まされていたのか、そのいずれかと思われる。

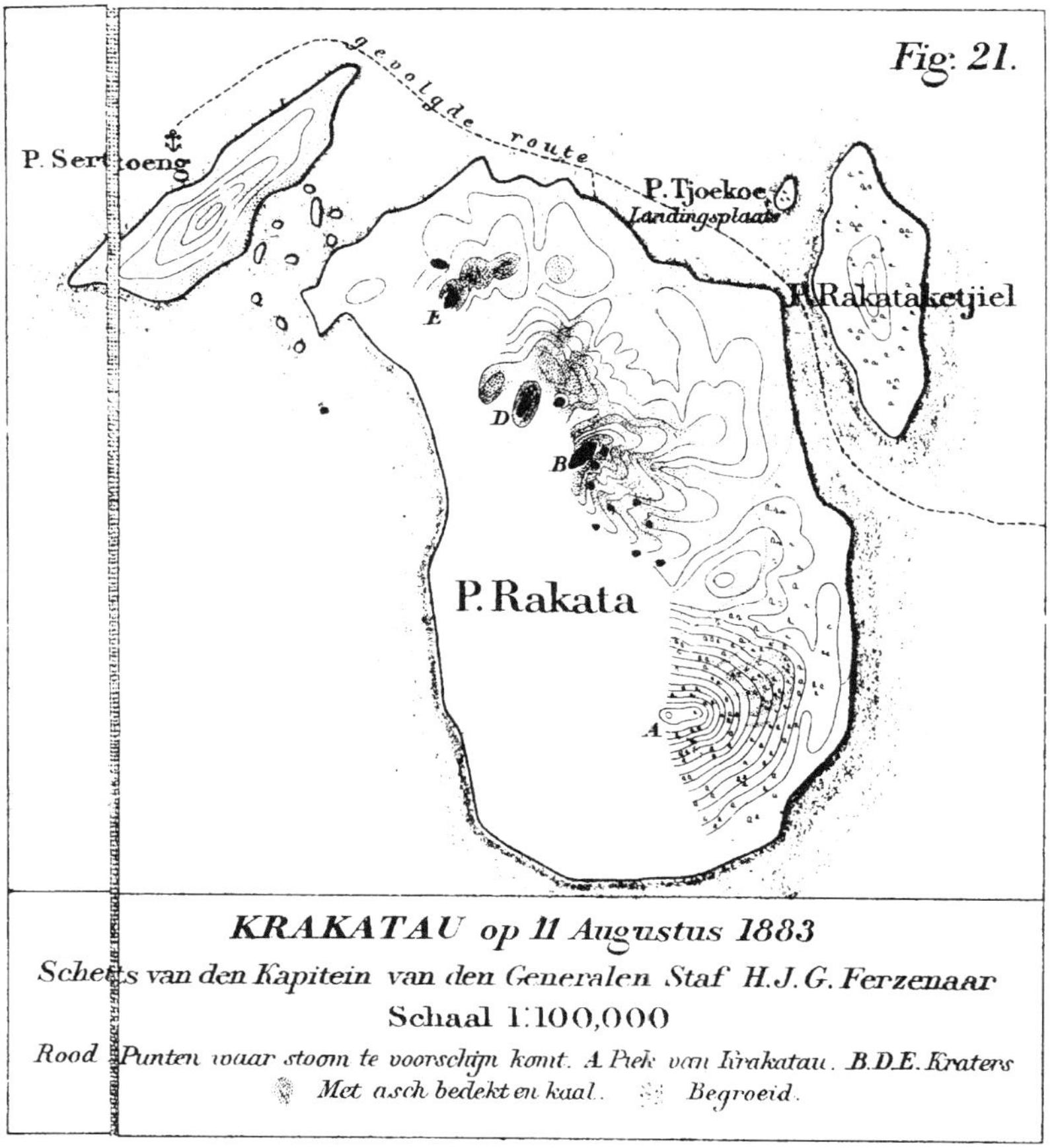

1883年8月11日のクラカトア
参謀幕僚陸軍大尉H・J・G・フェルゼナールによる略図
縮尺　10万分の1
赤い地点は水蒸気が噴出している箇所
A地点はクラカトアの山頂　B、D、E地点は噴火口
灰に覆われた不毛地帯　草木に覆われた地帯

クラカトアの史上最後の地図。噴火の16日前にH・J・G・フェルゼナール大尉によって描かれた。ラカタ最南端の山頂以外すべて大噴火で消失した。

なった。彼の地図は、三八・八五平方キロメートルの熱帯の島全体を最後に人間が一望できたときの姿を留めていた。それは、人が住み、森があり、野生動物が棲み、外部から人が入り、歴史がある島、そして少なくとも過去六万年間はこの場所に存在した島だった。大任を果たした大尉は、八月一二日の夜、クラカトアから小舟を漕ぎ出した。二週間と一日後、彼が地図に描いた島の大半が突然爆発した。そして、何十億トンもあろうかという島が雲散霧消し、地上から永遠に消失した。

第6章

日の光も届かぬ海底で

……電報会社が、上海の洪水やカルカッタの大虐殺、ボンベイでの水兵の喧嘩、シベリアの厳寒、マダガスカルでの宣教師の晩餐会、ボルネオ産カンガルーの革の値段などの詳しい話と、あちこちの群島からのとても愉快なニュースの数かずは送ってきたのに、なぜマスキーゴンの火事については一行も送ってこなかったのか、誰にもわからなかった。

——トム・スタンディッジ『ヴィクトリア朝のインターネット』（1998年）より

ミシガンの『アルピーナ・イヴニング・エコー』紙の困惑した様子を伝える当時の文章から、情報を詰め込みすぎた例として引用。

東洋というはるか彼方の別世界で起きていた異変について、西欧諸国に初めてもたらされた知らせは、一八八三年五月二四日木曜日の朝、ロンドンの『タイムズ』紙一二ページ第二欄の終わり近くに、一九単語の記事として登場した。

ニューカッスルアポンタインのパブに、賭博の容疑で警察の手入れがあったという記事のすぐ下、ロンドンにいるとされている貧民の数は屋内生活者が五万二〇三二人、路上生活者が三万七八九八人というロンドン警視庁による発表の真上に、その記事はあった。左右は広告欄で、読者へのお勧め商品が並んでいる。ネグロ・ヘッド・ジンが一ガロン一三シリング六ペンス、ジョン・ブリンスミードのピアノが三五ギニー、そして、モイアのマリガトーニ・スープ（チキンとリンゴを使ったカレースープ）、エップスのココア、それに今日でもおなじみのブランド、ローズのライム・ジュース・コーディアル（加糖ライムジュース）。

二つの興味をそそる話と、ヴィクトリア朝の読者層の繁栄と快楽主義がうかがえる広告にはさまれたその記事には、報道文特有の素っ気ないほど簡潔な文体で次のように書かれていた。

火山爆発　バタヴィアのロイズ代理人より五月二三日付で配信。「スンダ海峡クラカトワ島にて激しい火山爆発」

海の真ん中の島で起きた爆発を伝える最初の知らせが、ロイズ協会の代理店の仲介で伝わったのは、妥当なことだったかもしれない。ロンドンの貿易商人がロイズというコーヒーハウスに集まり、遠方へ派遣する貨物船隊に対する保険について話し合い、損害発生時に補償し合う相互扶助協定を結んでから二世紀以上たっており、そのころすでにロイズは堂々たる組織になっていた。一八七一年、同協会は議会によって正式に法人化され、一九世紀後半には世界最古で最高の海上保険業者として一目置かれるまでになった。そしてそうした立場から、世界のほとんどすべての港と首都に、正式には代理人あるいは副代理人と呼ばれる人びとを多数置いていた。

今日も存続しているロイズの代理店組織が創設されたのは一八一一年だった。今なお世界中の港町の、たいていは波止場に隣接した小さな通りにオフィスがあり、真鍮のプレートか、あるいは十字架と錨の記章と「ロイズ・エージェント」という深紅の文字がくっきり描かれたエナメル細工の紋章を表に掲げている。ロイズ委員会の代理人のポストを補充するのは、ロイズ側からすれば昔からきわめて単純なことだった。「現地に居住してしっかり根を下ろしており、商業的に成功している誠実な人物」でありさえすればよいのだ。しかし、応募者側からすれば事はそれほど簡単ではなかった。この職を得るのは非常に名誉なことで、応募者は多く、選ばれるのはそのうちほんの一握りだった。

代理人の仕事は物事が順調なときには単純そのものだが、不調のときにはとんでもなく複雑だった。当初は、代理人は契約に従って「ロイズ市場や世界各地の保険会社が関心をもちそうな情報を収集し、ロイズ組合に送る」だけでよかった。だが当時は船の沈没や衝突、座礁、海賊行為、積荷をめぐる言い争いが今よりずっと多く、そうした問題が起こるたび代理人も現場に立ち会って訴えを処理し、口論の仲裁をし、ロイズ・シンジケートが引き受けた保険契約に従って正当な賠償請求額を支払うのだった。

「クラカトワ」に関する最初の知らせは植民地の中心都市バタヴィアのロイズ代理人から届いたとされているが、それは純粋に慣習に従ってなされたことだった。これほど重要な出来事は、現地の中心地にいる代理人——この場合は代理人はマコールというスコットランド人——から正式に報告させるのが適切というわけだ。たとえその代理人が自分の目で見ていない出来事について、間接的に得た情報を転送するだけであっても。マコールは噴火を見ていないかもしれないが、部下が見たことはまず間違いないだろう。

というのも、ロイズは文字どおり世界中に進出しており（それは今も変わらない）、火山の間近にも代理人がいて、彼はクラカトアやそこで起こることを手に取るように見渡せたからだ（期待以上に見渡せたことが後にわかる）。それはすでに前章で登場した人物、海岸通りにあるアンイェル・ホテルのオランダ人オーナー、スハウトだ。ホテルは、ジャワ島の小さな港アンイェルの波止場に近い、便利な場所に建っていた。

ロイズは事業の性質上、アンイェルへ進出する必要があった。アンイェルは港自体が活気にあふれているばかりでなく、バタヴィアを目指す北行きの船が水先案内人を雇い、南行きの船がその案内人を下船させる土地でもあった。ジャワ島西部きっての水先案内人の拠点アンイェルは、島にやって来た人が初めて目にする港であり、ジャワ岬《ヘッド》の灯台を過ぎたあとの最初の陸標だった。ロイズにしてみれば、代理人を置くのが当然で、また必要な場所だった。

そしてスハウトが選ばれ、そこそこの手数料をもらって仕事をこなしていた。それは、ホテルの眺めの良さを買われてのことだった。ホテルには海を見渡せる大きな木造のベランダがあり、彼は夕方になると、そこで泊まり客といっしょに安楽椅子に腰かけて過ごしたものだった。目の前には息を呑むほど美しい光景が広がる。山並に囲まれ、無数の島が浮かぶスンダ海峡に劇的な夕暮れが訪れるなか、帆船が（そして汽船も――なにしろ一八八三年のことだ）、インド洋と南シナ海の間を思い思いの航路をとりながら、途切れることなく行き来している。この町には選《え》り抜きの人物を必要としていたロイズ委員会は、このように船の行き来を一望に眺められるスハウトこそまさに適任者であると判断した。

スハウトは商船の往来に見とれた。泊まり客も夢中で眺めた。彼は大きな真鍮の望遠鏡を購入してポーチの下に据えつけ、遠くを行く船も見分けられるようにした。この望遠鏡のおかげで、信号旗（海洋無線の登場はこれより三〇年近くあとのことだった）が十分判読できるようになり、依頼に従って船主やほかの代理人にその内容を伝えることができた。「ＺＤ２」を表わす三旗の配列にはとくに気をつけていた。この合図が「わが船の通過をロンドンのロイズに報告されたし」という意味であることは代理人なら誰でも知っていた。

　スハウトはアンイェルの港長と知り合いで、彼からいつも、荷物の揚げ下ろしのために波止場に着いた船、または燃料や食糧の補給、ネズミ駆除のために寄港しただけの船など、あらゆる船の最新情報を仕入れていた。スハウトはこうして、入港した船の名前や受け取った信号を書き留めたもの、アンイェル波止場を通過していった船荷の量、たとえば胡椒《こしょう》が何キンタル（キンタルはイギリスやアメリカの重量単位で、イギリスの場合一キンタルは五〇キログラム強）、コーヒーが何ピクル（ピクルは中国やタイの重量単位で、一ピクルは約六〇キログラム）、これを何マウンド（マウンドはインドや中東諸国などの重量単位で、地域差があり、インドでは標準的に一マウンドは約三七キログラム）、あれを何カティー（カティーは中国や東南アジアで用いる重量単位で、一カティーは約六〇〇グラム）といったことを、ほぼ毎日ロンドンに送信した。そして船舶や貿易に関するありとあらゆる情報に加えて、それとは無縁だがロイズが「関心をもちそうな情報」もロンドンに送った。クラカトアのまったく予期せぬ噴火活動の情報が、その最たる例だったことは確実だろう。

　ロンドンの海上保険業者たちがクラカトアの一件に関心をもったのは、たんに大きな火山の爆発に興味をそそられたからだけではなく、この火山がスンダ海峡の主要航路のほぼ真上に位置しているからで、この海峡を近ぢか航海する予定がある船の船長であれば、やはり重大な関心を抱くはずだ。

　スハウトの任務は一九世紀末ごろ、技術の面で多くの、それも急激な変化を見せた。船のほうも外見が著しく変わっていた。海洋を渡る手段として、帆は着実に蒸気に主導権を譲っていった。木造の船体は鋼鉄製になり、銅製の釘は鉄製の鋲《びょう》に変わった。スエズ運河が開通して、船によるヨーロッパとの行き来はより早く安全になった。世界貿易の発展につれて積荷も船を出す国の数も増え、海上交通量は着実に増加した。航路の混み具合は、世界貿易や国際政治の波を反映した。そしてまた、遠方の帝国の興亡も映し出した。スハウトの報告の中でも、中国沿海の配備を終えて帰路についていた軍艦「エリーザベト」号のことが大きく取り上げられていた。

　そしてスハウトをはじめとする代理人の報告書の送り方も変わっていった。それまでほぼ七〇年にわたって、彼も前任者たちも報告書の紙片を束ねたものを使者にもたせ、ちょうどスハウトらの代理人が通過を報告するような本国行きの船に乗せてロンドンへ運ばせていた。だがいよいよ一九世紀のなかばごろから科学技術の進歩のおかげで、遠隔地で情報収集に当たる人たち、たとえばロイズの代理人や外交官、貿易商、海外特派員たちの生活は、ずっと楽にそしてずっと能率良くなってきた。

過去一〇年間、スハウトはアンイェルからの通信文をすべて、密接に関連する二つの新開発の手段を利用して送っていた(クラカトアの最初の噴火情報の伝達にもこれを利用した。現在も残っている記録によると、送ったのは五月二三日の午前三時四七分ちょうどだった)。まず一つ目の手段は電報で、前述のとおり一八五六年に東インド諸島に導入されたものだ。二つ目は海底電信ケーブルで、これはクラカトアの話が展開してゆくうえで非常に重要な役割を果たすことになる。海底ケーブルは、紆余曲折を経てようやくジャワ島につながった(最初のケーブルは、海底に敷設されてから一月もしないうちにだめになってしまった)。しかし一八七〇年、つまりスハウトがロンドンに至急報を送る必要が生じた年の一三年前には、バタヴィアとつながった国際ケーブルがうまく機能していたので、スハウトの通信文も送ってからほんのわずかの時間で先方に届いた。

クラカトアの噴火に先進諸国の人びとはみな驚き戸惑った。そしてこのような出来事を通して初めて、国際電信という新しい科学技術が地球上に革命を起こしていることを実感した。たしかにそれまでも、この新しい利器によってさまざまな出来事が伝えられてきたし、商業や外交、そしてとりわけニュース収集にとって、その有用性は疑いようもなかった。しかし、クラカトアの噴火とともに起きた現象は、やがてはるかに深遠な意味があると見なされるようになる。この噴火は桁外れに大きな出来事で、地球全体を巻き込み、世界中に影響を与えたので、噴火が起きてからほんの数日、場合によってはほんの数時間で各地の人がそれについて詳しい情報を得られたという事実が、人類の世界観を一変させたのだ。一九六〇年にカナダの社会学者マーシャル・マクルーハンによって作り出された現代用語に「世界村」というものがある。衛星中継が始まる前でありながら、すでに世界の距離を縮めるテレビの影響力を表わした言葉だ。[1] しかしこの言葉は、もともとは一八八三年の夏に始まったジャワ島での出来事が世界中で理解され、万人の注目を集めたことから生まれた、と主張してもあながち誇張とは言えないだろう。代理人スハウトがロンドンへ送った最初の電報は、この革命の始まりをかすかに示唆するものだった。

『タイムズ』紙が発表したのは極端に短い記事だったが、代理人スハウトが実際に手書きした文章は、かなり長く散漫なものだった。それはこんな書き出しだった。

去る日曜日の朝、六時から一〇時まで大噴火があり、それにともなって絶え間なく地震が起こり、大量の灰が降った。日曜の夕方から月曜の朝にかけて噴火は続いた。噴火は今朝の九時までここからはっきり目撃でき、噴煙は一二時まで見られた。その後少し晴れ上がったが、現在はまた曇っている。アン

(1) この言葉は一九六〇年に刊行された『マクルーハン理論――電子メディアの可能性』という本の序文で初めて使われた。

文字メディア以後の人間が生み出す電子メディアによって、世界はすべてが同時に全員に起こる村や部族のような存在に縮まる。何が起ころうと、起きた瞬間に誰もがそれを知り、それゆえそれに関与する。テレビは世界村で起こる出来事に、この同時性という性質を与える。

クラカトアのニュースを電信によって伝達したことで、新聞が発行されているあらゆる社会に同時にニュースが広まったのだから、電信による伝達には電子メディアとほぼ同じ効果があったわけだ。

イエルからのロス船長の報告によると、五月二二日に彼はジャワ島の第一岬《ファースト・ポイント》付近を航行中、プリンセン島の方を見たが、雲に覆われていて見つけられなかった。その後クラカタンから遠ざかる方向に舵をとったが、そこもやはり同じ状態だった。クラカタンの北側にある低地や山は噴煙で完全に覆われており、ときおり大きな爆発音とともに炎が立ち昇るのが見えたそうだ。数カ所で火事が発生しており、周りの木ぎに燃え移ったと思われる。クラカタン[2]の山の北側はもうすっぽり火山灰で覆われている。

スハウトはこの特電を英語で書いた。ロイズの業務処理には英語が使われていたからだ。そして、これをロンドンへ、写しをバタヴィアのロイズ代理店へ送るようにという指示を添えた。彼は明らかに宵っ張りだった。なぜならこの通信文を手書きで電報用の書式で書いたのは、夕食後ずいぶんたってから、というより日付が変わって五月二三日水曜日になってからだったようなのだ。彼はその後、書き上げた用紙を、白い化粧漆喰《しっくい》を塗った小さな建物にもってゆき、中で常時開いているオランダ東インド諸島郵便電報局の窓口係に渡した。

通信文に「至急」と書かれていたため、当直の局員は木と真鍮でできたモールス電信機の前に腰掛けて、熟練オペレーターにふさわしい稲妻のような速さで（しかも、スハウトの手書き文字「クラカタウ（Krakatau）」を「クラカタン（Krakatan）」と読み違えはしたがほぼ完璧な正確さで）バタヴィアの担当者へ信号を送った。メッセージは郵便局通り《ウェフ》と教会通り《ウェフ》（現在のカテドラル通り）の角にあるバタヴィアの電報局[3]で二手に分かれ、写しは通りを少し下ったバタヴィアの中心街にあるロイズのオフィスの代理人のもとへ、信号は真っすぐロンドンへと送られた。ロンドン行きの通信文は、バタヴィアから（あるいはアンイエルからかもしれないが、はっきりしない）水曜日の午前三時四七分、ロンドン時間では火曜日の夜遅くに発信された。

この通信文はロンドンに到達するのにかなり時間がかかっている。そのせいもあって、本来なら水曜の朝に発表されていてもよさそうな噴火の第一報が『タイムズ』紙に載ったのは、翌五月二四日の木曜版だった。東インド諸島の中心地からイギリスの首都まで届くのにそれだけ時間がかかったのは、一九世紀初期の通信技術のせいだった。この電報の長旅は、まずジャワ島から北へ向かい、シンガポールに行くことから始まったが、それに使われたのが画期的な発明品、敷設されてまもない海底電信ケーブルだった。

海底電信ケーブルの敷設の話には、地理と植物学の見事な偶然の巡り合わせが見られる。敷設は一八五〇年に始まったばかりの事業で、最初のケーブルはイギリスのドーヴァーとフランスのカレーを結ぶものだっ

（2）島の名称の正しい綴り方にまつわるややこしい問題がここでもち上がる。なにしろ、伝言ゲームのような現象が送信の過程で起きたため、わずか一日のうちに「クラカタウ（Krakatau）」から「クラカタン（Krakatan）」に、さらには妙に手の込んだ「クラカトワ（Krakatowa）」に綴りが変わってしまったのだ。しかし翌日の一八八三年五月二五日には、『タイムズ』紙は「クラカトア（Krakatoa）」という綴りに落ち着いた。翌二〇世紀の大半を通じて、そしてそれ以降も、英語圏のほとんどで、この名前が使われ続けた。噴火から一〇〇年目の一九八三年に発行された記念図書で、この綴りを、正しいとされる綴り「クラカタウ（Krakatau）」へ戻そうという思い切った試みがなされたが、あらゆる努力もむなしく、古い誤った綴りがしぶとく生き残った。この言葉の綴りを変えた容疑者を捜してみよう。ロイズの代理人たちは無実のようだ。電信技手が単純な過ちを犯した可能性はある。あの晩、ロイズの電信を処理していた『タイムズ』紙の編集部員が「クラカトワ（Krakatowa）」とし、その翌晩にまた変えたようだ。総合すると、新聞社の人間が最大の過ちを犯したように思われる。そして、図らずも生み出した名前が定着してしまったようだ。

（3）その電報局は平屋二棟からなり、今でも残っている。現在はジャカルタのウルスラ会（一五三五年に創設されたカトリックの修道女会）の修道院の核となっている。

た。この産業が繁栄したのは、海の真ん中で腹立たしいほど頻繁に起こった断線がなくなり、以後中断することなく安心して信号を送れるようになったからで、それを可能にしたのが「イソナンドラ・グッタ」と呼ばれる美しい常緑樹の発見だった。この木からは、ゴムのような加工可能な防水物質が染み出すのだ。この物質は、ほどなくして「グッタペルカ」と呼ばれるようになった。

グッタペルカがゴムのように押し出し形成でき、銅線の被覆に使えば完全に防水できることを、ロンドンのS・W・シルヴァー・アンド・カンパニーという会社が発見した。会社の経営陣はすかさず社名を変えて、インディア・ラバー・グッタペルカ・アンド・テレグラフ・ワークス・カンパニーという仰々しい名前にした。そして、その名のもとに工場をいくつも建てて、外装を施し防水した電信ケーブルを何千キロメートルも紡ぎ出し、それを船が深い海の底に沈めていった(「電信が発明されたのと時を同じくして、まさにそれが必要とする物質グッタペルカが発見された」と当時の小冊子に書かれている)。

一八六五年には、インディア・ラバー・グッタペルカ・アンド・テレグラフ・ワークス・カンパニーが生産するそばから、海底ケーブルが敷設されて世界をつないでゆき、驚異的な速さでしかもほぼ確実に電信通信文が世界各地に送られるようになっていた。海底ケーブルはこのように確実性とプライヴァシーを保証できる点に価値があった。というのも、ヨーロッパでは各地で次つぎに勃発する戦争によって全土が混乱し、どこへであろうと陸路のケーブルで通信文を送るのが危険な状態だったからだ。

そして例の偶然の巡り合わせの話だが、ゴム状の樹液グッタペルカを出す美しい常緑樹がこの地上で唯一豊富に生えている場所が見つかった。それはボルネオ島とスマトラ島とジャワ島だった。通信に絶対不可欠のグッタペルカは、一八六〇年代に胡椒やキニーネ、コーヒーと並んで東インド諸島の主要な輸出品になった。現地の日常生活で目にするような品ではなかったが、この輸出品は、外の世界では科学技術の発展に大きな影響を与えるようになる。いや、それだけではない。ケーブルの性能を非常に高めるこの物質がたまた

1857年、改造軍艦「アガメムノン」号が大西洋を横断する初めての電信ケーブルをアイルランド西岸沖に敷設しているところ。

ま見つかったのはジャワ島でのことだったが、ジャワ島とすでにケーブルを使用しているほかの地域とをつなぐために利用されたのは、この通信技術が使われ始めてから二〇年もたってからのことだった。ジャワ島で発見されたのはまったくの偶然かもしれないが、ジャワ島で使われ始めたのがこの時期になったのは純粋に運命の皮肉だった。

スハウトの信号はこうして、一八七〇年に改造貨物船「ヒベルニア」号が敷設した、グッタペルカで覆われた長さ九〇〇キロメートル近いケーブルを通って伝わった。ケーブルは一一年前の一八五九年にすでに一度、オランダ政府によって同じルートに敷設されたが、そのころの技術は原始的だったうえに需要も微々たるものだったので、一月もしないうちに断線したとき、わざわざ修理させる政府役人などいなかった。

二度目は、商業的な需要と市場の力に新しい技術が加わって成功した。ブリティッシュ・オーストラリアン・テレグラフ・カンパニーの注文で、真新しい民間のケーブルが敷設された。ただしそれは、ジャワ島と外の世界をつなぐというよりは、非常に強力なイースタン・テレグラフ・カンパニーが自社のインドの電信網と人口が爆発的に増加中のオーストラリアとニュージーランドをつなげるようにするためのものだった。

そんなわけで、「ヒベルニア」号がバタヴィアまでケーブルをつなげた。そして姉妹船の「エディンバラ」号とともに、ジャワ島東部のバニュワンギとオーストラリア北部のポート・ダーウィンに別のケーブルを敷設した。次に技師たちがこの二本のケーブルを、ジャワ島を横断する形で陸上通信線によってつないだ。一八七二年にようやく、オーストラリア政府がポート・ダーウィンと内陸部を結ぶ陸上通信線を完成させた。こうしてロンドン＝シドニー間で、このうえなく簡単にかつ商業的にほぼ確実に通信文を交換できるようになった。

スハウトのモールス信号の通信文は、ブリティッシュ・オーストラリアン・テレグラフ・カンパニーのケーブルを通ってシンガポールに到着した。ケーブルは四本の銅線鋼をグッタペルカとジュートのより糸で覆ったもので、これが当時もっとも速くて安全なケーブルだった。信号はそれから増幅され、ロンドンに転送された。経路は二つあった。一つは一九世紀なかばに電信技術が広まり始めたころ敷かれた陸上通信線を延々と経由してゆく、遅くてしかも信頼性の低いもの。もう一つは「イースタン経由」だ。当時、利用者はどちらの経路を使うかを電報用紙に明記し、選んだケーブル会社が設定した料金を支払った。「イースタン経由」と書けば、通信文の長旅のほとんどが海路となった。ケーブルルート指定欄を空欄にしておくと、長い道のりをゆっくりと、ほとんど陸路をたどって送られた。

だが、それでも陸路にはロマンがあった。通信線はシンガポールからマレー半島沿岸を北上してペナンに行き、それから少しだけ海路を通ってマドラスへ。あとはひたすら西へ進み、今でも名の知れた都市や、遠い昔に忘れ去られた片田舎の町、もはや名前が変わってしまった町を通り過ぎてゆく。

クレオソート処理しタールを塗った電柱を伝って、通信ケーブルはボンベイへ、その後交換センターへ着き、金属被覆のケーブルに姿を変えてアラビア海をくぐりカラチに至る。そして再び地上の電柱に張られた線に上り、バルチスタンの村ヘルマク、ペルシアのケルマーン、テヘラン、タブリースを通り、グルジアのティフリスから黒海沿岸のスフミへ行く。そして崖道に沿って進み、クリミアのケルチとオデッサを通って、大草原や炭鉱地帯を横切り、ポーランドの都市ベルディチェフ（ヒトラー登場前の当時は人口五万二〇〇〇人で、その多くはユダヤ人だった）へ、それからワルシャワ、ベルリンを通って北海の港エムデンから最後にもう一度海へ潜って、イーストアングリアで上陸し、そこから残る八〇キロメートルを電柱伝いに進んでロンドンに到着する。この経路で送られた電報が目的地にたどり着くまでに一週間かかることもあった。[4][5]

だが、「イースタン経由」と指定されていたら、通信文はすばやく確実に海路を伝わっていった。このさらに三五年前、外装ケーブルが初めてイングランドのフォークストン港に停泊中の「プリンセス・クレメンタイン」号という名の船から海中に沈められて、三キロメートル余り離れた小型船とつながれた。そして通信文が見事に二隻の間を伝わった。それ以来、海底ケーブルはしっかり人びとに意識されるようになった。テニソンは信号化された声が海底をひた走るという着想のロマンを賛歌にした。キプリングも同様で、短い詩「海底ケーブル」は、彼の詩のなかでも今なお人気が高い。

（4）一八八二年発行の『リッピンコット・ガゼッティア』紙によると、強固な防御工事がほどこされており、「泥火山で知られて」いたそうだ。

（5）エムデンは偶然にも、ドイツの水上襲撃艦の名前でもあった。この船は、一九一六年、ジャワ島南部沖のココス島にあるケーブル基地を襲っている。

難破船の残骸が海面でばらばらになり、そのかけらがはるか上から降ってくる
暗闇へ、漆黒の闇へ、盲目の白いウミヘビが棲むところへ。
音一つ、こだま一つ聞こえない、海の底の砂漠
貝殻に覆われたケーブルの這う、灰色の柔らかい泥の大平原。

この世界の胎内で、ここ地球のあばらの上で
言葉が、そう、人間の言葉が、揺らめき、舞い、脈打つ
警告、悲嘆、成功、挨拶、歓喜
声も足ももたぬ静寂を一つの力が乱すから。

言葉は時を超えるものを揺り起こし、父なる時を葬った
日の光も届かぬ海底で、薄暗がりの中で手をつないで。
静かに！　人びとが荒涼たる泥地で今話をしている
そして新しい言葉がその間を駆け抜けてゆく、「一つになろう！」とささやきながら。

シンガポールとロンドンをつなぐ海底ケーブルは、当時はまず陸路を通ってペナンに着いたあとベンガル湾を横切ってマドラスへ行き、インドをぎくしゃくと進み、ボンベイでアラビア海に潜ってアデンまでの長い海路をたどった。それからポート・スーダンで一時陸に上がり、スエズとアレクサンドリアの受信局を経てから、地中海の南を渡ってマルタ島へ、さらに地中海の北を移動してジブラルタルへ向かう。そしてヘラクレスの柱（ジブラルタル海峡の東端に、海峡をはさむようにしてそびえる二つの岩山）の間を通ってリスボンの一五キロメートル余り西にある大西洋の

岬カルカベロスを回り、スペイン西部のガリシア海岸にある吹きさらしの町ビゴを通過して最後に北へ向い、ビスケー湾とウェスタンアプローチズの暴風を避けて海底深くを走って、イングランドのコーンウォール南端にあるポースカーノの上陸地点に達するのだった。

そして通信文は最後の約三二〇キロメートルの陸路を進んだ。使われるのは普通の電線だが、いつも手入れが行き届いていた。なにしろ神聖なるイースタン・テレグラフ・カンパニーの扱う大英帝国の国際通信文を運んでいるのだ。はるか彼方の極東でモールス電信機から発せられた信号は、約三時間後にロンドン局と呼ばれる電信局の受信室へ届く。バタヴィアから現地時間の水曜日午前三時四七分に発信された、「クラカタン」の噴火を報告するスハウトのアンイェルからの通信文の場合は、ロンドンとバタヴィアの八時間の時差を差し引き、送信にかかる約三時間を加えると、五月二二日火曜日の午後一一時前にロイズに到着したと思われる。通信文には「至急」とあったため、モールス信号から復号し、ただちに送り先であるロイズの外国情報部へ届けられた。

そしてその後、『タイムズ』紙へ送られたというわけだ。この新聞社は国内の大手企業や組織と親密なつながりがあり、ロイズともじつに都合のよい取り決めを交わしていたので、面白そうな電報はすべて、ロイズから即座に外国ニュース編集者のもとに届けられた。当番の編集者はスハウトの電報に目を通し、かなり編集した。紙面に引用されたのはわずか七単語だった。また、なんらかの理由で「クラカタン」（それがすでに間違っているのだが、これはスハウトではなくオペレーターのミスである可能性が高い）という言葉が「クラカトワ」という、これまた妙な言葉に変えられてしまった。

電報がすみやかに届けられたので、真っ先に印刷されるスコットランド版から最終ロンドン版まで、五月二四日木曜日の『タイムズ』紙のすべての版に、余裕をもって掲載できた。ロンドン版は午前三時半ごろ、最高級の紙に印刷され、首都にあるあらゆる大使館や官邸、官庁に配達された(6)。

当時「警世紙」(7)の異名で知られていた『タイムズ』の愛読者全員が午前もまだなかばまでに、噴火について知った。この火山はその年、何十回となく紙面を飾るので、それまでまったく知られていなかったはるか彼方の島の名前は、ゆっくりだが確実に、日常語の中に取り込まれていった。そして、日常語の語彙に入ると同時に、瞬く間に、世界中の一般文化の中で異彩を放ち始めた。

クラカトアがこの幸運な地位を得た背景には、これまたこの時代の重要な産物である通信社の働きもあった。ロンドンを拠点とする最初の通信社を創設したのは、ドイツ系ユダヤ人実業家だった。彼はすばらしい先見の明の持ち主で、ニュースとその迅速な伝達のもつ商品価値に気づいた。そして、移民の両親が使っていた新しい苗字にちなんで、自分の通信社をロイターと名づけた(8)。

一八一五年、ナポレオンがワーテルローで敗れたというニュースがロンドンの読者に届くには四日かかった。六年後、ナポレオンが大西洋のセントヘレナ島で死んだときは、ほとんどのイギリス人が二カ月間もそれを知らずにいた。しかし、その二〇年後に電報が発明され、一八四〇年代には通信網が葛の蔓のように全ヨーロッパに広がっていった。当時はパリの小さな新聞社の経営者だったユリウス・ロイターのような個人事業家が、この新しいメディアがあればニュースをすばやく各地に伝えられる、そうなればほかの商品となんらかわりなく、それを求める人たちに売れるだろう、という考えにたどり着くまでに時間はかからなかった。

迅速さ、つまりニュースをいちばんに伝えること、スクープをものにすること、競争に勝つことこそユリウス・ロイターにとってもっとも重要だった。通信社を作ってまもないころ、ロイターはしばしば当時の科学技術の先を行きすぎてしまい、工夫を凝らして壁を乗り越えるしかなかった。たとえば、電信網が完備される前、パリからのニュースをブリュッセルまで届けるのに途中で伝書バトを使った。フランスのニュースは国境の町エクス・ラ・シャペルに電信で送られる。それを文字に戻して、特別に訓練された会社のハト四五羽の脚にくくりつける。すると二時間後にはブリュッセルの中心地に届くのだ。このような一連の離れ業が注目され、また信頼できる事実を提供する通信社として評判も上がり、ロイターは世界中のニュースを各地へ配信する契約を次つぎに結ぶことができた。ロイターが一八五八年一〇月八日に本格的にニュース配信を始めてから、その名の入った記事やスクープの成功例は数え切れず、もはや伝説の域に達している。

ロイターは、たとえばサルディニア（一八世紀から一九世紀にかけてイタリア北西部にあった王国）の王が議会開催の辞を述べたという少なくとも当時は重要だった出来事を、ロンドンの新聞より四日先に報じている。一八五九年のソルフェリーノの戦いでオーストリア軍が敗れたというニュースの配信は誰よりも早かった。一八六一年には、世界中で活動する通信員を一〇〇人も抱えるまでになっていた。アメリカの南北戦争中には、大西洋がまだケーブルでつながれていなかったので、アメリカ大陸の東海岸の果てにあるハリファックスやセントジョンズ、レース岬などの港で、電信ニュースを大型船まで小舟で運ばせ、一週間後にはアイルランドから送り出した小舟にそれを回収させた。一八六五年四月一四日にリンカーン大統領が暗殺されたときは、ロイターの手配でニュー

（6）一九一七年、『タイムズ』紙は通常版にさらに手を加えたうえ、非常に高級な紙を使って発行する限定印刷版の制作を開始し、これを「ライブラリー・エディション」と名づけた。五年後には「ロイヤル・エディション」と改名し、第二次世界大戦中の一時期を除いて毎日発行した。その後、一九六九年末に予算の都合で正式に廃刊となった。

（7）辛口の社説で有名な『タイムズ』紙の論説委員エドワード・スターリングは、一八二九年に同紙は社会的・政治的改革を擁護して「雷のように激しく論じた（thundered out）」と書いた。この句が広く知れわたり、その後少なくとも一五〇年間、「警世紙（the Thunderer）」というこの異名が使われた。

（8）もともとの姓はヨザファットだった。

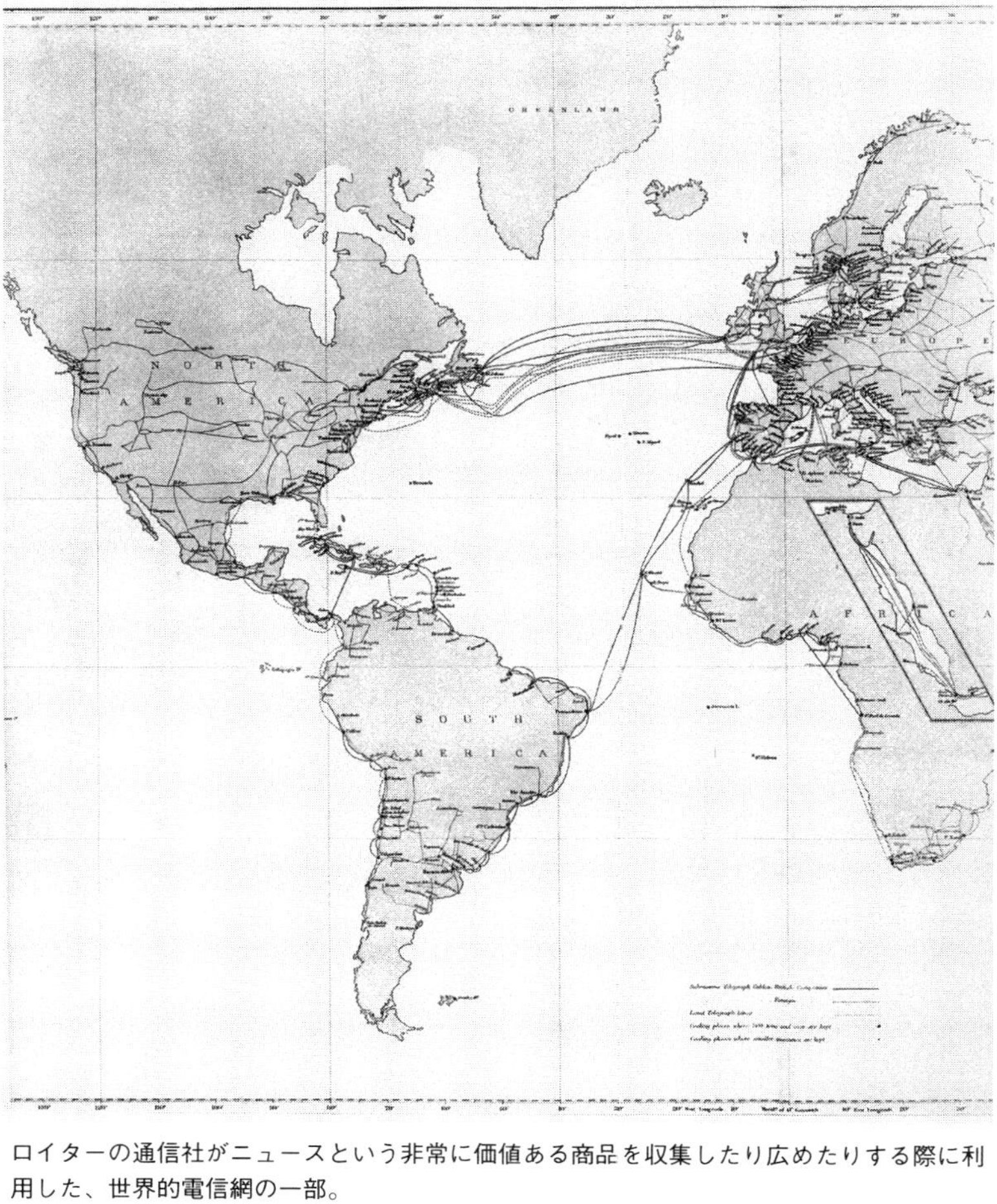

ロイターの通信社がニュースという非常に価値ある商品を収集したり広めたりする際に利用した、世界的電信網の一部。

スは汽船「ノヴァスコシアン」号で運ばれ、同船がロンドンデリーに近づくと捕鯨船で陸に届けられ、ロンドンへ打電された。契約していた各社は四月二六日の新聞に載せることができた。事件の一二日後のことだった。

クラカトアの噴火が起きたころには、新聞を読む欧米人にとって東洋全体がかなり身近になっていた。たとえば、ペリー提督率いるアメリカ艦隊の江戸湾到着や、後の、一八六八年の明治維新など、時宜を得たニュースをロイターが伝えていたことからもよくわかる。もっとも、即時にというわけにはゆかなかった。日本はまだ世界の電信網とつながっていなかったのだ。一八七二年になってようやく、デンマーク人が東京と上海の間にケーブルを敷設し、サンクトペテルブルク、コペンハーゲン、パリ、そしてロンドン間を走るグレート・ノーザン・テレグラフ・カンパニーの電信網に日本をつなげた。デンマーク人がこのケーブルを完成させたあとは、上海、北京、マニラ、東京、サイゴン、ラングーンといった東洋の主要都市すべてがこの電信網と結びついた。これらの都市は、急成長中の国際ケーブルネットワークの一部に組み込まれたのだ。同時にこれらの都市は、このネットワークによって、ロイターが世界中で行なっているニュース収集活動の貢献者だけでなく受益者にもなった。

そして、バタヴィアもまたこのネットワークに結ばれた。町にロイターの事務所ができ、一八八三年には、ニュースを見つけてロイターの通信網に送り込むフリーランスの通信員も一人雇われた。W・ブルーアーという通信員がやがて窓口となって、事実に基づく正確な噴火の報告のほとんどを全世界に向けて発信することになる。

しかし五月に、ロイターに初めて噴火の情報を伝えたのは自社のブルーアーではなく、ロンドンのロイズの電報だった。ロイターは正しい情報を得たが遅かった。まる一日遅かった。ロイターの名前入りの噴火の記事を世界各国が受け取ったときには、すでに五月二五日になっていた。ロッテルダムを拠点とする当時オランダ最大の新聞『ニューウェ・ロッテルダムス・クーラント』は、金曜日の朝刊にようやく噴火の記事を載せた。そしてイギリスの新聞がオランダ領での出来事を、オランダ紙を出し抜いて木曜日に掲載したという、面目まるつぶれの現実に甘んじなければならなかった。

だが、ロイターはこの記事を必死に売り込んだ。五月二四日の『タイムズ』に載った、噴火の最初の動きを扱った小さな記事は、バタヴィアのブルーアーによって内容がより充実し、必要に応じて各国の言葉に翻訳され、金曜日にアメリカ、南アフリカ、インド、フランス、ドイツの主要新聞に掲載された。[9]

こうして、サミュエル・モースや、インディア・ラバーの重役、グッタペルカ・アンド・テレグラフ・ワークス・カンパニー、イースタン・テレグラフ・カンパニー、ロイズ委員会、ロイター、そしてアンイェルとバタヴィアとロンドンの熱心な通信員が作る小さなネットワークの力が一つになったとき、この最初のとてつもない物語が人びとに語られ始めた。

これは世界についての、そして同時に、世界に向けて語られた、ほんとうに大規模な自然現象の前例のない物語だった。地球の基本構造の一部が、真っ二つに引き裂かれ、その同じ地球の一部、つまりケーブルや電報でつながっていて新聞を入手できる部分が、今やその出来事を知らされつつあった。そして、この劇的な出来事が語られる過程で、とくにこのあとの数週間、数カ月間は、それについて聞いたり読んだり、それを理解したりした人はみな、この大惨事に対して連帯感を抱きながら時を共有することになる。それまで互いをまったく知らなかった何百何千万の人が、それまで限られていた自分の視野の向こうへ、有史以来初めて、夢中になって目を向けた。彼らは外界に目を向ける、新しい世界の住人になっていったのだ——情報を伝達するネットワークと、そのネットワークの伝達するクラカトアの噴火という出来事が、図らずも手を貸して生み出しつつあった、新しい世界の住人に。

クラカトアの話の始まりはささやかなものだった。報道価値があったとはいえ、それはロンドンの新聞たった一紙の紙面に埋没した、わずか七語の引用だった。だが一八八三年の夏がゆっくりと過ぎてゆくなか、それははるかに大きな話に変わる。そして三カ月後に幕が下りたとき、社会にとって、またマクルーハンの言う「世界村」の基礎作りにとって、大きな意味合いをもち、当時誰もまったく想像しえなかったほど長い間、重要な形で、影響を与え続けることとなった。

（9） 遅れて発行されたこれらの新聞記事は火山の名前を「クラカトア（Krakatoa）」とした。

第7章

おびえたゾウの奇妙な行動

オーデコロン　1709年にケルンに移り住んだイタリアの調香師ヨハン・マリア・ファリーナ［1685～1766］によって発明された香りのエッセンス。ベルガモット、シトロン、ネロリ、オレンジ、ローズマリーのエッセンシャル・オイル各12滴を、マラバル・カルダモン約3.9グラムと精留エタノール約3.8リットルに加えて蒸留するのが通常の製法。

――『ブルーアーズ故事成句辞典』（1959年）より

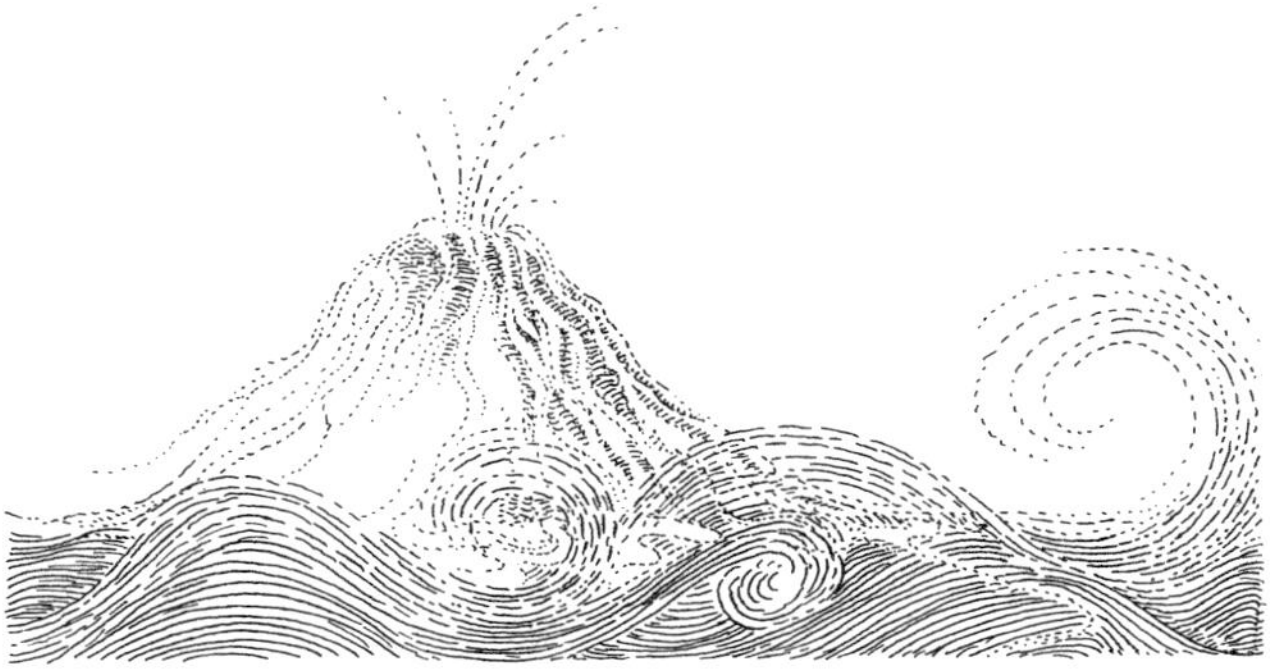

一

八八三年七月の最終月曜日は、クラカトア島に訪れた最後の平穏な日々のうちの一日で、島が大爆発によって消失するまで、残すところきっかり四週間だった。ちょうどその日、七月三〇日、待望の「ジョン&アンナ・ウィルソンの世界大サーカス」がようやくバタヴィアに到着し、大歓迎を受けた。

このサーカスはそれまで何度もバタヴィアで興行していた。抜け目のないスコットランド女性のミセス・ウィルソンは、植民地の人を大勢呼び込めることを十分承知していたからだ。このときはシンガポールから定期船でやって来た曲芸師や動物たちは、想像を絶するほど贅を尽くした雰囲気の中で、驚きと喜びに満ちた演目を観客に約束していた。

二年前は、詰め込みすぎで暑すぎると観客が不満を漏らした。そこで今回、ミセス・ウィルソンは「マンモス」と名づけた真新しい巨大テントをニューヨークから運んできた。係の者がコーニングス広場の西側にばかでかい真っ白なテントを張ると、通りがかりの人は自分の目にしたもの、耳にしたことに息を呑んだ。「五〇〇〇席分の広さ!」とポスターにある。「照明は本物のガス灯だよ!」と呼び込み係が拡声器で叫ぶ。「前代未聞のすばらしいアトラクション!」と新聞広告はうたい、出し物の一つとして、「デンマーク生まれのキャノンボール・ホルタム」が初めて東洋に姿を現わし、「死をも恐れぬ驚くべき離れ業」を見せる、と宣伝した。

今回バタヴィアの人たちは、一ギルダー硬貨を出してチケットを買い求め、最後の準備が整えられるのを見物しながら、「ウィルソンの大サーカス」はジャワ島でかつて見たことのないほどすばらしいものになるだろう、と口ぐちに言った。

そして、これまで続いてきた楽しい夏のシーズンに最高の花を添えるはずだった。いや、誰もがそのときはそう考えていた。たしかに、西のスンダ海峡で火山の噴火活動は続いていたが、五月に爆発があったとき

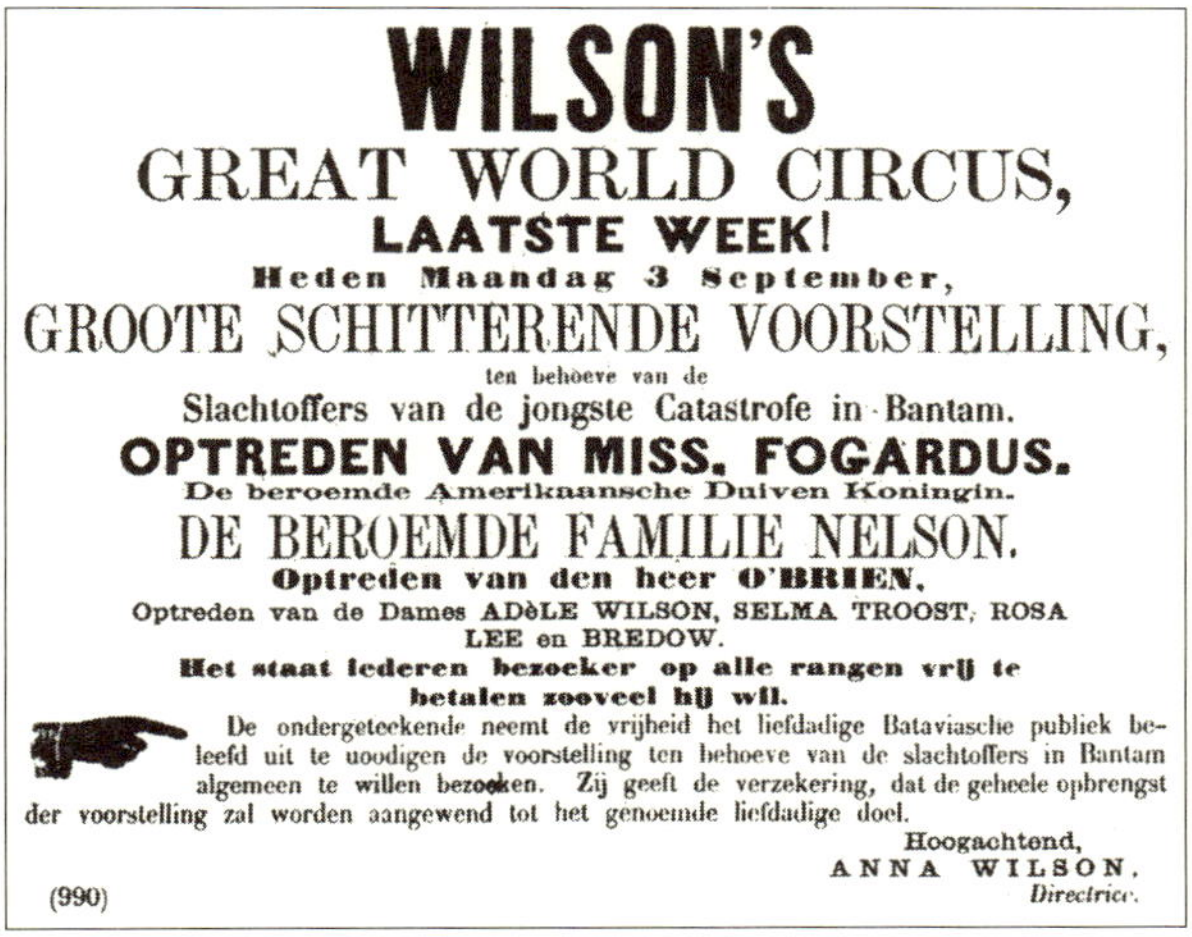
WILSON'S
GREAT WORLD CIRCUS,
LAATSTE WEEK!
Heden Maandag 3 September,
GROOTE SCHITTERENDE VOORSTELLING,
ten behoeve van de
Slachtoffers van de jongste Catastrofe in Bantam.
OPTREDEN VAN MISS. FOGARDUS.
De beroemde Amerikaansche Duiven Koningin.
DE BEROEMDE FAMILIE NELSON.
Optreden van den heer O'BRIEN,
Optreden van de Dames ADèLE WILSON, SELMA TROOST, ROSA LEE en BREDOW.
Het staat iederen bezoeker op alle rangen vrij te betalen zooveel hij wil.
De ondergeteekende neemt de vrijheid het liefdadige Bataviasche publiek beleefd uit te uoodigen de voorstelling ten behoeve van de slachtoffers in Bantam algemeen te willen bezoeken. Zij geeft de verzekering, dat de geheele opbrengst der voorstelling zal worden aangewend tot het genoemde liefdadige doel.
Hoogachtend,
ANNA WILSON,
Directrice.
(990)

このアンナ・ウィルソンのサーカスの広告は、「先のバンテンにおける大災害の犠牲者のために、すばらしい興行をする」と請け合っている。

の最初の驚きももう収まって、火も煙もときおり感じる地面の揺れも、現実の一部、日常の出来事となり、とりたてて気にする人などいなかった。今日、東京やロサンジェルス、あるいはサンアンドレアス断層上に住んでいる人が、たまに揺れを感じてもなんとも思わないのと同じようなものだ。バタヴィアの住民はそれを冗談の種にしていた。みなが楽しみにしている興行を中止するなどということは、許されそうもなかった。もっともバタヴィアの新聞のなかでも『アルゲメン・ダグブラッド』東インド諸島版は、六月にはかなり激昂した調子で、皮肉たっぷりに書いていた。「どんな音楽が演奏されるかは知らないが、クラカトア火山のせいでドアも窓もこんなにガタガタ音を立てていては、ろくに楽しめはしないだろう」

ともあれ、二月にウィレム三世中等学校で行なわれた国王誕生日の舞踊会（大成功だったようで、五月になってもまだ新聞各紙の話題になっていた）でじつに華ばなしく始まったその年の社交シーズンは、その後もとどこおりなく続いた。たとえば五月中旬に、バイテンゾルフの涼しい高原では競馬が、舞踏会場では仮装舞踏会が開かれた。それは、二日間にわたる会議が行なわれていたときの日曜日のことで、もちろん会場ではシャコブ総督が威厳を添えていた。

そして五月二七日、「舞踏の夕べ」がバタヴィア動植物園で開催された。通常、平穏無事な楽しい夜になるのだが、あいにくここにもわずかながら暗い影が落ちていた。といってもクラカトアのせいではない。客の大半は堂々たるベンガルトラを見たいと思っていた。シュレーダーというドイツ人慈善家によって、月の初めに鳴り物入りで寄贈されたトラだ。だが園は、これほど大きくて獰猛な動物を収容する場所も手立てもないと発表し、園長はメルボルン行きの次の船に乗せるように命じた。トラのおかげで夜会が盛り上がると思っていた踊り手たちはがっかりだった。

トラが見られなかった踊り手たちはさぞかし無念だっただろうが、同じ五月にはるかに重大な現実的意味合いをもつ発表がなされたことで、その気持ちはきっと帳消しになったはずだ。九八五トンのイギリス蒸気船「フィアドー」号が、オーストラリアン・フローズン・ミート・カンパニーとの契約のもとに、最新の冷凍設備を備えて、冷凍の牛肉、羊肉、豚肉、鶏肉などをバタヴィアとシンガポールに運ぶ定期運行を開始する、と船主たちが新聞各紙に発表したのだ。

冷凍肉の第一便が到着したのは七月二〇日だった。新聞各社は「フィアドー」号が埠頭に着いたのを、国王かどこかの大立者が思いがけなく到着したかのように迎えた。その日の報道によると、肉に飢えた人びとの歓喜の波は瞬く間に植民地中に広まったという。初めて口にするオーストラリア産の肉は絶品だった。「まるまると肥えたバリ産の大型牛でさえ比べ物にならない」という地元の食通の言葉が引用されている。肉はもはや贅沢品ではなかった。この日から、植民地のヨーロッパ人は誰しも、アムステルダムにいたときと同じようにジャワ島でも肉を食べることができるようになった。いや、もっとたっぷり食べられたかもしれない。

一八八三年のこの季節、バタヴィアのお祭り騒ぎの中心にあったのは、増改築されたばかりのコンコルディア・ミリタリー・クラブだった。白い大理石造りのいかにも壮麗な建物で、ワーテルロー広場の南側、総督邸の真向かいにあった。

その年、コンコルディアはハーモニーよりかろうじて上に格づけされていた。町の二大社交クラブのうち、ハーモニーのほうが明らかに由緒があり、今日でもよく知られている。コンコルディア同様、ハーモニーの建物も一九六〇年代に取り壊されたが、現在のジャカルタでも、かつての所在地前の通りにその名を残しているからだ。クラカトアの噴火があったころ、ハーモニーの建物はいくぶんお粗末に見えたので、会員数が一時的に減少していた。はるかにりっぱな舞踏会や夜会が、ずっと豪奢なコンコルディアで開かれていた。そこでのもてなしは、しばしば退廃的とも言えるほどの贅沢さで、招かれたヨーロッパ人の大半は、それを楽しんでいた。

たとえば、サーカス団が到着する直前の七月二八日土曜日、仮装舞踏会がコンコルディアで開かれた。四輪馬

バタヴィアのコンコルディア・ミリタリー・クラブの大舞踏室

車や、背中合わせの二座席があるドウザドウという馬車に乗って、三〇〇組が訪れた。庭園には提灯《ちょうちん》が下げられ、ガス管を引いて明かりを灯した方尖塔《オベリスク》を配し、空色の丸屋根がついたトルコ風あずま屋が、屋外の楽隊のために建てられていた。

そして屋内では、装飾が施された天井とガス・シャンデリアの下で、肖像画や鏡や彫像で飾り立てられた壁に囲まれ、珍しい植物や花、柔らかい色合いの紗《しゃ》の垂れ布の並ぶなか、滑石粉をまぶした四角いチーク材の磨き抜かれた床の上で、まばゆい朝日が昇るまで人びとは踊りに興じた。それが東洋でのしきたりだった。バタヴィア上流社交界でも選《え》り抜きの貴婦人が身にまとうドレスは、見物や介添え役の中年女性の目には、とんでもない代物《しろもの》に映った。なんと短いのでしょう！　ご婦人方は翌日、口ぐちに言った。なんとすばらしい！　と殿方は思い出しては言った。「ほっそりした足首と美しいピンクのサテンの靴が、ダンスフロアの上を踊り回るのを見て楽しみたいのなら、コンコルディアの仮装舞踏会に行きたまえ！」

ありとあらゆる仮面と衣装が見られた。ある女性はツバメに扮して現われた。スンダ海峡に面した港町アンイエルのツバメの羽根で作った頭飾りと翼をつけていた。それはつまり、スンダ海峡上空に渦巻く火山灰の混じった空気の中をついこの間まで飛んでいた鳥だった。また、マダム悪魔《ディアブル》になった女性は、黒い翼と金色の角をつけ、堕天使ルシフェルの柄で飾った黒と赤のシルクのドレスを着ていた。カルメンがいて、ルイ一五世がいて、その連れのイタリアの農家の娘がいた。娘は肉づきがよく、ジェノヴァ・レースがついたギンガムチェックの服を着ていた。騎馬闘牛士がいて、一群の修道士がいた。イギリス人水夫たちもいた。じつは航行途中のイギリス海軍の軍艦から降りてきた本物の水夫で、派手な仮装服だと思われたのは、公務上、きちんと身につけていた軍服だった。

そしてこれでもまだ不十分と言わんばかりに、舞踏室の中央に噴水があり、水ならぬ混じりけのないオーデコロンを噴き出していた。これは試しにやってみたものだ。センターピースには花瓶が使われ、活けられた贅沢な花ばなの奥深くから香水が噴き出し、そこに集う踊り手たちの香水や、葉巻の煙、ライスターフェルの香辛料の濃厚な芳香と混じりあって、嗅覚を楽しませる香りのシンフォニーをかき鳴らし……ただ圧倒されるほどすばらしく、言葉に表わせぬほどだった、と新聞も書き立てた。

そして八月の訪れとともに、ついにサーカスが始まった。一座は当初、サンフランシスコ郊外の小さな町などで興行していたので、太平洋の反対側からはるばるやって来た。そしてここ東洋で、なんとしても評判をとるつもりだった。そこで考えられるかぎりの出し物を用意した。綱渡り師、火食い男、ハト使い、宙返りをして八頭の馬を飛び越えることのできるアメリカ人、アクロバットのネルソン一家、空中ブランコの名人コンビのヘクターとファウエ、ジャネット嬢率いる驚異の裸馬曲乗り団、軽業王ウィリアム・グレゴリー。そして、郷愁を誘う美女、かのミス・セルマ・トゥロースト。トゥローストは「慰め」という意味のオランダ語なので、遠く故郷を離れた大勢の孤独な独身男性が大歓迎すること間違いなしだった。

合わせて一〇〇の出し物があり、曲乗り師が腕前を披露するためのアラブ馬が二〇頭いた。道化師も何十人もいた。そして八月二二日、バタヴィア・クリケット・クラブと、全員サーカスの衣裳を着た道化師のチーム、クラウンズ・ファースト・イレヴンとの試合が開催され、クリケット・クラブが圧勝した。

なんといっても最大の呼び物は、キャノンボール王として世界中でその名を知られたジョン・ホルタムだったかもしれない。彼は三八歳のデンマーク人で、サーカスの舞台の向こう端から自分に向かって放たれた砲弾を捕る技を身につけていた。初めて挑戦したとき、時速一六〇キロメートル超で飛んできた重さおよそ二三キログラムの砲弾に、指を三本飛ばされた。だがこんな失敗にはくじけなかった。イタリアのサーカス団にいるライバルが、強靱きわまりないと評判だった胸の筋肉で手投げ弾を跳ね返そうとして真っ二つになったときも、やめようなどとは思わなかった。

ホルタムは断固として演技を続け、その八月バタヴィアに到着したときには、この非常に特殊な領域で、押しも押されもせぬ第一人者になっていた。彼は、この砲弾を捕ってみようという者はいないか、と好んで観客の男性に声をかけた。ヨーロッパとアメリカでは一六一人が名乗りを上げたが、いずれも失敗に終わった。そしてバタヴィアでもほんの数人が挑戦したが、やはり失敗した。そのなかにはミスター・トールという、いかにもやってくれそうな名前（トールは北欧神話に登場する雷や戦争の神で、後にアメリカ海軍の中距離弾道弾の名前に使われている）の男もいた。その指先を砲弾がかすめたもののミスター・トールにけがはなかった。ただし、彼は賭けに負けた。ジョン・ホルタムは、体格のいい男性にロープで彼を引き倒せるかどうか、やらせてみるのも好きだったが、これまた誰一人成功したためしがない。だがこの怪力ホルタムも、馬四頭にロープを引かせたときには、馬たちがあわてふためき、ひどく怒って引っ張ったので転倒し、本人にしてみればじつに不名誉な展開に騒然となった場内で、舞台中を引きずり回され、自分が観客に思い込ませたいほど無敵ではないことを暴露してしまった。

八月に入ってから四週間というもの、「ジョン&アンナ・ウィルソンの世界大サーカス」は、連日公演をした。土曜日は一日二回。そして入場することができたジャワ島先住民はもとより、バタヴィアに住む身分の低いオランダ人にとっても、こうした興行は社交生活の極みだったので、新聞はあらゆる演目を事細かに、息もつけぬほど興奮した調子で報じた。こんな驚くべき出来事は前代未聞だとでもいうかのようだった。障害物競走の順位や、ジョン・ホルタムに挑んだ人の名前と成否、道化師チームとのクリケットの試合の結果が掲載された。そしてもちろん、突発的に起きた騒動や珍しい事故のことも。それまでめったになかったような事件が、一八八三年のこの月にかぎって、このサーカスがらみで起きたように思われる。

騒動はまだ最初の週のうちに起こった。サーカス団長ジョン・ウィルソンは、もっと曲芸師を雇おうと海の向こうに出かけて留守だった。団長の目が届かないときに、どうやら芸人どうしのライバル意識が高じて暴力沙汰に発展したようだった。サーカス団員はみな、全オランダ領内で随一と言われたホテル・デス・インデスに泊まっており、喧嘩は最初、そこの酒場で始まった。新聞によると、彼らはシャンパンを飲みながら、どの道化師が面白いか、誰がいちばん上手な空中ブランコ乗りかと、口ぐちに言い合っていたという。すると、一人が棘《とげ》のある言葉を向けられてかっとなり、相手にグラスを投げつけた。それをきっかけに全員を巻き込んだ乱闘騒ぎになり、ワインやビール、食べ物、それに拳《こぶし》が、あちこちで飛び交った。ミセス・ウィルソンの顔にも命中した。ある曲芸師は頰をひどく嚙まれた。競技選手は軽業師とつかみ合い、曲乗り師はジャグラーと喧嘩をした。最後には警官が呼ばれることになった。なんとも嘆かわしい出来事だったが、バタヴィアの人たちはみな、一部始終をおおいに楽しんだ。

ホテル・デス・インデスで喧嘩が起こっていたちょうどそのころ、海の向こうのクラカトア島では、噴火の気配が急に濃くなってきた。フェルゼナール船長が島を訪れ、三つの巨大な噴火口と、一四の新しい噴気孔と、もうもうと巻き上がる粉塵を記録したあとに、スンダ海峡を航行する船は、見るからに危険そうな新たな火山活動を報告した。ある船長は二二日に「巨大な噴煙柱」を報告し、別の船長は二五日に「振動と激しい衝撃」を感じたと述べた。「降灰」や「海の白濁」が見られ、「鈍い爆発音」が聞こえた。とりわけ不吉で不気味だったのは、八月最後の日曜日にあたる二六日、スマトラ島で、ある村人が「熱い灰が小屋の床の割れ目から噴き上がってくる」のに気づいたことだ。地中奥深くで何が起こっているにせよ、それを抑えようとする地表の能力の限界を、明らかに超え始めていた。ただではすまされるはずがなかった。

動物は、地震が迫ると、それを予知すると言われている。ナマズは水から跳ねる。ミツバチは奇妙なことに巣を去っていく。メンドリはこれといった理由もなしに卵を産まなくなる。ネズミはぼうっとなり、手でも捕まえられてしまう。深海魚は大洋の水面に姿を現わす。冬眠中のヘビは突然地表に出てくる。そして、厳しい冬だと凍え死んでしまう。イヌはわけもなく吠えるようになる（アメリカ合衆国地質調査所を引退したある科学者は、アメリカの新聞に掲載された迷い子のペットの広告を集めて、相関関係を見出したと主張した。いなくなった動物の数が増加すると、二週間以内に近くで地震があったというものだった）。

相関関係があるという確固たる科学的証拠はないし、動物の行動を注意深く観察して数値に表わすことによって地震を予知しようとする、動物行動学的予知と呼ばれる新しい似非《えせ》科学には正当な根拠はない。それでも、大きな噴火や地震に先立つ地中のわずかな変化やひずみを、人や機械が感じるずっと前に動物が感じることができると考えるのは、少なくとも筋は通っている、とかなりの数の地質学者が思っている。だが、もしほんとうに関連があるとしても、それを実際に測定した人はまだ誰もいない。

しかし、一八八三年八月のバタヴィアで、一頭の動物がはっきりした理由もなく、ひどくおかしな行動をとり始めた。それはサーカスのとても小さなゾウで、飼育係のミス・ナネット・ロシャートによると、調教された厚皮動物のうちで、史上最小のものだという。この雄ゾウはジャワ島で捕獲され、ミス・ロシャートがわずか数週間で手なずけてしまった。ゾウは団員すべてからとてもかわいがられた。バタヴィアの住民、とくに入場無料の召使に付き添われて半額で入場した子供たちは、このミニチュアの大型動物が長さ九〇センチメートルほどの鼻でボールをジャグルしたり、ちょっとした障害物コースを進むときに、並べられた小さな樽から樽へと楽しそうに歩いたりするのを見て、心を奪われた。

だが、興行期間もなかばにかかるころ、ゾウも飼育係もひどくおかしな振る舞いを見せ始めた。仲間うちでの喧嘩があったあとも団員の怒りは収まっておらず、何かの理由でゾウに八つ当たりして害を与えかねないと、ミス・ロシャートは思うようになった。ゾウの檻に入り込んで毒を与えようとするかもしれない、と彼女は考えた。何の証拠もなかったけれど、彼女はそんなことはさせまいと、ゾウを避難させることにした。

それで八月も中旬になり、降灰と鳴動と火柱がバタヴィアで再び注意を引き始めていたとき、ミス・ロシャートは小さなゾウをホテル・デス・インデスの自分の部屋に移した。なんといってもそのゾウは、彼女の唯一の財産なのだ。ゾウを部屋に入れたら、ホテル・オーナーのいかめしいフランス人M・ルイ・クレソニエールが良い顔をしないだろうことぐらい、予想がついてもよかったはずだ。もっとも、とくに動物のもち込みを禁じる表示はなかった。そこで彼女はゾウを落ち着かせると、おやすみを言い、部屋を出てドアに鍵をかけ、友人たちと夕食に出かけた。

ご主人さまに置いてきぼりにされ、東洋随一のホテルの贅沢さと居心地の良さにはまったくなじみがなく、ことによると（ほんとうに、ことによると、だが）、足下の地中で起きている現象に敏感になっていたゾウは、たちまち暴れ狂い始めた。ミス・ロシャートの部屋の家具の間や上をドシンドシン歩き回り、木っ端微塵にしていった。甲高い鳴き声を出し、吠え、まだ巨大とは言えない足を激しく踏み下ろしたので、他の客は、ホテル全体が崩れ落ちるのではないかと思った。

そしてとうとうバタヴィア警察が呼ばれた。警察はミス・ロシャートを見つけると、体重二トンのペットをなだめて、これ以上騒ぎを起こさずに部屋から出すよう求めた。それでも収まらないM・クレソニエールは、団員も、こっそり運び込まれているかもしれないほかの動物も、みな即刻ホテルを立ち去り、よそに宿をとることを要求した。

一同それに従った。そして、この一件についてそれ以上考える人はなかった。

だがその直後、一八八三年八月二七日月曜日、それまで九九日間、断続的にうなりを上げてきた火山がついに大爆発を起こし、完全に消滅してしまったのだ。

六〇〇〇万年にわたって、ジャワ島付近に境界をもつ二つの構造プレートは、一年間に一〇センチメートルほどの割で、ゆっくりと着実に、互いに向かって突き進んできた。それが今、世界大サーカスがかつてないほどすばらしい公演をしたちょうど次の朝、曲芸師たちが全員新しい宿泊先に移り、問題を起こした小さなゾウも間違いなく元どおり従順でおとなしくしていたとき、長年続いてきた地下変動がもたらす出来事が、いよいよ起ころうとしていたのだった。

第８章

大爆発、洪水、最後の審判の日

そして私は思った。これほど美しいものを再び見られるなら、これらの人びとの命をすべて今一度与えてもよい、と。

——アンイェルのオランダ人水先案内人の言葉。
小説家ジム・シェパードの短篇「クラカタウ」（1996年）より

出来事

クラカトアの断末魔は正確には二〇時間五六分続き、そのあとついに大爆発が起きた。時に一八八三年八月二七日月曜日午前一〇時二分ということで、今や目撃者の意見が一致している。しかし彼らは、こうした場合よくあることだが、それ以外はほとんど何一つ合意できなかった。スンダ海峡の異変は、突如として広く何千何万もの人の知るところとなった。だが今日、彼らの報告は、衝撃的な恐ろしい出来事の報告がどれもそうであるように、矛盾と混乱に満ちている。

クラカトアの最期へ向けての秒読みが本格的に始まったのは、前日の日曜日午後一時六分だった。オランダ人、ジャワ人の区別なく、植民地中の人が、待ちに待った休日の午後をこれからゆったりくつろごうと、のんきに構えていた。

何か尋常でないことが起きているという最初の兆候に、近くにいた人の多くはほぼ同時に気づいた。そのときほとんどの人は、ありふれた日曜の日課の最後を締めくくるひとときを過ごしていた。昼食のテーブルから椅子を引くと、ナプキンをたたみ、カップの底に残ったコーヒーを飲み干して立ち上がり、脚を伸ばす。そして葉巻を手にするとイヌを連れて、妻といっしょにオランダの伝統である家族そろっての午後の散歩に出かけるのだ。

最初期の報告の大半が発信されたアンイェルでは、午後のくつろいだ雰囲気がこの場所にとりわけふさわしく思えたに違いない。そこはのどかで美しい小さな港町で、本国を離れたオランダ人にとってはこれ以上望めないほど好ましい任地だった。沿岸の火山帯にできた浅い窪地にあって、山やまが急勾配で海まで続き、こぢんまりした安全な天然港を形成していた。浜は広く、一面の白砂を縁取るヤシの木は貿易風にそよぎ、花ばなが咲き、ベンガルボダイジュが立ち並び、鳥の楽園があり、いたるところで、えもいわれぬ香辛料の芳香がした。

現地人はカンポン（地縁や血縁で形成された集落）の藁葺き小屋に、植民者は白い化粧漆喰の壁に赤い屋根のついた、こぎれいな家に住んでいた。豪華な邸宅のなかには県長官[1]のそれのように、見事な芝生の真ん中に立てられた旗竿にオランダの国旗が翻り、専有の埠頭には申し分なく整備された公用の汽艇がつながれているものもある。そうした邸宅は海上から眺めると、いっそう引き立って見えた。一軒一軒が、広く奥深い緑のジャングルで隔てられているように見えたからだ。水先案内人の詰め所にはたいてい「郵便受け取りに寄港されたし」という旗信号が掲げられていた。本国行きの外洋航行船は実際決まって寄港し、そのたびに街が活気づいた。船が停泊するのは指示を受けるためで、荷の積み降ろしのためではないので、アンイェルには貨物港につきものの汚らしさもむさ苦しさもなかった。

その日、召使は日曜の休みをとり、ヨーロッパ人はいつものように薄手の白いスーツに日よけ帽といった出で立ちで家を出て、タマリンドの並木の下、海沿いの広い道でのんびりと午後の散歩をしていた。途中で地元のジャワ人に大勢出会っただろう。子供たちがいたるところで走り回り、野良犬が伏せた箱の下で眠り、雄ウシが引く荷車がきしみ、ニワトリもブタもヤギも、しつこい路上の物売りも、つまり、東洋の通りで見られるありとあらゆる陽気で魅惑的なものが、いかにも気楽で、けだるい八月の日曜に娯楽や楽しみを求めて戸外にあふれていた。

（1）噴火のときの州長官ファン・スパーンは、五〇キロメートルほど離れたバンタムの州庁からこの地域を管轄していた。アンイェルの町にはトーマス・バイスという県長官だけが置かれていたが、バイスは噴火のときの災害で亡くなった。

東インド諸島の植民者と被植民者の関係は、けっして完璧ではなく、というより、かなり悪かった。オランダ人の帝国支配のやり方は、お世辞にも親切とは言えなかったからだ。そのため、世界各地で領土を支配していたほかのヨーロッパ人と比べると、オランダ人にまつわる記憶は今日でも断じて好ましいものではない。とはいえほかならぬこの日曜日にはどう見ても、休日特有の雰囲気のおかげで、あらゆる嫌悪感が薄れ、引っ込んでいた。人びとは笑みを交わし、オランダ人はジャワ人に心のこもった挨拶の言葉をかけ、みな昼下がりのまぶしい日差しの中で満足げにのんびりと散歩をしていた。

そんなとき、何の警告もなく西側の海の方から突然、音がした。

最初に書かれた二つの報告と同じような話が、けっきょくその日何十回も繰り返されることになった。一つ目は「遠くの地震の鳴動がはっきりと聞こえた」というもの。二つ目は「最初はたいして気にしていなかったが、そのうち音はとても大きくなった」というものだ。

アンイエルの電報局長に任命されたばかりのスーライトは、アンイエル・ホテルのベランダでその日もまた何をするでもなく時を過ごしていた。現地のロイズ代理人で名前が一字違いでまぎらわしい、ホテルの所有者スハウトとは、友人になったばかりだった。どうやらそのベランダはスーライトにとって、日曜の朝を過ごすお気に入りの場所だったようだ。彼はまだ若く、どことなく寂しそうだった。妻と子供たちはまだバタヴィアにいた。彼は何週間も探し回って、家族にふさわしい家をアンイエルでやっと見つけたところで、ようやく家族いっしょに暮らせるのを楽しみにしていた。

だがそのときまでは、この数カ月と同じように休日の日曜日は、両切り葉巻をくゆらせ、景色を眺めながらベランダで過ごすのだった。三カ月前もやはりここにいて、スハウトに教わりながら、海峡を航行中のドイツ軍艦「エリーザベト」号の帆桁《ほげた》に翻る信号旗のメッセージを解読しようとしていた。そのメッセージは、きっと最初の噴火について伝えるものだったはずだが、それを見ても彼は何もしなかった。当時はこの地に着任したばかりで、非番だったたし、どちらにしても現地のロイズ代理人がその件を把握していて、「エリーザベト」号の旗を十分解読でき、クラカトアが煙と灰をもうもうと噴出している旨を伝える歴史的特電をすでに送るところだったからだ。その山の名を、後に電信技手が「クラカタン」と読み間違えることになる。

だが今回スーライトは当直で、前回よりずっと観察力が鋭くなっていた。バーク型帆船が帆をすべて上げて北に向かい、白い帆をうねらせて青い鏡さながらの海を滑るように進んでゆくのを見たことを、あとになっても覚えていた。続いて、はるかに見劣りする汽船「ラウドン総督」号が、アンイェルの港に入ってくるのを目にした。それは去る五月に八六人の見物人をクラカトアに運んだ、地元では知られた公用船だった。(このとき同船は、もっと平凡でお決まりの任務についていた。まず、地元の灯台を建てるために雇われていた一〇〇人の苦力《クーリー》を乗船させて海峡を渡り、対岸まで運ぶ。それからスマトラ島東岸に沿って進み、北部のアチェの騒乱が続く地域に人や物を届けることになっていた。そのなかには一本の鎖につながれた囚人三〇〇人ほども含まれており、全員、行政府のさまざまな建築現場で強制労働をさせられる運命にあった。)「ラウドン総督」号が安全な港に向かっているのをスーライトが見ていたまさにその瞬間、最初の爆発の轟音が聞こえた。

とてつもない音だ、と彼は思った。それまで聞いた覚えのある音よりもはるかに大きい。さっと左を向くと、たちまちすさまじい噴火の光景が目に飛び込んできて、脳裏に焼きついた。このときクラカトアからもうもうと逆巻きながら噴き上がる白い煙は、「おびただしい数の白い風船が噴火口から放たれたかのよう」で、それから判断すると、五月に同じこの場所に立って目撃したものとは、比べものにならぬほど大規模な噴火だった。

そのうえこの火山で起きていることは、瞬く間に海へも影響を及ぼし始めた。水面は激しく不規則に波打ち、突然盛り上がるかと思うと大きくくぼむ。一見して尋常ならざる不吉な事態だった。潮の流れでも、風や船によるうねりでもない。海は荒れ狂い、しぶきをあげて激しく波立つ。危険このうえなく、先の予測もつかなかった。

局長補佐の電信技手が海辺で棒立ちになって噴火を眺めているのが見えたので、スーライトはそこまで走っていった。自分もこの海の変化にひどく戸惑っている、と彼は言った。潮の向きが変わりかけているのかもしれない、と。だがその瞬間、波がうなりを上げて猛然と向かってきたので、二人はあわてふためいて道路の方へ駆けて戻った。二人はアンイェル電報局のある、白い小さな石造りの建物目指して走った。するとそのとき、火山が噴き上げた巨大な噴煙が二人の上にも垂れ込めてきた。あっという間にアンイェルの町はそっくり塵と噴煙に覆われ、あたりを奇妙な暗さが包んだ。

噴煙は黒かったと言う人もいる。またスーライトのように、ぜったいに白かったと言う人もいる。アンイェルの水先案内人の詰め所で指示を待っていたデ・ヴリースという案内人は、色は白（おそらくおもに蒸気からできているとき）から黒（おもに噴煙からできているとき）に変わった、と明言した。だが、どちらにしても同じだ。噴煙はとても大量で濃かったので、たちまち偽りの夜がアンイェルの港に訪れた。電報局に手探り状態で行き着いたスーライトと電信技手は、最初の電文を送るのに、真っ昼間だというのにカンテラを灯さなければならなかった。午後二時だった。クラカトアが大噴火を始めた、と二人はバタヴィア本局に大急ぎでモールス信号を打電した。「ヒト　ケムリヲ　フンシュツシテ」いる、町はとても暗く、目の前にかざした手も見えない、指示を請う、と。

バタヴィアからもすぐに返事が来た。何かが起きていることに、こちらもすでに気づいている。くつろいだ安息の時を乱された総督自らも、詳細を問うてきた。人びとは道にひしめき、うろたえている。ことに中国人貿易商は特別な不安感をもっているようで、泣き叫ぶ声が聞こえる、したがって、アンイェルの電報局は営業を続け、今後も情報を送るように、と本局の電信技手は打電した。その後六時間にわたってこの指示は守られた。アンイェルの局員は、ウェルトフレーデン（オランダ語で「十分満足した」というバタヴィア新市街の名前は、この折には多少冷笑を誘ったに違いない）のオランダ人役人に、刻一刻と変化する事態を、電報特有のスタッカートの利いた言葉でひたすら打電し続けた。「バクハッオン、ナオモゾウダイ」「カルイシ、フリソソグ」「アライ　ハイノ　アメ」「サイショノ　コウズイ」「ミナトノフネ、ナガサレル」「イジョウナ　クラサ」「フカマル　ヤミ」……

アンイェルの港長は、この危機によって多くの友人や同僚がおびえていることにすでに気づいていた。「最後の審判の日が来た」とみな信じていたのだ。彼は地元の同胞を集められるだけ集めて、安心させようとした。どうすればそれが可能だと思ったのかはわからない。だが彼は県長官や公共事業監督官、灯台守、登記官、書記官、地元の医師、地元の著名な未亡人ら、植民地のおもだった人びとのかなり多くをどうにか集め、今目にしているものはまもなく収まるだろう、自分の経験に基づいて熟慮してみたが何も心配することはない、と伝えようとした。だが、これはとんだ見当違いだった。

午後二時四五分、「ラウドン総督」号は乗客全員を乗せると、対岸、スマトラ島のランポン湾の奥にあるテロックベトン港に向けて六〇キロメートル余りの航海に出た。リンデマン船長は、立ち昇る墳煙から滝のように降る岩や灰をできるだけ避けながら、噴火する島の東側をたっぷり距離をとって航行した。同じ水域にいたイギリス船「メディア」号のトムソン船長の推定では、噴煙柱は午後のなかばにはエヴェレスト山の三倍以上の高さにあたる高度およそ二万七〇〇〇メートルまで達していた。船長の話では、噴煙の中に「電光」のようなものが見え、数分おきの爆発のたびに船が揺れたという。東におよそ一三〇キロメートル以上離れたバタヴィア沖に投錨《とうびょう》していたのにもかかわらず、だ。

一方首都の中枢では、事態が手に負えなくなっていることに、人びとはごく早い段階から気づいた。クラカトアの咳払いのような噴火も経験ずみの老練な観察者二人、バタヴィアの観測所のJ・P・ファン・デル・ストック博士と、市街を見下ろす丘陵地帯にいた鉱山技師ロヒール・フェルベーク博士は、状況を把握するためにすでに電信を交わしていた。五月の噴火の際、ファン・デル・ストックの妻はデルフト焼きの大皿を失っていたし、博士本人は前回の噴火がまさに始まった時刻を、非常に正確に記録していた。博士は今回もまた日曜日ではあったけれど、ただちに正式な観測態勢に入った。最初の大きな鳴動を聞いた瞬間、腕時計で時刻を確かめ、家から観測所に駆け込み、公式日誌にその時刻を書き留めた。午後一時六分。その時間は今日でも公式記録に残っており、クラカトアの終焉が始まった正確な時刻として知られている。

このときのこうした数字は、まったく予想もしない情報源から裏づけられた。バタヴィア旧市街の南側にある市のガス工場だ。なんとも不思議な話だが、ガス工場はのちに噴火の調査をした科学者にとって、いちばん役に立った。その理由は、じつに単純ながら、その構造にあった。

コークスからガスを生産するプラントでもっとも目につく部分は、燃焼性ガスを貯蔵する背の高いドラム形の金属コンテナだ。コンテナはいわば入れ子式で、水か水銀の巨大な池の上に「浮かんで」いて、工場からポンプで送られて内部に蓄えられるガス量によって、背が高くなったり低くなったりする（今日のガスタンクは、朝は町のスカイラインを背に高くそびえ、日中は内部のガスが消費されるにつれ、しだいに低くなるようになっている。そして夜間に生産されたガスで再び満たされて背が高くなる。一八八〇年代のバタヴィアのように、通りにガス灯のある町では、圧力の変化も、それにともないガス・コンテナがさまざまな高さを示す時刻も、必然的に今日とはかなり様相が異なっていた。夕方早くは背が高く、日没後、ガス灯が灯されている間は低くなっていった）。

REDUCED COPY OF A PORTION OF THE
RECORD OF PRESSURE ON THE
BATAVIA GASOMETER
27TH AUGUST, 1883.

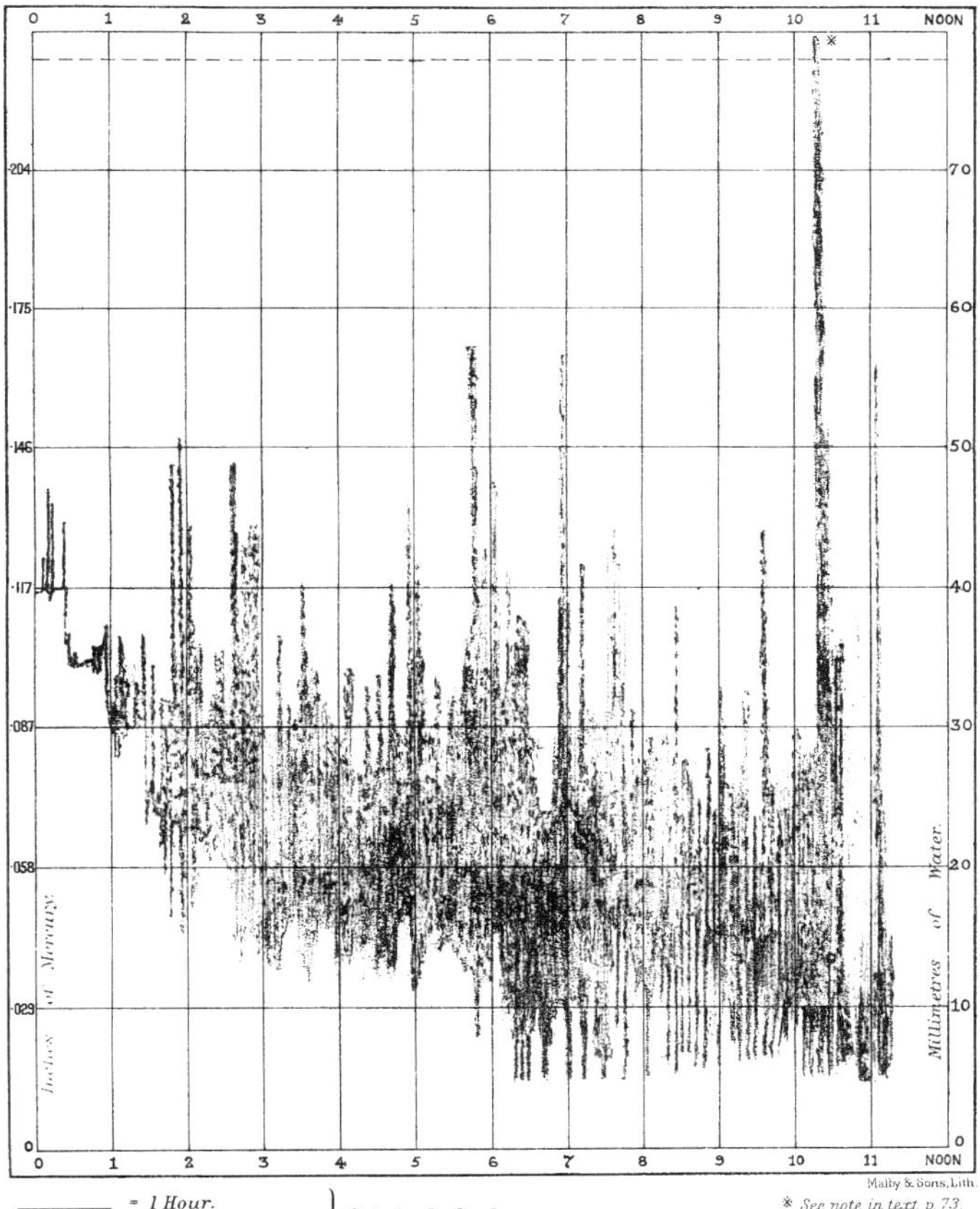

Malby & Sons, Lith.

——— = 1 Hour.
——————— = 10mm. } *Original Scales.*

※ *See note in text p. 73.*

The Scale on the original diagram terminates at the point marked with a dotted line.

大惨事につながったクラカトアの最後の爆発による、目や耳に知覚されない気圧波が、バタヴィアのガス工場で目盛りを越えるまで測定された。

こうした貯蔵コンテナは、一般には「ガソメーター」と呼ばれているが、じつはこれは誤った呼び方だ。それはともかく、ガス工場の管理者たちは、このコンテナが巨大な気圧計の働きもすることに、ずっと以前から気づいていた。コンテナ内と、コンテナから引かれたガス管内の圧力は、コンテナ外の大気圧の高低によって微妙に上下する。こうした微量の変化はガス消費によるずっと大きな変化量の陰に隠れて、普通は見過ごされてしまう。だが需要に応じてガス管の圧力を調整する任を負っている管理者は、厳しく監視しているので、実際にそれに気づくことができる。そのうえ、ガソメーターの圧力記録は常時作成される（バタヴィアでも、当時ほとんどの時間作成されていた）ので、それが圧力の変化をすべて非常に正確に示してくれる。

圧力は常時記録されているものの、大気圧のわずかな変動（そして、クラカトアのような現象によって引き起こされた変動）が実際に記録されるのは、自動記録器が大気圧の変動によって影響を受けるほど、元のガス圧が低いときだけだ。ガス工場の管理者たちは、毎日夕刻になって街灯が灯されるとこのガス圧を上げ、夜が更けるまでガス圧を高く保ち、それから夜明けまで一時間ごとに下げていった。そこで、大気圧の変動がもっともはっきりと記録されるのは、需要が少なくてガス管内の圧力が低く保たれている日中となる。

そして、現にはっきり記録されたのだ——短時間、記録が途切れたあとに。というのも日曜日のお昼どき、ちょうど最初の爆発が起こったときは、不思議なことに記録がないのだ。しかし、どんな問題があったにせよ、やがてそれはすべて解消され、記録が始まったのは、バタヴィア時間（標準時間帯が正式に国際的に制定されるのはまだ少し先だったので、クラカトア時間より五分強進んでいる）[2]で午後三時三四分だった。その瞬間から夕暮れまでと、夜が明けてから月曜日の午前中ずっと、バタヴィアのガス工場の圧力計は、火山が噴火するたびに放射されるとてつもない気圧波を、刻一刻と信じられぬほど正確に記録している。月曜日午前一〇時二分に起こった最大規模の噴火は、計器で計れないほど大きく、水銀柱六三ミリを超える圧力スパイク（急激な圧力の上昇）を記録した。まったく前例のないことだった。

日曜の夕方五時、通常ならまだたそがれまで一時間ある時刻だというのに、ジャワ島の西岸はもうほとんどどこも真っ暗で、首都も同じような状況になってきていた。この時点で巨大な軽石の塊が、空から降りだした。

そのころ、スンダ海峡のもっとも狭い部分に三隻のヨーロッパ船がいた。リンデマンが船長を務める「ラウドン総督」号は、押し寄せる高波のためテロックベトンに接岸できず、ランポン湾の入口近くで投錨していた。塩を運ぶデンマークのバーク船「マリー」号も、同じランポン湾で高まるばかりの巨大な波をなんとか乗り切っていた。そして、貨物を運ぶバーク船「チャールズ・バル」号は、ベルファストから香港までの長い船旅の終わりに差しかかっていた。三隻の船の上に軽石がばらばらと降ってきた。重く、鋭く、勢いよく落ちてくる危険な石の塊。大きいものは触るとまだ熱かった。

だが「チャールズ・バル」号船長W・J・ワトソンは、それまででいちばん危うい状況に陥っていた。どういうわけか湾内に閉じ込められ、突然降り始めた恐ろしい黒い石の雨に捕まり、方向もわからずに無意味

（2）二四の標準時間帯が正式に制定されたのは、一八八四年にワシントンで開かれた国際子午線会議でのことだった。基本的に（国や州や島によって、明快さと利便性のために、必要に応じて例外はあるものの）経度一五度につき一時間帯が割り当てられた。日付変更線も太平洋を通って両極を結ぶように定められた。もっとも太平洋の真ん中では、国を二分しないように島じまを迂回させなければならなかったが、後にそうした島は存在しないことがわかった。時間帯の概念そのものは、基本的にチャールズ・ダウドという男の独創的な発想だ。彼はニューヨーク州サラトガスプリングズの女子大（最終的にスキッドモア・カレッジになった）の校長で、崇敬するエイブラハム・リンカーンのあごひげと髪を、完璧に真似ていた。

オランダ帝国海軍の武装外輪汽船「ブラウ」号が、噴火によって引き起こされた大津波の一つにもち上げられようとしているところ。

にさまようよりなかった。彼はその日曜日の夜、クラカトアからわずか一六キロメートルほどしか離れていない海上に長い間いた。生き残った人のうちで、クラカトアのもっとも近くにいたことになる。そのため、非常に真に迫った記録を残すことができた。ただし、ほかの人たちの記録と時刻が一時間違う。混乱していて、船橋《ブリッジ》のクロノメーターをバタヴィア時間に合わせるのを忘れたらしい。

ワトソン船長[3]の記録は次のように始まる。彼は北方に向かっていた。そしてジャワ岬《ヘッド》と第一《ファースト・》岬《ポイント》、歓迎湾《ウエルカム・ベイ》と胡椒湾《ペッパー・ベイ》を右舷に、スマトラ島の大山脈を左舷に、スンダ海峡の狭い部分にある島じまを真正面に見ながら航行していた。そのとき突然、彼の誤った記録では午後二時三〇分（実際にはまだ一時三〇分）に、

……クラカトアの頂上で何かの異変が起きているのに気づいた。雲のようなものが非常な速さで、その北東の頂きから放出されてい

た。午後三時三〇分、頭上やクラカトア島周辺で、大火災のときの弾けるような音、あるいは一、二秒おきに重砲が発射されているような奇妙な音が聞こえた。

五時、轟音が続き、ますます大きくなってゆく［ワトソン船長はここで、南南西からほどよい風、と記している。船乗りとしての習慣はけっして忘れなかった］。闇が空に広がり、軽石の雨がわれわれの上に落ちてきた。その多くはかなりの大きさで、そうとう熱い。天窓を覆って、ガラスが割れないようにし、足と頭は長靴と防水帽で守らざるをえなかった。

……船は予定の航路を進み、午後七時には第四岬《フォース・ポイント》灯台が見えるはずの位置に到達。視界は不良、海峡の状況は不明のため、船を南西の風に向ける。

恐ろしい夜だった。降りかかる砂と石で目も開けていられず、頭上も周囲も真っ暗闇だ。その闇の中にさまざまな稲妻が、次から次へと絶え間なくまぶしく光る。そして、クラカトアの爆発音がずっと聞こえ、状況はまったくおぞましいものとなった。

午後一一時……クラカトア島を視認。鎖のように連なる炎が島と空の間を昇っては降りている。南西の端では、白い火の玉が次つぎと転がっている模様。風は強いものの、熱くて息が詰まる。硫黄を含み、燃えかすがくすぶっているような匂いがする。そして鉄の燃え殻のような噴石が、いくつもわれわれの上に落下する。水深は三〇ファゾム（約五五メートル）で、引き上げた側鉛（水深を測るために印をつけた紐の先端に鉛の重りを結んだもの）は、ひどく熱かった。

二七日、真夜中から午前四時まで……相変わらず闇に包まれている。一方、クラカトアのうなりは間

（3）一八八四年発行の『アトランティック・マンスリー』誌に掲載された、（香港訪問後の「チャールズ・バル」号の寄港地）サンフランシスコでのジャーナリストE・W・スターディによる長いインタビューより。

隔が広がったものの、より爆発的になる。空は漆黒だったかと思うと次の瞬間にはまばゆい光が走る。マストの先と桁には聖体[4]が現われ、もうもうとした噴煙からはどぎついピンク色の炎が出て、マストの先と桁に届きそうだった。

午前六時、ジャワ島の海岸線が確認でき、帆を上げる。第四岬《フォース・ポイント》灯台を通過。午前八時、信号旗を揚げたが返事なし。八時三〇分、船名を表わす信号旗を掲げたまま、アンイェルを通過。一軒一軒の家が見分けられるほど接近したが、なんの動きも見られず。実際この海峡では、海上、陸上を問わず、動いているものはいっさい見られなかった。

午前一〇時一五分、ボタン・アイランドの八〇〇メートルから一二〇〇メートルほど沖を通過。周囲の海は一面、鏡のようで、天候は著しく回復し、灰も噴石も落下なし。南東の微風。

午前一一時一五分。この時点で五〇キロメートルほど離れたクラカトアの方向で、恐ろしい爆発があった。ボタン・アイランドに波が激しく押し寄せるのが見えた。南側をすっかり洗い流している模様……

……一一時三〇分までに、指で触れられそうなほどの暗闇に閉じ込められる。やがて、泥や砂やなんとも知れぬものが降り始める……水夫二人を前方の見張り番に、航海士と二等航海士を船尾甲板両舷にそれぞれ配置、水夫一人に羅針儀箱のガラスについた泥を洗い流させる。北と北西の方角に二隻の船を視認したが、空が闇に覆われ、現状に対する不安がさらに募る。

正午、あたりは真の暗闇となり、甲板も手探りで進まざるをえない。船尾楼では声をかけ合うものの、互いの姿は見えず。この恐ろしい状況と、泥と岩屑の雨が、午後一時三〇分まで続く。クラカトアの轟音と閃光に恐怖を禁じえず。午後二時には、マストの頂きの帆桁がいくらか見えるようになり、泥の落下が収まる。午後五時までに水平線が北と東に姿を現わし、東微北にウェスト・アイランドをかろうじて視認。真夜中まで空はどんよりと暗く、クラカトアから優に一二〇キロメートルは離れていたが、ときおり細かな砂が降り、噴火の轟音はじつに明確に聞こえる。こんな暗闇を、こんな事態を、誰が想像できようか。多くの人は信じはしないだろう。船はトラック（帆柱上端にある木冠）から喫水線まで、セメントで固められたかのようだ。円材（帆柱、帆桁など）、帆、滑車、ロープは惨憺たるありさまだが、ありがたいことに、けが人もなければ、船の損傷もない。とはいえ、ジャワ島沿岸のアンイェルやメラック、その他の小さな村むらの様子が気遣われる。

ほかの船はもっと離れたところにいたが、さらに壮絶な経験をした。ドイツのパラフィン運搬船「ベルビス」号は、グラスゴー出身のウィリアム・ローガン指揮のもと、ニューヨークからの航海中だったが、ひどい危険にさらされていた。ローガンは海峡への西側進入路から、前方にそびえ立つ黒雲と閃光を見たとき、たんなる熱帯の嵐だと思った。だが、熱い灰が非常に燃えやすい船荷からほんの数センチメートルしか離れていない木の甲板に降り始めると、すぐさま事態を悟り、船がどんな危地に陥ったかを理解した。そして最寄りの島陰に急いで停泊し、その後二日間というもの、そこでじっとしていた。もっとも、どうやらその島はたいして役には立たなかったようだ。

稲妻と雷鳴はますますひどくなり、稲光が船の周りできらめいた。火の玉が間断なく甲板に降り、火

（4）「聖体（corposants）」は、帯電して発光する球形雷雲の古い名称で、水夫は通常「聖エルモの火」と呼んでいる。これは嵐のときに航行する船のマストのあたりにしばしば見られる。この単語は、「聖体」を表わすラテン語の「corpus sanctum」からきている。危機には神を信じるしかないことを水夫に思い出させる言葉だ。

花を散らした。……舵を取っていた水夫は、片腕に強い衝撃を受けた。舵の銅製の側板は、放電を受けて燃えるように熱くなっていた。

大気中の電気の影響はさらに深刻だった。ローガンは後にオーストラリアの新聞社のインタビューで次のように回想している。

> 電気にやられたと水夫がこぼすたびに、私は一生懸命相手の心を落ち着かせて、そのことは忘れさせるよう努力しました。ですがそのうち私自身も、片手で帆柱をしっかりとつかんで、ものすごい灰の雨が顔に降りかかるのを避けようと頭《こうべ》を垂れているうちに、腕にひどい電気ショックを受けたために、握った手を離す羽目になりました。その後何分間も、その手を動かすことができませんでした。

ローガンの船員たちは恐怖におののいた。火山塵が「少なくとも八インチ（二〇センチメートル余り）の厚さで」船を覆い、マストと帆は炎と火花に包まれ、気圧計の目盛りは測定不能なほど下がり、船中のクロノメーターは不思議なことに停止し、渦巻く塵と煙のために目の前の世界はしばしば閉ざされてしまった。だが、ローガンの話には、こうした惨事には不似合いな、明るい話題が一つ隠されていた。

ローガン船長は、何千リットルというパラフィンを運ぶかたわら、小さな包みも一つ自分の船室に置いていた。それは茶色い紙に包まれ、紐でくくられていて、バイテンゾルフの植物園長宛てのものだった。中身はアマゾンの森で見られるタカトウダイ属の苗木の見本五株で、パラゴムノキ、すなわち天然ゴムとして知られているものだった。ブラジルで自生するこの木からゴムを商業的に採取しようという計画が、それまですでに数え切れぬほどあったが、さまざまな理由で[5]、すべて失敗に終わった。そして今、「ベルビス」号が

ブラジルの天然ゴム、パラゴムノキ

アマゾンの植物を東インド諸島に運んでいた。その苗木から、いずれはプランテーションでゴムの木が育つことが期待されていた。天候と土壌の条件が合うため、おそらく東洋ではうまく生育するだろう、というのが植物学者たちの予想だった。キャッサバ、トウゴマ、ポインセチアなど、何十もの関連種の植物が、すでにそこで育っていたのだ。

このほんのささやかな物語は幸せな結末を迎える。海峡を通過するときにたいへんな苦難に遭ったものの、ローガン船長も、船や積荷のパラフィンやゴムの苗木も、すべてクラカトアの惨事を生き延びた。そしてその苗木は、バイテンゾルフ植

(5) なかでも深刻だったのが、ミコシクルス・ウレイによって起こる南アメリカ特有の葉枯れ病だった。「ベルビス」号で運ばれた五株は、葉枯れ病にかかってはいなかった。東南アジアのプランテーションは、現在にいたるまでこの病気に感染していない。これは奇蹟に近いと言う人が多い。

物園にとどこおりなく運ばれ、現在も残っており、その子孫が今日では世界でも経済的にきわめて重要なゴムのプランテーションになっている。

だがそれを除けば、あの長い日曜の夜の物語にはぞっとさせられる。ある年老いたアンイェルのオランダ人水先案内人はこう書いている。「状況は悪化する一方だった。爆発音は耳をつんざき、現地人はパニックに襲われて身をすくめ、燃え盛る火山の上には赤く激しい炎が見えた」

午後六時、アンイェルとバタヴィアを結ぶ電信ケーブルがついに切れた。噴火は続き、さらに激しさを増している、とスーライト電報局長が行政府の役人に打電していたまさにその瞬間、回線は不通になった。スーライトは電信機のキーを狂ったようにたたき続けたが、海岸沿いに一一キロメートル余りしか離れていないメラックの小さな町とさえ、もう連絡がつかなかった。そこで補佐の電信技手を連れて、あわてて暗闇の中に飛び出した。古いオランダの要塞を抜けて海岸の道路をひた走り、破損箇所を見つけて修理をするつもりだった。破損箇所はすぐ見つかった。港の入口の跳ね橋に行き着いた、ちょうどそのとき

　……そこで、恐ろしい光景が目に飛び込んできた。跳ね橋と普通の橋の間で一隻のスクーナー船（船首に前部マスト、中央にメインマストがある帆船）と二五隻から三〇隻ほどの小舟《プラフ》が、波のうねりでもち上げられたり落ち込んだりしていた。壊れていないものなど何一つなかった。電信ケーブルも、スクーナー船のマストで切られていた。

　だが、海水が防波堤を越えてはいなかったので、私たちはとくに警戒しなかった。そして、危険が迫っているとは思いもせずに、私は八時半ごろ食卓についた。もちろん朝一番に、切れた通信線の修理を始めるための手筈は整えてあった。

だが、修理は実現しなかった。この危機が収束するまで、アンイエルとバタヴィアの回線がつながることは二度となかった。したがってバタヴィア側は、まもなくアンイェルの町に降りかかる恐るべき運命に、そしてその後、海峡をはさんで、ジャワとスマトラ両島沿岸の村むらにもれなく襲いかかる恐るべき運命に、まったく気づくことはなかった。

天文学の暦によると、八月二六日のアンイェル港の常用薄明（太陽の中心が地平線より六度下になるときの薄明）は午後六時二二分、つまり日没の三〇分後に始まる。ちょうど通りでは人工照明が必要になり始める時間だ。そして、航海者にとって六分儀を使うのに欠かせない水平線がもはや明瞭な線として見分けられなくなる時間である航海薄明は、六時四七分に始まるはずだった。どちらの時間も普通なら三〇分続く。だがこの日は、そうはならなかった。アンイェルでは午後三時ごろからあたりはずっと暗く、見えない太陽がいよいよ沈んだ時間には、あたりは漆黒の闇に包まれて、地獄を思わせた。空気は熱く灰だらけの息のようで、塵と硫黄が混ざり、有毒で、方向感覚を失わせ、人びとを混乱に陥れた。

夕方遅くには、今度は海が主役となり、しだいに増大してゆくクラカトアの力をさらに恐ろしい形で現わし始めた。巨大な火山が爆発のエネルギーを際限なく地中から吸い上げ、燃え上がらせ、大気中に勢いよく吐き出すのにつれ、死にゆく山を取り囲む海もしだいにかき乱されていった。そして、海峡沿岸の低い土地ですでに寄り集まっておびえきっていた人びとの目には、ますます巨大になる波と危険な海が映り始めた。

日没後の報告がたえず触れているように、船は打ち壊され、低地は浸水し、家屋は倒壊し、見守る人が足をすくわれて荒れ狂う波に呑み込まれた。最初の、そしてもっとも哀愁を帯びた報告を残したのは、スマトラ島南部の町ケティンバンの植民地監督官ウィレム・ベイエリンクだった。この報告は後にジャワの多くの新聞に掲載されている。ベイエリンクは五月なかばに今にも起ころうとしていた噴火の最初の公式報告をした人物でもあり、そのときはランポンの州長官に、不吉な振動が始まったのを感じる、と電報を打った。

そのベイエリンク夫妻と三人の子供は、八月二六日の日曜日の午後から一週間、火山のなんともすさまじい断末魔にともなう激動を耐え抜くことになる。五人はその大部分をよく覚えていた。そのおかげで、この複雑な一連の出来事に関して、かなり信頼できる記録を提供してくれた。

日曜日は新しい村市場の開設式とともに平穏に幕を開けた。生まれてまもない水牛を生贄に捧げる儀式が営まれ、ガムラン楽団による演奏が行なわれ、人形影絵芝居《ワヤン・クリ》も演じられたかもしれない。植民地滞在中のベイエリンク一家が、何度も目にしてきた類いの行事だ。しかし、このときはいつもと様相が違った。クラカトアは午後には再び低く重おもしい音を繰り返し発し始めており、市場の開設にどことなく暗い影を落としていた。そのためせっかくの催しも、楽しいばかりのものとは言えなくなった。また、この地域ではコレラの発生があり、一家のメイドが一人死んだばかりだったため、ベイエリンク夫人は子供の健康を心配していた。子供たちの乳母《アヤ》は、別の理由から動揺しているようだった。彼女はとくに、ふだんならベイエリンク邸の周りに集まってくる鳥たちが近ごろ落ち着かなそうにしているのは良くない前兆だ、と訴えていた。ラカタの山頂あたりで渦巻いている煙を心配そうに見ていたベイエリンク夫人は、賢明で先見の明があったので、地元民の迷信を無視すると、とんだ報いを受けかねないことがわかっていた。

市場から戻るとき夫人は、その時点では奇妙だと思われてもしかたがないようなことを夫に頼んだ。家には帰らず、すぐに丘の上の小さな村の方に行きたいというのだ。そこには休日を過ごすために借りた別荘があった。だが、ベイエリンクは最初その願いを聞き入れなかった。もし自分がそうすれば、地元民たちがケティンバンの町に大混乱を引き起こすだろう、そして、つい最近高地での夏の胡椒《こしょう》収穫に雇われたばかりの荒くれ者の集団が、オランダ人監督官が逃げたことをほどなく聞きつけて、ただちに町へ押しかけてくるだろうというのが彼の言い分だった。だめだ、とベイエリンクが言ったため、一家は家にとどまることとなった。夫人は自分の部屋に戻ると、ふてくされた。あとになって振り返ってみると、遠くで聞こえたガムランの音と大きな太鼓のリズムが悲歌のようにも思えたことしか記憶に残っていなかった。

　しかしそのあと、状況は一変した。ベイエリンクは今度の噴火がどんな影響を及ぼしているのかを確かめようと、海岸へぶらりと出かけた。だがそこで目にした光景に肝をつぶした。遠くでは火山が巨大な雲の柱の陰で轟音を立てて荒れ狂い、自分のいる海岸では巨大な波が砂浜で砕け、海面は高くなり、恐ろしいほど大きく上下し、沿岸の形ある物という物に見境なく襲いかかっている。風はなく、嵐でもなかった。それなのに海面は身悶えるように渦巻き、ぞっとするほどの様相を見せつけていた。

　ベイエリンクには、テロックベトンの胡椒畑で働くことになっているアンイェルの苦力《クーリー》を乗せた「ラウドン総督」号が、ランポン湾を自分の方に向かって間切って（風を斜めに受けて船を風上に進めること）進み、必死で埠頭につけようとする姿が見えた。船は揉みくちゃにされ、巨大な波頭の上で螺旋を描いたかと思えば、次の瞬間にはまるで見えない手に操られているかのように回転し、波間に突き落とされる。船長は明らかにおじけづき、抵抗を諦めたように見えた。というのも、ベイエリンクが恐怖にとらわれて見ていると、今やあまりに無力ではかなそうに見える船が不意に向きを変えたからだった。海峡の真ん中でこの激しい波を乗り切るつもりなのだろう。

　監督官は一瞬呆然となって見詰めるばかりだった。打ちつける波がますます高くなり、海の水位が上がって砂浜を呑み込むと、まもなく彼の邸宅の離れにまで達した。今や波は漆喰の壁にぶち当たり始めた。しだいに心もとなげに見えてくる建物に、激しく打ち寄せては砕ける。これを見て、さすがにベイエリンクも腹を決めた。自分の最初の判断は間違っていた、と彼は召使に言った。妻と子供をすぐに家から連れ出せ。みんなで丘の上にある夏用の別荘へ逃げるんだ、と。

　しばらくは、とうてい別荘まで行き着けそうもないように思えた。というのも午後八時には、軽石が雨のように降りだしたのと同時に、海が恐るべき破壊活動の第一弾を始めたからだった。波は最終的に三〇メートルを優に超える高さに達するのだが、最初から、巨大な波の前兆、つまり波が手初めに伸ばしてきた触手でさえ想像を絶する被害をもたらした。ベイエリンクのオフィスは離れの一群とともに一気になぎ倒された。一家と召使たちはココナッツの木によじ登って、波が少しの間だけ引いて海が落ち着くのを待ち、かろうじて溺れずにすんだ。それから木を下りて屋敷へ戻り、貴重品をかき集め、馬などの動物を放し、内陸に向かって行けるかぎりのところまで走った。

彼らの遁走はまるでスペクタクル映画さながらだった。背後からゴーゴーというなりが聞こえるなか、ろくに物も見えず、みなおびえきり、しかも全身ずぶ濡れで、何キロメートルも続く水田のねっとりした泥に足を取られながらも、しつこく追いかけてくる怪物から死に物狂いで逃れようと歩を進めた。頭のてっぺんから爪先まで泥だらけのベイエリンク夫人は途中で叫び声を上げようとしたが、喉がやたらに痛くて声を発することさえできなかった。首に手をやると、ヒルがまるで襟のようにべったりと張りついていた。彼らは道に迷いながらも走りに走り、ときには地元の人たちといっしょに進んだ。現地人も大きな群れをなして、背後から轟音を立てて襲ってくる大水から逃げていたのだった。空からは軽石がぎざぎざした隕石のように激しく燃えながら音を立てて降ってきた。

ベイエリンク一家と、いっしょに逃げてきた召使たちは、真夜中に丘の頂上の別荘にたどり着いた。彼らは備えの食料を取り出し、恐れおののく子供たちに食べさせ、途切れがちにせよ、眠りにつかせた。大人たちは板張りの床にひざまずき、窓から怒り狂う火山をじっと見詰めた。降りしきる石の向こうにその姿がはっきり見えた。山小屋の外には何千という地元民が横たわり、絶望して泣き叫んでいた。いくらか落ち着いている者もいて、彼らはこの悪夢からの救済を求めてアッラーに祈りを捧げていた。

しかし、悪夢はまだ数時間先まで終わることはなかった。ベイエリンク家の召使の一人が夜明けの直前にやって来て、午前二時ごろ邸宅が巨大な波によって基礎の部分からまるごともぎ取られてしまったことを告げた。あらゆる兆候が示しているとおり、波はますます高くなり、ケティンバンの町がすっかり水に沈みそうだった。そして実際、夜明けに監督官が被害状況を確かめるため数人を偵察に送ったときには、町はすっかり破壊されていた。午前六時ごろに、町中のあらゆる建物の屋根を洗うほどの異常に大きな波が次つぎと襲ってきたのだった。倒壊せずに残っているものは何一つなかった。

州長官が後に語ったように、高さ三六メートルもある丘の頂上に建っていた彼の家から一〇メートル近くのところまで海水が押し寄せてきたというテロックベトンの町では、甚大な被害が出た。「ラウドン総督」号をむなしく待っていた港長は、八度も波に足を取られて転びながらも命からがら逃げ切った、と語った。港長は町を取り囲む丘の上から、重武装したオランダ海軍の外輪汽船「ブラウ」号が係留ブイを力いっぱい引っ張っている姿を目にした。鎖が切れて船が二八人の乗員もろとも沈むばかりか、ブイまでもが波にさらわれて港の中をあちこち振り回され、停泊中のほかの船をすべて破壊するのではないかとさえ思えるほどだった。そうした船のうちには港外の停泊地で待っていたバーク船「マリー」号も含まれていた。今にも大量破壊が起こりそうな気配だった。

そして、当の「ラウドン総督」号の上ではリンデマン船長が手を焼いていた。とてつもない波が襲ってくるし、陸は近いし、周りにはほかの船がいるし（海が荒れたときに船乗りがもっとも恐れる危険な組み合わせだ。操船にぜったい必要な水域が確保できないからだ）、船員も恐怖のどん底にいた。とくに地元で雇われた男たちは索具のところに聖エルモの火がバチバチと現われるのを見てぎょっとし、そろって持ち場を離れると、その火をたたき消そうと必死になった。実際には消すことのできないものを消そうとしていたのだ。この青光りは幽霊がいる証拠だと彼らは言い張った。聖エルモの火が甲板の下にまで入り込めば、船体に穴が空き、船は石のように沈むだろう、と。

ほかにもこれと非常によく似た報告が山ほどなされた。同様の報告はそばにいたほかの九隻からもあった。その九隻とは、クラカトアの北六五キロメートルほどのところにいたアメリカの堂々たるバーク船「W・H・ベシー」号、スマトラ島沖に停泊していたイギリス船「サー・ロバート・セイル」号と「ノラム・キャッスル」号、クラカトアの北東一三〇キロメートルあたりにいたノルウェーのバーク船「ボリルド」号、シンガポールへ向かう途中でジャワ岬《ヘッド》の南約一九〇キロメートルを航行中のウェールズの貨物船「ベイ・オヴ・ネイプルズ」号、海峡の入口から南西にかなり離れたところにいたロッテルダム・ロイズの汽船「バタヴィア」号、八月二五日にすでにクラカトアを通り過ぎ、噴火の時点ではやはりもう完全にインド洋に入っていた汽船「プリンス・フレデリック」号、噴火のときに海峡北側から南下していた「エテリ」号、そしてイギリス船籍の「メディア」号だ。「メディア」号のトムソン船長は、最初の噴火で立ち昇った噴煙の高さを、二万七〇〇〇メートルと推定した人物だ。この数字は当たらずとも遠からずだった。

この惨事の生存者には、じつに変わった形で命拾いした人が何人もいた。ある男は自宅でぐっすり眠っていたが、目を覚ますとベッドごと波に運ばれて、安全な丘の頂上にいた。またある者は牛の死体にしっかりとつかまり、高いところまで漂っていった。だがそれ以上に奇妙で、ほとんど信じられない生存者がいた。この男は偶然、ワニと隣合わせで内陸まで流されていたという。男はワニの背中によじ登ると、両の親指をワニの目に深ぶかと突き刺し、死に物狂いでしがみついていたそうだ。

さらには声明や新聞インタビューや家族への個人的な手紙なども残っている。これらは灯台守、州長官、県長官、監督官、ロイズ代理人、電信技手、港長、ありとあらゆる種類の、観察眼の鋭い一般人などによるものだった。冒険心に富むカトリックの聖職者ジュリアン・テニソン＝ウッズ[6]は、『シドニー・モーニング・ヘラルド』紙にこの事件についての並外れて長い手紙を書いた。この膨大な量の情報をざっと煮詰めるとこうなる。

クラカトアの最後の二〇時間五六分はいくつかの段階に分けられる。まず日曜日の午後の早い時間から午後七時ごろまでは、一連の爆発と噴火が確実にその回数と勢いを増していった。夕方早くから灰が舞い、軽石が豪雨さながらに降ってきた。午後八時には今度は海が火山エネルギーを伝える媒体となり、夜が更けるにつれ、スンダ海峡の海は勝手気ままに暴れ狂った。

それから真夜中前には大気の波——爆発にともなって送り出された、目でも耳でも捉えることのできない高速で低周波の衝撃波——が連続してバタヴィアに届き始めた。バタヴィア港にある天文時計の報時球（港湾の船に正確な時刻を知らせる装置。串刺しにした鉄球を高い場所に置き、その球を落とすことで時刻を知らせる）が絶え間ない振動のせいで午後一一時三二分一八秒にぴたりと動きを止めた。耳に聞こえる爆発音も四方八方に広がり、ズシンという重く鈍い衝撃音がほぼ同時刻に聞こえたという報告が、シンガポールとペナン島からもなされた[7]。バタヴィアでは大勢の人が爆発のせいで眠ることができず、ほかにすることもないのでコーニングス広場周辺を歩き回っていた。彼らは、午前一時五五分

（6） 彼のような類いの人物は、今日見かけることはない。ロンドン生まれの御受難会の聖職者であり、アマチュアの地質学者であり、さらに博物学者でもある彼は、二〇代のとき健康がすぐれず、国外へ出ざるをえなかった。そして、シドニーのカトリック司教のための巡回宣教師として活動を行なっている間にタスマニアの貝類学と古生物学の専門家となった。一八八三年、五一歳のときに聖職を離れて俗界に戻ると、マレー半島とシンガポールとオランダ領東インド諸島——彼はこの地でクラカトアの噴火に心を奪われた——を旅し、さらにそこからフィリピンと中国と日本を回った。そしてオーストラリアに戻り、六年後の一八八九年、シドニーで他界した。彼は「幅広い教養をもつ人物で、音楽家にして美術家であり、詩もよくする」だけでなく、賛美歌作家であり、ニューサウスウェールズの魚に関する本とオーストラリアの歴史に関する本をはじめ、科学的文献へ寄稿した一五〇篇以上もの文章の著者でもあった。

ごろ、ガス灯が突然薄暗くなったのに気づいた。その前後、商店の建ち並ぶ大通りライスワイク沿いでは、どういうわけか突然、多くのショーウインドウが粉ごなに割れた。

やがて午前四時ごろ、伝えられるところによれば爆発の性質がごくわずかではあるが変わった。爆発はしだいに間遠になったものの、威力を増した。速度を上げる蒸気機関車のような轟音を何度も立てた、と言う者もいた。午前四時五六分ごろ、とてつもなく強力な大気の波がバタヴィアのガス工場で確認された。これは、クラカトアまでの約一四五キロメートルを伝わる時間を考慮に入れても、何かそれまでとは違う現象がクラカトアの中心部奥深くでちょうどそのころ起きたことを示唆している。このとき陸上で気づいている者は一人もいなかったが、いよいよクライマックスの爆発が起ころうとしていたのだ。

巨大な爆発がこのあと四度起こる。まず最初の爆発は、午前五時三〇分に記録された。そして、スマトラ島の町ケティンバンが午前六時一五分に壊滅し、海峡の向かい側のジャワ島にある姉妹港アンイェルが、生き延びたごく少数の人の話によると、その直後に押し寄せた波に呑まれて壊滅した。二つ目の大爆発は午前六時四四分に起きた。日の出から四一分後のことだった。もっとも、ジャワ島西部全域で日の出は見られなかったが。午前七時、バタヴィアに灰が降り始めた。しかし、アメリカ領事オスカー・ハットフィールドが領事館の敷地に灰が降るのを目にしたのはその二時間後だったという[8]。午前八時二〇分、三つ目のとてつもなく激しい爆発がバタヴィアで感じられ、多くの建物が（当時の記録で使われた言葉を借りると）「バリバリ」という音を立て始めた。そして午前一〇時二分、ついに最後を飾る恐るべき爆発がきた。

爆発の二分前、同時刻の様子を記録した各地の報告によると、スマトラ島南部全域で空が完全な闇に包まれ、「ラウドン総督」号はランポン湾で降ってくる大量の灰をしのぎ、近くにいた「マリー」号は、「三つの大波が立て続けに襲来。同時に恐ろしい爆発音。空は炎に包まれ、湿気多し」と報告している。「エナリー」号はすべての明かりをつけ、軽石が降っていることと気圧計が一分間に一センチメートル以上も上下していることを記録した。バタヴィアは再び不気味なほど暗くなり、そしてこれこそ特筆すべきことだが、気温が低くなっていった。午前一〇時から気温は下がり始め、正午をはさむ四時間で八度以上も下がった。

対岸のテロックベトンでは大砲の一斉射撃のような爆発が聞こえた。雷がスマトラ島南部のフラッケフークの灯台に落ちた。アンイェルのすぐ南に位置する第四岬《フォース・ポイント》灯台は巨大な波に襲われて破壊され、根元からもぎ取られ、石積がぎざぎざに切断された基部だけが残った。それから途方もない大波がクラカトアを離れたのはほぼ午前一〇時ちょうどだった。その二分後（記録を残した計器は、すべてこの点で一致している）、四番目の、そしてそれまでで最大の爆発が起こり、何千キロメートルも離れた場所で轟音が聞かれた。これは今日でも、近代の人びとが記録し、経験したうちでもっとも激しい爆発だと言われている。ガスと白熱した軽石、炎、煙からなる雲が大気中に三万八〇〇〇メートル以上もの高さまで立ち昇ったとされている。というより、勢いよく放出された、あるいは、まるで巨大な大砲から発射されたようだったと言うほうがふさわしいだろう。

「恐ろしい爆発」「すさまじい音」イギリス船「ノラム・キャッスル」号のサムソン船長は、航海日誌にそう簡潔に記した。「私は今、真っ暗闇の中、手探りでこれを書いている。われわれは軽石と塵の雨が絶え間なく降りしきる中にいる。爆発はあまりに激しく、船員の半数以上の鼓膜が破れてしまったほどだ。最後に思うのは愛しい妻のことだ。最後の審判の日が来たのだと確信している」

（7）これらの調査報告書を収集したのも、信頼に足る、公平無私な観察者テニソン＝ウッズだ。

（8）どういう理由かはわからないが、ハットフィールドはクラカトアの出来事に関して興味深い記録はほとんど何も残さなかった。そして、彼の降灰の報告、すなわち、灰が降ってきた時刻をテニソン＝ウッズの非常に詳細で確かな記述（「薄い黄色で……薄暗く……非常に濃密な」）よりもずいぶんあとにしている報告を見ると、彼には領事としての資質がいくらか欠けていたのかもしれないことが想像される。

当時バタヴィアのイギリス領事だったアレグザンダー・パトリック・キャメロンは、五日後、書斎に座って、今回の惨事についてその時点でわかっていたことの概要を、ヴィクトリア朝風の美しいカッパープレート書体を用い、いつもどおり非の打ちどころのない流麗なペンの運びで書いた。この文書は今でもロンドンの公文書館に残っている。だがほとんど読まれることなく、参照されることもない。それは、クラカトアの件を詳述してきた人びとが、時のイギリス領事がじつはヘンリー・ジョージ・ケネディという名の人物だと思い込んでしまったからだ。

この誤解には無理からぬところがある。じつはケネディはスマトラ島の領事で、一八八三年一一月にキャメロンが休暇を願い出たとき、後任として呼ばれた。彼は一八八三年九月、噴火が引き起こした悲惨な事件の概要を王立協会に書き送っている。結果として彼の名前は今日、クラカトアに興味をもつ人びとにはよく知られ、たいていの本のたいていの索引には彼についての言及が一つ二つある。一方、キャメロンは依然忘れられたままで世に知られていない。とはいえ、彼の書いた文面は今日、模範的な公文書に見える。災害当時の悲惨な状況を考えると、概要説明としてはこれ以上ないほどの出来と言えるだろう。

彼の報告書の日付は一八八三年九月一日、発信地はバタヴィア、宛名はグラッドストン内閣の外務大臣グランヴィル伯爵となっていた。

閣下

謹んで昨日の電文の写しを同封致します。電文は、先ごろ当領事館管轄区域周辺で起きた火山活動とその被害を通知するものです。

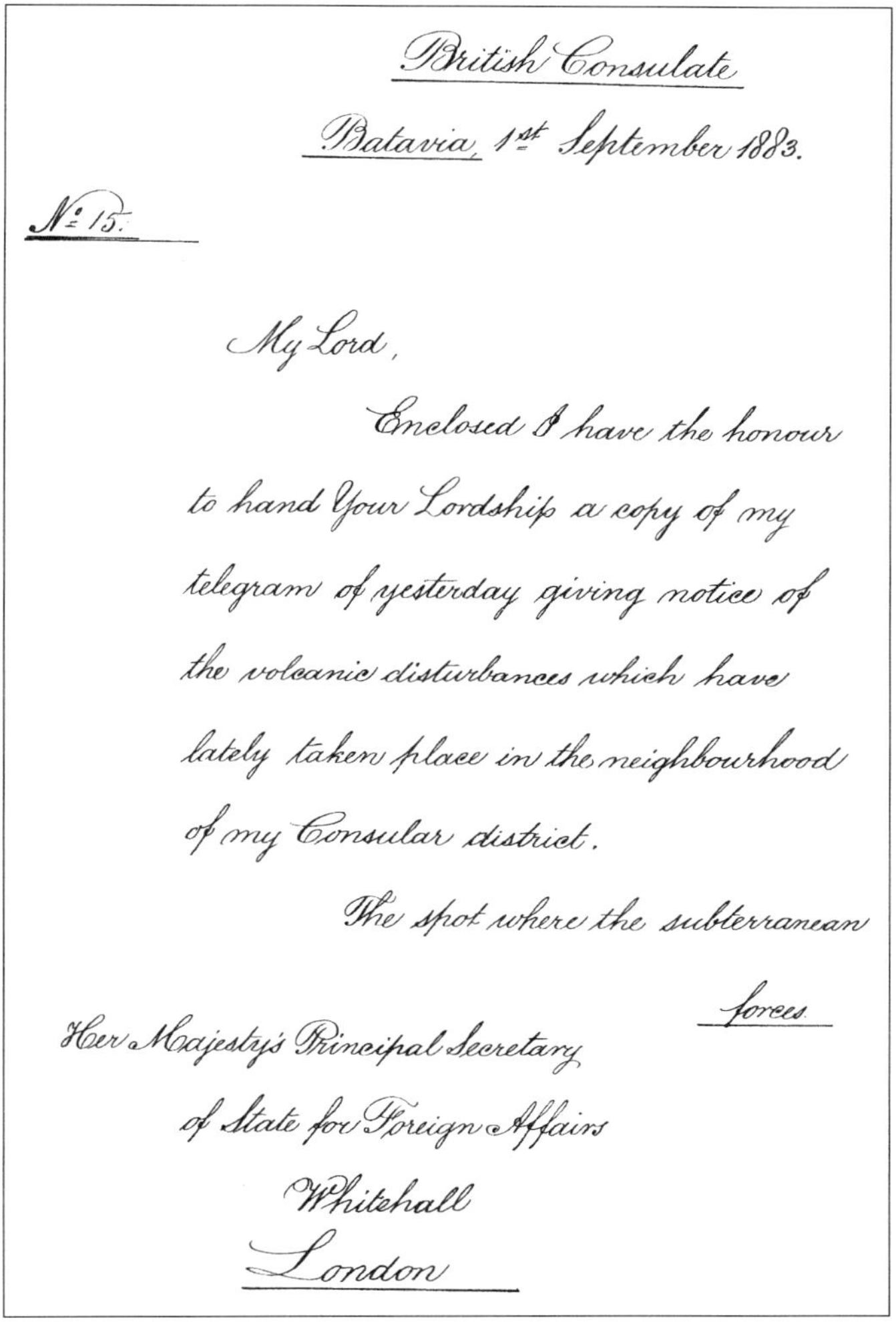

British Consulate

Batavia, 1st September 1883.

No 15.

My Lord,

Enclosed I have the honour to hand Your Lordship a copy of my telegram of yesterday giving notice of the volcanic disturbances which have lately taken place in the neighbourhood of my Consular district.

The spot where the subterranean

forces

Her Majesty's Principal Secretary
of State for Foreign Affairs
Whitehall
London

ロンドンのグランヴィル伯爵に宛てたキャメロン領事のクラカトアに関する公文書。優雅なカッパープレート書体でこのうえなく丁重な文章が延々と綴られている。

地中のエネルギーがその出口を発見するに至った場所は、東経一〇五度二七分、南緯六度七分、スンダ海峡の南の入口に位置するクラカタウ島です。[9] 同島は去る五月二〇日にも小規模な噴火を起こしましたが、このときは、まったく新しい噴火口が形成されたものの、今月の二七日に始まった爆発とは異なり、生命と財産に甚大な被害を及ぼすことはありませんでした。

今回の爆発は先週日曜日に始まり、同日夜、重砲の砲声に似た大きな音が響き渡り、ジャワ島とスマトラ島のほぼ全土の住民を恐怖に陥らせました。轟音は夜通し続き、二八日月曜日にもますます間隔を狭めて続きました。この轟音がクラカタウの新たな噴火によるものであることはすぐに判明し、月曜日以降さまざまな場所からバタヴィアに被害の程度を知らせる情報が少しずつ集まり始め、失われた生命と財産から今世紀屈指の大惨事であることが明らかになりつつあります。

バンタムとバタヴィアの両州は、去る月曜の早い時間帯を通して、ネズミ色をした灰の厚い雲のため薄暗く、雲が西から東へ流れるにつれて明るさは徐々に失われ、薄暮のような状態から正午にはほぼ完全な暗闇に変わりました。午前中に絶え間なく降り続けた灰のため、地面はまるで雪が積もったかのような様相でした。バタヴィアでは午前一一時三〇分ごろ、もっとクラカタウに近い地域では同日それよりも早い時間帯に、海面が突然高くなりました。これはおそらくクラカタウと他の島じまの一部が沈降したか、あるいは海底が隆起したかのどちらかの理由からだと思われます。そして途方もない高さの波が非常な速さでジャワ島西部とスマトラ島南部の海岸に押し寄せ、火山活動の中心からの距離に呼応して大小の被害をもたらしました。二番目に襲ってきた波はさらに高く、最初の波の一時間後に襲来し、いっそう深刻な被害を与えました。現段階で入っている報告によりますと、クラカタウ島の一部と、ポーロー・テンポサ島をはじめ、スンダ海峡に浮かぶ小さな島じまが消滅し、クラカタウ島とシベシエ島の間、すなわち汽船の通常の航路上に暗礁が形成されたとのことです。スンダ海峡の北の入口に位置するドウァルス・イン・デン・ウェフ島、イギリス名アスウォート・ザ・ウェイ島が五つに分断されたことが報告され、その一方で、噴火以前には存在しなかった非常に多くの小島が隆起したことも伝えられています。

しかしながら、こうした報告は依然として確認を必要とします。そこで火山活動によって引き起こされた変化の程度と性質を確かめるために、すでに行政府の調査汽船が海峡の新たな調査をすべく火山近辺に急派されました。

海岸に押し寄せた波による人的・物的被害は、すでにもたらされた報告から非常に広範に及ぶことが判明していますが、正確に見積もるにはいまだにほど遠い状況です。これは、海の活動と土砂降りの灰のために電信による通信と道路交通が完全に遮断されていたり、大幅な遅れを来していたりするためです。

とはいえ、スマトラ島の南東海岸全域が突然の波の襲来の影響で壊滅的な被害を受けたことは疑う余地がなく、沿岸に住む大勢の地元民がまず間違いなく命を落としたことでしょう。

メラックからティリンジンまでのジャワ島西海岸は惨憺たるありさまです。ジャワ海とシナ海行きの船が指示を受けに寄る港で、何千人もの住民（地元民）を抱える繁華な町アンイェルはもはや存在しておらず、今や沼地と化しています。

アンイェル（ジャワの第四岬《フォース・ポイント》）の灯台も同様に大きな被害を受けました。

（9）　領事が火山の名前を正確に綴っていることに注目していただきたい。すでに示唆したとおり、「クラカトア（Krakatoa）」という綴りの誤りは、公文書作成者ではなくジャーナリストの不注意の結果のように思われる。しかし、同じ段落で領事は日付に関してミスを犯している。「ホメロスでさえあやまつことはある」のだ。

官吏を含む多くのヨーロッパ人と何千人もの地元民が溺死し、ジャワ島南東海岸（西海岸の誤りと思われる）のティリンジン地区だけでも一万人以上の人間が命を落としたとの報告がありました。また西ジャワにおける農業への影響はまだ正式にはわかっていません。しかしながら全土に灰が堆積しているせいで家畜は通常の餌を得ることができないこと自体、じつに憂慮すべき事態であり、被災地区の人間と家畜の両方へ食料を供給するためのさまざまな手筈がすでに整っています。富の源である果物やヤシの木が大損害を受けたことで現地民がひどい貧困に陥ることが危惧されます。また、コーヒーと茶の農園と田畑で生育中のあらゆる種類の農作物が壊滅的な被害を受けたことは間違いありません。

スンダ海峡の航行を安全なものとするため、オランダ東インド海軍司令長官がすでに軍艦を海峡の南北に一隻ずつ配置し、近辺を巡航させて航行中の船舶に注意を怠らぬよう警告を出しています。

連日スンダ海峡を通る船舶（おもにイギリス船）の数と、先に述べた状況の重要性を考慮して、同封の覚え書で言及した電信の急送こそが私の義務だと考えるに至りました。私のこの行動が閣下の御賛同を得られることを強く願っております。

以上謹んで申し上げます。

閣下の忠実なる卑しき従僕《しもべ》

大英帝国女王陛下のバタヴィア領事

A・P・キャメロン

一方、当のクラカトア島は実質的に姿を消していた。二五立方キロメートルもの岩が粉ごなに吹き飛ばさ

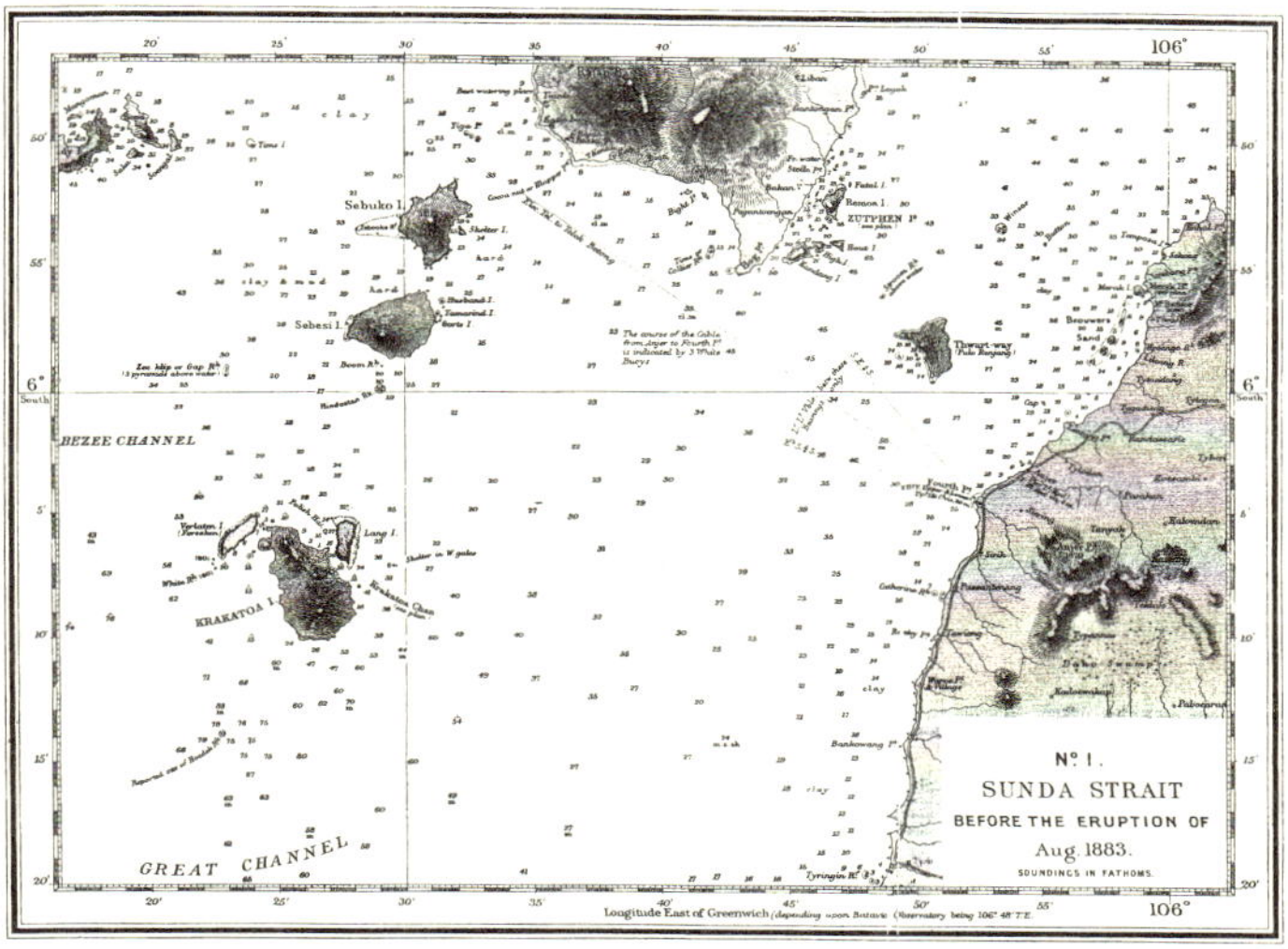

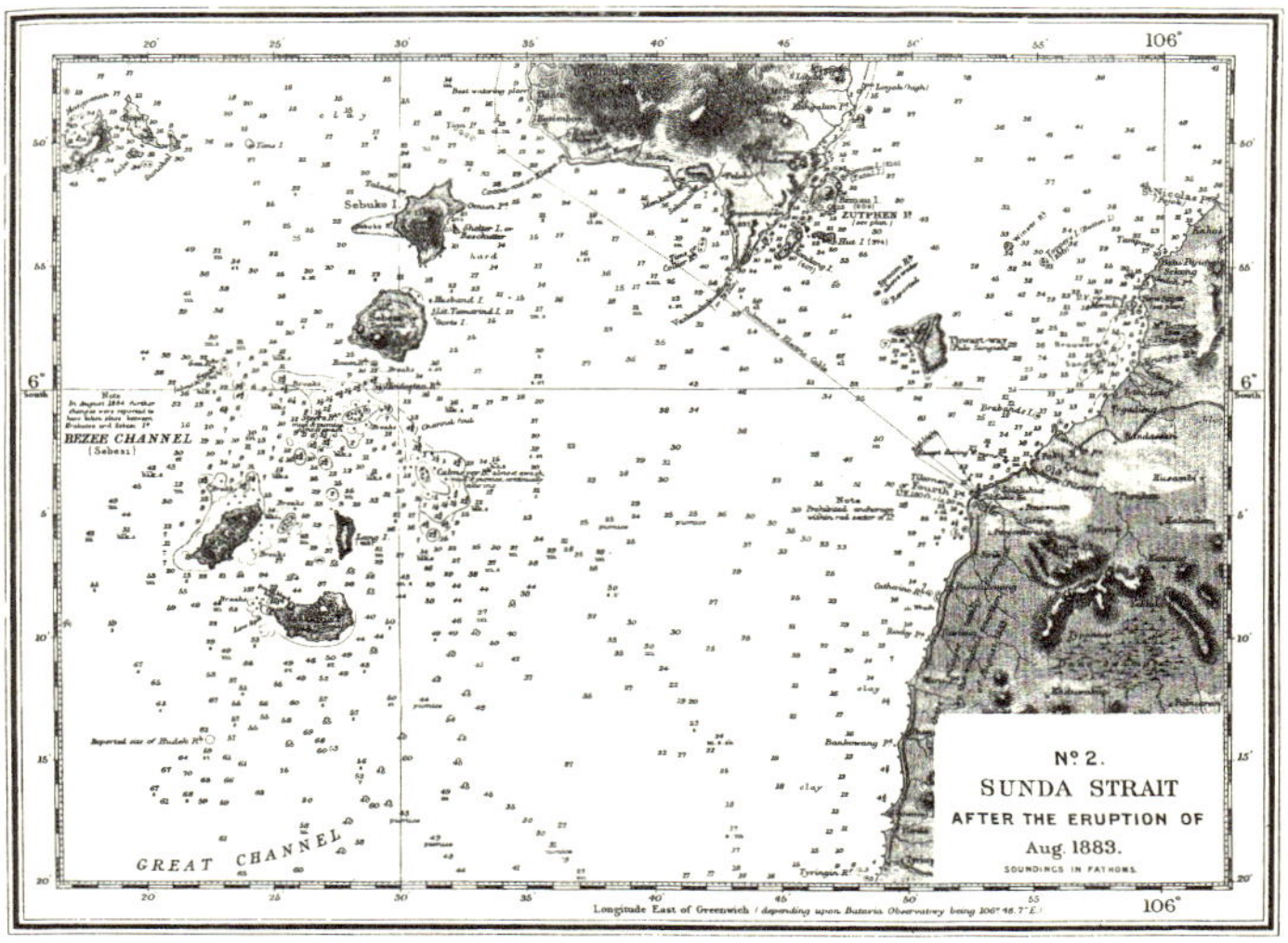

イギリス海軍の海図に記載された1883年の噴火前（上）と噴火後（下）のクラカトア群島。

れて消滅し、軽石と灰と無数の細かい塵とに変わった。しばらくの間は低く重おもしい轟きが続いたが、月曜日の午後になるとそれも徐々に弱まっていった。そして火曜日の夜明けまでには完全にやんだ。月曜日の朝一〇時二分過ぎに起こった最後の大爆発で島は木っ端微塵になり、大部分が消えてなくなった。

爆発が引き起こした損害を勇気を振り絞って調べに行く者、そしてそれが義務だった者にとっては今こそ出番だった。

被害

月曜の夜明け間近、一人の年老いたオランダ人水先案内人が浜辺を歩いていた。アンイェルに配置された水先案内人の一人で、バタヴィアとの間を行き来する船の案内を仕事とする彼は、眠れなかった。それに、家の中にいるのも危険だった。ときおり降ってくる軽石がとりわけ不安の種だった。軽石は手を触れられぬほど熱いものが多く、ヤシの葉で葺いた屋根に火がつかぬともかぎらないし、屋根に穴を空けてどんな被害をもたらすか知れたものではない。比較的安全な海辺から様子を眺めたほうがずっとましだと考えたのだった。

だが薄暗がりに目を凝らしても、たいして見えるものはなかった。日の出が近い時間のはずなのに、渦巻く降灰のためにどちらを向いても、せいぜい数メートル先までしか見えない。西の方で猛だけしい音を立てているクラカトアそのものも姿はまったく見えず、ただ山の方向に漂う火山灰が暗いオレンジ色に染まっているだけだ。それは、はるか遠くのかまどの火が濃い煙を通してぼんやりと見えるようなものだった。

しかし、その光景が急変した。老水先案内人は、危険で予測のつかぬ海域での船舶の航行安全にその生涯を捧げてきた。その彼の目におぼろげではあるが、そこにあるはずのないものが見えた。この年、バタヴィア駐在のイギリス海軍付き牧師フィリップ・ニールが大噴火の目撃談の収集に取りかかったとき、彼はこの牧師にそれが何だったかを明かしている。

海の方へ目をやると、薄闇を通して何か黒い物が海岸を目指してやって来るのに気づいた。最初は、低い丘が連なって海面から突き出ているように見えた。だが、スンダ海峡のこのあたりにそんなものがないのはわかっていた。もう一度、それも急いで目を凝らすと、高さが何メートルもある巨大な波だとはっきりわかった。

クラカトアの噴火によって一六五カ村が破壊され、三万六四一七人が命を奪われ、無数の負傷者が出た。犠牲になった村やその住民の大半は、クラカトアの大噴火そのものではなく、それにともなって翌朝に発生した巨大な高波[10]の被害に遭ったのだった。

クラカトアの噴火は当時も現在も、ある一点において世界の名だたる火山災害と一線を画している。それは、破壊力の強い巨大な津波が多数発生したという点だ。噴火の規模は尋常ではなく、死者の数は想像を絶した。だが、クラカトアを今なお際立たせているのは、犠牲者の死因だ。

世界のほかの火山の場合、噴火そのものが原因という、もっとわかりやすい形で犠牲者が出る。それに、これは忘れてはならないのだが、火山の噴火による死傷者はそうとうな数にのぼる。それは、世界の総人口

(10) 学界では一般に、「高波」、あるいは、同義の日本語「津波」が好んで使われる。「高潮」という言葉もまだ使われてはいるが、不正確であるとされている。地震や火山活動で起きた波は、潮の満ち干とはかかわりがないからだ。

の一割が、活動中の火山や活動を起こす恐れのある火山の近くに暮らしているからだ。フィリピン諸島やメキシコ、ジャワ島、さらにはイタリアまで含めると、膨大な数の人が火山に近い危険な場所に現在も住んでいる。

　これらの人びとがこうむりかねない災害、あるいは、その先祖たちが過去にこうむった災害の種類は多く、明快だ。噴石や、固まりかけた溶岩の塊は一般に、「灰」を意味するギリシア語に由来する「テフラ」という言葉で呼ばれる。いったん空に上がったテフラは猛烈な勢いで地上に舞い戻り、当たったものはなんでもつぶしてしまう。だが、クラカトアの噴火の場合、このテフラが原因の死者は比較的少なく、一〇〇〇人足らずだったのではないだろうか。彼らはみなスマトラ島南部に住んでいて、卓越風（特定の地域や季節において優勢な風）の風下にいた。彼らを生きながらにして焼き尽くした熱い火山灰は、超高温に熱せられた水蒸気に乗り、クラカトアから西へと高速で飛来したのだった。

　クラカトアでは噴火が直接の原因となる死者は、これ以外にほとんど見られなかったが、通常の火山噴火では、そのほかの原因でも犠牲者が出る。たとえば、溶岩流に取り囲まれて焼死する人がいる。火山性地震で建物が倒壊するし、大きな地割れに人が家屋ごと呑み込まれる。恐ろしい速さで流れる高温の溶岩、軽石、光を放つ火山ガスなどは、フランスでは「ニュエ・アルダントゥ（熱雲）」、ほかの国では「火砕流」と呼ばれる（日本では発泡度の低い小規模の火砕流のことを熱雲と呼ぶ）。この火砕流は、人びとを呑み込んで数秒のうちに焼き尽くしてしまう。たとえば一九〇二年五月、マルティニーク島のサンピエール市では、大事な選挙があるからと説得されて町にとどまっていた住民二万八〇〇〇人のほぼ全員が、プレ火山の噴火によって突然押し寄せた火砕流により、焼死あるいは窒息死した。[11]

　火山噴火時にたいてい発生する二酸化硫黄は、窒息または中毒の原因になる。二酸化炭素は窒息を起こす。塩化水素は肺の内壁に穴を空ける。火山泥流は山肌を流れ落ち、人を何キロメートルも運んで溺れさせ、埋めてしまうこともある。ちなみに火山泥流は、ジャワ語で「ラハール」という名前を与えられているが、それはジャワ島の火山でこの現象が多く見られるからだ。ただし、クラカトアの場合、泥流は起きていない。

また、二次災害が人命を奪うことがある。一九八五年、コロンビアのネバド・デル・ルイス火山が小規模の噴火を起こし、頂上付近の氷河が溶けた。その結果できた大きな川は、これほどの水量とは縁のなかった谷あいに流れ込み、やがてできた泥の海が下流の村をまるごと一つ呑み込み、二万三〇〇〇人の犠牲者を出した。さらに、あまり知られていない危険因子もある。たとえば、氷河の下にある火山が噴火した場合（もっとも、氷河の近くにはあまり人は住んでいないが）、氷河が溶けて突然の洪水が起きる。これには最近、「ユーカラプ（jökulhlaup）」という異国情緒たっぷりのアイスランド語の名前がつけられた。これも致命的な場合がある。

しかし、過去二五〇〇年間に火山活動が直接の原因で死亡した人の優に四分の一は、噴火後の津波で溺れたり何かにたたきつけられたりして死んだと現在では考えられている。紀元前一六四八年、サントリーニ火山が噴火し、このとき発生したテフラ（というよりも、おそらく噴火にともなう津波）によってクノッソス宮殿が破壊されたときに、クレタ島のミノア文明は全滅したとされている。一七八二年、日本の雲仙岳では、火山性岩屑《がんせつ》なだれが海へどっと流れ込み、一万人を超す人びとが命を落とした。一八一五年にジャワ島のタ

(11) 生存者はごくわずかしかいなかった。いちばんよく知られているのがルイ・オーギュステ・シパリ（またはシルバリ）という名の囚人だ。彼の独房は明らかに周囲としっかり隔絶され、ほぼ密閉されていたようだ。彼は、噴火を生き延びたことが知れるとすぐさま、奇蹟が起きたとされ、自由の身になった。バーナム&ベイリー・サーカスの巡業興行に何年間か出演したが、再び面倒を起こしてアメリカの刑務所に収監された。観衆に飽きられるとサーカスを解雇され、一九五五年にパナマで無一文で死んだ。サンピエールにある彼の独房は今も観光名所になっている。そこに観光客を運ぶバスはシパリ急行と呼ばれる。

ンボラ火山が噴火したときには、火砕流が海に向かって流れ、津波が四方八方に広がって各地の海岸が水没した。このときも雲仙岳の場合とほぼ同数の人が命を失った。

過去二世紀半にわたる記録を詳細に調べると、火山活動のみが原因の津波は合わせて九〇例ほどにのぼる。なかでも他を圧倒的にしのぐのが、一八八三年に起きたクラカトアの津波だ。この火山島の断末魔の苦しみにともなう二つの大津波のために、三万五五〇〇人もの老若男女が命を奪われた。この数は、噴火が引き起こした津波によって世界中で過去に死亡したとされる人数の半分以上を占めている。したがって、クラカトアの犠牲者のほとんどを死に至らしめたのはガスでも炎でも溶岩流でもなかったということは心に銘記しておかなければならない。噴出したばかりの火山灰や軽石、熱いガスの熱のためにスマトラ島で死んだ一〇〇〇人ほどを除けば、すべての犠牲者は水に命を奪われたことになる。

五月末の噴火のとき、人びとは海の異変に気づきはしたが、とりたてて注意すべきことだとは考えなかった。たしかに、底開き運搬船「サマラン」号は、スクリューが海面から出るほど大波に高くもち上げられたし、灯台守はスンダ海峡の水面が突如として白濁するのを目にした。また小型の底開き運搬船「ビンタン」号は気まぐれな波に翻弄され、自らの舵を船体にしたたかに打ちつけられた。だが、異常もそれまでだった。噴火初期の段階で目についたのは、降灰や轟音、およそ一万一〇〇〇メートルの上空まで渦を巻いて立ち昇る噴煙柱ぐらいだった。海は、われ関せず、という体だった。

しかし、三カ月後は事情がまったく違った。火山が出すおびただしい熱エネルギーは物理的エネルギーに変換され、基本的にはこの変換が噴火の規模と影響力を決定する。クラカトアでは、この変換の過程に変化が生じたのだ。なるほど、爆発音は途方もなく大きかった。大量の物質が長時間にわたって空中高く放出され続けた。だが物理的エネルギーの大半は、海を動かすというきわめて困難な仕事に費やされた。海がひと

クラカトアが起こしたごく弱い地震による津波の典型的な水の壁。

たび動くことを始め、さらに力が加えられ続けると、この動きはこれ以上考えられないほどの自然力になる。

八月の噴火のときには、海の異変は誰の目にも明らかだった。電報局長のスーライトが昼食を終えてホテルのベランダに出てみると、まず噴煙柱が目に入った。だが、最初から彼が何にも増して不安を覚えたのは、いつもと違う奇妙な海の様子だった。スンダ海峡をはさんだケティンバンでも、ベイエリンク監督官は、不思議なほど落ち着きのない波が町の小さな埠頭を力任せに洗うのに驚いた。「ラウドン総督」号や「マリー」号、「チャールズ・バル」号など海峡を航行中の船はみな海の異変を報告してきた。これらの船にとって波はそれほど深刻な問題ではなかった。というのも、陸地に近い船と比べると、沖合にいる船にとって海の波はさほど危険ではないためだ。一方、空中の放電と、空から容赦なく降ってくる炎に包まれた岩は危険きわまりなかった。

あたりが闇に包まれると、海はさらに猛り狂った。日曜の午後七時、ベイエリンクは小型船が波にもてあそばれているのを見ている。同じころジャワ島側のスーライトは、波に揺れるスクーナー船のマストに電信ケーブルが引きちぎられたのに気づいた。午後七時から九時にかけて、アンイェルよりずっと南にあるティリンジンという小さな町の海岸沿いでは、波によって数戸の家が倒壊、流失したことが報告されている。

　メラック近くの採石場では、大勢の中国人労働者がバタヴィアの新しい埠頭建設のための石材を切り出していたが、[12]午後七時三〇分ごろ、この採石場が水浸しになり、労働者が寝泊まりする施設も波に流されてしまった。これらの中国人は、多数の死傷者を出すことになったこの長い夜の最初の犠牲者だったかもしれない。だが、ここでいったん海は鎮まった。アンイェルからおよそ八キロメートル離れたところにある村が午後一〇時に水没したとされるが、真夜中には海面は再び鏡のような滑らかさを取り戻した。そして、翌月曜の午前一時、依然として懸命にケーブルの修理にあたっていた（けっきょくは直せずじまいに終わる）スーライトの見るかぎり、アンイェルの水路が海に注ぎ込むあたりの海面は細かく揺れているだけだった。

　ところが午前一時三〇分、巨大な津波が奥深いランポン湾に押し寄せてテロックベトンに達し、数軒の家を破壊したとされる。この波は明らかに破壊力が強く、他の証言者（とりわけ、家族とともに小高い丘の上に避難していたベイエリンクの召使たち）の話と突き合わせると、その発生時間は正確なように思えるものの、特異な現象だったようだ。それまでに発生した津波に比べるとはるかに大きいとはいえ、クラカトアの噴火活動の特別どれとも関係ない。それでも、この津波はそれから起きようとしていた惨劇を象徴していた。

　前代未聞の恐るべき波の動きは、クラカトアの四度にわたる最後の大噴火に合わせて始まった。第一回目の噴火が起きたのが午前五時三〇分だったことはすでに述べたとおりだ。それは、まるで火山の奥深くで何かが継続的な低周波振動を起こし始めたかのようだった。振動に合わせて海水が寄せては引いた。海の動きがしだいに大きくなり、いわばそのボリュームも、振動一続きごとに増えていった。こうして、すさまじい火山噴火が起こした、あるいはそれと同時発生した四回の大津波は、ビル解体現場でおなじみの鉄球があたかも惑星大になってぶつかったかのような甚大な被害を沿岸地帯にもたらした。その影響は想像を絶し、壊滅的だった。

津波の破壊力を正確に求めるのはけっしてやさしいことではない。だが海岸線の形状、崖壁や岬により海域が狭められる効果、沿岸の水深など、競合したり組み合わさったりする多数の条件からなんとか計算することができる。さまざまな目撃者の話からすると、その朝ジャワ島とスマトラ島の海岸を襲った津波のもっとも印象深い点は、なんといってもその規模だ。渦を巻き、轟音を上げ、泡立つ膨大な量の緑の海水が高くそびえ、止めようにも止まらない動く壁となって押し寄せてきた。

クラカトアを死に追いやった最後の四回の大噴火は午前五時三〇分、六時四四分、八時二〇分、そして最終にして最大のものが一〇時二分に起こった。これらのしっかり計測された数字はクラカトア時間で記録されている。当時はまだ、地方のオランダ人役人は、管轄の地域での日の出と日の入り、それに太陽が天頂に来る時間に基づいて標準時計を合わせていた。そのような事情から、クラカトア時間は、中央行政府の役人が使うバタヴィア標準時から五分四二秒遅れていた。今回の噴火によって放出されたエネルギーは、さまざまな破壊の力に変わった。まず、多量の岩石や灰、ガスが空中に吐き出された。熱がほとばしり、周囲の物をすべて焼き焦がし、溶接した。音も発せられた。ドンという音、バリバリッという音、雷のような大音響、耳をつんざく高・低周波の音。これらの音は非常に大きく、何千キロメートルも離れた場所にまで届いた。

(12) 劣悪な就労環境に対する中国人労働者の忍耐力は有名だが、これは現在では、それを示す例と見なされている。なにしろ、炎や火山灰は言うに及ばず、近くの火山の恐ろしい震動にもかかわらず、これほど多くの中国人がまだメラックで石を切り出していたのだ。

地震による衝撃が生じ、八〇〇キロメートル離れた場所の建物をその基礎から揺るがした。

　噴火はまた二種類の衝撃波を発した。一方は、空中を伝わる目に見えない気圧波で、急激に放出された圧力が世界中に伝わっていった。しかもこの波は地球を跳ね回り、各地で七回も記録されているというから驚きだ。これらの大気の波は、クラカトアから約一四五キロメートル東に位置するバタヴィアのガス工場で圧力スパイクの形で記録されている。気圧波は非常な高速でクラカトアから四方に広がっていった。その速度は簡単に計算でき、時速約一〇八〇キロメートルと言われている。バタヴィアには、午前五時四三分、六時五七分、そして（おかしなことに第三番目の噴火に対応する大気の波の確かな記録は何も残っていないようだ）一〇時一五分に、大噴火の気圧波がそれぞれ初めて達したのが記録されている。これらの時間は、いずれもバタヴィア標準時だ（すでに述べたとおり、クラカトアの噴火は東インド諸島ばかりか世界中でも、まだ時間帯というものが発明される以前に起きた。当時の機械時計の多くは精度が低かったこと、ラジオももちろんまだ発明されておらず、各地で時報を聞いて時間を合わせるのが不可能だったこと、目撃者の多くがパニック状態にあり、彼らの事例証拠には食い違いが多いことを考え合わせると、噴火後の状況を明確な時系列にまとめるのは不可能ではないにしても、かなり難しいと言わねばならない）。

　もう一方の衝撃波はその伝わり方がはるかに複雑だ。前述の衝撃波と比べると持続時間はずっと短いが、同様に広範囲に伝わり、周りの海水をかき乱した。一般に海水を伝わる波は空気中よりもゆっくりと進む。スンダ海峡のやや浅い海域では、その平均時速は一〇〇キロメートル弱になるだろう。[13]クラカトアの津波がどのように発生したかはともかく、噴火後、波がジャワ島かスマトラ島の最寄りの場所まで伝わるのに約三〇分かかる。[14]アンイェルの町の住民が目にするのは三七分後だ。人びとは今まさに自分たちに降りかかろうとしているものに気づき、完全にむだとは言わないまでも、かなりむなしい逃亡を試み始めることになる。

　このような津波が北部のメラックにある採石場を襲って壊滅させ、そこにいる中国人すべてを溺死に追い込むにはさらに一五分かかる（実際、そのとおりになった）。南部のティリンジンを全滅させるのはこれより七分早いはずだ（これも、そのとおりになった）。同じ波は速度をゆるめながらも力を増し、一時間一分(15)かけてランポン湾のいちばん奥に到達する。そして、スマトラ島南部の美しい町テロックベトンにも大打撃を与えるのは必至だった。

どの海岸線もそうであるように、スマトラ島やジャワ島の海岸線も、入り江や、小島のある河口、湾、半

(13)　津波の速度は、それが伝わってゆく海の深さの平方根に正比例する。水深が何百、何千メートルにもなる海洋の中央部では、波の最高時速は八〇〇キロメートル以上に達しうる。水深がおよそ二七〇メートルであれば、波の時速は約一八五キロメートルに落ちる。スンダ海峡では、水深は海峡の中央で約一五〇メートル、海岸近くで約六メートル以下と変化する。波の平均時速は一〇〇キロメートル弱だったようだ。深い海を伝わる速度の早い波は、海岸にぶつかると大きく形を変える。海の中央部では波は速く伝わるが、波高は一メートルそこそこしかない。だが、海岸に近づくにつれ、波は速度を落とし、互いに重なり合ってきわめて短時間で巨大な波になる。クラカトアの波は最初は三メートルほどの高さで、時速は一六〇キロメートル余りだったかもしれないが、テロックベトンやアンイェル、メラックに到達するころには、およそ時速三〇キロメートルまで落ちていただろう。だが、その高さは一〇階建ての建物ぐらいにまでなっていた可能性がある。そんな波がやって来たら、人も物もひとたまりもない。

(14)　いちばん近い陸地はスマトラ島南部のティクス岬だ。ここは、ランポン湾の西側にあたる。幸いこの岬は小島の陰になっていて、波の力が弱められた。

(15)　これらの数字の精度は王立協会の報告による。同協会は、突進してくる波の速度（V）を重力（g）と水深（h）の積の平方根として求めた。式は $V = \sqrt{gh}$ になる。オランダ人鉱山技師フェルベークは、これとは少し異なる値を出した。彼は速度を求めるのに、より複雑な数式 $V = \sqrt{g/2h(h+\in)(2h+\in)}$（∈は平時との波高の差）を使った。

島、岩、岩礁などのためにいたって複雑な形状をしている。沖合からの波が海岸に向かって進むにしたがい、どういう動きを見せるのかは、おおまかにしかわからない。したがって、東インド諸島にあるこの二つの大きな島の海辺で、町や村、集落《カンポン》、家屋が、どの波に襲われて破壊されたかを生存者の目撃談から解明するという試みにはいささか難しいものがある。

犠牲者三万六〇〇〇人の大半の命を奪った波はどれだったのだろう。

それは、アンイェルの老水先案内人が夜明けに目撃して戦慄を覚えた波、「低い丘が連なって海面から突き出ているようだった」波だろうか。「すべてを破壊して引いてゆく波の姿がいまだに頭から離れない」と彼は後に書いている。彼にとってあの波こそがまさに殺戮の津波だったのだ。「ヤシの木にしがみついていると……たくさんの友人や隣人の死体が流れていった。助かったのはほんの一握りの人だけだ。家も樹木も壊滅状態で、直前までにぎやかに栄えていた町は跡形もなかった」

あるいは、それは海峡を隔てたケティンバンで海の荒れが頂点に達し、ベイエリンク夫人が夫や子供たちに小高い丘の安全な場所に逃げるよう求めたときの波だろうか。それとも、午前七時四五分にテロックベトンに押し寄せてきて、小型砲艦「ブラウ」号をまるで風呂場にある子供のおもちゃのようにもち上げ、中国人街の真ん中に落とした「巨大な黒い水の壁」、行政府の税関監視船を岸に打ち上げ、地元の小舟《プラフ》をすべて打ち砕き、壊れた船体を紙吹雪のようにまき散らしたあの波だろうか。

はたまた、R・A・ファン・サンディックという技師がその朝見たという「四つの波」のうちの一つだろうか。彼はこのとき「ラウドン総督」号に乗り合わせていた。荒れ狂う波のためにランポン湾のどの埠頭にも接岸できなかった、あの汽船だ。午前七時三〇分から八時三〇分までの間に恐るべき速度でやってきた波は……

私たちの目の前でテロックベトンを破壊し尽くした。灯台が倒れ、家が流され、汽船「ブラウ」号は波に船体をもち上げられて、どうやらココナッツの木の上で身動きがとれなくなった。目の前は一面海と化したが、ほんの数分前までそこはテロックベトンの浜だったのだ。その光景の印象深さはなんとも形容のしようがない。人間の想像の域を超えているし、目の前に広がる破壊のすさまじさは言葉では言い表わしようがなかった。しいてたとえるなら、おとぎ話の中で妖精が魔法の杖を使って景色を瞬く間に変える、あの場面だろうか。だが、それが驚くほど大きなスケールで起きたわけだ。それに、これは現実だし、無数の人の命が一瞬のうちに失われたのであって、比類ない規模の災害が起こったのだ、というはっきりした認識が私たちにはあった。

それとも、それは午前九時にメラックを襲い、町の住民二七〇〇人のうちたった二人を除いて全員を溺死させた波だったのだろうか。ピックラーという名の会計士は波の前をなんとか走り抜き、上へ上へと登り続けて、ついには波が届かぬ場所までたどり着いて生き延びたのだが、彼ならこの波がとてつもなく大きかったと言うのではないか。波はある丘の上に建つ石造りの建物群を破壊したが、丘はあとで測ったところによるとほぼ三五メートルの高さがあった。そこに暮らしていた一三人のヨーロッパ人は全員死亡した。彼らが自分たちは安全だと考えていたのも無理はなかった。というのも、そうとう高い丘の頂上にいたし、頑丈な石の壁に守られていたからだ。だが波は強大な力を存分に見せつけた。彼らの住居に襲いかかって水没させ、破壊したとき、波は建物より六メートル以上高くそびえていた。つまり、ピックラーが目にした波が例の殺戮の津波だったかどうかは別にして、それは少なくとも四〇メートルもの高さという、まさに恐るべきものであり、下方にあった町の住人すべてを溺死させたのだ。水が引いてみると、町にあったほとんどすべての物は、見分けがつかぬほどつぶされるか、流失するかしてしまっていた。

あるいはまた、あの大波は一時間あとの午前一〇時三〇分にメラックに来襲したことが記録されているものだろうか。このとき、アベルという名のオランダ人監督官は、もっと先の沿岸の被害状況を上司に報告するため、地元の郡長[16]とともにバタヴィアへ向かう途中だった。彼がふと周りを見回すと、「巨大な波」が海岸へと寄せてくるのが見えた。あとで彼が語ったところによると、その水の壁はどのヤシの木よりも高く、一度捕まったら誰も逃れられないように思われた。悪夢などという生易しいものではなかった。この波がそうだろうか。

この問いの答えはたぶん「イエス」だろう。実際のところ、あの恐るべき朝に起きたほかの津波を目撃した人の話がいかに信憑性に富み、すさまじかろうとも、この最後の波がやはりほんとうの殺戮の津波だったのはほぼ間違いない。発生時刻が正しいように思われる。波の速度を時速一〇〇キロメートル弱と仮定し、この波がメラックに午前一〇時三〇分にたどり着いたとして逆算すると、波がクラカトアで発生したのはほぼ一〇時ちょうどということになる。この時刻こそクラカトアが自己破壊するに至った最後の爆発が起きたときだった。

さらに決定的なことだが、午前一〇時三〇分にメラックに達したこの波は、その前後わずかの間に、ジャワ島西部やスマトラ島南部の人口密集地にすさまじい爪痕を残したと記録されている。当時のある研究報告には、こう記載されている。「スンダ海峡をはさむジャワ島とスマトラ島の沿岸一帯は大津波で浸水し、テイリンジンやメラック、テロックベトンの町の残存部分や、そのほか多くの沿岸の村落が流失の憂き目に遭った」

その波がバタヴィア港へ到達したのは午後〇時三六分だったことが、堅牢な覆いで守られた潮位計によって記録されている。この潮位計をそれほど揺らす津波は、よほど大きなものだったに違いない。また、時速一〇〇キロメートル弱で伝わってきたとすると、津波はこれより約二時間半前、つまり、その朝の一〇時数分過ぎに発生したということになる。あらゆる状況を勘案すると、これがクラカトア噴火にともなう最大の津波であり、最大にして最強の爆発の最大の影響だったことは確かだ。あまりに巨大で強力なこの波は、もっとも残酷な死神さながらで、長い最悪な一日の悲惨なクライマックスだった。

「誰もが恐怖に凍りついた」ランポンの県長官アルテールは、その月曜の朝一〇時過ぎにとてつもなく大きい爆発音を聞いたときのことを、そう振り返って書いている。それまでの二〇時間に津波に三、四度襲われた経験から、彼には次に何が起きようとしているのか十分予測がついた。今回の爆発はこれまでと比べてかなり大きかったから、次にはさらに大きな津波があの火山島から一時間もしないうちにここを襲うだろう。火山島から、と言ってもむろん、島がまだあったならば、という話だが。

(16) 郡長は、地元民の就く植民地の役職で、その地方を監督するヨーロッパ人の監督官とほぼ同等の地位に当たる。オランダによる植民地支配下では、このような二元的な官吏制度が普通に行なわれた。たとえば、地元民から選ばれた行政官は、オランダ人州長官と協力して働く建前になっていた。どちらに真の支配権があるかを双方が認識しているかぎり、この方式はおおむねうまく機能した。

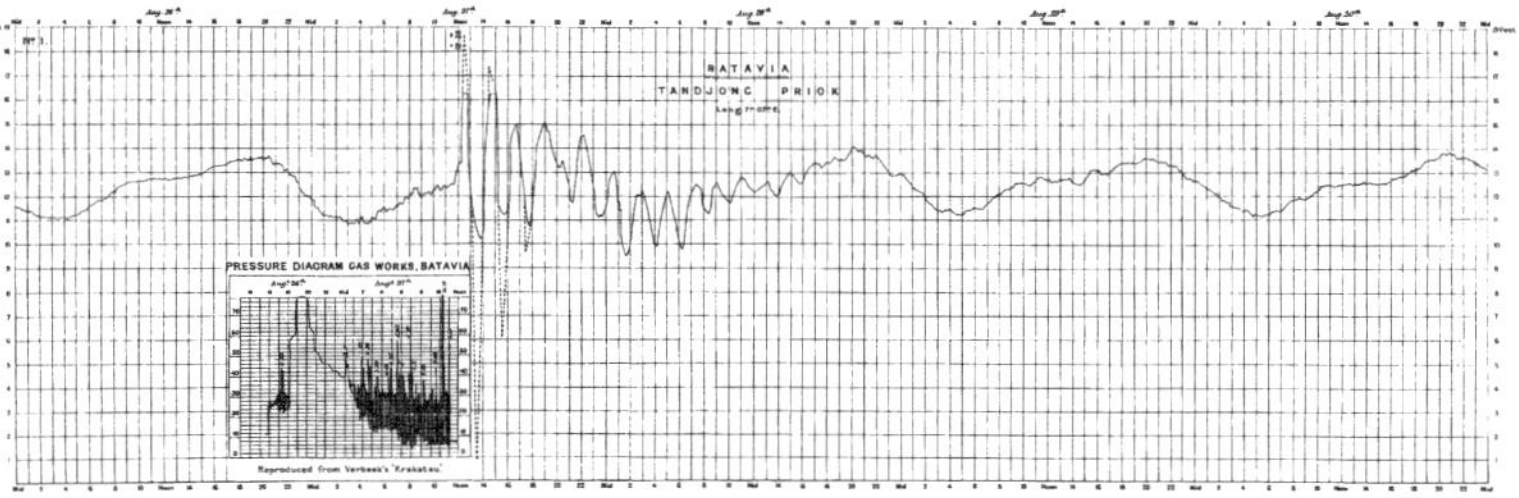

バタヴィアの潮位計は、噴火から二時間半ほどあとの午後0時36分に突然の潮位上昇を記録した。ガス工場で記録された伝播速度の大きい気圧波に比べて、潮流の動きがどれほど緩慢であるかがわかる。

クラカトアが木っ端微塵になり、もうすでにこの世に存在していないことなど、アルテールは知る由《よし》もなかった。

津波は一一時三分にテロックベトンを襲った。ある匿名のヨーロッパ人が数日後、バタヴィアの新聞にそのときの様子を書いている。彼はそのとき町の海岸に出て、その朝すでに海からの攻撃を受けて家を破壊された地元の人びとの手助けをしていた。大きな木の梁《はり》の下敷きになった男性を助けようと、その梁をもち上げていたちょうどそのときだった。人の叫び声がした。顔を上げると、高くそびえ立つ波が信じられぬほどの速さでこちらに向かってくる。波はすさまじい音を立てて浜辺を襲い、あらゆる物を破壊しながらより高いところを目指して町の中を進んだ。

この時点で彼の記憶はあやふやになる。突然のパニックに襲われて逃げ惑う彼の頭の中では、あらゆる出来事がいっしょくたになってしまった。混乱していたのは彼一人ではない。この経験は忘れられぬほどこわいものだったに違いないが、この恐怖を味わった人びとの記憶は細かい部分でみなそれぞれに違った部分が抜け落ちている。

テロックベトンで津波に襲われたヨーロッパ人はみな、命からがら逃げる地元民のあとを一心に走り、波に捕まらぬように死に物狂いで逃げた、とあとで述懐している。あるヨーロッパ人は、ジャワの『ボーデ』紙に次のような手記を寄せている。彼が一人の女性のあとを走っていると、女性はつまずいて赤ん坊を落としてしまった。彼女はわが子を見捨ててゆくことができず、波にさらわれてしまった。彼はもう一人の女性のあとも走ったが――これはにわかには信じられぬことだが――彼女は恐怖の叫びを上げながら走りつつ、血まみれになって赤ん坊を産み落とすところだった。またある男性は水の壁に捕まらぬようにどんな坂でも見つければ上り、できるだけ高いところに行こうと半狂乱になっていた。手記の書き手が一瞬後ろを振り返ると、どこまでも追いかけてくる水の壁は恐ろしいほど大きい。波はときおり何かの障害物に当たっては砕け、大量の汚らしい灰色のしぶきと残骸混じりの泡沫となる。だが、それからまた一つになっては休むことなく迫ってくる。そのエネルギーはとどまるところを知らず、殺人鬼さながらの勢いで執拗に迫ってくる。だから、どんなに両脚が鉛のように重くて、息が切れ、へとへとに疲れていようとも、波の前で狂ったように吠える強風にあおられながら、ひたすら前へ走り続ける以外になかった。もし足を止めるか、誤って上りではなく下りの道を進むかしたならば、自分はかならず溺れ、その体は壊れた壁や折れたマストのぎざぎざの縁、割れたガラス、周り中に立ち並ぶ石積などにたたきつけられる運命だとわかっていた。

この波の強大さを疑う向きがあったとしても、それは後日、一つの有力な証拠が発見されて打ち消されることになった。その証拠とは、オランダの砲艦「ブラウ」号の見つかった場所だ。この勇壮な小型船は四門の大砲、三〇馬力のピストン式蒸気機関、外輪を備え、喫水は一・八メートル、ヨーロッパ人士官四人と地元の水夫二四人が乗り組んでいた。短期間ながらも注目を浴びたこの小型蒸気船が、海の凶暴性を示すまたとない手掛かりとなった。

「ラウドン総督」号の航海士に、海が荒れすぎていて接岸するのは危険だ、と最初に忠告したのが「ブラウ」号の船長だった。日曜の午後六時のことだった。やがて、五時間後の夜中、テロックベトンの港長の目に窮地に立つ「ブラウ」号の姿が飛び込んできた。船は明かりが煌々とついていて、難渋するさまが暗闇を通してはっきり見て取れた。ことさらに強い波が船の周りで砕けており、港長は係留索だけでなく、円錐形をした二トンの鋼鉄製係留ブイをつなぐ頑丈な鎖も切れてしまうのではないかと心配した。

翌朝早く、「ブラウ」号を悲劇が襲った。これには二人の目撃者がいる。テロックベトン在住のあるヨーロッパ人と、「ラウドン総督」号の乗客N・H・ファン・サンディックだ。二人は、午前七時四五分に起きた波の一つによって「ブラウ」号が高くもち上げられ、係留バネが次つぎと外れるのを目にした。船はブイを離れ、緑の水の強力な壁の上に乗って流された。西に四〇〇メートルほど運ばれたところで波が砕けると、クリパン川の河口の岸にたたきつけられた。

船はまだ上を向いたままだったが、この恐ろしい落下の衝撃で乗組員は全員死亡したと考えられている。だがこれで船自体の悪夢が終わったわけではなかった。午前一一時三分の波が来襲すると、船はまたしてももち上げられ、さらに西へ三キロメートル余り運ばれた。クリパン川沿いの谷を上流へと一気に進む津波に運ばれ、波が勢いを失った場所で落とされた。二度目に落下した場所は、最初にさらわれた海より一五メートル以上も高かった。船は傾いたまま川を横切って橋を架けたような形で落ち着いた。今度も船は上を向いたままで、あたかもそれは二八名の乗組員を弔う不気味な墓標のようだった。

翌月、船は救助船の乗組員に発見され、調査を受けた。「船はほぼ無傷で、先端が左舷側に、後部が右舷側にそれぞれ少し曲がっている程度だった。機関室は泥と灰に埋まっていた。エンジンそのものはたいした損傷はないが、何度も衝撃を受けたせいではずみ車が曲がっていた。もう一度海に浮かべることも可能かもしれない」

しかし、もう一度海に浮かべられるかどうかはともかく、この船をはるばる海まで移動させようと考える者などいなかった。『フィツカラルド』（西ドイツの映画（一九八二年）。主人公がペルーで汽船をある川から別の川へ運ぼうと試みる）ではないのだ。こうして「ブラウ」号はその後一〇〇年ほど、波に運ばれた先の場所で川を横切る形のまま放置され、年月を経るうちに、屍肉をあさられるように盗賊に荒らされ、湿気と日差しの中で静かに朽ち果てていった。

一九三九年の時点では、船体はなんとか原形をとどめていたが、錆だらけで、蔓植物に覆われ、猿の群れの棲み家となっていた。最後に残骸が目撃されたのは八〇年代だ。現在、その姿はもうない。クリパン川は、かつて「ブラウ」号があった場所を途切れなくちょろちょろと流れている。船を思い出させるものと言えば、波に運び上げられた地点で、今も台座に載っている巨大な係留ブイのみだ。ここは「ブラウ」号が最後に水に浮いた場所から三キロメートル余りも離れており、海面からはじつに一五メートルという高さだ。ちなみ

クリパン川を2.5キロメートルほどさかのぼった陸上に文字どおりそっくり置き去りにされた「ブラウ」号。ほとんど損傷を受けていない。1980年代までは錆だらけの大きな鉄片がジャングルの中に残っていた。

に「ブラウ」という名前はオランダ語で「悔恨」を意味する。

　スマトラ島の惨状に匹敵する惨状が、スンダ海峡をはさんだ対岸のジャワ島でも見られた。生き残った人びとの話も、やはり忘れ難く肝をつぶすようなものばかりだ。主要な町は、ほぼ壊滅状態と言ってよく、とりわけアンイェルは甚大な損害をこうむった。明るい話題は皆無に近く、唯一それらしいものと言えば、「サカナ　メヲマワシ　ジモトミン　ヨロコンデ　トラエル」という一通の短い電報がバタヴィアに届いたことぐらいだ。これ以外は陰鬱なものばかりだった。なかでももっとも物悲しく、対岸での「ブラウ」号の遭難と肩を並べる象徴的な出来事は、アンイェルから目と鼻の先のところにある灯台で起きた。この花崗岩でできた巨大な灯台は、アンイェルのわずか南、ジャワの第四岬《フォース・ポイント》と呼ばれる場所にあった。

　砲艦「ブラウ」号と同様、この灯台は最初の津波に耐えた。「ブラウ」号を浜辺に打ち上げた二番目の波も乗り切った。だが一一時三分にテロックベトンを襲った波がアンイェルに押し寄せたとき（アンイェルのほうがクラカトアに近いので、波は一五分早くやって来た）、波は六〇〇トンはあろうかと思われるような巨大な珊瑚の岩をもち上げ、灯台の基部にぶつけた。灯台は鉄骨を組んで補強されてはいたが、倒壊してしまった。スンダ海峡全体でもとりわけ重要な灯台の明かりが消えたのだ。灯台守の妻と子は溺れ死んだが、灯台守本人は生き延びた。よく訓練された灯台守の沈着さと、いかにもジャワ人らしい諦めの境地に導かれたのだろうか、彼は物理的に可能になりしだい任務を再開し、わずか数時間のうちに仮設灯台を建てて明かりを灯した。

この灯台の礎石に、根元だけ残った古い虫歯のような姿を今日でもさらしている。今では穏やかな海からたえず打ち寄せる波より三メートルと高くない。近くに、噴火の三年後オランダ行政府がかわりに建設した新しい灯台も見える。だがこの新しい灯台は、慎重を期して浜辺からおよそ三〇メートル内陸に建てられている。しかも、万一のことを考えて全体が鋼鉄製だ。

第四《フォース・ポイント》岬灯台の礎石は残った。外輪をもつ蒸気砲艦の船体も、川沿いの谷を上がった場所に残された。だが津波の魔手を逃れたものはこれぐらいだ。アンイェルの町は壊滅した。ケティンバンも、テロックベトンも、メラックも、ティリンジンも消滅した。何週間も前にベランダから噴火の前兆が見られたアンイェル・ホテルは今や、基礎部分とねじれたベンガルボダイジュの根だけという姿だ。何世紀にもわたって風化に耐えてきたオランダ要塞のどっしりした壁は砕けて倒壊し、なんとも言いようのないぶざまな格好の古びた石の塊になってしまった。鉄道の線路はねじれ、鉄のリボンが地面にとり散らかされているようだった。鉄の歯車、割れた鉄のかけら、壊れた機械の破片などがあらゆるところで見られた。まるで小石のようにもち上げられてたたきつけられた巨石が、ふだんならありえないところにあった。ジャワ島やスマトラ島の沿岸では無数の家がつぶれ、村落が崩壊していた。家の中や近くにいた人びとは押しつぶされたり、溺死したり、行方知れずになったりした。

今回の悲劇すべての元凶だった火山自体もまた消えていた。空中を漂う塵が落ち着き、闇が晴れると、火山が影も形もなくなっていることに誰もが驚いた。月曜の朝一〇時過ぎに火山活動の締めくくりとして起きた一連の壮大な地殻変動のあと、クラカトアはこの世から忽然とその姿を消していた。

バタヴィアのロイズ代理人であるスコットランド人マコールは、その週のうちにロンドンの同僚へ次のような通信文を送った。それは、近所の領事館で彼と同じような立場にあった外交官のキャメロン領事が書いた書簡に劣らず簡潔だった。ただし、格調の高さでは若干及ばなかった。

通信ケーブルが損傷を受けており、道路も分断されていますので、あと数日たたなければ事態の詳細はつかめぬものと思われます。現時点でわかっている事実は以下のとおりです。頂上が海抜七九〇メートル強あったクラカトアは完全に海中に没し、そばにあったドゥァイスインデヴェフ島は五つに分断されました。[17] クラカトアとシベシエ島の間に一六個の新しい火山島が生まれ、[18] スンダ海峡の海底の様子はすっかり変わっています。海軍司令長官は、新たな水深調査が完了するまでは、スンダ海峡の航行はきわめて危険であると思われる、という旨の回状を出しました。アンイェルの町と灯台をはじめ、ジャワ

(17) これはイギリス海軍本部の地図に、しばしばスウォート・ザ・ウェイ島という名で記載されている岩だらけの小島だ。キャメロン領事同様、マコールもまた、この島が分断されたと誤って報告してしまった。島は今日も変わらず一つのままであり、スンダ海峡へ北側から入る船にとって大きな障害となっている。

(18) これも誤りであることがあとで判明した。

島南西部の灯台はすべて破壊されています。上記のような海底の隆起と沈降によって、高さ三〇メートルはあろうかと思われる大波がジャワ島の南西沿岸とスマトラ島の南部沿岸を舐め尽くしてゆきました。波は海岸からはるか内陸にまで達し、多くの命や財産が失われました。私たちは大波が猛威を振るった場所から二〇キロメートル弱しか離れていないところにいたことになります。南西側では沿岸の地形がすっかり変わってしまいました。オンラスト島の住民は二隻の汽船に避難していたおかげで、からくも津波の被害を免れました。メラックでは、高さおよそ一五メートルの丘の上にある公共の建物に住民たちが避難しましたが、波にさらわれ、救助されたヨーロッパ人一人とマレー人二人を除いて全員溺死しました。バタヴィアの停泊地の西側にあるマウクとクラマトも被害を受け、およそ三〇〇人の死者が出ました。ティリンジンで流されずに残った家はたった一軒です。地元民の役人もヨーロッパ人の役人もみな死亡しました。ティリンジンはクラカトアのあった場所に面していたので、泥が雨のように降りました。

アンイェルはまさに壊滅状態のようです。そこのロイズ副代理人がセランから電報をよこしました。

「スベテ　リュウシュツ。シシャ　タスウ」

体験

ロドリゲス島は一九世紀末には、イギリス領のうちでもとりわけ本国から遠く離れた南洋の楽園のような島だった。人心を大きく動揺させることなど、起きたためしがないように見える。一八八一年の人口調査によると、およそ五〇〇〇人の島民が住んでいた。彼らは一〇〇平方キロメートル余りの肥えた土地を耕し、インド洋の西の外れにできあがった約三二〇キロメートルの砂地の海岸線（かつての火山の名残り）で漁をし、何の不満もなく暮らしていた。五六〇キロメートル余り西に位置するモーリシャス島は、ロドリゲス島の母船とでも言うべき存在であり、後者は当時も今も前者の属島だ。今日では、汽船の定期航路があり、ときおり飛行機も飛ぶ。だが一九世紀後半当時は、チャーターされた帆船が稀に物資を乗せて訪れるぐらいだった。島最大の村ポート・マスリンとモーリシャス島の首都ポート・ルイスとを結ぶ電信ケーブルが敷設されたのは、ようやく二〇世紀を迎えてからだった。

ロドリゲス島の人びとはクレオール語を話し、（一九二三年に「美文を書こうなどとは思ってもいない」とする役人が書いた短い本によると）「ビロードのように滑らかな暗褐色の肌……漆黒の縮れ毛……ぽってりと厚い、突き出た真っ赤な唇……まるで雪のように白い見事な歯」をもっていた。彼らはもともと、砂糖のプランテーションで働かせるためにフランス人がこの島に連れてきた奴隷の子孫で、ナポレオン戦争が終わり、フランス人がイギリス人に追い払われたときに置き去りにされたのだった。

島民の生活は、イギリス帝国が送り込んだ穏やかな管理官四人の支配下にあった。ギルバート&サリヴァンのオペレッタ（ウィリアム・ギルバート台本、アーサー・サリヴァン作曲のドタバタ喜歌劇）にでも登場しそうな執政官、軍医官、警察本部長、そして「一流の」司祭の四人組だった。司祭は、政府から毎年一〇〇〇モーリシャス・ルピーの俸給をもらい、神とは当然イギリス人、それもこのあたりではイギリス人のカトリック教徒だ、と縮れ毛の地元民に説いた。三世紀にわたって、これといったこともなく人が穏やかに住み暮らしてきたロドリゲス島も、遠い東インド諸島にある火山のおかげで歴史の本に登場することとなった。一八八三年八月、当時のロドリゲス島の警察本部長はジェイムズ・ウォリスという名の人物で、この月の保護領日誌に次のように書き記している。

二六日日曜日。天候、荒れ模様。豪雨およびスコール。南西の風、ビューフォート風力階級（イギリスの提督ビューフォートが一八〇五年に考案した海上用の風速階級）にて七～一〇（秒速一三・九～二八・四メートルに相当）。夜間（二六日から二七日にかけて）数回、遠くで重砲が轟くような音が東の方角から聞こえる。音は三、四時間おきに二七日の午後三時になるまで続いた。最後の二回はオイスター・ベイとポート・マスリエ［原文のまま］の方角から聞こえた。

しかし、これは重砲の轟音ではなく、クラカトアの音だった。東に四七七六キロメートルも離れた場所で、クラカトアがせっせと自らを破壊するその音だったのだ。ウォリス警察本部長はこの音をその晩と翌日に聞き、任務に忠実な役人なら誰でもするように書き留めた。そして、はからずもそのため、その後書かれた記録本に二度登場することになった。ロドリゲス島は、クラカトア噴火の音がはっきり聞こえた、もっとも遠い場所だったからだ。クラカトアとロドリゲス島間の約四七七六キロメートルという距離は、増幅も電気的な拡大もされていない自然音が聞き取れた場所と、その音の発生源との間の最長距離記録であり、現在もなお破られていない。

ヴィクトリア朝の高名なサイエンス・ライター、ユージーン・マリー・アーロン(19)は、この約四七七六キロメートルという数字がなぜそれほど驚嘆に値するのかについて次のように説明している。

もし、ある人がフィラデルフィアに住む人に会い、およそ四八キロメートル離れた［ニュージャージー州］トレントンでの爆発音を聞いたと言えば、多少想像が過ぎるのではないかとの疑念はもたれようが、信じてもらえるかもしれない。だが同じ人物がおよそ四八〇キロメートル離れたウェストヴァージニア州ホイーリングでの爆発音を聞いたと言ったならば、彼の発言がひょっとしてほんとうかもしれないなどという気持ちは完全に消えるだろう。さらに、誠実そのものの様子で、いかにも信じてもらいたそうな顔をして、およそ四八〇〇キロメートル離れたサンフランシスコでの爆発音を聞いたという話を熱心にしたとしたら、それを聞いた人は憐れむような微笑みをたたえ、何も言わずにその場を立ち去るだろう。

だが、この驚くべき最後の話のようなことが……ロドリゲス島では起こったのだ。

この音はほかにも二〇ほどの異国情緒にあふれた場所で聞かれている。ロドリゲス島であろうがどこであろうが、二六日日曜日の前にも、あるいは二七日夜のあとにも、何も聞こえていない。また、どこであろうと、いちばん大きな音は月曜の昼間に聞こえたということで話は落ち着いている（こういった場合に混乱はありがちだが、それは同一の時間帯というものがなかったのが最大の原因であり、そのため噴火や津波の時系列の記録を確立しようとする試みは、なかなかうまくゆかない）。つまり、この音は正午少し前にジャワから発せられたということだろう。

たとえば、現在はイギリス領で、アメリカが基地として使用していることで悪評の立つディエゴ・ガルシア島[20]では、現地時間の午後早く、爆発音がはっきりと聞こえた。当時は、この島もモーリシャス島の属島であり、その農民はパームヤシ油を搾り、コプラ（ココヤシの実の胚乳を乾かしたもので、石鹸やマーガリン、菓子などの製造に使われる）を作って暮らしていた。また、この島には、インド洋を航行する汽船の給炭港もあった。プランテーションの監督者たちは、昼食を

(19) 彼はまた、タランチュラの毒に関する世界的な権威でもあった。

(20) ディエゴ・ガルシア島は著しく不幸な近代史を背負っている。アメリカが現在もっとも戦略的に重要な海外基地を建設するのに協力するため、イギリスは一九七〇年にアメリカにこの島を周囲の島じまとともに貸し与えた。そのとき、イギリスはアメリカ国防総省にこれらの島には住民はいないと明言したが、それは、これが明らかに事実に反するのを承知のうえでのことだった。基地建設のために、島民二〇〇〇人はモーリシャス島へ強制的に移された。二〇〇一年、ロンドン高等法院はこの強制移動を違法とし、島民は自分たちの土地を取り返すことを許されるべきだとの判決を下した。

食べているときに爆発音をはっきりと聞いた。彼らは後日こう報告した。「私たちは遭難船が大砲を撃っているのだと思った」

これと同様の報告は多数あった。爆発音はサイゴン、バンコク、マニラ、パース、そしてオーストラリアのダーウィンの南方にある人里離れたデーリー・ウォーターズ[21]の電報局でも聞かれた。インドの監獄島アンダマン諸島の首都ポート・ブレアからは、誰かが「遠くで号砲のような音」を聞いたという知らせが伝わってきた。当時のセイロンからは、一八組もの証言者のさまざまな話が伝わってきた（「ウォーカー大尉とフィールダー氏は、何かを爆破しているような音を何度も耳にして……首をかしげた」「トリンコマリーで大砲を撃つような音がした」「どこにも船影は見当たらなかったので、公共事業部のクリスティー氏は、軍艦がどこかの島陰で砲撃の訓練をしているのだと思った」）。

ニューギニアのサルワティ島では、首長《ラジャ》が奇妙な音を聞きつけ、どうして白人たちが大砲を撃っているのかと土地の医者を問い詰めたという。オーストラリア西部のハマーズリー山地[22]では、牛追いをしていた牧夫たちが北西の方角で大砲のような音を聞いた。スマトラ島北端にあるアチェは、当時（現在もそうだが）激しい独立運動で有名な場所だった。ここのオランダ軍守備隊の司令官は、土地の要塞が暴徒によって吹き飛ばされたのだと思い、部下全員に戦闘態勢をとらせた。フォーリー・ヴェレカーはアイルランドでは著名な軍人一家の出身であるにもかかわらず、遠く離れた植民地に送られ、軍艦「マグパイ」の艦長としてボルネオ島に近いバンクウェイ島沖にいた。彼は自分と部下がみな音を聞いたと日誌に書いている。その近くのダヤク島の島民は、フランシス・ウィティという土地の役人を殺したばかりだった（伝えられるところによると、ウィティの胴体と手足は食べ、頭は小さく乾かして記念品にした）が、やはりとんでもなく大きな音を耳にした。彼らは役人たちが捕まえにきたのだと思い、ジャングルの奥深くへ逃げ込んだ。

多くの場所で、人びとはどこかで船が難破したと信じ込み、張り切って救難船を出した。たとえば、マカ

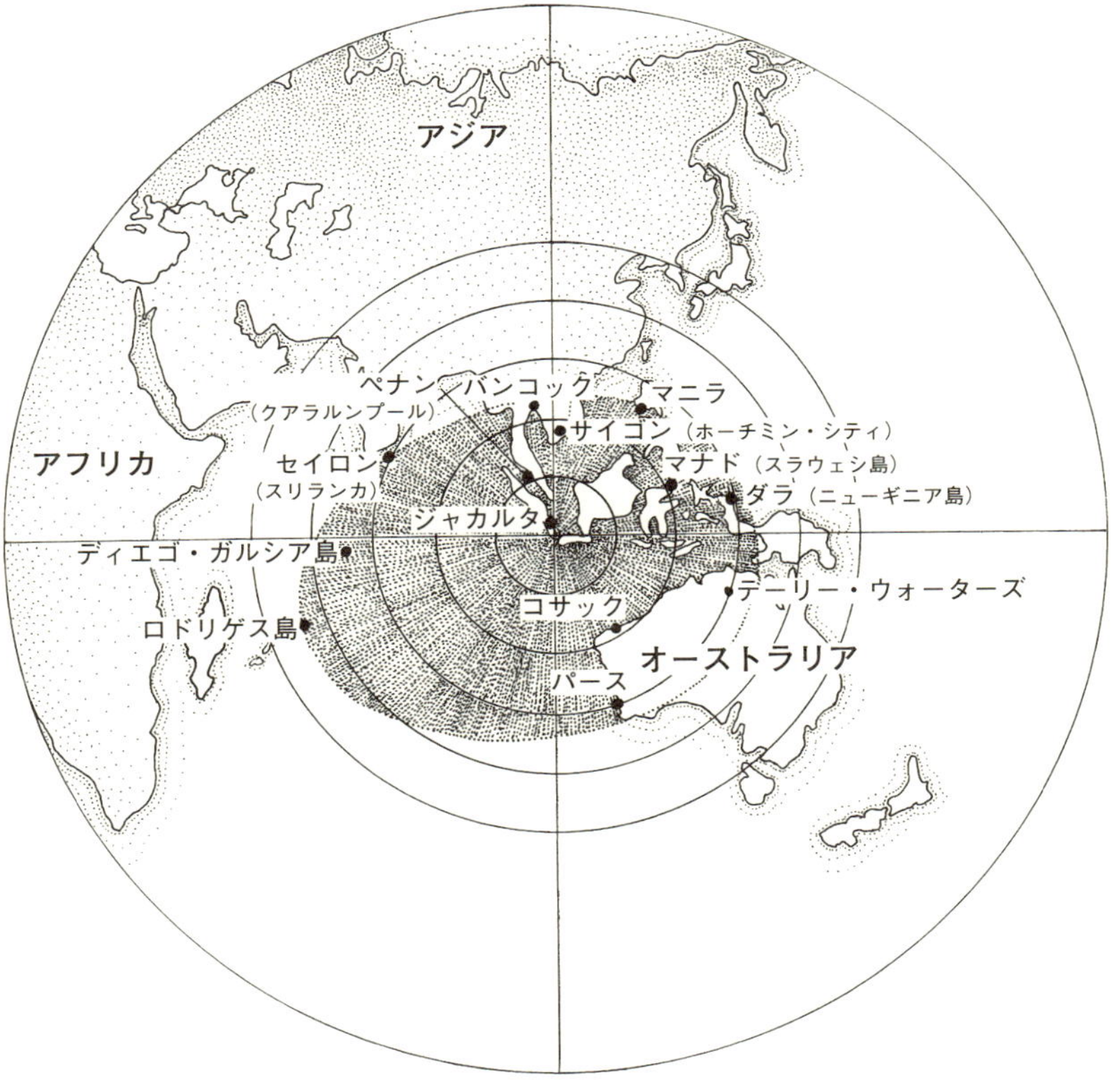

大爆発の音は発生源から4800キロメートル近く離れたロドリゲス島にまで届いた。記録によれば、点に覆われた範囲では雷のような低い音と轟音が十分聞こえ、たいていの者は海軍の砲撃の音だと思ったようだ。

ッサルからは二隻の高速艇が出動した。窮地に陥った船があるに違いないと考えてのことだった。シンガポールからも二隻の船が出動した。政府は公用船を出してティモールの沖合を捜索した。ポート・ブレアで音が続いたとき、アンダマン諸島のイギリス当局者たちも救命艇を出した。シンガポールでは、ある電話回線で自分の声を聞き取れなくなった。「滝のようなひどい轟音が入ったためで、精いっぱい声を張り上げれば相手に届くには届くが、何を言っているかまったく聞き取れない。ここでは、どの電話線も……同じ状態だった」(23)

また、ケイマン・ブラック島に住む、ヴェレカー艦長と同名のフォーリーという男性からは、やや怪しい報告があった。この土地は今でこそカリブ海の一等地だが、当時は荒涼とした南国の砂嘴《さし》で、キューバから南へ船で丸一日かかった。フォーリーは砲撃の音を聞いた、その音は日曜に続けざまに聞こえた、と主張した。だがそれを裏づける証拠も、常識にかなった説明もない。そのころカリブ海のどこにも噴火はなかったし(プレ火山が典型的なプリニー式の噴火を起こしたのはそれから一九年後だった)、異常な大気の現象があったならば一万九〇〇〇キロメートル余り隔てて噴火の音が聞こえたという事実を説明できるだろうが、フォーリーがクラカトア噴火の一二時間前にその音を聞いたと言っている事実は、彼の記憶か耳に問題があったことを示唆している。

だが、クラカトアの噴火音の伝わり方には不思議な側面があって、バタヴィアやバイテンゾルフ、ジャワ島西部ではじつに多くの人が何も聞いていない。おかしなことに耳が聞こえなくなったと感じた者、耳の中で妙なブンブンうなる音を聞いた者、あるいは周りで急激な圧力の変化があったのを感じ取った者もいた。それはまるで無音の高圧の大気に捕まったかのようだった。この分野の専門家たちはさまざまな理由を想定して、この現象の説明を試みた。こう説明する専門家もいる。大気の上層と下層では音波はきわめて異なった振る舞いをするし、大気中を伝わる過程でどんな音にも速度に増減が生じ、その結果、音波が場所によって集中することも考えられ、一部の土地の人には大きな音が聞こえるが、ほかの土地の人にはほとんど聞こえない場合がある、というのだ。また、降雪が音を消し去ることに注目して説明を試みる専門家もいた。火山灰が降下してバタヴィアや周辺の土地を覆っていたので、これが雪と同じ効果を与えたというのだ。

しかし、歴史上の事例証拠を見ても科学的に見ても、全体としてたどり着く結論はやはり同じだろう。すなわち、クラカトアの噴火が出した音は著しく大きく、人間が聞いたことのあるなかで最大だったのはほぼ間違いないということだ。どう考えても、人為的な爆発音はクラカトアの爆発音にはとうていかなわない。核兵器実験が頻繁に行なわれた冷戦たけなわのころの核爆発音でさえも比較にならない。セントヘレンズ山やピナトゥボ山、雲仙岳、マヨン山など、デシベル計が発明されてから大噴火を起こした他の火山さえもクラカトアの足元にも及ばない。一九八〇年五月にセントヘレンズ山が噴火したとき、その地域の山岳地帯周辺以外で音を耳にしたという人は誰もいなかった。

フェルベーク博士は、クラカトア噴火のすさまじさを耳にし、目にした者の控え目な確信をもって、一八八五年の報告書にこう書き記した。「今回の並外れて大きかった音については注意が肝要である……この大

(21) 現在人口三五人のデーリー・ウォーターズには、かつてオーストラリア初の国際空港があった。カンタス航空がここを給油空港として使用していたのだ。シンガポールとバタヴィアからの電信ケーブルはいったんここで途切れた。ここからは早馬便が砂漠を縦断してさらに南へ向かい、シドニーへのケーブルが始まるところまでメッセージを運んだ。このシステムは、一八七二年まで続いた。

(22) ハマーズリー山地のニューマン山は現在、世界でも有数の鉄鉱山だ。

(23) この土地が甘い香りのする整髪油マカッサル油の故郷だ。整髪油はイギリス国内にある無数の椅子の背もたれにとって悩みの種となり、レースの家具カバー誕生のきっかけを作った。このカバーには、なんとも気の利かない「マカッサル除け《アンチ・マカッサル》」という名前がつけられた。

噴火は、その音の大きさにおいてあらゆる物をしのいでいる。地球上のこれほど広範な地域において一つの音が聞こえたためしはない」クラカトアの噴火の衝撃で、地球の表面の一三パーセントが音を立てて振動し、無数の住人がそれを聞いた。人びとはその音が何であったかを聞かされると、一様に驚きを見せた。

耳に聞こえない音波は、さらに遠くまで達していたことがほどなく判明した。世界中でこれに気づいて記録した何千人ものヨーロッパ人やアメリカ人の大半は、その正体が何であるかはわかっていなかった。だが記録した時間はほぼ同時刻だった。彼らがこの音波を記録したおかげで、思いもよらぬことに、そのころヴィクトリア朝の中流階級の人びとの間ではやっていたある風潮が浮き彫りになった。その風潮はクラカトアのような災害を予期したものではなかったが、やがてはその威力を存分に発揮することになった。

一九世紀後半にさまざまな科学的進歩があり、新しい風潮が生まれたが、そのなかには天候をより正確に予測する手段を開発することが含まれていた。ほかの科学分野では、費用や複雑さのため、多くの人がかかわるわけにはゆかなかったのに対して、こと天候に関しては、科学機器を買い込み、それを使って日々の変化を知ることが急速に可能になり、そして、実際にそうするのが流行した。その結果、ヴィクトリア朝の家庭や社交クラブ、ホテルでは、玄関やホールなどに最新式で見栄えのする晴雨計や自記温度計、日照計、雨量計などが備えられるようになった。中流階級の人びとは、知らぬ間に大挙してアマチュア気象学者となり、来る日も来る日も真剣な面もちで晴雨計にそっと振動を加えて正確さを期しては（誤差を避けるためこうして水銀柱の測定値を安定させた）、今日は快晴、荒れ模様、変わりやすい天気、あるいはまずまず晴れ、などと予想をするようになった。

そんな機器のなかでももっとも高価で精巧なものが自記気圧計だ。値が張るため、この気圧計は家庭の玄関よりは社交クラブのマントルピースに置かれることがはるかに多かった。この小さな機械の仕事といえば、ぜんまい仕掛けで回転するドラムに巻かれたグラフ用紙にインクで線を描くことだった。ドラムは一週間に一回転し、一時間ごとのわずかな気圧変動を記録してゆく。

見事な造りの自記気圧計は見るだけでも楽しい。真鍮と鋼、マホガニーとガラスでできた本体は、外から見えるように機械部分がガラスケースに納まり、時計仕掛けの心臓部をコチコチ言わせながら嬉々として毎日の変動を捉える。なめらかに上下するインク線もまた、天気が崩れそうになると急降下し、嵐が足早に通り過ぎると再び上向きの弧を描くというふうに、なんとも魅惑的でしなやかな美しさを見せる。記録紙は一週間ごとに取り替えて、気圧計の下側にしつらえた小さな引き出しにしまい、後日、天候について思い返したり話したりするときなどに取り出して眺める。

気圧計の記録線を見てすぐに気づくのは、天候がじつに穏やかに変化するということだ。波形はつねにゆっくりと上向きまたは下向きのむらのない弧を描く。地震を検知する地震計や、嘘を知らせる嘘発見器のような急激な動きは見せない。それとは対照的に、気圧は規則的で緩慢な変化を見せる。この特徴は、ゆっくりと回転する紙一面に記録された曲線の滑らかで安定した動きに見て取ることができる。

しかし、一八八三年九月二日日曜日、世界中で大勢の人がこの週の記録紙を交換し、平らにならして引き出しにしまおうとしたとき、誰もがほぼ同時に一つのことに気がついた。過ぎたばかりの週の月曜日、八月二七日の線に、予想もつかぬような急激な変化が記録されていたのだ。しゃっくり、あるいは切れ込み、あるいは中断と言おうか、じつに不可思議な現象だった。

それまで滑らかに途切れることなく気圧計の真空室の圧力を記録していたペンが、突然ぐんと上に動いたかと思うと、今度は同じぐらい勢いよく下向きに動いていた。さらによく見ると、記録された振動はもっと奇妙だった。まず、急激な圧力の上昇があり、続けて二、三回小さな振れが記録されたあと、非常に急激な圧力の下降があった。さらにややゆるやかな上昇と、また小さな振れが数回見られた。こうして二時間近く異常が続いたあと、ようやくふだんどおりの滑らかな波形に戻った。つまり信じられないことだが、説明のしようもないなんらかの理由で、大気中で地震が起きたようなのだ。

各地の測候所や素人の気象マニアが納得のゆく結論に達するには、数時間熱心な議論を闘わせるだけで十分だった。どれほど遠くにあろうとも、これはクラカトアの仕業なのだ。

噴火のすさまじさが広く伝えられるようになると、あとは気圧計の記録紙に残った二時間にわたる奇妙な圧力変動の時間を確認し、衝撃波が音速に近い速度で伝わる時間を考慮に入れ、クラカトアと世界中に散らばる社交クラブのマントルピースとの間の時間差を計算するだけでよかった。すると、どうだろう！　すべてが見事に合致した。噴火は炎や火山灰、津波、とてつもない爆発音を送り出したが、同時にまた、目に見えず耳にも聞こえぬ衝撃波を発していたのだ。衝撃波は大気中をやすやすと伝わってゆき、意外にも、本来バーミンガムやボストンなどのヴィクトリア朝中流階級の紳士たちが昼食会に傘をもってゆくべきかどうかの目安になるという平凡な仕事のために作られた多数の気圧計に記録されたのだった。

とはいえ、クラカトアの噴火にまつわることの多くがそうであるように、この現象も当初考えられていたほど単純なものではなかった。記録紙をさらに詳細に調べ、ヨーロッパのもっと遠い都市の記録、さらには世界中の気圧計の記録紙と比較してみたところ、クラカトアを臨終に導いた噴火が発した衝撃波は地球を一度ではなく七回も周回していた。

自記気圧計や晴雨計、測候所はすべて二時間続くシグネチャー波（極性や振幅、振動数、位相など地震が起こす波動の特徴を有する衝撃波）を記録しており、振幅は周回ごとに減少していた。衝撃波は明らかに地球全体を包み込むように何度も行ったり来たりしており、その発生源である出来事の大きさに、およそ似つかわしくないほどの規模の現象となったようだ。

科学界は騒然となった。世界中の気象学者は、これがいったいどういうことなのか、なぜ衝撃波がこのような奇妙な振る舞いをするのかを急に解明したくなった。科学が盛んなロンドンでは、今回の出来事に対する興味はことさらに強く、まるで予測できなかった反応を生んだ。クラカトアはオランダの植民地ではあるが、今回の噴火調査は権威ある、全員イギリス人で構成された組織に委ねられるべきだというのだ。

今日の見地からすると、この横暴な態度には驚きを禁じえない。当時イギリスは強大な影響力をもっていたので、ある種の人びとの目にはこれが上策と映ったのかもしれない。さらに、すべての記録データが、イギリス人が設計し、保有していた自記気圧計（メルボルンやモーリシャス島、ボンベイといった遠隔地にある機器もすべてイギリス製だった）で得られたという事実が、この不当きわまりないイギリスの帝国主義的なお節介につながったのかもしれない。もっとも、反発を買うことがなかった点は明記しておかねばならないが。

経過をまとめるとこうなる。噴火は八月末に起こった。九月の初めには、イギリス製の自記気圧計の記録紙が交換され、気圧の変動がみなの目に留まった。用紙の交換は、まず皮張りの椅子が並んだ女人禁制のロンドンの社交クラブから始まり、さらにはグリニッジ、キュー、ストーニーハースト、グラスゴー、アバディーン、オックスフォード、ファルマスなどの測候所が続いた。そのとき気象委員会の書記局長をしていたイギリス政府高官ロバート・スコットは、科学的な関心の的となるような事象が起きたと考え、ヨーロッパ各地の測候所の担当者にすみやかに電報を打ち、それぞれ記録紙を調べるよう要請した。

ウィーン、ベルリン、ライプツィヒ、マクデブルク、ローマ、パリ、ブリュッセル、コインブラ、リスボン、モデナ、パレルモなどから戻ってきた報告は、あらゆる点でスコットの考えを裏づけるものだった。急激な圧力上昇の波が発生源のスンダ海峡から世界中を何度も周回しており、このような衝撃波の通過は驚嘆すべき出来事であるうえに、この衝撃波は噴火後少なくとも一五日間は地球の周りを回っていたらしいのだ。

スコットは事の重大さを悟り、老練のインド通で技術者の上司リチャード・ストレイチー大将に報告した。

噴火からわずかに四カ月後の一二月に、つまり異例の早さで、二人はイギリスの科学界でももっとも重んじられ、もっとも歴史ある科学機関である王立協会に短い論文を提出した。それは「一八八三年八月二七日から三一日にかけてヨーロッパを通過した一連の気圧の擾乱《じょうらん》に関する覚え書」と題するものだった。論文はたちまち世間の耳目を集めた。

それは、地球上の片隅で起こった自然の出来事が、初めて全世界（厳密に言えば、もし南北アメリカやアジアなどからもデータを得られたならば、真に「全世界」ということになる。そうしたデータも同じ結果を示すだろうから）に及ぶような効果をもたらした、証明可能な事例のごく初期の例だからだ。今回の出来事は、今日までも続いている地球温暖化、温室効果ガス、酸性雨、生態学的相互依存関係など各種の論争を予感させるものだった。ヴィクトリア朝には、ほんとうの意味で地球規模で物を考えだす人はまずいなかった。ただし、未知の地の探検は活発に行なわれていた。各大陸の知られざる内陸部は踏査されていたし、電信システムの発達のために、地球規模で通信することが可能になり、その効果が見え始めていたことは事実だ。しかし、クラカトアがすべてを根本から変えだした。

世界はもはや、相互に関連のない人びと、あるいは、孤立した出来事の集まりではないという認識が突然起こった。むしろ世界は、互いに結びついた人びと、たえず互いにかかわりをもち続けている出来事からなる、際限ないほど大きな連携なのだ。あれほど多くのことと結びつき、あれほど多くの人びとに影響を与えたクラカトアの出来事が、突如として、この新たに認識された現象の好事例と考えられるようになった。したがって、当時の帝国主義的なムードの中では、好むと好まざるとにかかわらず、これを調査するのはイギリスの科学界、なんといってもイギリスの組織でなければならなかった。

調査に着手する決定は一月、さらに二つの短い論文が王立協会に提出されたあとに下された。これら二つの論文はいずれもスンダ海峡付近の陸地の様子をまとめたものだった。最初の論文の執筆者はバタヴィアに駐在するイギリス領事、すなわち、病気になったキャメロン領事の後任で、前スマトラ領事のケネディという人物だ。もう一つの論文は、社会的に有力な人びとを後ろ盾にもつ軍艦「マグパイ」のヴェレカー艦長が書いたもので、ボルネオ島からの報告だった。どちらも、今回の出来事に対するイギリス科学界の見方、つまり、ジャワ島沖で起きた今回の希有な出来事は、並外れて大規模であり、世界中に影響を与えるものであるがゆえに、すみやかにこれを調査する組織を編成せねばならないという見解を十分に支持していた。そんなわけで一八八四年二月一二日、編集者に宛てた手紙という形で、こんな広告が『タイムズ』紙に掲載された。

クラカトアの噴火

王立協会評議員会は、クラカトア火山の噴火およびそれに付随する現象に関する種々の報告を、それらを保管し将来役立てるうえでもっとも有効な形態で収集することを目的として、委員会を設置いたしました。当委員会は軽石や粉塵の落下、浮遊する軽石の位置と範囲、尋常でない数の軽石がさまざまな海岸に漂着した日付、気圧および平均海面の異常な乱れの観測、硫酸ガスの検知、爆発音が聞こえた距離、大気中における光や色彩の異常現象等に関する確かな情報を求めております。またこの件に関係して発表された論文や記事、書簡の写し等を当委員会にお送りくだされば幸甚に存じます。情報をお寄せくださる場合は、記録された事柄すべてに関して、日付と正確な時刻（グリニッジ時間か現地時間かを明記のこと）、およびそれらが記録された場所を併記くださるよう、くれぐれもお願い申し上げます。これらすべての面で可能なかぎりの正確さが肝要です。情報は左記の宛先までお送りください。

バーリントン・ハウス内　王立協会

クラカトア委員会委員長　G・J・サイモンズ[24]

当初はどこか軽石に取りつかれていた観があったこの委員会が、噴火に端を発する、複雑でそれまでにない種類の情報を研究し尽くすには、その後五年かかった。一八八八年に出された最終報告書は本文だけでも四九四ページあり、さらに、図やグラフ、精緻なカラープリントが数え切れぬほど加えられていた。それは確固たる研究成果と、格調高く練り上げられた文体と、すばらしいヴィクトリア朝の活気からなる不朽の傑作と言えた。そして何よりこの報告書には、委員会設立のきっかけとなった気圧波の観測データがすべてきちんとまとめられていた。

そしてそこからは、単純でありながらきわめて見事な観測結果が浮かび上がってきた。クラカトアから四方に放たれた衝撃波は、さざ波が池の面に広がるように世界中に伝わっていった。もちろん地球の場合は、その表面は池の水面のようなたんなる円形ではなく、広大でいくぶんひしゃげた球体をしている。衝撃波は、時速にすると一〇八四～一一六八キロメートルという、音速に近いスピードで放射状に広がった。

衝撃波は行程の半分までは大きく広がってゆき、それから今度は狭まりながら対蹠地《たいせきち》、すなわち地球の正反対の場所——南緯六度六分東経一〇五度二五分にあるクラカトアの場合は、北緯六度六分西経七四度三五分、コロンビアのボゴタ近くの一点——に到達する。そして、一九時間かけてこの名もない対蹠地にたどり着くと、すぐさま帰途につき、クラカトアに戻ってくる（その通過は進路上にあるすべての自記気圧計に記録された。観測地は、サンクトペテルブルク、トロント、南極圏のサウスジョージア島、今は小ぎれいなニューヨーク郊外になっているヘイスティングズ・オン・ハドソンという村など、驚くほど多岐にわたっていた）。

衝撃波が認められるたび、それが通過した時刻が、スンダ海峡で目撃者が記録した噴火時刻と正確に対応していることがわかった。たとえば、グリニッジ天文台上空の衝撃波の通過は、月曜日の午後一時二三分に、すべての自記気圧計に記録された。それによれば気圧は痙攣を起こしたように急激に上昇、記録上にわずかな揺れを残して突然下降し、さらに小刻みに揺れ動いてからゆっくりと上昇して通常状態に戻った。クラカトア時間はロンドンより七時間進んでいるので、火山が噴火した現地時間午前一〇時二分は、グリニッジでは午前三時二分にあたる。天文台の自記気圧計が異変を記した時刻からその時刻を引くと、衝撃波が到達するのに一〇時間二一分を要したことがわかる。耳には聞き取れない衝撃波がクラカトアからロンドンまで、大きな弧を描いて一万一六一七キロメートル旅をしてきた時間を計算すると、まさにこの数値が得られる。

グリニッジ天文台はこの数値を第一回の通過のものだと確定した。そしてさらに六回、衝撃波の通過を確認した。衝撃波は地球上を行きつ戻りつしてロンドン上空を通過し、徐々に弱まり、最後には測定不可能になった。この確認の過程で、二つのことが前にも増して明らかになった。一つは噴火の時刻は間違いなく午前一〇時二分ちょうどということ。もう一つは、世界は今や大気中の衝撃波の伝達に関して、かつてないほど多くの知識を得たということだ。気象学全般がこのときの観測結果によって大きく進歩した。そして二〇世紀中ごろに、大気中で大規模な爆発試験が実施されるようになったときも、衝撃波の大気中の伝わり方は十分に理解された。この面からだけ見ても、クラカトア委員会は十分に存在意義があったと言えるだろう。

(24) 一三人からなる委員会はきわめて高く評価された。メンバーには海軍の水路測量学者、高名な地質学者のアーチボールド・ギーキーとトマス・ボニー、蛍光発光を発見した物理学者のサー・ジョージ・ストークス、それにインドにおける土木工事の第一人者でジャムナ川にその名を冠した橋が架けられた、前述のリチャード・ストレイチー将軍がいた。

ジャワとスマトラの両島沿岸で多くの犠牲者を出した津波も、同様に世界中に広がっていった。火山近くでは波は巨大で、何千もの人が死ぬことは最初からわかっていた。それに、波はクラカトアから遠くなるにつれて小さくなるだろうことも十分予測できた。しかし実際には、波は信じられぬほどの力をもち、火山から猛然と四方へ広がっていって、イギリス海峡のような遠く離れた場所ですらその威力が確認されたことが知られると、世間はおおいに驚いた。

クラカトアで発生した波がはるか遠くまで届いたという確かな知らせを最初に受け取ったのは、チャールズ・ダーウィンの息子でケンブリッジ大学の天文学教授の地位に（これ以上ないほどの僅差で）選出されたばかりのジョージ・ダーウィンだった[25]。友人で、インド潮汐観測所所長の地位にあったA・W・ベアード少佐が、ケンブリッジにいるダーウィンに次のように手紙で書いてきた。「ジャワ島の火山噴火によって引き起こされた波は、これまでのところ受け取ったすべての潮位グラフ上ではっきりとたどることができる。それに八月二七日にはアデン（イエメン南部の港市）で大きな潮位の乱れが起こったという情報も手元に届いている。しかし、日ごとの報告書はいつも情報不足だ。クラチーとボンベイでも潮位の異常が見られるし、私が調査したかぎりでは、波はフーグリ川をさかのぼり、カルカッタまであと半分という地点にまで到達した」

この最後の、波がフーグリ川を逆流して当時のイギリス領インドの首都にまで達しようとしたというニュースは決定的だった。さっそく王立協会は、すみやかに報告書を提出するよう求めた。ベアード少佐はこれを受けて、アデンからラングーン（ビルマの都市。現在はミャンマーの首都ヤンゴンになっている）までの間に帯状に広がる、広大な大英帝国領内の観測所からの報告を、六ページからなる要約にしてただちに提出した。そしてクラカトア委員会は、この問題がたんにカルカッタに対する脅威という以上の重要性をもつことを認識し、すぐさま上席のイギリス海軍大佐に命じて世界中の現象を調査させた。

世界中の港の潮位計の記録が大急ぎで集められた。初期の分析結果からは興味深い傾向が見て取れたが、まったく思いがけないものではなかった。タイミングと波の種類から判断して確実に噴火と結びつけられる突然の予期せぬ波が記録された観測所は、ほとんどすべてクラカトア島の西と南に集中していた。

ほとんどすべてそうなのだが、バタヴィアは例外だった。バタヴィアは直線距離にして約一三四キロメートル東に位置し、高波は迂回してくるので、さらに遠くなる。そんな場所にありながら、王立協会でさえ「水の壁」と呼ぶにふさわしいと考えるほどの波が、首都バタヴィアで目撃された。潮位計の記録では、月曜日の午後〇時三六分、爆発の二時間三四分後だった。イギリス海軍付き牧師のニール師によれば、水がバタヴィアの運河に押し寄せてきたために水面が突然一メートル以上上昇し、何百人もの商人や住民たちが命からがら避難したという。

その日はいつになく寒く、茶色っぽい薄闇に包まれ、空気中に相変わらず砂のような灰色の火山灰が充満しており、人びとの髪や目や口に入り込んだ。しかし驚くべきことだが、この日はかなり平静に、通常どおりに始まった。蒸気式の路面列車は通勤客で満員となり、市場はどこもにぎわい、自家用馬車はコーニングス広場界隈を走り回っていた。馬車の中の人びとは、最悪のときは過ぎ去ったものと信じて、前夜の出来事を興奮気味に話し合った。そのとき、それはやって来た。誰もがすぐに、それが巨大津波の強烈な名残り、どこかで途方もない被害をもたらした大波の残り物だ、ということに気づいた。そしてバタヴィアの善良な市民たちは、唐突に、最悪のときは、じつはまだこれから来るのだということを悟った。

(25) サー・ジョージ・ダーウィンの科学への貢献は理論的なものがほとんどで、後にすべて誤りであることがはっきりした。とりわけ突飛なのは、数学的に計算した結果、月は冷えてゆく地球から引きちぎられてできたものだとする説で、この考えは現在では世界中で否定されている。彼はまた、当時の流行に関する論文もいくつか書いている。彼は一日に三時間以上はぜったい働かないと宣言していた。

この津波の高さは最高で少なくとも二・三メートルあった（バタヴィアの潮位計の針は垂直に跳ね上がり、目盛りを越えてしまった）。アンイェルやテロックベトンを壊滅させたすさまじい津波の一〇分の一にも満たぬ高さなのだが、迫力は十分だった。水はすぐに引いてゆき、水位は通常より三メートルも下がった。それから再び盛り上がり、そしてまた水を跳ね飛ばしながら下降した。水はその後二八時間半の間に全部で一四往復し、寄せては返す波の高さは減少を続けた。そして、とうとう翌火曜日の午後五時五分、八センチメートル足らずのさざ波となってバタヴィアの潮位計に押し寄せたのを最後に完全に消滅した。

しかしこの地域で大波に襲われたのはバタヴィアだけだった。そのほかの、火山の北と東のほとんどの地域では、何事も起こらなかった。シンガポールの潮位計には何も記録されなかったし、香港、横浜、上海にもそれらしい記録はなかった。ジャワ島の東の端にあるスラバヤでさえ、港に設置された三つの潮位計が捉えたのはわずか三〇センチメートルほどの波の揺れで、「こういう場合でなければ気がつかないほどわずかな」ものだった。火山のこの方角に非常に大きな影響がまったく出なかった理由は単純明快で、地図を見れば一目瞭然だ。

クラカトアの東側でスンダ海峡はくるみ割り器の先のようにすぼまる。進路を阻む島じまもあり（邪魔なことで有名なスウォート・ザ・ウェイ島もその一つ）、バタヴィア港に行き着くまでに、波は細長い浅瀬や砂州、再び小さな島じま、暗礁などにぶつかる。それらが相まって、どんな波も東へ向かおうとすれば速力を奪われ、途中で消えていってしまう。音波や衝撃波は行く手を遮られることはないが、海の波は、浅瀬や岬のような、それを消散させてしまうものが待ち受けているので、どうしても東へは進みにくくなる。それはあらゆる場所の記録計で確認できることだ。

一方、クラカトアの西側には、西に向かう波の右手に、スマトラ島南部のフラッケ・フークという名の小さな岬がある以外、行く手には広びろとしたインド洋が続いているだけだ。この方角には、障害となるものはまったくなく、噴火で発生した津波はすべて、自由にどこへでも行くことができた。事実、一八八三年八月、あの一〇時の大波は、少しも遮られることもなく西に向かって扇形に広がり、どこであろうと目指す場所にたどり着いたのだった。このとき二種類の波が検知された。一つは長周期波と呼ばれ、山や谷の周期が二時間もある波、もう一つは短周期波と呼ばれ、もっと急で、不規則で、頻繁に繰り返す波だった。

セイロン島の南端に近い旧オランダ領の港湾都市ガルで、この短周期波の到達が最初に確認された。正確に言えば、二、三分間隔で一四の波が連続して押し寄せたのだ。『セイロン・オブザーヴァー』紙の通信員は、八月二七日に次のような原稿を書き送った。

……本日午後一時三〇分ごろ、埠頭で異常な事態が目撃された。海が突堤の荷揚げ場付近まで後退した。岸に係留されていた小舟やカヌーは三分間ほど船体がすっかり水から出てしまった。近くにいた苦《クー》力《リー》や浮浪者は、水が戻ってくる前にたいへんな数のエビや魚を獲ることができた。

パナマ（中米のパナマ地峡ではなく、セイロンにある町）の港では、女性が一人死亡した。大量の水が流入したとき、湾の砂州からさらわれたのだ。パナマの港長と、ラタマハトマヤという立派《りっぱ》な称号をもつこの地方の君主が後に語ったところでは、港の船は突然下向きに、続いて後ろ向きに引っ張られ、干上がってゆく泥にはまった形で取り残され、錨も露出した。それからまた押し寄せてきた大波によって、突然もち上げられた。地元の河川は、それまでは淡水だったのが、あっという間に河口から少なくとも二・四キロメートル上流まで塩水に変わった。死亡した女性は、田んぼから稲束を運んでいる途中で被害に遭い、そのけががもとで亡くなったのだが、そこは噴火地点から三二〇〇キロメートル近く離れており、彼女はもっとも遠い地における犠牲者だったと考えられている。

セイロン政府当局によれば、さらに南のハンバントータの波の高さは三・六六メートルと推定され、パナマと同じように潮流の力があまりにも強くて小さな船は海に引きずり出されたあと押し戻され、岸に打ちつけられてばらばらになったという。しかし、波は強烈ではあったが、ここでは死傷者は出なかったし、被害もそれ以上に広がらなかった。

世界中の自動潮位計に記録されることが多かったのが長周期波で、公式の記録の大半もこの種の波に関するものだ。一方、短周期波のほうは逸話のもとになることが多いが、振動が非常に速いために、記録計に痕跡を残すことはめったにない。長周期波はインドに到達するころには急速に弱まっていた。マドラスでは三六センチメートルの高さの波が見られ、カルカッタでは約一五センチメートルの波が一〇回ほど連続して押し寄せ、カラチでは高さ三〇センチメートル、アデンではその半分ぐらいになっていた。波は南西にも広がり、アフリカ沿岸に達した。モーリシャス島ポート・ルイスでは、停泊している小舟が係留ロープを引きちぎられた。カルガドス・カラジョスという、あまり船の訪れることもないインド洋上の珊瑚礁の港では、海に巨大な波の滑らかなうねりが見られ、その波は珊瑚礁に乗り上げたときだけ砕けた、と「エヴェリーナ」号の船長が報告している。このときの波は発生地点からすでに四二八三キロメートル離れており、推定時速五九五キロメートルで安定して進んでいた。

南アフリカ東岸の、ふだんは明かりもない荒涼とした港ポート・エリザベスでは、一・二二メートルの高さの波が観測され[26]、ケープタウンでもうねりが見られた。サウスジョージア島にいたドイツの南極探検隊(極点に着くことはできなかった)は、グリトヴィケンという捕鯨基地の港で、記録によれば一二回も連続して押し寄せたすさまじい大波に、氷山と砕氷群が三八センチメートルも押し上げられたのを見た。

そんなふうにして、波は遠くへ遠くへと進んでいった。おびただしい数の波は、種類も形も高さも周期も違っており、現代の海洋学者は、それは多様な原因から発生したものだと考えている。波は最後には勢いを失い、行けるかぎり進み、北西ヨーロッパの果ての入り江まで達した。北大西洋に入り、次いでビスケー湾にたどり着くころには、波の振動はほんとうに小さくなっていた。記録された波の動きを測定するためには、潮位グラフを写真に撮り、拡大しなければならないほどだった。

しかし波は間違いなく伝わってきており、小さいながらも依然はっきり確認できた。フランスの保養地として名高いビアリッツ近くの港町ソコアは、クラカトアから一万七二九海里（約一万九八七〇キロメートル）離れているが、波のうねりが七回寄せ、それぞれの波の高さは七・六センチメートルだった。それは浜辺を散歩する人がかろうじて気づく程度の波だった。しかし、整髪料で髪をきちんとなでつけた青年たちや連れの若いご婦人方が、突然押し寄せてきた珍しく高目の波にブーツやズボンの裾を濡らされかけて、はしゃぎながら飛びのくところを想像してみると、なかなか楽しい。さらにもっと北の、ボルドーのあるジロンド県より少し北のシャラント県の町ロシュフォールでは、河口で増幅された波は一三センチメートルの高さにまでなった。この波は、（このときには少し速度を増し）推定時速六六六キロメートルでクラカトアからここまで飛ばしてきたのだ。しかも速度はほとんど落とさずに。

そしてとうとう、陸地の角を曲がってイギリス海峡に入るころには、ほんのわずかな痕跡しか認められなくなっていた。ごく小さな波がシェルブールとル・アーヴルで記録された。現在イギリス海軍の士官候補生がみな士官になる訓練を受けている場所に近いデヴォンポートでも、一連の不規則なうねりが見られた。し

(26) この波が並外れて大きかったというのは驚くにあたらない。ダーバンとポート・エリザベスの間の海岸線は波がとても高いことで有名で、北へ向かう南極の暴風が、南西に向かって流れるアガラス海流にぶつかり、行き場を失った海水を独特の狭い大陸棚の浅瀬に集中的に押しやると、巨大な波が生じる。ここは世界でも指折りの危険な海岸線なので、一八八三年にクラカトアが引き起こした一・二メートルの高波が押し寄せたときも、地元の船乗りたちに特別の感慨はなかった。

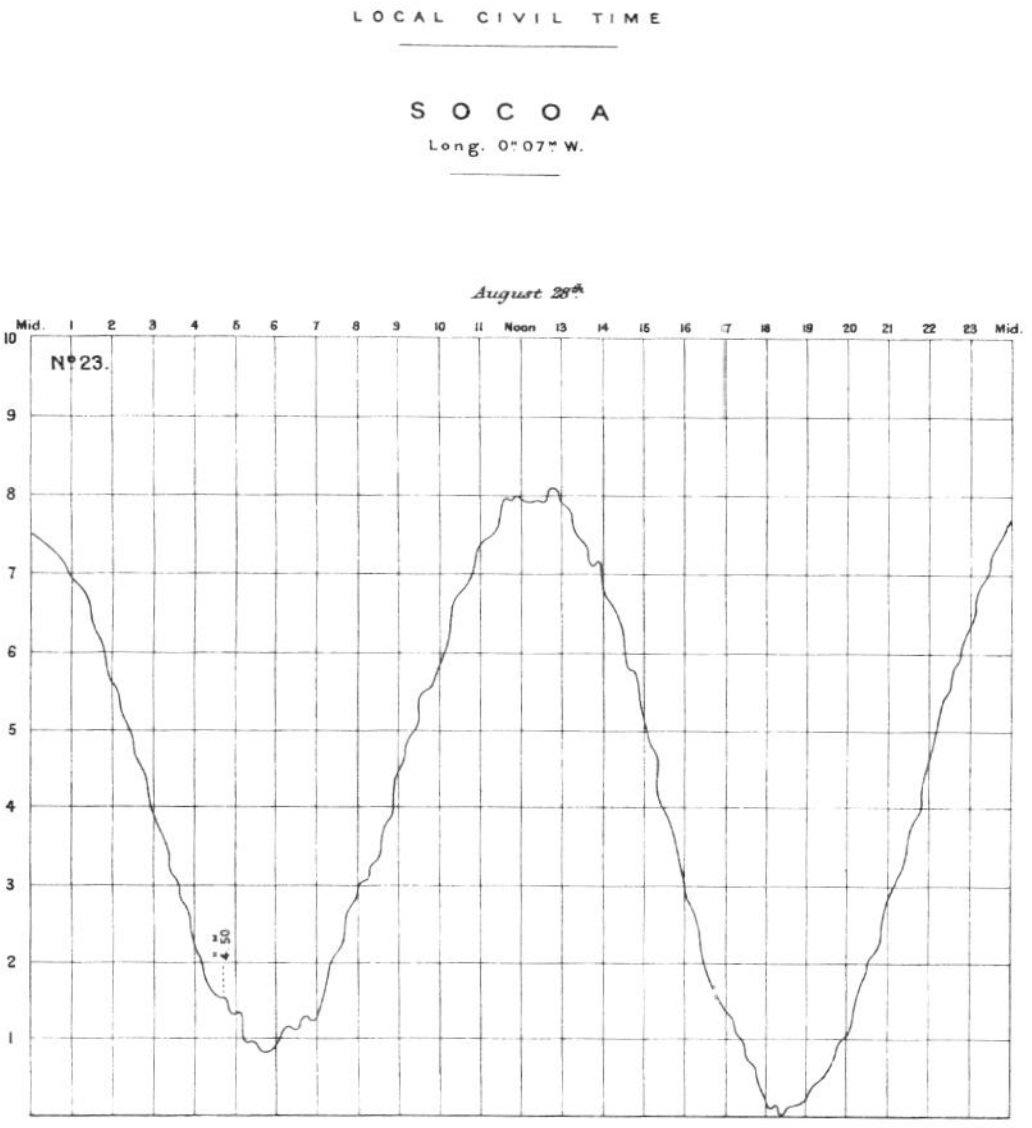

波の小さな揺れがクラカトアから1万1000海里（約2万400キロメートル）近く離れたフランスの保養地ビアリッツに近いこの小さな港町ソコアでも確認された。

かしさらに入り込んだポートランド、プリマス、ドーヴァーでは何も認められなかった。ポートランドの防波堤の内側に取りつけた潮位計には、ほんのかすかな痕跡があるのかもしれない。もっとも、王立協会の報告書では、「計器に実際に現われた小さな波動に周期の規則性はないので、波の変動があったかどうかは断定できない」としているが。

正直に言うと、火曜日の朝、フランスとイングランド西部地方で波が認められたとき、ドーヴァーの港でも、突然跳ねるような大きな揺れや説明のつかない奇妙な隆起が潮位計に記録され、監視員を驚かせたという事実でも見つかれば、どんなに嬉しかっただろう。しかしそんな幸運に恵まれる定めではなかった。スンダ海峡から一万一八〇〇海里（約二万一八五四キロメートル）も離れ、イギリス海峡のもっとも遠い端にあって、深いところでも水深が一〇〇メートルほどしかないドーヴァーの港では、噴火で発生した長周期波も勢いをくじかれたり、かき消されたりしてしまう。ここの計器の針がまったく振れなかったことは、驚くにはあたらないのかもしれない。たしかに大気中の波の通過はグリニッジで七回も観測された。しかし海の波は八〇〇キロメートル余り手前で急に停止し、イギリスの首都ロンドンの近くまでは一度もたどり着けなかった。

ただしそれとは別に、噴火のまったく異なる影響がまもなくロンドンやニューヨークなどの北部の大都市に現われた。その多くは芸術的かつ劇的で、きわめて印象深いものだった。この火山噴火の余波から芸術が、当時としてはまったく思いがけない芸術が、生み出されたのだ。このことは、今日ではそれほど知られてはいないが、完全に忘れ去られたわけでもない。じつは、東インド諸島の上空に噴き上げられた何百万トンもの塵が何年にもわたって世界中に広がり、ありとあらゆる異常現象を引き起こした。なかでも際立った現象は、日没時に現われた。ぎらぎらと輝くさまざまな色彩に飾り立てられた日没が世界各地で目撃され、にわかに興奮した数多くの画家たちの関心の的となった[27]。

そのうちでも有名な人物には、その後ハドソンリヴァー派として知られるようになった一九世紀アメリカの風景画家たちの一人、フレデリック・エドウィン・チャーチがいる。彼は結果として、まさにクラカトアがもたらした大気の状態の恩恵を受ける類いの画家だった。

(27) 長年想像されているものの、証明はされていないことだが、日没の印象画で世界的に有名なJ・M・W・ターナーは、一八一五年のタンボラ山の噴火の余波によって彩られた夕方の空を描いていたらしい。クラカトアと一八八〇年代後半の夕景との関連は十分認められている。だが、タンボラ山が同じような影響を及ぼしただろうことは推測するしかない。その証拠としてたいてい挙げられるのがターナーの絵だ。

チャーチは非常にドラマチックな風景画や、とても彩り鮮やかな空の絵を得意とした。彼は雄大なもの（彼の巨大な「ナイアガラ瀑布」は落下する水の生なましい力を驚くほど見事に伝えている）や、まばゆいばかりに光にあふれたもの（彼の「荒野の夕暮れ」は夕景の色合いの豊かさがいつまでも心に残る）を好んだ。画家としてのこの二つの嗜好は、一八八三年一二月、同時に満たされることになった。そのときチャーチは、おそらくクラカトアから広がった塵が世界の日没に与えるすばらしい効果を十分に意識していたと思われる。彼は自分の住む、ハドソン川沿いの町にある華麗な装飾を施したムーア様式の城館を出て北に向かい、ニューヨーク州も北の外れ、カナダとの国境付近まで出かけた。そしてその地で、自分の思い描く、際立って鮮烈な北のたそがれのイメージを、思うままに写し取ろうとした。

　彼はオンタリオ湖の最東端にあるチョーモント湾を選んだ。西風を受けて初冬の氷が厚く積み重なるころだった。細長い半島に生えた木ぎは、この年もまた葉を落として裸になっていただろう。そして何よりも、夕日がその中に没してゆくかと思われるほどの広大な湖があるはずだった。彼はそのイメージを水彩で描くことにした。そして完成した絵に「オンタリオ湖、チョーモント湾氷上の日没」という、そのものずばりの題をつけた。空は、数種類のピンクや藤色、それにオレンジ、サーモン、紫など、さまざまな色が柔らかく混ざり合い、見る者の度肝を抜き、異様な感じを漂わせ、何かが、何か説明できない現象が、夕暮の空高くで起きていることを示唆している。この絵は、クラカトア噴火直後に描かれた唯一の主要作であり、たとえチャーチが噴火後のありさまを絵画にしようという意図で描いたものではなかったとしても、今では巨大火山がもたらした影響の鮮烈な証拠記録となっている。[28]

　チャーチほど有名ではない画家たちも、思う存分描きまくった。そのなかでもっとも注目すべき人物は、チェルシーのテムズ河畔に住んでいたウィリアム・アスクロフトだろう。噴火から二週間後の九月上旬、彼は突然気づいたのだが、ロンドンでは印象的な日没の光景が、そして、それ以上に興味をそそられる異様な

フレデリック・エドウィン・チャーチの「オンタリオ湖、チョーモント湾氷上の日没」は1883年12月28日の作品。大気上層に浮かぶクラカトアの塵によって引き起こされたとされる鮮やかで薄明るい色彩に彩られた夕景が描かれている。

ほど強烈な夕焼けが、続けざまに見られるようになった。彼はそれらの光景をすさまじい勢いで描いていった。そして、すっかり魅了されていた数カ月の間に、合計五三三枚もの水彩画を仕上げた。

とりわけ美しい夕方には、彼は数分間に一枚という速さで、夕景の全過程を低速度撮影でもするように写し取り、一日に何枚も描き上げた。たとえば一一月二六日には、日没後の光景を午後四時一〇分から五時一五分までの間、一〇分に一枚の割で描き、刻々と姿を変えてゆく、燃え立つような紫やオレンジの空を、映画のカメラのようにすばやく精密に捉えていった。彼は自分の見たものに関して、非常に長い覚え書と分析を書き残している。そこには「血のように赤い残照」とか「琥珀《こはく》色の残照」という言葉が記されている。また、沈んでゆく太陽の周りにしばしば現われるまばゆい光環《コロナ》についても、いくつか例示している。このコロナは、初めてそれを確認

(28) この絵はフィラデルフィアの個人収集家が所蔵している。

したハワイの博物研究者[29]の名を取って「ビショップの環」と名づけられた。アスクロフトの描いた五〇〇余点もの絵画はすべて、のちにサウスケンジントンにある美術館で展示された。現在それらは、今は自然史博物館と名を変えた同じ建物にしまい込まれたまま、なかば忘れられている。

　噴火によって、さまざまな質や組成の火山塵が空中に放出された。そのうちの多くは重すぎて長時間上空にとどまることなく、灰色の幕となって漂いながら落下し、その現象は広い地域で報告された。噴火から二週間にわたって、粉塵は海上の船舶に降り注いだ。「ブラニ」号と「ブリティッシュ・エンパイア」号は、クラカトアから三二〇〇キロメートル以内のインド洋上を航行中、船長の一人が「セメントのような」と形容した白い灰がゆっくりと降りしきるのに遭遇した。「スコティア」号の場合は、六〇〇〇キロメートル離れたアフリカの角《つの》（アフリカ北東部の、紅海からインド洋に抜ける地点にある突出部）の沖にいた九月八日まで、舞い落ちる粉塵を浴び続けた。

　しかしもっと軽い物質、もっとも細かな粒子は対流圏を抜けて噴き上げられ、ついには成層圏の下層にまで達し、ほとんど引力に影響されることなく何カ月もそこに浮かんでいた[30]。現在の推定では、クラカトアの噴火は、物質を少なくとも三万六六〇〇メートル上空まで噴き上げたとされている。人によっては四万八八〇〇メートルとも言う。それだけの高さまで舞い上がった物質は、一種の無重力均衡状態のままで浮遊できることが、その後の調査でわかっている。

　直径一ミクロンの粉塵の粒子は、それが霧状の小さなしずくであっても火山から噴出したケイ酸塩鉱物のかけらであっても、成層圏中をわずか一〇〇〇メートル下降するのに何週間もかかることが、最近になって明らかにされた。直径半ミクロンの粒子なら何カ月もかかる。それほど引力の及ぼす力は小さい。しかし、クラカトアが放出したかけらの水平方向の移動に関しては、完全に無制限だった。地球を循環する強い風が、かけらを遠く広く飛散させた。それに、低いところでは、いつまでもぐずぐずと漂っていたがる小さな塵を洗い流してしまう雨も、この高さでは存在しない。

そういうわけで、小さな塵は邪魔されることなく、非常に長い期間、成層圏にとどまった。そしてそこを通過する太陽光線を屈折させたりフィルターにかけたり、その他さまざまな影響をそれに与えたりして、とても鮮やかな色に変えた。また薄暮の空も、朱色やパッションフルーツ色、洋紅色、鮮やかな藤色などに染めた。ほかのどんな影響にも増して、このような現象を起こしたおかげで、クラカトアはほどなく、世界の歴史の中でもっとも有名な火山の座を占めることが確実になった。

クラカトアは、ほかのどの火山より多くの死者を出し、そのため今なお悪名が高い。しかし広く世界中の何億もの人びとに知られるようになったのは、それとは別の、無害で美しい理由、夕べに西の方を見るたびに誰もが自らの目で簡単に確かめられる理由のおかげだった。

詩人たちも画家たちと同じようにインスピレーションを受けた。テニソンは、今ではほぼ完全に忘れ去られた叙事詩『聖テレマコス』（噴火から九年ほど後に発表された）の中で次のような驚嘆の声を上げたとき、クラカトアを念頭に置いていたと広く信じられている。

どこかの火山の猛だけしい灰は
空高く噴き上げられたので世界をさまようことになったのか？

(29) この人物はセリーノ・ビショップ師で、宣教師として活動していたハワイではよく知られた苗字をもっていたが、有名なホノルルのビショップ博物館の創設者とは無関係だ。

(30) 成層圏は地表から一万七〇〇〇～四万八〇〇〇メートルの高さにある真空に近い大気の層で、その下にある対流圏とは一点重要な違いがある。すなわち、登山家や飛行家は誰でもよく知っているとおり、対流圏では高度が上がるほど気温は下がるが、成層圏下層ではこの現象は起こらない。そして成層圏上層数千メートルの範囲では、日光が地球の影に遮られないかぎり、実際のところ気温は高さとともに上がり始める。

幾日も幾日も、血の色をした夕空を通して……
怒りに満ちた落日は赤く輝く……

王立協会のクラカトア委員会は、ヴィクトリア朝のこの種の研究の大きな特徴である、ほとんど強迫観念とも言える貪欲さを見せて完璧性と包括性を追求し、広く一般からの応答を要請した。彼らは荷馬車に何台分もの資料を受け取り、[31] どれほど些細なものであろうと、自らの知るところとなったありとあらゆる大気の現象に関するありとあらゆる報告を、労を惜しまず分類した。四九四ページからなる協会の最終報告書の三分の二は、「薄暮への影響、コロナの出現、空の霞み、太陽や月等の変色などを含む、一八八三年から一八八六年にかけての大気の異常光学現象」に充てられている。

さらに四八ページにわたって、異常現象の見られた八〇〇カ所に関する詳細が日付順にまとめられている。このリストは、じつは激変の数カ月前から始まっている。おそらく、続いて起こる異常な現象の数かずと比較するための、一種の基準にするためだろう。そんなわけで、最初の報告は、南アフリカ台地の中央部にあるグラーフ・レイネットという町から届いたもので、南半球の冬の期間から始まり、「二月から六月にかけてしだいに数を増してくる美しい夕焼け」の存在に気づいた者がいるという内容だった。最後の大爆発へ向けての最初の噴火が、五月の末ごろに起こったことが想起される。

そしてそのあとにも、王立協会が新聞各紙に載せた広告を見たり、その話を聞いたりした人からの、おびただしい数の応答が載っていた。果てしなく続くかに見える報告は、戸惑うほどさまざまな場所や人、船や灯台から寄せられており、どれも奇妙な現象を取り上げていた。その多くは空に現われたものだった。青い月が、セイロンのコックライに住むホートン氏によって目撃された。当時芝罘《チーフ》といった中国の都市（現在は煙台《イエンタイ》）の灯台守は、西の方が火が燃えるように赤味がかっているのを見た。ニカラグアのリバスにいたアール・フリント博士は青い太陽を目撃した。カリブ通信基地のフェアクロス大尉は、バハマ諸島のナッソー上空に沈んでゆく太陽が「ぎらぎらした光」を発しているのを目にした。王立協会と協力してこの種の情報を何十も集めていた科学専門誌『ネイチャー』の最初の報告はコロンボで緑の太陽を見たというものだった。次に南インドのオンゴールの宣教師W・R・マンリー師から届いた、「日没から一時間以上にわたって深い赤の……すばらしく美しい夕焼け」を見たという手紙を掲載した。

またヴィクトリア朝の詩人でイエズス会司祭であり、当時ストーニーハースト・カレッジで古典を教えていたジェラード・マンリー・ホプキンズは、自分が見たもののあらましを詳しく書いた非常に長い一文を『ネイチャー』誌に寄せた。通常は無味乾燥なこの雑誌には不似合いな文体だったが、「ドイッチュラント号の難破」(一八七六年作のホプキンズの詩)を知っている者には見覚えがあった。

……その上方の光を放つ霞は、まだ色彩を帯びていなかった。そのうちに全体が美しいオリーブかあるいは青磁の色になった。けれど前日ほど鮮やかではなく、かすかに縞模様がついていた。緑の帯がオレンジの帯よりも幅広く、前者が上からのしかかって後者を収縮させていた。そして緑の上方には、もっと幅の広いはっきりした赤い輝きが現われた。これには薄い縞があり、その肋骨とも横木とも言えそうな縞はバラ色に輝き、縞と縞の間、空が透けて見える部分は、アオイのような緑色だった。

(31) スミソニアン協会により一九八三年にワシントンで出版された噴火一〇〇年記念の研究報告書の編集部が、一般に向けて噴火に関することを何でもよいから報告してほしいという同様の要請をしたところ、一通の返答もなかった。

紹介された現象の多くは四種類に大別され、どれも何ページにもわたる報告例で明確に裏づけられている。第一に日没時の現象、次に鮮やかで異常な色彩の月（青色の場合が多く[32]、緑色のときもある）や、ときおり起こる太陽の色彩異常とごく稀に起こる大きな惑星の色彩異常、第三は日没直前に頻繁に見られる白っぽい色をした太陽のコロナ、そして最後に、恐ろしいほどぎらぎらと輝く燃えるような夕焼け。

実際のところ、日没そのものより、そのあとの残照のほうが概して印象的で、多くの人の目に留まったようだ。残照はいかにも熱そうに鮮やかに赤く燃え、数分前に太陽が没した場所の上空に現われることがときどきあった。それを生み出す原理は、噴火のあとのたゆみない研究の結果、今ではすっかりわかっている。これは、しだいに日が傾き、大気中の光学的な異常を起こす層を太陽光線が通過する距離が長くなるときに起こる現象なのだ。クラカトア噴火後に目撃された残照の場合、光学的な異常を起こす層とは、大気中に漂う火山灰の層だった。太陽が沈んで、その光が地平線のずっと下から射してくるようになると、もっとも曲がりにくい赤い光を灰の粒子が吸収して散乱させ、完全に消えてしまうまでのしばらくの間、火のように赤い色を生じさせる。

王立協会の膨大な目撃リストからは、一つのパターンもたちまち浮かび上がった。それは、クラカトアからまき散らされ、成層圏に達した大量の灰の雲は、間違いなく西に向かって地球の周りを移動しているというものだった。当然予想できることだが、下の地球が東向きに自転しているためだ。そしてその移動の過程で、灰は南北にも広がった。違う言い方をすれば、青い太陽も月も、火のように赤く輝く残照も、ビショップ環も、すばらしい日没も、最初は緯度の低い場所、つまりクラカトアの緯度に近いところで現われた。九月いっぱいは、北はホノルル、南はチリのサンティアゴまででしか見られなかった。

しかしそのあと、火山灰の雲はさらに大きく広がっていった。一〇月の初めまでにはメキシコ湾でもこれらの現象が目撃され、それからナッシュヴィル、ブエノスアイレス、カナリア諸島、上海などでも見られるようになった。噴火の六週間後には、灰の粒子は緯度にしてまるまる六二度以上にわたる範囲で光を屈折させ、反射し、消散させ、拡散させて、発生地点から、文字どおり世界の半分を覆うまでに広がった。

灰はさらに移動を続けた。一〇月末までには、タスマニアや南アフリカやチリ南部の都市などの場所で、びっくりするような日没の光景を見た人びとが息を呑んで詩を書いたり、新聞社の編集部に手紙を書いたり、鮮やかな色彩の絵を描いたりしていた。その後も火山性煙霧質の雲は空を漂いながら北へ南へと広がっていったが、震えるような奇妙な動きを見せたかと思うと、どうやら後戻りと拡散を同時に始めたようだった。その結果一一月二三日ごろには、カナダ西部とカリフォルニアに到達したあと、アラスカやアリューシャン列島やハワイではなく、イギリス、デンマーク、トルコ、ロシアで見られるようになり、そして西から回ってシベリアでも目撃された。

テムズ川上空に毎夕見えた光景を一一月に一生懸命描き始めたチェルシーのアスクロフトによる五〇〇余枚の日没の絵を含めて、北半球で集められた全記録を調べてみると、火山の東に位置する国ぐにへの影響は、遅く現われたようだ。言い換えれば、最初のころは西へ西へと進んでいた雲が、まるで地球の表面上に長くてしまりのない螺旋を描こうとでもしているかのように、今度は反対方向に動き始めたように見えた。

（このような上空の大気の動きの綿密な研究が、近代気象学にとってきわめて重要なことが後にわかった。クラカトア噴火の影響の分析は、今日もなお、おもにハワイやロードアイランド、オックスフォード、オークランド、メルボルンの大学で続けられており、じつに多くの科学分野に情報を提供してきた。とくに、天気予報の分野では一大革命を起こした。それまでの、たんに学者が額を寄せて想像するだけといったかなり

(32)　「青い月」という言葉（英語の「blue moon」には、「長い期間」あるいは「一月のうちの二度目の満月」という意味もある）は少なくとも一六世紀までさかのぼるが、この現象とはいっさい関係ない。

心もとない水準から、今日の近代科学に近いところまで飛躍するのに貢献した。たとえば、ジェット気流の動きの変化を示す地図を見るたびに、クラカトアから発生した煙霧の成層圏における動きの研究のおかげで、まさにこの、天気を生み出す現象について知識が得られたのだということを思い出すとよいだろう。この現象に気づいたのはハワイのビショップ師が最初だったようだ。彼は火山灰の初期の拡散を「赤道煙流」と呼んだ。)

噴火により発生した粒子は、これまた科学者の厳密な計算によれば、「時速一一七・四六キロメートル」で動き続け、とうとうその年の終わりまでには、それぞれ落ち着くべきところに落ち着き、重力に引っ張られて下降していったが、その速度は限りなくゼロに近かった。そのため粒子は空中を永久に漂い続けるかのように見え、最初の数カ月の輝くばかりの美しさには及ばぬまでも、下で見上げる人びとに二、三年にわたって大きな喜びを与え続けた。アスクロフトは、日没の異常現象が続いた全期間にわたって、チェルシーの自分のアトリエからこれを記録した。彼は、この現象が「完全に視界から消えたのはようやく一八八六年の初めになってからだった」と記している。

しかし、この現象が提供したのは美しいスペクタクルだけではなかった。粒子の雲は一一月にはニューヨーク周辺に達した。市内のどこからでも同じ光景が見えた。「島全体が燃えているようだった。巨大な炎が川向こうで幾筋もめらめらと燃え上がり、南西の空を赤く彩り、ニュージャージーの岸を美しい貝殻色に染めた」と『ワールド』紙(33)は書いた。当時は今ほど抑制の利いた新聞ではなかった『ニューヨーク・タイムズ』紙もかなり派手な言葉遣いで次のように書いている。「雲はしだいに赤味を濃くし、血のような色合いに変わり、海面は流血で朱に染まったかのようだった。すばらしい色彩はやがてとうとう薄れて柔らかいバラ色［ピーター・マーク・ロジェの分類語彙辞典は一八五二年に刊行されて参照可能だった］になり、それから淡いピンクになって、最後には黒ずんでゆく地平線の上に消え去った」

田舎の方では、かなり違うなりゆきになっており、空を真っ赤に染める日没が引き起こした混乱はとどまるところを知らなかった。ハドソンヴァレー沿いに一一〇キロメートル余り北に行ったポキプシーという町では、感謝祭前夜の一一月二八日水曜日、『デイリー・イーグル』紙が冷やかし半分の次のような記事を掲載した。

ポキプシーの消防団員たちは、熱意をもって迅速に火事に立ち向かい、効率よく消火を行なうことでもともと有名だった。しかし昨夜の一件は、さしもの彼らの手にも余ったようだ。大火事の発生を物語る光が目撃され、ベルがけたたましく鳴り、団員たちはマーケット通りを駆け抜けてモンゴメリー通りへ、モンゴメリー通りからリヴァーヴュー・アカデミーへと猛然と進んでいった。そしてアカデミーに到着したとき、火事は川の向こうだということがはっきりした。彼らはしばらく冷静に状況を分析した結果、火元はあまりに遠すぎるという結論に達した。もっとも、彼らが到着するまで燃え続けていそうではあった。だが、そこまで行く手段はないし、現場では水も手に入りそうになかった。火はじつは一億四六四〇万キロメートル先で燃えていたので、団員たちがなんとかたどり着くには、全力疾走しても七〇〇〇〜八〇〇〇万年かかるし、帰ってくる前に任期が終了してしまうだろう。太陽は火事として相手にするには大きすぎて、納屋の火事などとは比べものにならない。ホースが足りなくなるようなことをしなかったのは、賢明な判断だった。

空に現れた異様な光については、さまざまな原因が考えられている。もっとも有力なのは、沈んでゆく太陽が地平線上の靄《もや》にかかったときに光線が反射するという説だ。また、ここ数日、大気の異常な

(33) 野球のワールドシリーズで有名。

状態が続いているが、ことによるとこれも何か関係があるかもしれない。

日没にまんまとだまされて、ばつの悪い思いをしたに違いない青年たちは、七つある町の消防団の第六分団に所属していた。アメリカ青年消防団という名のほうでよく知られていた彼らは、川の近くに配置されていたので、町の西の端で火事が起こると決まって真っ先に消火に駆り出された。二、三日後、彼らの傷心を和らげようと、ある親切な気象学者がロチェスターの『デモクラット・アンド・クロニクル』紙に寄稿した。それによれば、同じようなまぎらわしい光が州の彼の住んでいるあたりでも目撃され、ポキプシーの有志たちが馬の引くポンプ車で緊急出動する原因となったものは、彼の見解によると、「大気の上層で分解された蒸気の層」だったという。

ポキプシーの『サンデー・クーリア』紙は、この見解をいくぶん進め、多少の先見の明を見せながら、こう推定している。「消防団員を出動させることになった、一見大火災のような光の反射」は「青や黄色の光線をふるい分けて排除してしまう……微細な水滴」を通って太陽光が曲がった結果ではないか、それらの水滴には「塵や煙が混ざっているかもしれない」と書いている。その一方で、おそらく勤め先に備えつけてあるオールド・ムーア暦（イギリスの暦。古星術によりその年の重要な出来事が予言されている）でも見たと思える人物から、光があるばかりで太陽がないこの光のショーは、たんにこれから先、高気圧に覆われ晴天が続くということの前兆にすぎない、とする投書もあった。しかしこのあとに寒い季節がやって来て、しかも塵のせいで寒さは例年よりはるかに厳しかったので、この予想は大外れとなった。

たしかに、一八八三年一一月という月は、北半球全体で忘れ難い光のショーの時期となった。火災監視員がポキプシーの西の外れで燃える炎を見たと思い込んだことに加えて、コネティカット州ニューヘイヴンでも同じような理由で消防車が出動したことが報告されている。このような薄気味悪い空を毎夕見なければならない人びとの間では、半分パニックに陥ったような奇妙なムードがしばらく蔓延した。世界の破滅の前兆だと思ってうろたえる者もいた。やがて、遠くの火山から飛んできた塵が原因だという明快な説明を聞いて、人びとはようやく緊張を解くことができ、いつまでも心に残る恐ろしくも美しい光景を、やっと無心に眺められるようになった。しかし、どこであろうと、その光景がいつまでも続くことはなかった。

また、気温の問題も起こった。バタヴィアの人びとはすぐに肌寒さに気づいた。噴火が起きたまさにその月曜日の夜明け（というよりは、火山灰に覆われてくすんだ薄闇にぼんやり光が射した、と言ったほうが適当なのだが）、気温は例年を下回る摂氏一八・三度で、通常より八・三度も低かった。人びとが通りで身震いする姿が見られた。もっともこれは、体温を保つためばかりでなく、恐ろしかったせいもあるかもしれない。その後何日も濃密な雲が垂れ込め、日光を通さない灰色の帳《とばり》が、バタヴィア市内とその周辺の半径一二〇キロメートルにも及ぼうという範囲を覆い尽くした。

理論的には、世界中にベールのように広がった粉塵の粒子のせいで、ほかの場所でもやがて同じような影響が生じるはずだった。つまり、異常な日没を作っている塵の雲に覆われて苦しんでいる場所は、火山の近くほどひどくはないまでも、ふだんより寒く感じられるはずだった。そしてある程度までは、そのとおりになった。クラカトアが演出した音や光のショーの情報を集めて整理することにあれほど熱心だった王立協会は、奇妙なことに、上空に散らばった粒子のせいで世界が冷える可能性は一顧だにしなかった。協会の報告書の編纂者は世界中の気圧のリストを披露したが、世界の気温はまったく示していない。その方面の研究はずっと後世まで待たねばならなかった。気候関係の研究に対するこの時代の熱意を考えると、この脱落はたいへん不可解だし、それに対する満足な説明もなされていない。

気温の研究がなされると（一回目は一九一三年、二回目は一九八二年に行なわれた）、予想どおりどちらの調査でも、たしかに世界中で気温が低下したことが確認された。残っていた記録によれば、気温の低下は平均〇・五五度で、クラカトアの噴火とほぼ同時に起こっている。しかし、いまだに明確にできず、科学界を悩ませているのは、どちらのほうが先だったかという問題だ。噴火が世界の気温を下げたのだろうか。それとももしかしたら、何か違う原因で世界中の気温が低下し、（とてもありそうにない気がするが）その影響でどういうわけか地殻が圧力を受け、ひずんで断裂し、火山の爆発が続いたのだろうか。

両者の間に相関関係、つまり確かなつながりがあることは間違いない。ベンジャミン・フランクリン[34]が最初にこれに気づき、マンチェスター文学哲学協会で講演した折には、一七八三年にヨーロッパで冷夏を引き起こし、続いて尋常ならざる厳冬をもたらしたと思われる「ドライ・フォグ」に、ほぼ間違いなく空気中の塵の働きだと述べた。彼は火山活動の記録を調べ、アイスランドにある、ラカギガルまたはヘクラと呼ばれる割れ目火山（大地にできた割れ目から噴火する火山）がその年の初めに噴火したことを発見した（面白いことに、クラカトア噴火のちょうど一世紀前だった）。この噴火が何週間にもわたって大量の粉塵を発生させ、もうもうと大気中に噴き上げた。これが犯人に違いない、と彼は断言した[35]。

クラカトアの約一一三〇キロメートル東にあるインドネシアのスンバワ島のタンボラ山は、一八一五年に有名な噴火を起こし、クラカトアの二倍近い物質を大気中に噴出した（岩石、火山灰、粉塵を合わせて約四六立方キロメートルで、これに対しクラカトアは二五立方キロメートル）。噴火が地元にもたらした被害は深刻だった。五万人が死亡し、一つの言語（タンボラ語）が消滅し、一つの島が何年間も居住不能になったという。しかし気候への影響もまた驚くほど大きかった。というのは、そのため世界の気温が平均一度も下がったのだ。つまり例年ならぎりぎり氷点下にならない気温摂氏〇・五度の時期が、タンボラの噴火の翌年にはマイナス〇・五度になるということだ。すべての池に氷が張り、もっと致命的な話だが、穀物の新芽、花、孵化しかかっている卵まで凍ってしまったわけだ。

そのためアメリカ東岸のニューイングランドの農民は、一八一六年を「夏のない年」と呼んだ。南のニュージャージー州でも五月まで霜が降り、ニューイングランド北部ではそれが六月、七月まで続き、作物の生育期は通常一六〇日あるべきところが、七〇日にまで縮まった。無料給食所がマンハッタンにいくつも設けられた。家畜には大西洋岸の港から運ばれてくる魚を飼料として与えなければならなかった（一八一六年は「サバの年」としても今なお人びとの記憶にとどまっている）。後に「西側世界最後の大食糧危機」と言われるほど穀物が不作で、その結果、西海岸への移住が始まった。今日、カリフォルニアの住民のうちの少なからぬ人は、いみじくもこう言うことができる――自分たちがここの住民になったのは、その年の壊滅的な寒さを引き起こした直接の原因であるタンボラ山のせいだ、と。もっとも彼らのほとんどはこの火山を知らなかったし、この山は一万六〇〇〇キロメートルもの彼方にあった（人びとはヨーロッパからもカリフォルニア州へ移住したが、それと逆のことがカナダのニューファンドランド州で起こった。移民たちが食べてゆかれるだけの食糧がないため、彼らは再び大西洋の向こうへ送り返されたのだった）。

ところが、ヨーロッパでも事態は同じぐらい悪かった。一八一六年の天候は観測史上最悪で、気温の低下は、南はチュニジアにまで及んだ。フランスではブドウが一一月まで収穫できなかった。ドイツでは小麦が壊滅的な不作で、小麦粉の価格は一年で倍に跳ね上がった。飢饉が伝えられるところもあれば、暴動や集団移住が発生するところもあった。当時の日記や新聞には悲惨な話ばかりが繰り返された。バイロンは、彼の

(34) 当時（一七八四年）は、アメリカの初代フランス大使だった。

(35) 多くのイギリス人に愛読されているギルバート・ホワイト（一七二〇～九三。イギリスの聖職者、博物学者）著『セルボーンの博物誌および古代事物』には、一七八三年の夏の天候に関する記述があり、異常な寒さで、彼の住むハンプシャーの村では「五月五日に厚い氷が張った」と書かれている。

もっとも物悲しい詩「暗闇」（「朝来たり、しかして去れり／また来たり、されどついに昼は来たらず」）を、その陰鬱な年の影響を受けて作ったと言われる。そしてメアリー・シェリーも、同じように時ならぬ憂鬱に捕らわれながら『フランケンシュタイン』を書いたのかもしれない。

今日では、高性能の計器類とそれが記録する測定値が逸話や日記の役割を奪ってしまった。大気中の噴出物を示す指標になるのは、採取した氷床コアに見られるごくわずかな火山灰の層や硫酸の増加だ。それに木の年輪の萎縮がある。年輪に「フロスト・リング」があれば、並外れて寒い冬を過ごしたことがわかるからだ。深い部分の氷床コアや、一九世紀から生えている木などを調査すると、逸話が昔から示唆していた事柄が確かめられる。すなわち、世界の大型火山の噴火時期は地球の冷却期間と重なる傾向があり、その期間には長く続いて非常な気温の低下が起きる場合もあれば、短くて気温もあまり下がらない場合もあるのだ（正確な決定要因については今なお意見の一致を見ていない）。タンボラの噴火による大量の火山灰と一八一五年の世界的な気温低下は同時期に発生した。そして、一八八三年にクラカトアから大量の火山灰が噴き出したときも同じだった。

火山の噴出物のうちでいちばん悲劇的な役割を担ったのは、いちばん速度の遅い物でもあった。耳に聞こえる音も聞こえない衝撃波も時速一一〇〇キロメートル以上の速さで飛び去ったし、粉塵も一一〇キロメートル以上の速さで世界中に散らばったようだ。一方、軽石は、クラカトア周辺の海に着水して莫大な数の浮遊物となって漂い、遠くはアフリカ東南の海岸にまで運ばれていった。しかしその速度は、時速にしてせいぜい八〇〇メートル程度で、やっと陸地にたどり着くまでに一年以上かかった。

そして、ようやく漂着して海岸に打ち上げられたときには、軽石に載って人骨が運ばれてきているのが発見されるという恐ろしいケースもあった。犠牲になった何千何万もの不運なジャワ島やスマトラ島の地元民、オランダ人、中国人の、誰のものとも知れぬ遺骨が、軽石といっしょに海の旅をしてきたのだった。

軽石は火山活動の副産物の一つとしてよく知られている。とはいえもっとも広範に使われているのは、もちろん建築資材になる火成岩だ。火成岩にはケルンの大聖堂の尖塔に使われている黒っぽい玄武岩や斑糲《はんれい》岩から、京都のあちこちの寺で見かける石灯籠の材料となる、もっと色の薄い安山岩まで、さまざまな種類がある。火山土、とくにそのなかでもアンドソルと呼ばれるグループは並外れてミネラルが豊富で、『火山大事典』には心惹かれる言い回しで「多くの古代文明を育んだ」と書かれている。そしてごくありきたりの日用品の多くにも、その製造過程で火山性物質、とくにベントナイトと呼ばれる風化した火山灰から抽出した吸収性のきわめて高い鉱物が取り込まれる。電池、サーフボード、冷蔵庫、エアコンなどには普通、目に見えないところに火山灰が使われているし、シンダーブロックという名で知られている安い建築資材はその原料を別に隠し立てはしていない。粉砕したコークス、石炭殻《シンダー》、溶鉱炉の燃えかす、それに簡単に手に入る場所では、細かく砕いた軽石と火山灰だ。

軽石はまた、昔ながらの浴室にヘチマや浴用たわしと並んで備えつけられている。これでこするのは気持ちのよいものだ。それに、空中を飛散する途中、固まる前に多量のガスの気泡が混じるために、とても密度が低く、じつにたやすく水に浮く。デニムの生地を着古したように加工する業者も、大型洗濯機の中に入れてよく使う。そうすると軽石が布を軽くこすって脱色し、若者好みの古びた感じ

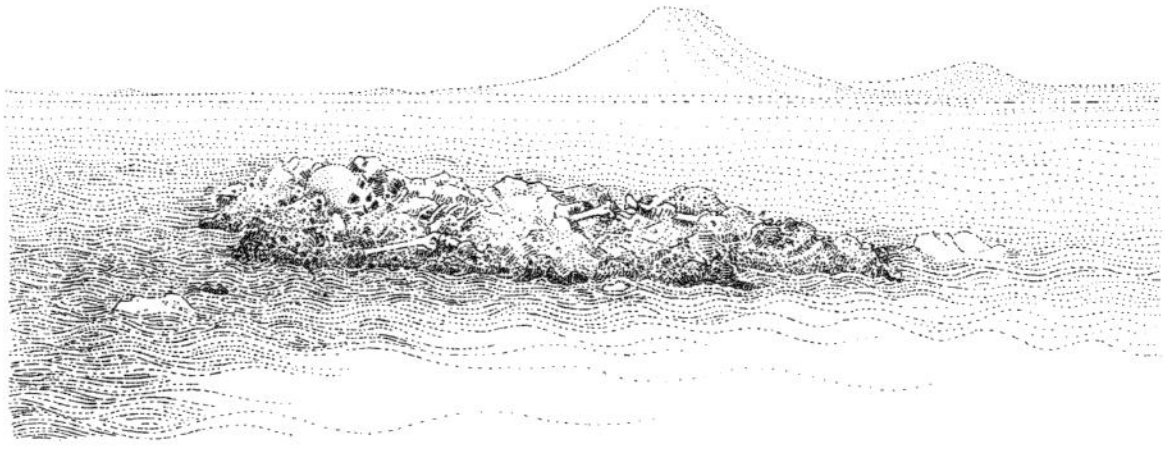

大きな軽石の多くは犠牲者の遺骸を載せて、遠くはザンジバルまで漂っていった。

にしてくれる。
しかしこのような害のない利用法は、クラカトアから放出された莫大な量の軽石にまつわる恐ろしい真実を覆い隠してしまいがちだ。アフリカ東岸沖にあるザンジバル島[36]のミッションスクールの女性校長が、王立協会の要請に対して次のような返事を書き送っている。

……一八八四年七月の第三週ごろでした。男子生徒たちが……水に浮かぶ石、明らかに軽石でしょう、それを海岸で見つけてとても喜んでいました。引率していたご婦人は……たくさんの人間の頭蓋骨その他の骨が「海岸の最高水位線に沿って」転がっているのにも気づきました。みなとてもきれいで肉はまったく残っていませんでした。そして、二、三メートルおきに二つか三つずつ固まっていました。

もちろん火山に近いところほど、浮遊する軽石も分厚い。一八八四年の初め、現在はミクロネシア連邦に属しているコスラエ島の西海岸で、四〇センチメートルもの厚さの巨大な板状になった軽石がいくつも浜から引き揚げられた。どれにもフジツボがびっしりと張りついており、巨木の根が絡まっているものも多く、その根にさらに別の軽石が引っかかり、根が浮くのを助けているのだった。根こそぎにされて海に浮かび、四八〇〇キロメートルも東に流れてきたこれらの木ぎは、おそらくかつてのクラカトアの森の一部だったのだろう。一七八〇年、キャプテン・クックの遠征隊が本国へ帰る航海の途中で日誌に書き、絵に描いたのと同じ森、そしてスンダ族の船大工が伐採していて、五月の最初の噴火で命からがら逃げ出す羽目になった、あの森に生えていたのだろう。
一月にオーストラリアから来てスンダ海峡に入ったある船が「何エーカーもある（一エーカーは四〇〇〇平方メートル強）」軽石群に遭遇したように、軽石の浮かぶ一帯を通り抜けた船の乗組員たちは、舳先が石をかき分けるときに立てる独特の音が頭から離れなくなったようだ。はっきりした音ではなく、「ちょうど物をそっと押しつぶすような音」だった。それに通過する船はみな、軽石の群れが頻繁に運んでいる恐ろしい積荷を冒瀆しないように、必死だった。南西に向かい、インド洋を目指していた「サモア」号という船の乗組員の一人は、次のようなこの世のものとも思えないおぞましい遭遇について書いている。

アンイェルを過ぎてからの二日間というもの、われわれはおびただしい数の死体の間を通り過ぎた。これでもか、これでもかと両舷にぶつかってくる。五〇体、一〇〇体と寄り集まっており、そのほとんどが裸だった。大量の物の残骸もあったが、もちろん、難破した船があったのかどうかはわからなかった。寝具を収める箱やたくさんの白人の死体の脇も通過した。死体はみな船乗りらしい服を着て鞘つきナイフを帯びていた。われわれは軽石が一面に広がる海域を一〇日かけて通り抜けた。

「サモア」号、「ボスウェル・キャッスル」号、「ラウドン総督」号、「ベルビス」号、「チャールズ・バル」号、「ケディリエ」号ほか、八月末から九月、一〇月にかけてスンダ海峡を通行した多くの船の乗組員たちが目にしたものは、いちいち繰り返すには忍びない。彼らの目撃談は、あまりに悲惨すぎる。その大半は、一〇月にバタヴィアから『タイムズ』紙へ送られた手紙という体裁で掲載された次の報告よりはるかに恐ろしかった。

(36) ザンジバルはイギリスの保護領で、一八一八年にオランダ領東インド諸島の香料諸島から種がもち込まれて以来、大英帝国における丁子《ちょうじ》の主要な産地となった。

イギリス船「ベイ・オヴ・ネイプルズ」号はこれらの島じまに寄り、次のように報告しました。同日、ジャワ島の第一岬《ファースト・ポイント》から一九〇キロメートルまで来たとき、火山による揺れが続いているさなか、船は動物たちの死骸と遭遇しました。なかには複数のトラの死骸も混じっており、人間の死体も一五〇体ぐらいありました。そのうち四〇体ほどはヨーロッパ人のものでした。このほかにも、たくさんの巨木の幹が潮流に運ばれていました。

しかし長い目で見ると、彼らが見なかったものこそが、その後もずっと重要な意味をもつことになった。彼らが見なかったものとはつまり、八〇〇メートルの高さにそびえていたクラカトアの尖った山頂だ。たいていの火山は、大噴火のあとも威嚇するように煙を吐き続けるものだが、クラカトアがそうする姿は見られなかった。

ヴェスヴィオ山であろうとセントヘレンズ山であろうと、ピナトゥボ山、雲仙岳、エトナ山であろうと、火山は爆発すればたいてい多くの破壊と死をもたらす。そのあと火山はそのままの場所にそびえ立ち、少しずつ勢いを弱め、煙の量も減らしながら、自らが廃墟に変えたばかりの風景をいかにも取り澄ました顔で見下ろしている。しかし、火山噴火史上きわめて稀なことだが、クラカトアの場合はそうはならなかった。

クラカトアは消えた。空に吹き飛ばされたか海に崩れ落ちたか、巨大な島の大部分にあたる二五立方キロメートルの岩石が、雷のような轟音を響かせ、史上最多の死者を出して、消滅してしまった。

それ以前は長い間、クラカトアは取るに足りない島だった。近づいて来る船の舳先から船乗りがすぐに見つけられるなじみ深い穏やかな島で、ジャワ島とスマトラ島の間にある、この重要きわまりない航路を行き交う船の航海士たちをいつも助けてくれる海の目印だった。おなじみの「尖った山のある島」であり、それ以上の何物でもなかった。

ところが、一八八三年のなかばに、島は突然たいした前触れもなく完全に荒れ狂い、海まで同じように荒れ狂わせたあげく、実質上、消滅してしまった。もっとも、名前は消滅したわけではないかもしれないし、記憶からも消え去ってはいないだろう。そして最近、ほとんど同じ姿で再生した（それについてはあとで触れる）。しかし一八八三年八月、この何のへんてつもない小さな島は狂気に駆られ、消え去った。なぜこんなことが、あのとき、あんなふうに起きたのか。世界中の大勢の地質学者たちは、以来ずっとこの問題で頭を悩ませてきた。

説明

なぜクラカトアは噴火したのか。もっと一般的に言えば、いったいなぜ火山は火山活動を行なうのか。私たちがこれほど信頼し、無心にみんなの命を委ねている大地は、なぜ時として気まぐれにわが身を引き裂き、これほど恐ろしい破壊をもたらすのだろうか。

こうした身の毛もよだつような恐ろしい瞬間に巻き込まれた人たち、たとえば一八八三年に人生を台無しにされた何千何万もの人びとにとっては、すべてが大地とそれを支配する神がみによって犯された、非道きわまりない不正、恐ろしく厚顔無恥な行為に思えるに違いない。クラカトアは「文明というものは、予告なしに変化するという条件つきの大地の承認を得て存在している」というウィル・デュラント（一八八五～一九八一。アメリカの哲学者、教育者、歴史家、著述家）の有名な警句が語る真実をいやおうなく思い出させる。とはいえ、冷徹かつ論理的な科学である地質学は、私たちがこのような恐ろしい出来事に出合ってしまった動揺と混乱から、一歩後ろに身を引いて長期的展望を受け入れ、まったく異なる事実に畏敬の念を抱くことを可能にしてくれる。この地球は一見残酷で気まぐれに見えながら、じつは全体として見れば並外れて幸運な境遇を謳歌している、という事実に対する畏敬の念を。

単純かつきわめて明白な地球の特徴である、宇宙における位置、大きさ、誕生につながった過程（それには、ジャワ島西部であれだけの生命を奪った火山活動も含まれるのだが）は、長期的な視野に立つと、有機生命体の維持継続にはたまたま最適だった。

もちろん、このような火山噴火の犠牲者にとっては、その正反対こそが真理に思えるに違いない。しかし、たとえば地球の位置について考えてみよう。地球という惑星は、太陽という恒星を回っているのだが、地獄のような太陽の熱からちょうど恩恵だけを受ける距離を間に置いている。海の水が沸騰したり、高層の大気中における光解離（化合物の分子が光を吸収して原子に分解される現象）によって、宇宙に放出されてしまったりする恐れがあるほど近くはなく、存在する水分がすべて、まったく利用できないまでに凍てついてしまうほど遠く離れているわけでもない。

地球の大きさも理想的だ。適度な大きさのおかげで、ちょうどよい重力が発生している。重力には何より、水と二酸化炭素の分子が地球外に脱出するのを引き止めるだけの強さがある。だから、私たちの頭上には保護してくれる天蓋が広がっている、あるいは温室が私たちを優しく覆ってくれている、とでも言うべきだろうか。もっとも、温室という言葉は、今日ではあまり良い意味に使われないが。その天蓋のおかげで、まず生命はその基礎を組み立てることができ、そこで生まれたばかりの脆弱な生命体も宇宙からの危険な放射線に耐えることができた。

そして火山の存在がある。やはり私たちにとってちょうどよい数、ちょうどよい大きさなのだ。地球の深奥部に蓄えられた熱は、たとえば、地表での耐え難いほどの火山活動を、絶え間なく起こすほどに熱くはない。地球内部に蓄えられた膨大な熱の量と、その温度低下の量が、ちょうどうまく作用して、マントル内部で対流が発生し、盛んに循環し、その上にあるどっしりした大陸塊がプレートテクトニクスの複雑で見事なメカニズムに従って移動してゆく。

プレートの移動とマントル内の対流と、それにつきものの火山活動が、何らかの恵みをもたらしたり、全体として見れば地球にとっての益をなしていたりするとは、噴火や津波の犠牲者にはとても考えられないかもしれない。それでも、ここでまた長期的視野に立って眺めてみると、やはりそれは、間違いのないことだ。有機生命体を生み出し、維持するうえで不可欠の水、二酸化炭素、炭素、硫黄はすべて、世界中の火山によってたえず再生されている。そしてまた、火山はそもそも、地球の大気の源だったのではないか。火山はたんに、肥沃な火山灰土や役に立つ鉱物を地表にもたらすだけではない。それよりはるかに重要なのは、地球内部の秘密の宝庫から、地表の世界、すなわち生物圏や岩石圏が生き生きと活気に満ちるのを許すような諸元素を運び出す過程で、火山が果たす役割だ。

太陽系の他の惑星には、現在わかっているかぎりでは活動している火山はない。また、入手可能なあらゆる証拠から見て、生命が存在する可能性もほとんどない。それは、少なくとも部分的には、それらの星では火山活動がまったく行なわれていないせいだと考えてまず間違いない。ただし木星の数多い衛星の一つ、イオだけは、かなりの数の火山があるようで、硫黄分をたっぷり含んだ壮大なマグマの噴流が地表に噴き出るのが確認されている。しかしイオにも、また火星から冥王星までの間に存在することがわかっているどの惑星や衛星にも、プレートの存在や固い地殻の動きを示す兆候はいっさい見られない。地球より高温の惑星で、プレートの活発な活動は起こってはいないようだし、凍りついて奥底までわずかの動きもないような惑星でも同様だ。

しかし、プレートの運動と、その下で荒れ狂い、プレートが別のプレートの下に滑り込んだり、互いに並び合って動いたり、境界線に沿って裂けたりする原因となっている地球内部の嵐こそが、並外れて活発な地球の火山活動の原動力なのだ。プレートの運動は地勢を形成すると同時に、地球の生命の核とも言える火山活動のほとんどすべてを引き起こす。言い換えれば、プレートテクトニクスがすべてのカギなのだ。そして今では、クラカトアの噴火がなぜ起こったのか、またどのようにして起こったのかを探ろうとすればかならず、地球の活動についての新たな知識の集成である、このプレートテクトニクスに頼らざるをえない。

　もちろん、ずっとそうだったわけではない。遠い昔、地球が不意に猛威を振るったとき、人類はいつでもその傍若無人さに驚嘆し、恐れおののくしかなかった。この驚異に対して古代人たちの出した答えは、おもに宗教や、神話の創造に決まっていた。火山には怒りっぽい神がみが宿っている。その怒りは頻繁に生贄を捧げることで鎮めることができた。怒りを鎮めるための肉になるのが年少の人間の場合もあれば動物の場合もあった（たとえばニカラグアでは二五年に一度、ある火山の火口に小さな子供を投げ込み、火山鎮静の保証とする風習があった。今日、ジャワではブロモ山の火口にニワトリを投げ入れる。迷信は今なお東インド諸島の人びとの火山に対する考え方の中で重要な役割を果たしている）。

　その後、古代ギリシアやローマの人びとは、想像に難くないが、自分たちの信仰に一種の秩序を築き上げた。冥界《ハーデース》の存在という概念、プルートーン（ギリシア神話の冥界の王）やウルカーヌス（ローマ神話の火と鍛冶の神）などの神がみの性格づけや、怒りに燃えた目と炎の舌をもつ、不気味なテュポーンのような巨大な怪物たちの特徴、これらはみな、当時はもうよく知られていた。内部に恐ろしくて危険な灼熱の部分をもつ地球のむら気な振る舞いと直結している。古代人が地球の中心にあると信じていた冥界への入口が、ローマでもっとも悪名高い地元のシチリア島の火山エトナ山だったのも偶然ではないし、「シチリアへの船出」という言葉はしばらくの間、悪魔が支配する焦熱地獄に入ることの婉曲表現だった。

　古代ギリシア・ローマの先覚者たちは、地球内部にこれほどすさまじい熱が存在している理由を神話的な解釈以外に求めようとしたとき、かなり頼りない知識しかもち合わせていなかった。ギリシア人、なかでもとくにアナクサゴラス（?~紀元前四二八。ギリシアの哲学者）やアリストテレスは、「たまったガス」という人間くさい解釈を好んだ。地球の熱は、ガスが逃げ出そうとするときに発生する摩擦熱、つまり火山が作る一種のヴィンダルー（南インド地方の非常に辛いカレー料理）だというのだ。一方ローマ人、なかでもとりわけルキウス・セネカ（紀元前四?~紀元六五。ローマのストア派の哲学者、執政官、劇作家）は、熱は地球内部に蓄えられた膨大な量の硫黄が燃焼して発生するという考えを支持した。この時代にローマで作られた詩のうちには、この考えを広げて、地底深く埋蔵された明礬《みょうばん》と石炭とタールが燃えている、としたものもある。

火山は、地球内部に蓄えられている有限な可燃物質がたえず燃え続けている結果だとするこの考え方は、何世紀もの間、科学者たちの心を捕らえてきた。その後、化学が科学として発達するにつれ、あらゆる熱の源の有力候補として、おびただしい数の化学の秘密が提示され、広く世の中に受け入れられていった。一七世紀と一八世紀の間は、アイザック・ニュートンも含めて数多くの先覚者が、いわゆる「発熱化学反応」こそが答えだと信じていた。一八〇七年にロンドン地質学会がその種の団体として世界で初めて設立されたころには、新たに発見されたナトリウムやカリウムなどのアルカリ性金属の酸化が、一つの答えだと考えられていた。

一九二〇年代に入ってもまだ、今ではその狭量さで悪名を残している二人の科学者が、今日から見ると愚かとしか言いようのない化学理論に固執していた。その一人、アーサー・ルイス・デイは、一九二五年に、火山の熱は複数のガスの間で起こる一連の複雑な化学反応に起因していると述べ、手強《てごわ》いばかりか強い影響力をもつサー・ハロルド・ジェフリーズ[37]の支持を得る一方で、火山活動は一般に「永続的かつ世界的なものではなく、局地的で不定期」な現象でしかないとして、考察対象から外した。

しかし、長い間地球物理学の考え方に大きな影響を与えてきた化学者や物理学者と並んで、自然哲学者（自然の諸現象を統一的かつ思弁的に理解しようとする哲学者）たちも、後に正しかったことが判明する道筋で答えを追求し始めていた。なかでももっとも傑出していたのがルネ・デカルトだった。デカルトは、「われ思う、故にわれあり《コギト・エルゴ・スム》」という言葉と、彼が残したデカルト座標でよく知られているが、一七世紀中ごろ、次のようなきわめて画期的な考えを思いついた。地球は万有引力と、ガスの凝縮によって誕生した。熱はこの過程に最初からなくてはならない要素だった。そして熱がゆっくりと冷めてくるにつれ、地球は同心の三つの部分に分かれた。すなわち、高密度で白熱した液状の核、次になかば冷めた可塑性の中間部分、そしてすっかり冷えて固まった比較的軽い地殻だ。さらに、地球生成の過程で使い残された熱があり余るほどあり、それがはるか未来まで、火山という火山の活動の源となる、というのだ。

　続いてフィールド地質学という研究分野が出現し、岩石はすべて原始の海で沈殿してできたものだとする水成論者と、無数の岩石がもともとは溶けてマグマ状になっていたとする深成論者との間で激しい論争が繰り広げられた。そこには互いに絡み合うさまざまな物語があって興味をそそられるのだが、その話は別の機会に譲るとしよう。何はともあれ、一九世紀末から二〇世紀初頭にかけて、おおかたの科学者たちの関心の的となった最大の謎は、突き詰めれば「なぜ岩石は溶けるのか」という単純なものだった。物理学と化学、深度、熱、それに鉱物の集合体内における水の有無、それらをどう組み合わせれば岩石が可塑性になり、流動体になり、溶融し、そして地表に浮かび上がって冷え固まり、固体化して再び岩石になるのだろうか。

　初期に地球の生成に関するさまざまな疑問への解答を模索した化学と化学者たちは、近年、同じ探究をする物理学と物理学者たちに追い抜かれてしまった。その物理学者たちも、細部に関してはたくさんの答えを見つけはしたが、根本的な疑問の多くは本質的にはどうしても解けないまま残してしまった。

　いや、少なくとも、一九六五年七月のあの記念すべき日まではそうだった、と言うべきだろう。第三章で説明したように、控え目で物腰の穏やかなカナダの地質学者J・トゥーゾ・ウィルソンが、この日、地球に関する化学と物理学を合体させ、プレートテクトニクスという科学の新たな分野を誕生させたのだ。その過程で彼は、新しい総括的な地球理論を世に問うた。それは、それまで謎に包まれていたほとんどすべての火山現象に対して答えを与える理論だった。

太陽系の惑星のなかで唯一地球だけが、プレートテクトニクスのプロセスのおかげでつねに破壊と再生を繰り返す地殻をもっている。地殻はいわば、たえず移動する化学工場であり、そこでは固体や液体や気体の状態で存在するさまざまな物質が無限に循環している。それらは海洋プレートの真ん中から、あるプロセスによって噴出する。新たにわかったことだが、このプロセスにより、噴出する物質は加熱されることなく溶融する。すなわち、物質が大気のある上方へ、外側へと対流によって移動するときに、かかっていた圧力から一気に解放されるために溶融するのだ。[38] このようにして地殻の中央部分が隆起して火山となっているものもある。大きいけれどとくに爆発しやすいというわけでもなく、玄武岩質の溶岩を少しずつ流出してゆくタイプで、ハワイやアイスランド、アゾレス諸島、東アフリカの地溝にある火山などがそうだ。[39] こういう火山も、調査する価値は十分あるし、それなりに興味を惹きもする。しかしこれらは、本書で扱っている火山の

(37) サー・ハロルドは、大陸移動説に最後まで反対していた一人で、一九五〇年代末になっても、地球の地殻はあまりに堅固であり、大陸移動など起こるはずはないと書いている。彼は傑出した人物であるという定評があり、モンスーンと、サイクロンの物理的性質に関する権威だったが、講義はお粗末きわまりなく、多くの時間を沸騰するポリッジ（オートミールなど、穀物の挽き割りを煮た粥）の力学に充て、その秘密を打ち明ける相手はケンブリッジの教え子たちではなく、彼がいつも話しかけている窓の外を通る通行人だった。彼は前述のジョージ・ダーウィン同様、天文学者トマス・プルームの名を冠したプリュミアン天文学教授職にあった。

(38) これは本書の範囲を超える複雑な問題だ。エンタルピー、断熱、同重核エントロピー、モル比といった言葉や概念をともなっているのだから、無理もないかもしれない。しかし、プレートテクトニクスを正しく理解するにはきわめて重要であり、巻末の「推薦図書・映像」の項で、このテーマに関して役に立つ本を挙げておいた。

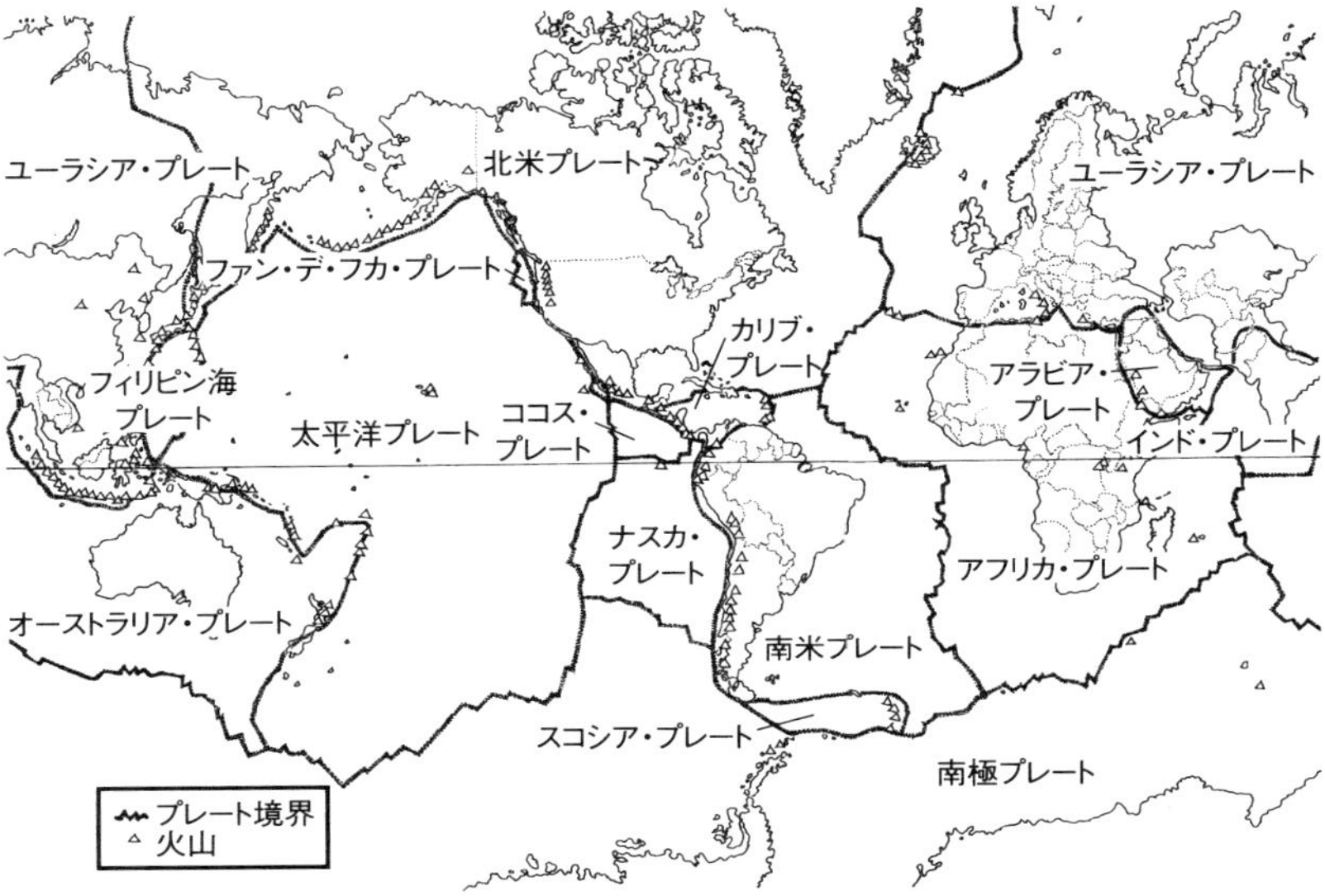

世界における構造プレートのパターン。海洋プレートと大陸プレートが出合うところにきわめて多くの、そしてしばしば大きな被害をもたらす火山活動と地震活動が見られる。

母系にあたる。クラカトアをオメガとすると、アルファとも言うべき存在であり（ギリシア語のアルファベットの最初がアルファ、最後がオメガ）、プレートの縁で起きていることを補完する、完全な対極にある話なのだ。

　地中の物質は、まず中央で上昇し、途中で巻き込んできた物とともに、やがてプレートの外縁で再び下へと押し込まれる。プレートを押し込むこのプロセスこそ、もっとも重要だ。それは大地の再生の本質的な部分でもあるが、同時に、非常に爆発しやすく派手で危険きわまりない島孤火山（プレート境界にできる火山。弧状の列島が形成される）、たとえばクラカトアのような火山の生成に直結している。このようなプレートの端で見られる現象は、地球物理学者や火山学者の間では俗に「沈み込み工場《サブダクション・ファクトリー》」と呼ばれている。そしてクラカトアは、世界を形作っているこれらの途方もない「工場」のうちでも、大きさといい複雑さといい、屈指のものの最先端、中央に位置している。

「工場」とそれを下から支える沈み込み帯は

原則として重なり合って広がっている。ここでもう一度繰り返すと、沈み込み帯とは、世界に数多くある重い海洋プレートの一つが、これまた数多くある、比較的軽くて厚い大陸プレートの一つと、ゆっくり衝突し、湾曲しながら滑るように沈み込んでゆく場所のことだ。この地帯は非常に長く、非常に幅が狭い。もしつなげて伸ばせば、三万キロメートルを超える長さになるだろう。しかし幅のほうはたいてい一〇〇キロメートルにも満たない。したがって、世界の沈み込み流れ作業工場の総面積は二六〇万平方キロメートルほどで、グリーンランドや、アメリカ合衆国の南部諸州、あるいはアルゼンチンに相当する。

沈み込み帯の中にあって、その内部で進行しているプロセスによって作り出され、育てられ、そのあと破壊されたり変形させられたり、そのほかにも大きく手を加えられたりし続けている火山は、歴史上、火山活動が記録されている約一五〇〇の陸上の火山のうち、一四〇〇にものぼる。言い換えれば、目に見える火山の九四パーセントが沈み込み帯の中に位置していることになる。多い順に、インドネシア、日本、アメリカ合衆国、ロシア、チリ、フィリピン、ニューギニア、ニュージーランド、ニカラグアなど、ほんの一握りの国に、火山の大半がある。この九カ国に、現在噴火する恐れがあるか、近代以降に噴火したことのある火山の九割が存在している。

もっともわかりやすい沈み込み帯は、太平洋をぐるりと取り巻いているものだ。よく知られている例として、南アメリカの西の端に沿って走るアンデス[40]と呼ばれる山脈を形成したものに注目してみよう。ここでは

(39) 東アフリカ地溝にあるニーラゴンゴ山は、複数のプレートがお互いから引き離されている場所に位置するものとしては、かなり有害な火山の一つだ。溶岩流が非常に多量なうえ予測不能で（痛ましい被害を出した二〇〇二年の噴火は、デュードネイ・ワフーラという、無報酬で働いていた高潔なコンゴ人火山学者によって正確に予測されたのだが、彼の報告はまるで顧みられなかった）、しかも噴出したガスで人や野生動物が死ぬ。このなかには多くのゾウも含まれている。人間も動物も窒息死し、その後、薄い溶岩層に覆われる。

重い玄武岩でできたナスカ・プレートと、それより軽い花崗岩と堆積岩でできた南米プレートが衝突している（それは、ナスカ・プレートがこれと同時に、東太平洋海膨と呼ばれる隆起した地帯に沿って隣接する太平洋プレートから分裂し、引き離されつつあるからにほかならない。東太平洋海膨は、イスラ・デ・パスクア、つまりイースター島が海面上に姿を見せている場所の近くにある）。

その結果、形成された沈み込み工場は、その種の典型的な例であり、北はコロンビアのルイスやガレラスといったアンデスの峰みねから始まり、エクアドルのチャカナ、コトパクシ、サンガイ、ペルーのウアイナプティナ(41)、チリのラスカル、それにアルゼンチンとチリの国境にあるヤイマとビジャリカを経て、南米大陸最南端のモンテブルネイとセロ・ハドソンまで続く、何十もの火山を作り出した。最後のセロ・ハドソンは、一九九一年に大噴火を起こしている。このたった一つの沈み込み帯のプロセスによって作り出された火山は、全部で六七もある。北のコロンビアから南のチリまでは約六四〇〇キロメートル離れており、アンデス山脈は鋸《のこぎり》の歯のように整然としているので、一〇〇キロメートル弱ごとに一つの火山が空高くそびえていることになる。

これと大差のない数の火山が、同じような間隔を置いて、太平洋を囲むほかの沈み込み工場、たとえばアラスカとアリューシャン列島、カムチャツカ半島、日本と千島列島などでも見られる。世界でもっとも火山活動の激しい地帯、スマトラ島の北端からニューギニア島（西イリアン側）の北西端のバーズ・ヘッドと呼ばれる地点までの、四八〇〇キロメートルも続く巨大な沈み込み帯には、さらに多く見られる。

この巨大な工場には、少なくとも八七の火山があり、近年インドネシアとフィリピンという二つの独立国になった群島の大半を形作っている。インドネシア自体、有史以来存在したあらゆる国家のうちでもっとも多くの火山があり、もっとも頻繁に火山活動が起きている。この国は、その位置が沈み込み帯の中心にあるのが特徴で、本質的に、ほぼ全土が火山でできあがっている。ジャワ島だけでも、今なお盛んに活動している火山が二一もある。噴火はいつも壮観だが、非常に危険だ。そのうえ、たいへんな数の人が火山の近くで暮らし、働いているから（これは、先に触れた再循環のおかげで生まれた火山灰土壌が養分に富んでおり、農業に最適であることが大きな理由だ）、愕然とするほどの数の人が噴火が原因で亡くなっている。

地球はこの巨大な一つの沈み込み工場だけで、歴史上最大級の火山五つのうち、三つを作り上げた。世界最大の火山もここで作られた。七万四〇〇〇年前、現在のスマトラ島北部で噴火したトバ山だ。火山爆発指数は八で、これは現在全世界で使用されている噴火（爆発をともなわない、たんなる溶岩の流出は除く）の尺度の最高値にあたる。トバのばかでかい爆発《ヒューモンガス》（この面白い形容詞は、巨大火山を表現する用語として、現在公式に使用されており、サイクロン性の海況について、最近使われている目を見張るような《フェノメナル》という言葉に匹敵する）のあとには長さ八〇キロメートル、幅二四キロメートルの巨大な湖ができ、二五〇メートルの高さのカルデラが切り立った崖となって湖面からそそり立っていた。この噴火で、二四〇〇キロメートルも離れた海の底に約四六センチメートルの厚さの層を作るほどの粉塵が噴出した。これは当時、必死で生き抜こうとしていた人類の祖先の進化にも、深刻な障害となったに違いない。周囲の気温を何度も下げ、すでに新たな氷河時代に移行しつつあった気候を、さらに過酷なものにしたはずだ。

この同じ沈み込み帯の中で起きた一八一五年のタンボラ山の噴火は、史上二番目の規模だったと考えられている。火山爆発指数は七だった（この指数はワシントンのスミソニアン研究所で考案されたもので、二つ

(40) 安山岩《アンデサイト》という言葉はこの山脈に由来する。安山岩は典型的な沈み込み帯の火山によく見られ、その指標となる岩石だ。

(41) 名前こそ一般にあまり知られていないが、このかなり小さいペルーの火山は、一六〇〇年二月に、史上最大級の噴火を起こし、グリーンランドの氷河で採取したコアに見られるような、タンボラやクラカトアも及ばない急激な変化を生んだ。

の基準に基づいている。一つは爆発により放出された物質の量、もう一つはそれが大気中へ噴き上げられた高さだ。この二つの要素は近代の噴火では明確に観測することが可能だし、過去の記録から推定することもできる。トバ山の噴火のように読み書きのできる目撃者など皆無の場合でも、タンボラ山のようにほとんどいない場合でも——両山の噴火が人びとの意識に残らず、その一方で、明らかにクラカトアのほうは残っている最大の理由はここにあるとしか思えない——それぞれの噴火で放出された物質の量は、その地域の地質の記録を調べれば、ある程度正確に算出できるし、海底に積もった降灰の分布を調べれば、空に上がった噴煙柱の高さがかなりの精度で求められる)。

三番目に大きかったのはニュージーランドのタウポ山で、紀元一八〇年に大噴火を起こした。四番目はアラスカのノヴァルプタ山だ。カトマイ山という名のほうが有名なこの山は、アリューシャン山脈の内側の端に位置しており、一九一二年に噴火した。この噴火は北米大陸で近代に起きたうちでは最大のものだが、遠隔の地でのことだったため、あとに残ったカルデラや溶岩ドーム、凍結した湖などによって、やっと確認された。

そして最後に、現在知られているすべての火山噴火のなかで五番目に大きい、火山爆発指数六・五の噴火、およそ二五立方キロメートルもの岩石や火山灰、軽石、粉塵を何万メートルも上方、成層圏下層にまで噴き上げ、爆発音を四八〇〇キロメートル先まで轟かせ、たいへんな力と高さをもった巨大津波を生み、衝撃波を世界の果てまで四回送り出し、ほとんど三回迎え受け、世界史上もっとも多くの人を死亡させ、もっとも多くの暮らしを破綻させた火山、クラカトアの登場だ。

噴火から七週間たって粉塵が消えたとき、オランダ政府はフェルベーク博士とその同僚たちに、事の詳細を正確に調査するよう命じた。四人からなる調査団は、一〇月一一日に行政府所有の底開き船「ケディリエ」号に乗って出発し、続く二週間で今や息絶えたように見える山の残骸を、可能なかぎりあらゆる面から調査した。クラカトアが派手に自らを破壊したことは歴然としていた。フェルベークが後に書いたところでは、「人類がこれまでに目撃したうちでもっとも興味深い噴火」だった。しかし元の山自体は、調査しようにもほとんど跡形もなくなっていた。

島の南側四分の一は残っていたが、まるで肉切りナイフで垂直に切ったように削り取られていた。その結果、ラカタ峰は、南から見ると以前とほとんど変わらないように見えたが、じつはその北側は何もなくなってしまっていた。むき出しになったラカタの北面はほぼ完璧に垂直で、北側から見ると、その断面は見事な三角形をしていた。溶岩の詰まった岩脈（岩盤の裂け目に入り込んだマグマや、それが冷えて固まったもの）が幾筋も垂直に伸びたり放射状に広がったり、新たに形成された岩でできた貫入岩床《シル》（水平に貫入した板状の火成岩体）や火山岩頸（マグマや岩屑が火道内で固まってできた円筒形の岩）で貫かれたりしている。そして全体に、灰色の軽石の塵が一～二メートルの厚さに積もっていた。その結果、遠くから眺めると、真っ二つにされ、半分が吹き飛ばされて消え去ったかつての火山が、教材用のチャートのような、まさに完璧な横断面をさらしていた。

しかし少なくとも、ラカタの頂きはどうにかこうにか残っていた。クラカトア北部にそびえていたダナンとペルブワタンの両峰はもはや影も形もなく、調査団は爆発の恐ろしい威力に立ちすくむばかりだった。その形からポーランド人の帽子《ポーリッシュ・ハット》と呼ばれていた安山岩の岩礁もなくなっていた。おそらく大噴火の瞬間に蒸発して消えてしまったのだろう。

以前は括弧のような形でクラカトアを真ん中にはさんでいた二つの小島、ラングとフェルラーテンでは、これとは正反対のことが起きた。両島は空中に消えるどころか、前よりかなり大きくなったように見えた。けっきょくそれは、噴火以後押し寄せてきた膨大な量の軽石に浜辺を埋め尽くされ、膨れ上がっているためだとわかった。たしかに島は大きくはなったが、何よりも大きな違いは、海に浮かぶ右の括弧と左の括弧の間に、もう何も入っていない点だ。二つの括弧の間には、生命のない空っぽの海がどこまでも広がり、折れた大きな牙のようなラカタ峰の頂きがただ一つ、かつてそこに存在したものの形見として、海から真っすぐ突き出ていた。

断崖のすぐ北側の海はとても深く、三〇〇メートル近くあった。明らかに新しい巨大なカルデラができていた。火山の大部分が、下の広大な空隙の中に陥没してしまい、見事に両断されたラカタ峰の断崖だけが、陥没箇所の南側に残された。北東の海上には、まったく新しい二つの小島が波間に姿を見せていた。この二つはスティヤーズ島とカーマイヤー島と命名された。もっとも両島はほとんど、軟らかい軽石が打ち寄せられてできたようなものだったので、侵食されてすぐにまた水没してしまった。今日の海図では、水深四・六メートルの地点に「海水が変色している箇所」があるという注意書きが、かつての島の位置を示しているにすぎない。

一八八五年に話を戻そう。フェルベークが公式な報告書を書いたとき、いったいなぜこんなことが起こったかという点については、きわめて曖昧な説明しかなされなかった。何が起きたかを述べること自体は比較的やさしい。すでに記述火山学の分野は十分発展していたし、何年もの歴史もあった。しかし当時の火山学者が、調査を任された山がなぜ乱暴狼藉を働くのか説明する段になると、クラカトアだけでなく世界中のすべての火山について言えることだが、理論を考えつくための土台となるだけの、世界形成のプロセスに対する理解がないに等しかった。

なんといっても、これより二、三〇年前には、玄武岩や溶岩流は海で沈殿生成された凝結物にすぎないと、多くの人が信じていたのだ。一八五七年まで、多くの地質学者が火山は水平に流れている溶岩が上に向かって膨れ上がったために生じるのであって、自らが放出した物によって垂直に高くなるわけではないと考えていた。そしてクラカトアが噴火したとき、大陸移動説を最初に提唱したアルフレート・ヴェーゲナーはまだ三歳だった。この学説が後にプレートテクトニクス理論へと発展するわけだが、もし彼の助けがあったら、途方にくれていた火山学者たちを正しい方向へ踏み出させていたかもしれない。

そういうわけで、クラカトアが引き起こした破壊と混乱については、あらゆる公式報告書と学術論文で山ほど説明がなされたし、また、なぜクラカトアがあれほど猛烈な爆発を起こしたのかについても数多くの見解が出されたが、そもそもの引き金となった、もっと大きなメカニズムに関しては、まっとうな考察はまったくと言ってよいほどなされなかった。

たとえば、一八八六年に出されたフェルベークの報告書もそうだった。彼は膨大なページ数を費やして、詰まった火山筒や噴気孔、主火山の中心部分の崩壊などを詳細に説明した。そして彼の下した結論には、驚くべき先見の明が示されている。フェルベークは、消滅した火山のかなりの部分は海中に没し、大気中に吹き上げられることはなかったと述べている。爆発の際に、空高く噴煙柱が噴出する激しい「プリニー式噴火」が見られたのは、海水が突然マグマと混ざって爆燃現象《フラッシュオーバー》を起こし、超過熱状態の蒸気になり、今日では「マグマ水蒸気爆発」といういささか面白みに欠ける名前のついている、巨大で手に負えない爆発につながったからではないか、と彼は書いている。しかし彼はこのとき、一歩後ろに下がって、そもそもなぜクラカトアがこの場所にあるのか、なぜこんな噴火を起こしたのか、と考えてみようとはしなかった。

同じことがイギリスの地質学者ジョン・ジャッドにもあてはまる。ロンドン地質学会の会長を務め、一八八一年に、当時は名著とされた『火山』を書いた彼もまた、熱いマグマと海水がどのように混ざるか、水が加えられることによってマグマの溶融点が引き下げられ、それによってどのように軽石が生成されるかなどについて滔々と熱弁を振るっているが、やはり肝心な点を見逃してしまった。彼は、なぜクラカトアが、という問題の核心に取り組もうとさえしなかった。[42]

この問題を扱った名高い本のうちで最後のものは、一九六四年に書かれた。このときでさえ、世界の内部のプロセスを説明するような確固とした理論はまだなく、著者はせいぜい、火山とは何か（「地面に空いた穴であり、そこを通って熱いガスや溶融した物質や砕屑《さいせつ》状の生成物が地表に現われるもの」）について説明し、火山の見られる場所や、火山から生じる物質の名前を挙げることぐらいしかできなかった。そしていよいよクラカトアという具体的例に行き着いたときには、何ページにもわたって魔術のような文章技巧を駆使しながらも、破れかぶれになったようだ。「悪魔」が「攻撃を加え」にかかり、「まさぐる指が守りを突き破り」、「時の鬱積したエネルギー」と「原始の力」が戦いの準備を整えた、というような言葉が文中に躍り始める。しかし、誰も彼を責めることはできない。彼にしてもほかの誰にしても、何がクラカトア噴火の真の原因だったのか気づいていなかったのだし、それは彼の罪ではない。彼はただ、ほんの数年早すぎただけなのだ。

しかし、ひとたびプレートテクトニクス理論が確立されると、事情は急変した。何が起きたのか、そして、なぜ起きたのかを、今では即座に説明することができる。基本的には、沈み込み帯の北西の端にあったトバ山や東の端にあるタンボラ山、そして間にあるすべての火山に、同じ説明があてはまる。

クラカトアが噴火したのは、二つのプレートが衝突する際に起こることが原因だ。もっと具体的に言えば、北へ進んでいるオーストラリア海洋プレートが、何百万年もの昔から今に至るまで変わることなく、アジア・プレートの一部と衝突しているのが原因だ。便宜上、アジア・プレートの衝突箇所を、今日常用されているスマトラ島という名称で呼ぶことにする。

海洋プレートは、すべての海洋の下にあり、冷たく、重くて黒っぽい色をした、比較的酸度の低い一続きの岩盤でできている。これが大陸プレートと衝突すると、スマトラ島や他のすべての陸地を形成している、より温かくて軽い岩盤の下に沈み始める。沈みながら、海洋プレートは大陸プレートの岩盤から楔《くさび》形の小片

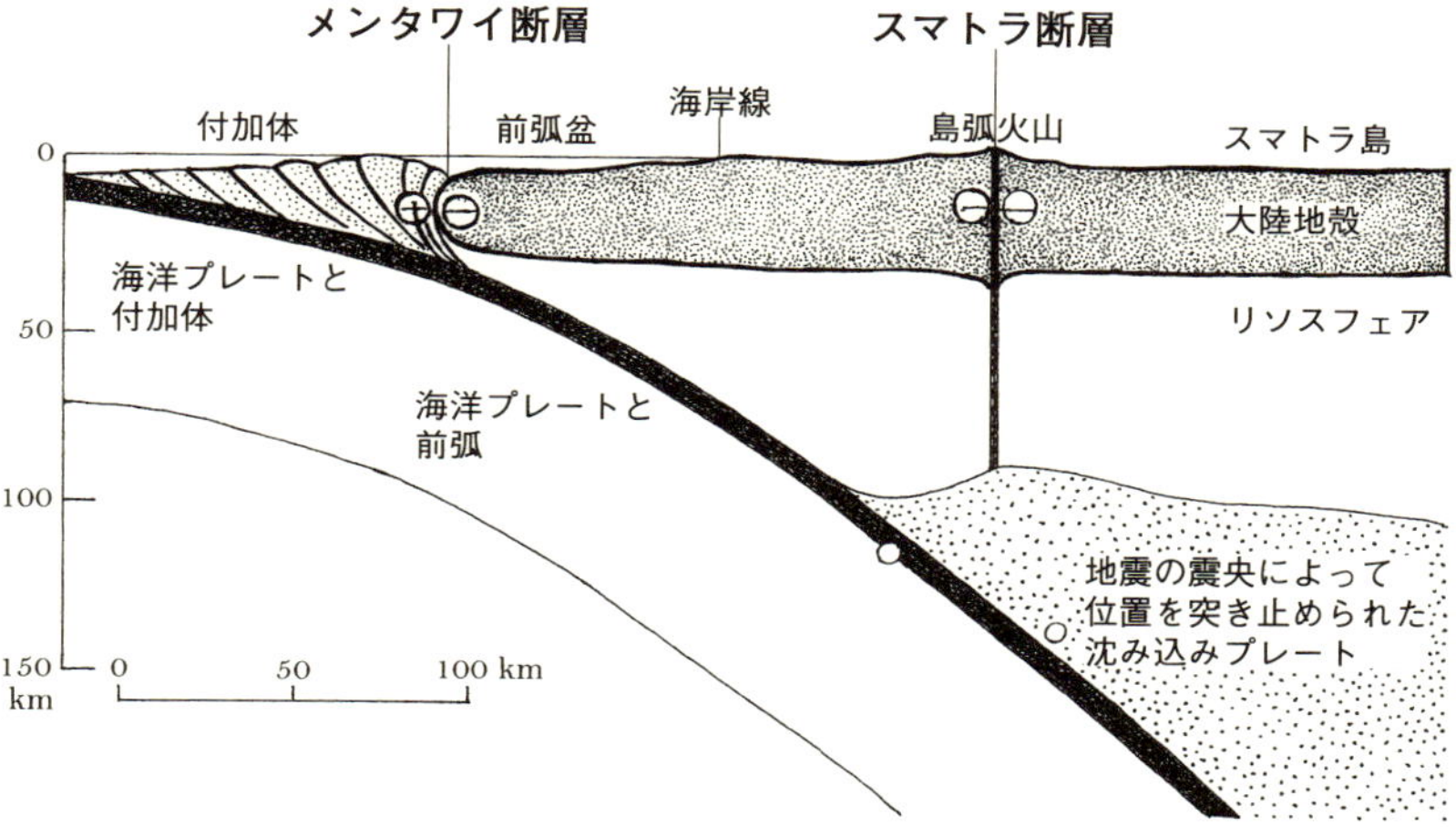

海洋プレートの基本的な構成要素を表わす断面図。新しい物質を中央部分から噴出させ、外に向かって広がり、やがて軽い大陸プレートと衝突してその下に滑り込む。火山と地震は、この最後の、沈み込みのプロセスにはつきもので、避けることはできない。

を取ってゆく。つまりスマトラ島の端をこそげ取る、あるいはこすり取るわけだ。スマトラ島の海岸に蓄積されてきた砂や粘土、それらの中に化学反応によって閉じ込められた水、さらにかなりの量の空気と海水も、このときいっしょに引きずり込まれる。この沈み込み帯のカクテルには、海洋プレートの冷たく重い玄武岩や、スマトラ島の地殻の花崗岩のような岩、それに砂、粘土、石灰岩、膨大な量の空気と水が混ざり合っている。それがそっくり急激に沈んでゆく。その過程で、突然すべてが変化する。

この過程では水が非常に重要な要素となる。水はプレートの動きを滑らかにし、沈み込みが続くのを助けるばかりか、たとえごく微量含まれているだけでも、マントルの岩の融点を下げる。また、下に向かってこすり取られた楔形の岩石のメランジュ（さまざまな岩石が混合している状態）の密度も下げる。そのため、下方で生

(42) ルパート・ファーノー著『クラカトア』は、プレートテクトニクスの発見が発表される直前の一九六五年に出版されたという不運な本だ。

成されている溶融状態の岩にしてみれば、上方にある岩が急に（水のおかげで）密度が下がり、柔軟になり、力も弱まったことになる。つまり下側で溶けかかっていた岩にとって、申し分のない出口が生じたということだ。岩は急上昇し、すでに述べたとおり、圧力の減少によってなおいっそう溶融することが可能になる。やがて、液化して混ざっていた二酸化炭素と水が突如として再び気化して泡立ち、それとともに何もかもが、目を見張るばかりの爆発の奔流となって、上へ外へと進み、何も知らぬ大気中に噴出する。以上が巨大かつ典型的な沈み込み帯の火山噴火だ。

このようにしてクラカトアは噴火した。では、なぜこれほど勢いよく、すさまじい音を上げて噴火したのか。これはまた、まったく別の問題であり、今日でも盛んに議論されている。

手掛かりはいくつかある。たとえばこのあたりの島じまの地勢を見てみると、スーパークラカトアとでも呼ぶべき巨大火山が大昔に存在し、それが過去のある時点で爆発して崩壊し、カルデラを残したことがわかる。括弧を作っていた二つの島、ラングとフェルラーテンは明らかにカルデラ壁であり、昔の火山の縁にそびえる断崖だったのだ。このあとにできた火山は、今度は三つの独立した峰、ラカタ、ダナン、ペルブワタンをもっていた。どの峰も、この地域の地下深く存在している巨大なマグマ溜まりからの出口だったことは明白だ。

つまり、この簡単な証拠からだけでも間違いなくわかるとおり、一八八三年の時点でのクラカトアは、巨大なマグマ溜まりの上に乗っており、しかもマグマから上に突き出して噴出路となっている三本の管が上の岩盤を弱くしているおかげで、猛烈な圧力がかかればいつ崩壊してもおかしくない状態だった。近年、多くの専門家が次のような疑問で頭を悩ませている。それは、崩壊の瞬間に海水がこのマグマ溜まりに入り込んだという事実が、耳をつんざくような爆発と津波の最大の原因だったのか、あるいはそれは、何かほかのプロセスとともに事態をより劇的にしただけの付随的な要因の一つにすぎなかったのか、という疑問だ。

世界中の研究所で圧力容器を用いた一連の実験が行なわれた結果、やはりほかの要因が作用しているらしいことがわかったが、それらは複雑でかなり微妙なものだった。実験結果は、地底深くから新たに生じた玄武岩質の溶岩の流れが、不意にマグマ溜まりの基部に入り込んだ可能性を示唆している。この新たな流れは、すでにそこにあった上部のマグマを熱し、激しい対流を生じさせ、さらに多量の気体を突然泡立たせる。そして不意にマグマ溜まりの頭上の岩盤が崩壊したのかもしれない。このマグマどうしの混合という考えは最近、地歩を固めている。ひょっとしたら、沈み込み帯内部のもっと深い部分で進行しているプロセスが、クラカトアの活動に力を与えたのかもしれない。

そして最後に、ジャワ島とスマトラ島の中間という、地形全体の中でのクラカトアの位置がある。クラカトアは、まさに「蝶番《ちょうつがい》」とでも呼べそうな地点の真上にある。ここを中心にジャワ島とスマトラ島はゆっくりと回転移動し、スンダ海峡は少しずつ広がっている。二つの島は、ちょうど北に向かって閉じる本のような動きを見せ、スマトラ島が北東に、ジャワ島が北に移動しており、クラカトアはその真ん中に位置している。

スンダ海峡にはなんとも複雑に入り組んだ断層のネットワークがある。その存在が、そもそもここに海峡があり、陸地がない理由の一つでもある。ゆっくりと、非常にゆっくりと、科学はこの複雑な状況の解明に向けて進んでいる。ニューヨーク州トロイの地球物理学者のグループが、最近、数年を費やして近くの島じまに多数の全地球位置把握システム（人工衛星からの電波を受信して地上での位置を把握するシステム）受信機を設置し、種々雑多な非常に小さい動きが起きていることを突き止めた。中心となる沈み込みは何百万年も前からのひそやかな移動を続けていたが、ごく小さな横方向の動きも起きていた。小さな弱い部分ができ、次つぎに微小な断層が生じており、あたり一帯はじつにすばらしい地質学の実験室さながらだった。たとえクラカトアがはなから存在しなくて

この地域の基本的な地質構造。オーストラリア・プレートが北に移動してアジア・プレートとぶつかり、同時にジャワ、スマトラ両島のすぐそばの衝突地帯に沿って種々雑多の圧力が蓄積され、断層が形成されている。

も、魅力的な研究対象だったろう。

しかしクラカトアは現に存在しているし、いずれそのうち、再び世界に特技を披露してくれることだろう。一八八三年八月の出来事を招いたプロセスは、誰にも止めることができない。スマトラ島の南と東には途方もない大きさの沈み込み工場がある。それはスマトラ島とジャワ島の間のちょうど蝶番に相当する部分にある小さな島の真下とその周辺という独特の位置に横たわっている。島は荒れやすい海に囲まれており、その海の水は煮えたぎるマグマに近づくと猛威を振るう。島自体も数え切れぬほどの小さな断層や弱い地盤に囲まれている。そして、岩盤の構成要素である酸性岩と堆積岩の大きな塊にも囲まれており、その岩盤は、地球上の他のどこよりもこの地で顕著な圧力や張力を受けて、ありとあらゆる方向へねじれたり曲がったりしている。実際、クラカトアが一つしかないのは不思議な話だ。クラカトアが自らを吹き飛ばしたこの地は、地質学的に見てきわめて危険な場所だから、そんな山があと一〇以上あってもおかしくないと思えてしまう。

人びとは死者の数を数え、葬れそうな場所を探しては彼らを葬った。それはたいてい、遺体が発見された場所ということになった。オランダの行政府は称賛に足る迅速さをもって行動を起こし、日に数百体という割合で遺体を埋葬し、湿地に消毒用の石炭酸をまき、瓦礫を片づけ、清めの火を燃やした。オランダ本国では国王が基金を開設した。オランダの母親たちは毛布やテントや食糧を送った。何かできることはないかと、多くの船が東へ向かった。「ジョン&アンナ・ウィルソンの世界大サーカス」は、荷物をまとめ、悩める小ゾウを連れて帰国する前に、バタヴィアで慈善興行を行なった。再建事業が始まり、まず、アンイェルにある第四岬《フォース・ポイント》の灯台が鉄骨で建て直され、商業航路の安全を守る任務に急いで復帰した。それは再生開始の象徴だった。ジャワ島西部とスマトラ島南部とを結ぶ電信ケーブルも修理された。救援隊が町に入った。慈善団体が活動を開始した。科学者たちが四方八方に散らばり、調査し、報告し、助言した。

しかしやがて彼らはみな、別の問題に対処したりもっと新しい疑問に答えたりするために、帰ってしまった。ジャワ島とスマトラ島の海辺に住む人たちと、バンテン人と呼ばれる、海岸暮らしをしている島の人びとを、応急処置をしただけの廃墟に取り残し、そのうち彼らのことなどきれいに忘れてしまった。帰ってゆく者たちは、これらの人びとがこの先どこに支えや助力を求めるのかなどということを考えたりはしなかった。

しかし、考えるべきだったのかもしれない。なぜなら、この不幸な人びと、すべてを失い心に傷を負った人びとの多くは、最後には西のメッカに目を向け、彼らの信仰するイスラム教の恵み深い力が、自分たちの必要に応えてくれることを期待したのだ。これがこの災厄が招いた政治的・宗教的な結果だった。植民地を支配していたオランダ人たちにはまったく思いがけないなりゆきだったが、この結果はインド諸国に、ヨーロッパに、そしてさらに多くの国ぐにに、じつに重大で、長期にわたる意外な影響をもたらすことになった。

第９章

打ちのめされた民の反乱

指導者たちはエリート集団を組織した。彼らは救世主マフディの再臨に関する古くからの予言や歴史物語を膨らませて世に伝えた。

——サルトノ・カルトディルジョ

『1888年のバンテンの農民反乱』（1966年）より

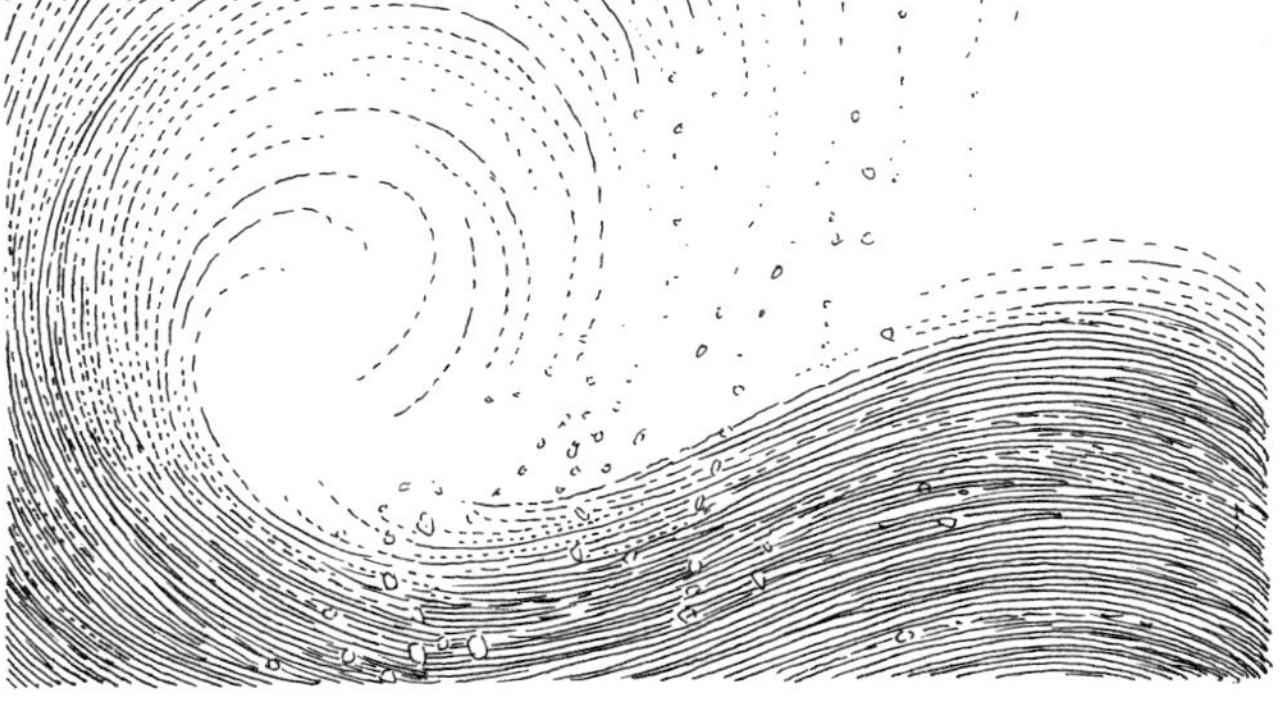

セランは、バンテンの小さな胡椒《こしょう》積み出し港から数キロメートル内陸へ入った、交通の要衝にある地味な町だ。町の中央市場ではありとあらゆるものが売られ、そこへさまざまな人が集まる。噴火から五週間たった一八八三年一〇月二日火曜日、ジャワ島とスマトラ島の犠牲者の埋葬や、廃墟と化した海辺の町や村のあと片づけが依然として続けられているなかで、一人のオランダ人歩兵が、いつもどおり一週間分のタバコを求めてこの市場に立ち寄った。

ふだんならば、この男が東インド諸島を支配する外国政府機関の一員であることなど、なんの問題にもならなかっただろう。セランの商人は品物を買ってくれる人であれば相手が誰だろうとおかまいなしだったから、タバコ商人もご多分に漏れず、お客と見ればどんな人でも愛想良く応対していた。肌が褐色の人間であれ、黄色い人間であれ、そしてこの男のように、自分たちを支配する、妙に特権的な集団に属する白い肌のヨーロッパ人であれ同じことだった。

だがここしばらくは、普通でない状況が続いていた。突然、不思議な緊迫感が漂い始めたようだった。オランダ人は数日前からそれに気づいていた。押し殺された憤り、漠然とした敵意。オランダの役人が通りかかるたびに、人びとはあるいは目をそらし、あるいはひそひそとささやきあった。いや、オランダ人の思い過ごしかもしれない。なんといっても、すべて彼らが組織したクラカトアの救援活動が、今や総力を挙げて行なわれていた。オランダの資金がこの地にどっと投入され、避難小屋が次つぎに建てられ、道路の障害物は撤去され、事業が再開されていた。オランダの総督自らが、蒸気船「ネーデルランド王」号に乗って公式視察にもやって来た。

救援・復興計画を迅速に推進してくれる植民者たちに、地元の人が感謝する理由は星の数ほどもあるはずだった。悲劇が起きたのはオランダ人のせいではない。それなのに、オランダ人は不平もこぼさず、失意のどん底にある民にじつに寛大に手を差し伸べてくれていた。たしかに、ロッテルダムやアムステルダムで組織された救援活動は、オランダ人が経営する事業をなんとか立ち直らせることに重点を置いていた。だがその結果、先住民が恩恵にあずかるのならば、それは植民地主義の一側面というものではないか。したがって、彼らは遠方の恩人に感謝のまなざしを向ける理由をたっぷりと与えられることになるのだ。それが道理というものだろう。

だがそのとき、ここセランで思いもよらぬことが起こった。若い歩兵が海泡石のパイプに詰める地元産の上質なタバコ一箱と交換に、一握りのギルダー硬貨を渡そうとしていたときだ。ひげをたくわえ、湾曲した短刀を手にした、全身白ずくめの男がいきなり兵士に襲いかかり、背中を何度となく刺した。

不意を突かれた歩兵は重傷を負い、近くの中国人の店によろよろと逃げ込んだ。襲撃者は目的を遂げたことに満足して逃走し、たちまち人込みに姿を消した。市場は大騒ぎになった。前代未聞の出来事だった。ジャワ第一軍管区所属の五つの守備隊のうちでも規模の小さい部隊の兵士が、ただちにこの市場周辺になだれ込み、反体制分子として知られている者たちを一斉に拘束した。だが、襲撃者であるという裏づけが取れた者はいなかった。襲撃犯はまんまと逃げおおせたようだった。

それから六週間後、同様の事件が再び起こった。先の事件とは別の、やはりこれ見よがしに白服を着た若い男が警備をかいくぐり、ほかならぬ守備隊司令部に入り込んだ。誰何《すいか》されると剣を振り回して、ウマル・ジャマンという現地人歩哨に軽傷を負わせた。今回は襲撃者は捕らえられ、尋問を受けた。軍の調査官は、質問に対する男の答えが支離滅裂なため当惑し、報告書には、男の襲撃動機は「極端な宗教熱」によるもので説明不可能、と記した。

現地の軍司令官にしてみれば、襲撃事件は前例のない、まがまがしい出来事だった。実際には襲撃は二度しか起きておらず、しかも気のふれた同一人物による犯行という可能性も十分に考えられた（ただし、一一月に身柄を拘束された襲撃者は、一〇月の事件の犯人が自分であるとは認めようとしなかった）。だが、襲撃が二度であろうとなかろうと、困惑した軍部にとって、また険悪な雰囲気をすでに察知している者たちにとって、得体の知れぬ狂信的怒りが、不可解にも爆発したらしいことに変わりはなかった。そしてその怒りはどういうわけか、とくにオランダ人支配者たちに向けられているようだった。軍部が行政府の上層部に対して、今後は常時警戒態勢をとるのが賢明だろうと具申した。

用心するという彼らの判断は正しかった。その年の秋、セランで起きたこの二つの事件を皮切りに、西ジャワでは、他に類を見ない騒乱期が長く続き、ついに五年後の一八八八年には非常に危険で政治的に不穏な反乱が勃発した。今日、この事件は通常、「バンテン農民反乱」として知られ、この地域の植民地史における一転換点、すなわち一九四九年の最終的なヨーロッパ人放逐と近代的な独立国家インドネシアの建設へと続く過程の節目の一つと考えられている。それ以前も、ジャワでは小規模な反乱は何度もあった。だが、バンテンの反乱には、暴力や敵意が爆発した他の多くの反乱にはない重要な意味があった。

なぜなら一八八三年から一八八八年にかけて、ジャワ島北西端の住民の間に起きたことには、たんなる政治的意味合い以上のものがあったからだ。この時期は宗教的にも重要だった。ちょうどこのころ、イスラム教がこの地方の政治の動静と深くかかわり合うようになり、現在多くの学者が認めているように、イスラム教徒が、この時期のおもな政治的流れの少なくともいくつかを、現実に左右し始めていたのだ。もちろん、これが歴史上初めてというわけではない。インドではムガル帝国の支配者が、亜大陸全域の政治に没頭した時代があった。また、スペインでは、西暦七一一年にタンジールのアラブ人統治者がジブラルタル海峡を越えて侵入して以来ほぼ四〇〇年間、イベリア半島の多くの地域をアラブ人が支配した。イスラム教はかつて、南ヨーロッパでも絶大な権力を振るっていた。

東インド諸島ではこれとはかなり違う形で事態が進展した。この五年間を子細に眺めると、とくに、並外れて敬虔なバンテンの民の間では、好戦的で反西欧的なイスラム教運動が始まったことがはっきり見てとれる。この運動は、産声を上げたのはジャワ島だが、それ以降、現代世界における「現実政治《リアルポリティック》」の重要な特徴となっている。一八八三年秋の、オランダ植民地軍への二度の襲撃事件を契機とする一連の出来事を検証すると、西ジャワで以後続いた騒乱の多くの背後には、一つの原動力があったことがわかる。それは、白装束に身を包んだひげの男、自分たちの「極端な宗教熱」に突き動かされる男の姿から予想されるように、過激で、原理主義と反植民地主義と異教徒排斥主義を特徴とするマホメット主義、すなわちイスラム教だった。

一九世紀末、この地域で反オランダ感情が高まると同時に、東インド諸島全域で、狂信的なイスラム教徒が激増した。それを説明するために、これまでさまざまな原因が挙げられてきた。貧困、植民者が行なったとされる圧政、腐敗、帝国支配のくびきの耐え難い重圧。こうした要素はすべて、よそ者の支配者から重荷を負わされていた他の多くの植民地と同じく東インド諸島でも、地元の民の肩にのしかかった。そして、教育水準が向上し、世界への目が開かれるにつれて、彼らはじっと我慢していることができなくなった。アチェやマカッサル、モルッカ諸島など、東インド諸島のほかの地域では、散発的な反乱や、悩ましいまでに執拗な騒乱があとを絶たなかった。これらはすべて、後に歴史家たちが認めるように、もはやじっとしてはいられないという気運の高まりに駆り立てられたもののようだ。ほぼ同時期に、インド[1]やマラヤをはじめ、各地で反植民地運動が広がりだしていたのと、ちょうど同じだ。

ところがジャワとスマトラの両島では、世間に蔓延する不安な気分をあおる、もう一つの要素が働いてい

（1）一八五七年、セポイの反乱（インドではのちに第一次インド独立戦争と呼ばれるようになった）が起こった。けっきょく鎮圧されたものの、この反乱は、インドを支配するイギリス人だけでなく、やがては世界中の植民地支配者にとっても明らかに不吉な前兆となった。

た。それはなんと、甚大な被害をもたらした巨大火山の噴火だった。言い換えれば、クラカトアを破壊した地質学的変動が、この時代の政治的気運を作り出すうえで、あなどりがたい役割を果たしたようなのだ。火山と、その噴火がもたらした経済的・社会的混乱には、なんらかの影響力があったことはもはや否めないだろう。だがその影響力が局所的で些末なものか、それとも最終的にオランダ人放逐につながる運動の発展に結びつけられるものなのかは、議論の余地がある。

東インド諸島の激しい地殻変動（ジャワ島だけでも、活動中の火山が二一、硫気孔が一〇ある）は、昔から神秘信仰に重要な役割を果たしてきた。すべての火山には、神が一人ずつ宿っている。クラカトアの神は、広く恐れられているオラン・アリイェだ。神は世の中の状況に怒りを覚えると、炎やガス、溶岩を吐き出すことによって、すぐにそれを表わす。いや、それだけにとどまらない。とくにジャワの民には、火山に基づく世界観がある。彼らは、自分たちの島は地上のどこよりも天地が近く、両者の交流がこの世でいちばん頻繁に、そして密接に行なわれる場所だと信じている。

だからジャワの民にとって、火山の噴火は、たんに機嫌をそこねた神が不興を示すだけのものではない。噴火は、天から地上へ直接送られるメッセージで、無視すれば人類滅亡の危機を招きかねないほど重要なものなのだ。こうした考え方があったので、一八八三年八月の、クラカトアが自らを生贄に捧げたとてつもない行為には、非常に深遠な意味が秘められているとジャワの民が考えたことも、まったく筋が通らぬわけではないかもしれない。

というわけで、火山の噴火が何かの形で政治上の起爆剤の働きをしたのだろうか。噴火は、ジャワの神秘信仰に深く根ざす理由によって、恐れおののきすべてを失った民と、保護者を任じて干渉するオランダ当局との間に亀裂を生じさせたのだろうか。そのうえで人びとは、心の不安を取り除いてくれるイスラム教の、揺るぎない教義に惹かれていったのだろうか。そして、その後イスラム教が植民地主義に対して挑戦的な態度をとったことが、すべてを失いおびえる民に十分な救いと慰めを与え、それゆえ彼らは、たとえどれほど極端なものであろうともイスラム教の戒律と求めに従うことを心から受け入れたのだろうか。

疑問はさらに続く。新たな見方によって目を開かれたジャワの民は、突然、オランダ人のことを慈悲深い指導者でも善意の師でもなく、抑圧者と見ることができるようになった（他の帝国主義の植民地支配者の多くも、けっきょくは抑圧者と見なされるようになったと同じだ）。イスラム教は、そのジャワの民がオランダ人に背を向ける、格好の旗印になったのだろうか。そして、もしクラカトアが、この一連の出来事に一枚嚙んでいたとすれば、クラカトアの噴火は、それ自体、図らずも、政治的事件として都合よく受け入れられた出来事と見なすことができるだろうか。その後長年にわたって東インド諸島に影響を及ぼし続けることになる出来事と考えられないだろうか。

クラカトアが噴火したころ、東インド諸島では、オランダ人たちの支配力が一時的に弱まる兆候が現われていた。帝国主義的な目的意識が偶然、時を同じくして衰えつつあるようだった。オランダ人の伝統ある自尊心は打ちのめされ、改革と変化を求める気運が生まれていた。

オランダ人は断固として認めることを拒むかもしれないが、挫折感のもととなったのは、その二〇年前にアムステルダムで出版された一冊の本だった。この本のせいで、全オランダ国民は良心の呵責に身震いした。自国から遠く離れたところで、どうしてこのような問題のあるやり方で植民地を運営しなければならないのか、と誰もが思わずにはいられなかった。オランダ全土に絶大な影響を及ぼしたこの中篇小説の題は『マックス・ハーフェラール』、作者は、ムルタトゥーリという偽名を使って、当初正体を明かさなかった。

じつはこの本の著者は、エドゥアルト・ダウエス・デッケルという、若い植民地の役人だった（ムルタトゥーリはジャワの言葉で「私は耐えに耐えてきた」という意味なので、この偽名にはいくらか自己憐憫の響

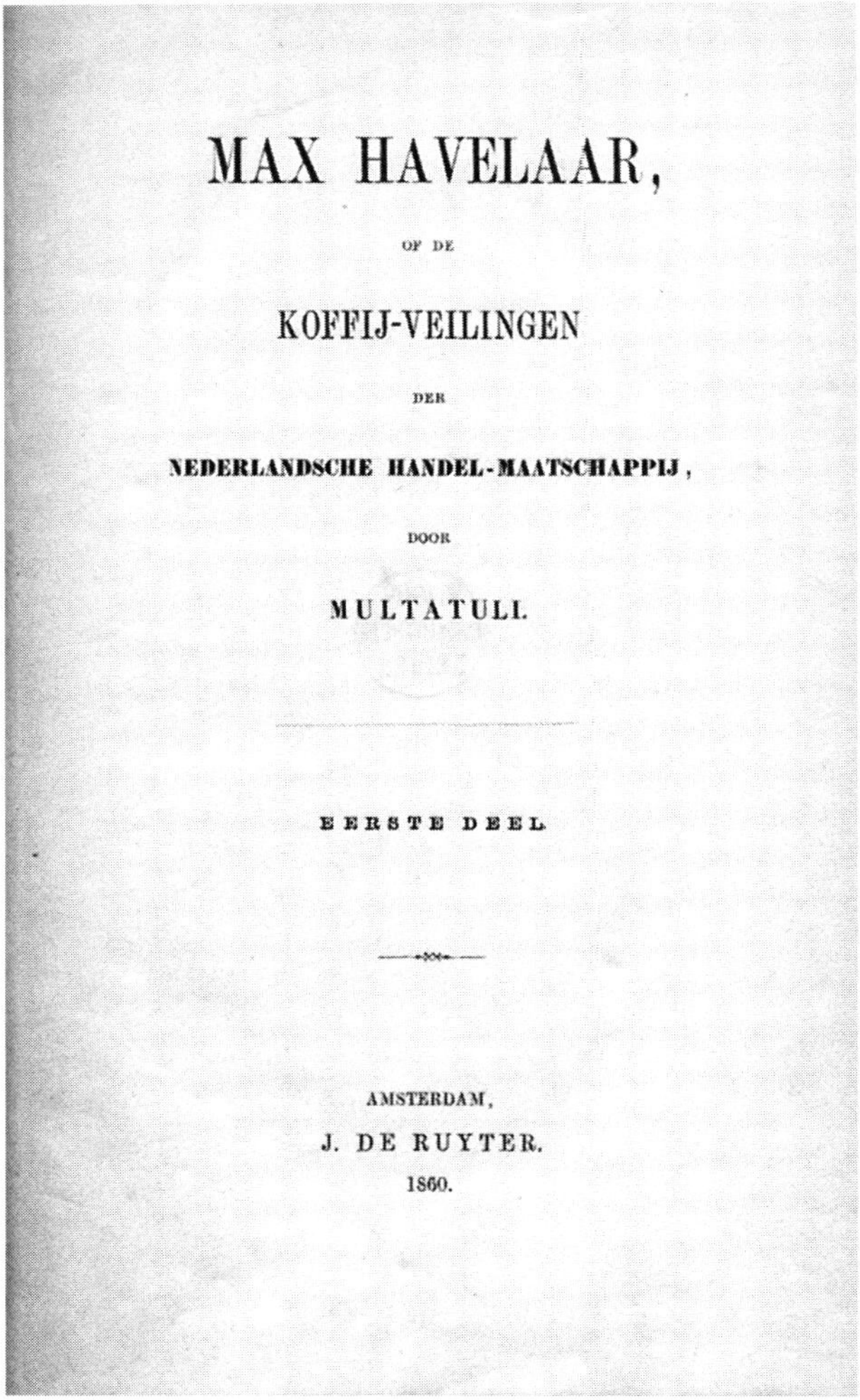

MAX HAVELAAR,

OF DE

KOFFIJ-VEILINGEN

DER

NEDERLANDSCHE HANDEL-MAATSCHAPPIJ,

DOOR

MULTATULI.

EERSTE DEEL.

AMSTERDAM,

J. DE RUYTER.

1860.

1860年に出版された『マックス・ハーフェラール』の扉。

きが感じられる)。一八五五年、時のオランダ総督のお気に入りだったデッケルは、ルバックという西ジャワの小さな統治区の副長官に任命された。偶然にもルバックは、襲撃を受けた守備隊の駐屯地セランからそう遠くない場所にあった。先住民が数かずの不正を受けているのを知っていたデッケルは、赴任したときから、自分にはそれを正すという秘密の使命があると感じていた。だが、職に就いていた三カ月間、植民者の不正を執拗に訴え続けたために、オランダの植民地政庁全体を激高させた。デッケルは誤った植民地経営や、故意によるものではない残虐行為だけでなく、想像以上に横行していた殺人や腐敗を次つぎに暴露してから、辞職してオランダに帰り、後に近代オランダ文学の金字塔となるこの本を書いた。

『マックス・ハーフェラール』は一八六〇年に出版され、オランダ全土に衝撃と驚愕と失望の渦を巻き起こした。オランダ国民は、自国の役人が、もっとも遠く、豊かな領土をどのように運営しているかを初めて詳しく知った。この本は、植民地に対するオランダの態度、とくに「強制栽培制度」と呼ばれる、オランダ人が発明した驚くべき搾取の制度を容赦なく告発している。これは一八三〇年に導入された制度で、不条理なまでに高い地税を設定し、その支払いのために、すべての村に、収穫の五分の一を強制的に納めさせるものだった。植民地政府は、村人全員に租税の支払いに対する共同責任を負わせた。そして、この責任を全うさせるために、村人が役人の許可なしで村を離れることを禁じた。だが、許可が下りることはめったになかった。

この制度のおかげでオランダ人支配者は途方もなく豊かになった。だが、『マックス・ハーフェラール』が実情を暴露すると、ある批評家は、今や次のようなことが明らかになったと述べている。「島から得られる莫大な税金が、先住民の教育や利益に充てられることはまずない。オランダはヨーロッパでもっとも先進的なプロテスタントの国だというのに、布教や伝道はいっさい行なわれないどころか、許可されてさえいない。そして、よそ者の不在地主のために汗水流して働いている民の益になるような、公共事業や恒久的改善は何一つ行なわれていない。この国は、はるか遠方の君主を豊かにするために、どんどん富を奪われている」

オランダ人は「強欲、横暴、搾取、残虐、そのすべてを足し合わせたに等しい」と斬って捨てられ、非難の矛先は政府にも農園主にも一様に向けられた。『マックス・ハーフェラール』は、おもにコーヒー園内部の腐敗に焦点を当てていたからだ。デッケルは不敵にも、この本をオランダ国王ウィレム三世に捧げている。「赤道をエメラルドの首飾りのごとく取り巻き、あまたの臣民が陛下の名のもとに酷使され搾取されている……栄えある領土の皇帝であらせられる」国王に。この献辞を書いたため、また過激な告発本をあえてものし、独善的で自覚に乏しいオランダの大衆に突きつけたため、デッケルは中傷され、攻撃され、やはり人びとに福音をもたらしたオランダ人ヴィンセント・ファン・ゴッホ同様、国を追われることになった（デッケルはドイツで客死した）。

だが、デッケルが求めていたような改革は最終的に実現した。『マックス・ハーフェラール』はオランダ議会で取り上げられた。この小説で生なましく描かれた「強制栽培制度」の不公正はしだいに認知され、物議を醸《かも》したあと、年数を重ねるうちに少しずつ廃止された(2)。本が出版された二年後の一八六二年、胡椒《こしょう》の規制が廃止された。一八六三年には丁子《ちょうじ》とナツメグが、一八六五年には紅茶、シナモン、コチニール、藍が、一八六六年にはタバコが自由化された。最終的には、すっかり新しい植民地統治の形態が根を下ろした。一九世紀末には、東インド諸島は誕生まもない、いわゆる「倫理政策」の原則に基づいて統治されるようになった。オランダ人は、今度はかいがいしく被支配民の世話を始めた。新しい制度のもとでは、以前のように抑圧して植民地から利益を搾り取るだけでなく、公衆衛生の管理、教育の向上、農業の援助などを行なって現地民の暮らしを向上させるために、役人が置かれるようになった。

こうした改革は、規模も小さく開始時期も遅すぎたため、民族主義の高まりを鎮めることはできなかったが、エドゥアルト・デッケルが残した最大の遺産と言えるだろう。しかしこの改革が効力を発揮するのは、二〇世紀に入ってからだった。クラカトアが噴火した当時、そしてバンテンの反乱につながる事件が続いていたころは、旧態依然の植民地支配の態度や制度が、まだ強い影響力をもっていた。変化や改善の兆しも見られたが、まだ実体はともなわず、植民地体制はほとんど手つかずのままだった。そのため、オランダ人や、オランダ人による迷惑な支配に対して楯突き、なるべく大きな騒ぎを起こそうと画策する者たちにつけ入る隙を与えてしまった。人びとを扇動し、暴動を起こすのに熱心な者のなかには、保守的傾向の強いイスラム教徒がいた。とくにバンテンと極度に信仰熱心なジャワ島西部でその傾向が著しかった。

インドネシアには現在、名目上の信徒も熱心な信徒も合わせて一億七〇〇〇万人のイスラム教徒がいる。つまりこの国は、世界最大のイスラム人口を抱えているわけで、信者の数が成功を計る最良の目安となるならば、この数字は一四〇〇年にわたるイスラム教の布教の歴史の中でもっとも輝かしい成功例だ。インドネシアの国民はみな改宗者か改宗者の子孫だ。忘れられがちなことだが、イラン、マレーシア、インド、パキスタン、バングラデシュ、インドネシアといったイスラム大国の国民がそろって信奉する宗教は、本質的にアラビア人のものであり、アラビア特有の性質を免れえない。インドネシアはアラビア人によって改宗させられ、今なお、アラビアやアラビア人に精神的なよりどころや指標を求めている。

イスラム教が根本的に帝国主義の宗教であることを忘れてはならない。アラブ民族主義は、現代の帝国主義的な動きにおける最大勢力かもしれない。それが現在のアラブ世界と西側諸国の対立を招く、多くの原因の一つとなっている。もちろん西側にも、それに拮抗する、西側独自の利益第一の帝国主義的な教義がある。

（2）　オランダ政府はたんなる偶然の一致だと主張している。

アラブ精神に源流を発するイスラム教とその陣営、金儲けや貿易を動機とする西側社会とその陣営。この両陣営の対立は、さまざまな形で繰り返されてきた。一九世紀末に東インド諸島で起きた出来事は、今日の視点に立つと、この対立の典型例だ。

イスラム教が東インド諸島に伝来したのは一三世紀だった。そして東洋と西洋、精神主義と物質主義、信仰と拝金という現代の対立の構図を考えると皮肉な話だが、イスラム教を伝えたのは交易の拡大を求めてやって来たアラビアの商人たちだった。スマトラ島北部には一二一一年に建てられたスルタンの墓がある。東ジャワのグレシックにもスルタンの墓があり、インドから来た石工が一四一九年に刻んだことを示す文様で飾られている。ジャワ島北岸、バタヴィアから四八〇キロメートルほど東に位置するデマックには、一五世紀末に建てられたモスクがある。それがジャワ建築とアラビア建築の折衷様式だということは一目でわかる。このモスクには、現地のムッラーたちに深遠で筆舌に尽くし難いと言わせるほどの神聖さがあった。ここを七回訪れれば、メッカに一回巡礼に出たのと同じ御利益がある、とムッラーたちは宣言した。七回という回数に、信仰上どんな意味があるのかという説明はなかったが。

バンテン自体にイスラム教がしっかりと根づくようになったのは一六世紀初頭で、ジャワ島の中では少し遅く、スマトラ島よりはかなり遅れていた。イスラム教は瞬く間に受け入れられ、驚異的な速さで広まった。そして、いくらもしないうちにアラビア人やハジ（メッカ巡礼を終えた男性イスラム教徒）たちがそろって自慢できる模範的な地域となった。イスラム教は東インド諸島の中でも他に例がないほど、バンテンと、隣接する海岸地帯のスンダで普及した。ほどなく西ジャワ人は、ずば抜けて熱心で、敬虔で、原理主義的だと評判になった。バタヴィアと海岸の間を通る旅人はみな、いやがおうでも数多くのモスクを目にし、ここに住む大勢の熱心な信者に祈りを捧げるよう呼びかけるムアッジン（祈禱時刻予告係）の声を、日に五回耳にするのだった。

だが、東インド諸島のイスラム教はいつであろうと、中東やアフリカで実践されているものよりはるかに寛容だったことは記憶にとどめておかなければならない。とくに、ヒンドゥー教の影響からなかなか抜け切れなかったため、この地ではイスラム教の厳格さがかなり薄れていた。地方の迷信や各地に残る精霊信仰、数え切れぬほどの宗教的奇習が、ムッラーの教えと入り混じった。その結果、ジャワで発展したイスラム教は非常に混交的となった。それは、メッカからだけでなく、他のさまざまな信仰からも影響を受けてできあがった、複雑な妥協の産物だ。

このように、ジャワのイスラム教にはかなり異端的な側面があったが、ジャワの、とくにバンテンのイスラム教徒の大半にとって、人生でいちばん大切な行事はやはりメッカへの巡礼だった。世界中の善きイスラム教徒はみな、メッカ巡礼を義務づけられていたが、オランダの植民地政府の統計によれば、バンテン人とスンダ人はジャワ島の他のどの地域の住民よりも、この義務の遂行に熱心だった。そして巡礼者の数は右肩上がりに増え続けた。一八五〇年にメッカ巡礼に出かけた者は、わずか一六〇〇人だった。それが一八七〇年には二六〇〇人、一八八〇年代には平均して年間四六〇〇人が海を渡り、アラビア半島へおもむいた。(3)

当然ながら、オランダ当局はこの慣行を憂えた。そして、強制栽培制度の締めつけをさらに厳しくし、たとえば不審人物の渡航を制限するといった手立てを講じることもできたはずだ。だが、何世紀も続いていた巡礼の習慣を禁止したりすれば取り返しのつかぬ事態になりかねないことを、オランダ人はすぐに悟った。彼らにできるのは、せいぜい、精神を蝕む恐れがあるアラビア滞在をできるだけ早く切り上げるよう巡礼者に説得を試み、巡礼者が帰国すると同時に、行動を監視することぐらいだった。

(3) 一八八〇年代には、メッカ郊外のアラファト原野でのさまざまな儀式が金曜日と重なる、いわゆる「ハッジ・アクバル(大ハッジ)」が三回あった。一八八〇年にもそのハッジ・アクバルがあり、ジャワ島とスマトラ島からは、九五四四人もの巡礼者が参加した。バンテンからの巡礼者は、そのうちで突出した割合を占めていた。

オランダ人の悩みの種だったのは、メッカ滞在が長引くほど、帰国した巡礼者は「アラビア化」していて、異教徒のオランダ人を軽蔑し、植民地政府に対する過激な運動に参加する傾向が顕著になることだった。「メッカは、イスラム狂信主義の温床以外の何物でもない。人びとはメッカで、母国にいるキリスト教支配者への敵意を植えつけられる」と当時のオランダのイスラム学大家スヌック・フルフローニェは書いている。(イスラム教過激派の歴史は古く、非常に複雑で、クラカトアの噴火の政治的影響を考察するこの章にはとても収まりきらない。だが、極端な反西欧的イスラム感情の高まりが、オランダ領東インド諸島をはじめ、世界の複数の場所で、この時期にこのような形で起きたことは特筆に値するかもしれない。というのも、一九世紀末になると、イスラム世界のほかの場所では、イスラム教は増大する一方の西欧帝国主義の脅威にさらされつつあったからだ。たとえば北アフリカや中東では、イギリスとフランスを筆頭とするヨーロッパの大国がいたるところで領土を獲得したり、影響力を握ったりして、ムッラーやモスクの動揺を招いていた。

メッカのムッラーたちが、東方、すなわち、不本意ながら異教徒オランダ人の支配を受けている土地からやって来る巡礼者たちに利用価値があると考えたのも、あながち不合理ではなかった。巡礼者たちを使者に仕立てれば、故国に帰ったあと、アッラーの言葉を世に広め、イスラム教の純潔と威信の回復に努めてもらえるかもしれない。そして最後にはなんとかして、異教徒たちによる支配の脅威から東インド諸島を取り戻すという究極の目的を達成してもらえるかもしれない。このような動きが見え始めたまさにそのとき、クラカトアの悲劇が起きたという事実は、見過ごすにはあまりにも惜しい種類の歴史の偶然だろう。)

政治運動や宗教運動が激しさを増すにつれ、たいていある一人の人物、すなわち、カリスマ的な指導者、扇動者、あるいはその両方の資質を兼ねそなえた人物がその運動を象徴する存在となる。西ジャワの場合もまさにそうだった。ハジ・アブドゥル・カリムというジャワ島生まれの神秘主義者が、当時、着々と人望を

反乱の指導者ハジ・アブドゥル・カリムと同様にメッカ巡礼をした、ジャワ人のイスラム教イマーム（イスラム教社会の指導者）。

集めるようになっていた。バンテンの反乱では彼の教えが小さからぬ役割を果たした。アブドゥル・カリムは一八七〇年代中ごろから、地元で大きな影響力をもつスーフィー運動（イスラム教の汎神論的神秘主義の運動）の指導者を務め、弟子たちとともにバンテンの町にある拠点からその指揮にあたっていた。

アブドゥル・カリムは早くからイスラム教の教育を受けた。まだ幼いときにメッカへ渡り、一〇代でアラビア語を自在に使いこなし、イスラム教神学を修めた。二〇代後半に故郷へ戻り、メッカにいる師の教えに従って、アッラーの予言者兼使者として地位を築いた。その役割によって、ジャワの大衆から熱烈な支持を受けた。パスポートに関する規約に違反してオランダ当局ともめごとを起こしたことがあり、すでに異教徒からは厄介な存在と見なされ、帝国の喉に刺さった小骨扱いされていた。

一八七〇年代末には、巡礼者さながら彼の家を訪れる者があとを絶たなくなっていた。連日何万人ものバンテン人やスンダ人の熱狂的な信徒が、この非凡な人物の祝福や言葉を求めて家に押しかけた。彼は浴びるほどの喜捨を受けた。オランダの州長官は、この人物を警戒していたのは間違いないが、彼の力も重々承知していたので、公式訪問を行なった。当初このアッラーの聖者は数を増していく信者たちに信心と伝統的な信仰の実践と禁欲の大切さを呼びかけるだけだった。

だが、信者が増えるにつれ、彼のメッセージはがらりと変わった。ただしそれがメッカの指示によるものか、アブドゥル・カリム自身の思いつきなのかは定かでない。一新されたメッセージは扇動色のかなり濃いもので、支配者側のオランダ人にとって不吉な前兆だった。アブドゥル・カリムの新たな予言は、ほかの信心深いイスラム教予言者たちが熱心に説き、世界の他の地域で支配者たちを悩ませているのと同じものだったからだ。それは、世の終わりの日々に再臨して、異教徒たちから世界を救うと言われている救世主マフディが、まもなく現われるという予言だ(4)。

そしてこの予言の中に、ついに謎を解くカギが浮かび上がってくる。一見無関係に見える二つの事件、すなわち火山の噴火と政治変化を求める運動を結びつける唯一の鎖の環だ。このカリスマ的なイスラム神秘主義者によって語られ、何万人もの信者によって熱狂的に受け入れられた、「マフディがまもなく再臨する」という予言は、一八八三年の噴火と深い因縁があることが判明する。たしかに、この二つの事件は密接に関係している。なぜならマフディと、異教徒に対して行なうマフディの聖戦に関するイスラムの教えには、マフディの再臨にはかならずはっきりとした徴《しるし》がともなう、とあるからだ。「牛が疫病に見舞われる。洪水が起きる。血の色の雨が降る。そして、火山が火を噴き、大勢の人が死ぬだろう」と。

そして、この予言はことごとく、ハジ・アブドゥル・カリムが予告していたとおりに、バンテンで現実となった。牛の伝染病のなかでももっともたちの悪い病気が爆発的に広がり、いたるところで牛が死んでいった。ジャメラックから南のラブアン(現ラブハン)に至る西ジャワ沿岸の村むらが、津波で壊滅的な被害を受けた。ジャワ島の上空でたえず渦を巻き続ける火山灰のために、雨は相変わらず褐色に染まっていた。クラカトア島は粉ごなに吹き飛んだ。そして噴火の結果、灰とガスの流れが津波を起こし、三万六〇〇〇人が呑み込まれて死んだ。

敬虔な信者にとって、裁きの日が近いこと、マフディがまもなく再臨すること、異教徒に対する聖戦が始まろうとしていることを示す、これ以上明らかな徴があるだろうか。噴火のわずか数週間後に、来るべき聖戦の兵士二人が殉教者の白い衣をまとい、異教徒を襲撃したことに不思議はない、と言う者もいるだろう。アブドゥル・カリム自身は、スーフィーの階級の高位に就くためメッカに戻って久しかったが[5]、そんなことは問題ではなかった。彼の教えはすでに世に広まり、彼の定めた規律は定着し、「タレカット」と呼ばれるネットワーク、すなわち、アブドゥル・カリムが自分の使命を実現させるために作った連帯組織が、よく油の差された機械のようにうまく機能していた。

二つの事件を結びつけ、ついにはクラカトアを一八八八年の反乱へ至る一連の出来事の発端であるとする大胆さをもち合わせていた人物の一人は、偶然にも噴火の目撃者だった。R・A・ファン・サンディックというその人物は、オランダ中部の町デーフェンテル出身の工業学校教師だった。水理学の知識を買われて植民地政府に雇われており、クラカトアが噴火したときは、たまたま公用船「ラウドン総督」号に乗り合わせていた。

サンディックは恐怖におののきながら事態の推移を見詰め、ただちに救援活動に参加して、そのかたわら、西ジャワの社会情勢と、この悲劇によってそれがどう変化したかをできるかぎり学んだ。一八九二年、彼は

(4) 同様の現象がスーダンでも認められた。一八八〇年から一八八五年にかけて、暴動を指揮した者たちの多くがマフディを自称し、大規模な政治的・社会的不安を引き起こした。

(5) アブドゥル・カリムは一八七六年に、ローマ教皇か聖人並の盛大な見送りを受けてバンテンを去った。

七章からなる、『バンテンの哀しみと愛』という短い本を書いた。この本によって初めて、アブドゥル・カリムの予言の詳細が伝えられた。次に挙げる訳は多少ぎこちないかもしれないが、この章にこめられたメッセージははっきりと伝わってくる。

バンテンの民を扇動している、ムッラーとプサントレン(6)の宗教教師は、クラカトアの噴火で人びとが深く激しい衝撃を受けたことを利用して、自分たちの影響力を強めた。彼らはこう言った。これはアッラーの復讐ではないのか。不信心な犬どもに対してだけでなく、これらカフィール（異教徒）に仕えるバンテンの民に対しても、神の鉄槌が振り下ろされたのではないか。クラカトアの災厄は神のお告げであり、聖なるアブドゥル・カリムが語っていた大いなる予兆であることは間違いない。アブドゥル・カリムは大地震を、世の終わりを予言しなかったか。見るがよい、太陽は何時間も輝きを失い、噴火のあとの今、赤く、ときに灰色とも青ともつかぬ球体となって暗い天空で光を放っている。これは妙ではないか。昨今、このように名状し難いさまざまな色が、夕暮れどきに輝いているとは。

神は通常の海面より三〇メートルも高い津波を起こさなかったか。そして神は雷の中で語らなかったか。そして、バンテン全土が、底抜けの闇の中で震えたのではなかったか。それに、スンダ海峡の漁師に聞いてみるがよい――神によって、海底が隆起したのではないか。クラカトア島の四分の三が消滅したのではないか。これら神の行ないのいっさいに目をつぶるのか。全能の神に頭《こうべ》を垂れよ。汝の罪を償え。アブドゥル・カリムがこれらすべてを予言していたと知りながら、まだ疑う余地があるというのか。ムッラーたちはこのように言った。

さらに不穏な展開があった。その秋、アラビア語で書かれた大量の文書と手紙が、バンテンの町まちに出回っていることが発覚したのだ。オランダの植民地警察はその一部を押収し、これは噴火の混乱に乗じて騒ぎを起こそうとする外国人の企てだ、とただちに断じた。実際には、手紙の大半が取り上げているのは、クラカトアではなく家畜の疫病が原因の多様な社会問題だった。それらは、異教徒オランダ人とその手先となった地元の民に対して不興を示すために、怒りに燃えるアッラーがもたらしたのだ、と書かれていた。だが今日では、文書の内容よりも、その出所に関心が向けられている。

手紙の大半はほかならぬアラビア半島から、使者の手によって届けられたようだ。当時アラビア半島全域はオスマントルコの支配下にあったが、正統派イスラム教の根源であることに変わりはなかった。イスラム原理主義は、ハドラマウトというアラビア半島南部（現在のイエメン東部）の、とくに信仰の篤《あつ》い砂漠地帯で普及していた。

一九世紀のジャワ島は、イエメンの原理主義者に刺激され、激情の渦に巻き込まれていったと言える面もある。原理主義者は直接に（確証はないが、アラビアのムッラーが噴火の直後にバンテンにいたという話がある）、あるいは間接に（手紙や、宣伝用文書の流通によって）、あるいは代理人（そのうち、アブドゥル・カリムは、アラビアで教育を受けた数多くのハジのなかでも、とくに傑出した存在だった）を通して働きかけた。こうした動きには、今、世界中で起こっていると考えられる、同じような事件とも、不思議と共通するものがある。現在のイスラム過激派が見せる士気の高さは、ハドラマウトのモスクに負うところが大きい。

（6）　イスラム教の寄宿学校あるいは神学校と呼べるもので、今でもインドネシア中に数多く存在する。一九世紀の東インド諸島では、プサントレンはイスラムの正統的な慣行と教義を広めようとする動きに大きな影響を及ぼしたし、現在もかなりの社会的影響力をもっている。インドネシアのイスラム教は穏健な性格が強いため、プサントレンの指導者たちは相変わらず歯がゆく思っている。彼らの究極の望みは、ジャワ島とスマトラ島の迷えるヒツジたちをイスラム教の囲いへ完全に連れ戻すことだ。

そして、一〇〇年以上前に東インド諸島で活躍したハジ・アブドゥル・カリムに一歩も劣らぬほど大胆不敵で反西欧的なサウジアラビア人やイエメン人が、今日、世界中に散らばっている。この歴史上の相似関係は非常に興味深い。その意味合いを学者たちが解き明かすには、間違いなく長い年月がかかるだろう。

セランの守備隊の兵士を狙った最初の二度の襲撃事件は、さらに大がかりな陰謀の一部にすぎないことが後にわかった。その計画は何年もかけて、綿密に練り上げられたものだった。反乱の兆候が最初に現われたのは、一八八三年の噴火直後だったが、反乱そのものが起こるのは、五年後の一八八八年七月になってからだった。

どの場合も、指導し扇動したのはハジだった。つまり、イスラム教徒が反乱を焚きつけ、指揮したのだった。四〇人を一組とする部隊がいくつも編成された。隊員は全員、誓約を求められ、殺戮を行なうことに文書で厳粛に同意した。戦闘員に選ばれた者はペンチャック（東インド諸島の剣術）の訓練を受け、新品の剣と槍、そしてゴロックという、殺傷能力の非常に高い、湾曲した鋭い短剣で武装した。武器はすべて、彼らと志を同じくするバタヴィアの鍛冶工が鍛えた。戦士たちのために白い衣と白いターバンが作られ、集められた。標的となる人物が選ばれた。すべてヨーロッパ人、つまりカフィールだった。聖戦が始まる日が近いといううわさが流れ、ヨーロッパ人たちはおびえ、不安を募らせ、逆に村落部の先住民の間には期待が高まった。そして一八八八年七月九日月曜日、いよいよ戦いの舞台は準備万端整った。

最初の攻撃が行なわれたのは、現在の工業都市チレゴン(7)の郊外にあたる、サネージャという村だった。夜明けのだいぶ前に、ゲリラ部隊が電信線を切り、逃げ道をふさいだ。そして、空が白み始めると同時に、ヨーロッパ人の住居に押し寄せた。そこには県長官、塩販売監督官、収税吏、副監査官などが住んでいた。ヨーロッパ人は見つけられしだい、家族ともども斬り捨てられた。襲撃は残虐で、酸鼻を極めた。最初に血祭りに上げられたのはデュマという官吏の一家で、デュマが窓からほうほうのていで逃げ出している間に、彼の妻と間違われた乳母《アマ》は槍で襲われた。デュマの赤ん坊はアマの腕の中で切り刻まれた。あとで発見されたとき、命はとりとめたものの満身創痍のアマは、依然として死んだ赤ん坊を腕に抱いていた。デュマ本人は、ある中国人のもとに隠れていたところ見つかり、外へ引きずり出されて射殺された。

牢屋が襲われて破壊され、囚人が解放された。県長官は、ヨハン・ヘンドリック・フッベルズという男だったが、町中を追い回された。彼の下の娘エリーは石を投げつけられ、頭を砕かれて死んだ。姉娘のドラは斬り殺された。時がたつにつれ、襲撃者たちはひどく興奮していった。血みどろのお祭り騒ぎへ瞬く間に変わってゆくこの反乱を楽しんでいるようだった。フッベルズ本人も最後には見つけられ、刺し殺された。死体は反乱軍の兵士が見られるように白日のもとに引きずり出された。兵士たちは歓声を上げた。

思いがけない慈悲深い行動もときに見られた。たとえば、デュマ夫人も反乱軍に見つかったものの、にわかには信じ難いことではあるが、イスラム教に改宗することに同意すると書いた紙に署名したあとで解放された。だが、そうした例を除けば、殺戮と略奪が何時間にもわたって繰り返された。その日遅くなって、ようやくオランダ軍の歩兵と騎兵それぞれ一個大隊が到着した。歩兵隊は最新式の非常に恐ろしい武器を装備していた。オランダから到着したばかりの連発式ライフルだった。なによりもこの武器の力によって、激しいけれど終わってみればあっけないこの反乱は幕を閉じた。

どんな戦いでも聖戦の戦士たちにありがちなことだが、白装束の反乱軍も、自分たちの信仰心はオランダ人の銃弾を跳ね返すに違いないと信じていた。だがその期待は裏切られた。オランダ人たちが雨あられと浴びせる銃弾を受けて、異教徒たちとなんら変わりなく、彼らは死んでいった。その日の午後のオランダ軍は、

（7）現在は、巨大企業クラカタウ・スチールの敷地となっている。

明らかに殺気立っていた。彼らは次から次へ弾をこめ、銃を撃った。敵を生け捕りにするつもりなど毛頭なかった。二〇〇人はいたかもしれない反乱軍のうち三〇人が死に、一三人が負傷した。何日もしてから死傷者の身元を確認したところ、ほぼ全員がハジであることがわかった。彼らは、国を離れて久しい精神的指導者ハジ・アブドゥル・カリムの教えに従い、慈悲深いアッラーの名のもとに戦争を行なったのだ。

ハジたちの犠牲になった人は二四人で、オランダ人と彼らに仕えるジャワ人だった。短剣を振り回す戦士たちの目から見れば、そうしたジャワ人もやはりカフィールなのだ。犠牲者は、官吏、商人、看守と、その妻や娘たちだった。イスラム教徒は彼らを、最終的なペラン・サビル（聖戦）となるはずの戦いの最初の生贄と見なした。聖戦では異教徒の行ないや考え方、そして異教徒そのものも、すべて跡形もなく拭い去られるはずだった。

だがもちろん、そんなことにはならなかった。反乱は鎮圧され、取り調べが始まった。オランダは少しずつ改革を実行し、税率は引き下げられ、旅行制限は緩和された。寛容を重んずる新たな気風と倫理的な基準が定着した。村落部では、マフディ再臨の風聞は立ち消え、同時に戦争を待望する異様な熱気も冷めた。イスラム教徒とキリスト教徒の関係は、反乱後しばらくぎこちなかったが、時がたつにつれて落ち着き、最終的には両者が互いに歩み寄りを見せ、和解が成立した。そして、バンテンの農民反乱は人びとの記憶から薄れていった。

今日の観点から見ると、この反乱は最終的にインドネシアの独立へと続く道の通過点であり、本国を遠く離れたオランダ人による支配という特異な形態が終焉を迎える最初のきっかけだったとも考えられる。一八八八年にバンテンの民をあの凶暴な闘いへと駆り立てたイスラム教はやがて、革命家たちが戦う際に掲げる御旗というよりは、来るべき革命に備える組織としての性格を強めた。だが、一九四九年に誕生したインドネシアはイスラム教国であり、それは今も変わりない。そして、ジャワやスマトラのイスラム教徒の間では現在、長い歴史の中でも稀に見るような攻撃的な気運が高まっている。

一八八三年晩秋、イスラム教徒が初めて攻勢に転じて二人の兵士を襲ったのは、クラカトアが噴火した直後のことだった。クラカトアの噴火がもたらした被害と荒廃によって、スンダ海峡周辺に住む何百万という人の貧しい暮らしは、ますます悲惨なものになった。彼らの悲惨な境遇を、当時の抜け目ないイスラム教指導者たちが利用した。つけ込んだと言う者もいるだろう。メッカとハドラマウトの巡礼から帰ったムッラーや学者たちは、イスラム教の純潔を脅かす罪深い西欧の異教徒やカフィールに対して、きわめて重要な先制攻撃を行なうために、同様の気持ちを抱く東インド諸島の人びとを熱心に取り込もうとしていた。そんな彼らに、ジャワ島とスマトラ島の農民たちの窮状が利用されたのだ。

このように、クラカトアの噴火は政治的・宗教的運動に火がつく一つのきっかけとなった。運動の炎は束の間ジャワで荒あらしく燃え上がり、東インド諸島の政治に消えることのない傷痕を残した。先見の明のある者がいたら、バンテンの反乱を警鐘と捉え、長い歳月の後に、同じような事件が繰り返されうると考えたかもしれない。

二〇〇二年秋、バリ島で爆弾テロ事件が起き、多くの犠牲者を出した。この事件などは、一〇〇年以上前にジャワ島北西部で起きた出来事の、因縁のこだまのように思われる。

第 10 章

子供《アナツク》の誕生

そして
もっとも下等な植物である
コケが生えてきた。

そして
ある朝
初めて虫の音が聞こえた
無味乾燥で
まだ鉱物だと
思ってしまうような音だった。

そして
希望が生まれた。

——マックス・ジェラール（1968 年）

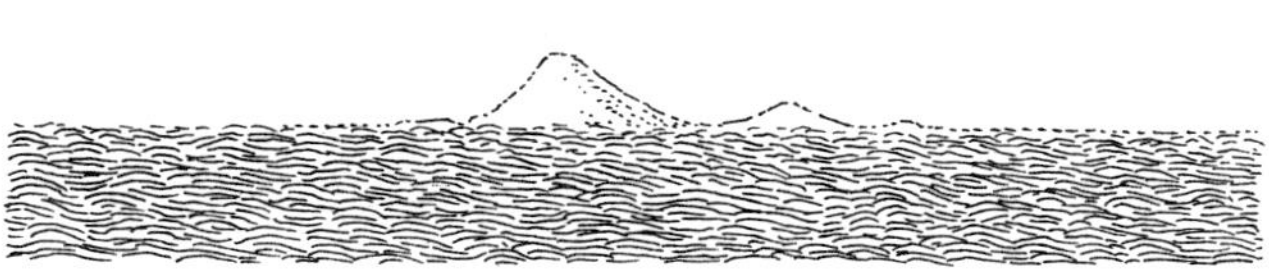

一八八三年の夏以降に、かつてのクラカトア火山の外殻をなす崖や小島や浅瀬の間を小舟で抜け、火山がそびえていた場所の真上の海に網を打つ地元の漁師がいたとすれば、よほど豪胆な男だっただろう。

そのあたりの海については、恐ろしい評判が立つようになっていた。大噴火があってからは長いこと、スンダ海峡と聞くと海の男は恐れをなし、そこを通らなければならないときは、大急ぎで通過したものだ。魚を獲るためにぐずぐずするなど、もってのほかだった。水の中をのぞき込み、海の底で何が起きているのか想像しただけで、そこを通る者はたいてい震えがきた。

最初の噴火を生き延びた者は、また爆発するのではないかという大きな不安に長いことつきまとわれた。噴火のあと何カ月も、残った島じまの焼け焦げた残骸に近づこうとする者はなかった。出かけてゆくのは科学調査団ぐらいのもので、彼らは究極の命知らずという烙印を押された。

しかし、経済的必要性に迫られると、人はなんでもするものだ。半年が過ぎるころには、恐れや不安は消えていった。それが世の常だ。ジャワの神がみは花や砂糖菓子や供え物でなだめられ、その怒りはオランダ人兵士襲撃もあって鎮められた。少しずつ時間がたつにつれ、小舟や小型帆船《プラフ》が、最初はぽつぽつと、やがては群れをなしてクラカトアの岩礁の間で波に揺られながら魚を探すようになった。こうした小型船は、前と違って、軽石の塊をよけたり、奇妙な浅瀬に思いがけず乗り上げたりすることもあったかもしれないが、いくらもしないうちに、勇敢で経験豊かな船頭たちは、まるでたいした変事などなかったかのように振る舞い始めた。

そして、そのような状況が続き、漁獲量も上向き、海は何事もなく穏やかで、心和むほど深く、噴火の危険は人びとの記憶から確実に消え失せていった——ほぼ四四年後の一九二七年六月二九日までは。その日の夕方、漁師の一団が、呑気に一日張っていたベラやコショウダイを獲る底引き網と、ハタやカツオを獲る流し網を引き揚げていた。すると、まったく予想していなかった異様な事態に遭遇した。

すさまじい唸りや地鳴りのような響きとともに、巨大な気泡の塊が次つぎと海面に噴き出してきたのだ。気泡は舟の前後左右にめったやたらと湧き上がり、あたりの水面を覆い尽くす勢いだった。(1) 人をすっかり狼《ろう》狽《ばい》させるような心底恐ろしい出来事だった。破裂して水しぶきと灰と鼻を突く硫酸ガスを発するこれらの気泡が、正確には海底のどこから噴き出しているのか、また、その源が一カ所なのか、あるいは複数あるのかは判断が難しかった。異変の真っ只中にあってあわてふためいた漁師たちは、気泡は、かつてクラカトア火山をなしていた三つの峰のうち、中央に位置していたダナンの上部あたりに集中していると考えたようだ。

カルデラ中心部のそばに、海の道しるべとして使われている、明るい色の針状の岩の奇妙な群れがずいぶん前からあった。水夫たちは（そして、急ごしらえの新しい海図も）、それを「ブーツマンズ・ロッツ（水夫長の岩）」と呼んでいた。かつてのクラカトア火山の名残りらしい名残りといえば、ラカタ峰以外に、鳥の糞にまみれたこれらの岩柱があるばかりだった。それはほぼ垂直な安山岩の板で、旧中央峰ダナンの真上にあたる海面から四メートル半ほど突き出ていた。その姿は、初期にそこを訪れた者に言わせれば、まるで「クラカトアが挑発するように海の中から差し上げた巨大な棍棒」さながらだった。あたりの小島を囲む海にはサメがうようよしていて、深さは最低でも一八〇メートルある。岩柱は、計り知れぬ深みから屹《きつ》立《りつ》している。現代の漁師も一九二〇年代の漁師同様、この岩柱を、「近寄るなかれ」という警告標識と見なしている。

（1） 一定の条件のもとでは、海底から放出された気体が集中すると、負の浮力が働く海域ができ上がって、そこを航行する船は沈没する恐れが出てくる。一九七〇年代に、北海海底の天然ガス井に亀裂が入り、気泡が逆円錐形をなして海底から立ち上り、約一・三平方キロメートルにわたって海水よりも気体が多くなり、浮力が完全に失われた。そのうえ、放出されたガスは非常に燃えやすかったので、危険が倍増した。

る。クラカトアが物理的にそっくり存在しないにせよ、少なくともその魂だけは今でもそこに宿っていることを思い起こさせてくれるというわけだ。(2)

そして、その警告を裏書きするかのように、この六月の夕べ、気泡が岩柱のほぼ真下、あるいは多少ずれてその北西から、すなわちかつての噴火口のやや西側から猛烈に発生しているようだった。気泡をかき分けて進むうちに、漁師たちは水温が急上昇しているのに気づいた。(3) そのうちに、気泡がもっとも激しく浮かび上がってくるあたりには湯気が立ち昇るのが見えるまでになった。漁師たちは必死の思いで櫂と帆を操ってその場を逃げ出した。あたりも暗くなってくると、赤光が海面上でぼんやりと輝くのが見てとれた。その様子は気泡が炎と混じり合ったかのようだった。

一八八三年一〇月、壊滅的な被害を受けた火山の跡に一番乗りし、その二年後に噴火に関するすぐれた調査の集大成を発表したフェルベーク博士なら、何が起きているかよくわかっただろう。彼は一九二六年に亡くなったが、一八八五年に見事な正確さで今度の事態を予測している。

……火山活動が再び活発になる場合はかならず、ラカタ峰とセルトゥン島とパンジャン島に取り囲まれた海盆の中心部から島が隆起してくるだろう。サントリーニ島（別名テラ島。エーゲ海南部ギリシア領キクラデス諸島の火山島。ミノス文明の地）のカイメニがそうだったし、かつての噴火口だったダナンとペルブワタンも、海中にある古代の噴火口壁の内側で形成された。

気泡が海面での最初の兆候だった。等深線が海図に記載されていないこのあたりの海の深い底に潜む新しい火山が、上へ上へと伸びようとしている前触れだ。フェルベークの予想があったにもかかわらず、新しい火山活動はちょっとした驚きをもって迎えられた。一九一九年の調査時には、「水夫長の岩」の北西に、靴の形をした隆起が形成されているのが見つかったが、それが成長中の火山の一部であることを示す証拠はまったくなかった。だが、一九二七年六月に気泡と湯気が不規則に発生した後は急速に、無数の気泡と幾筋もの蒸気の柱が水面上に明確な線を描き始めたので、同年末には学者たちが、水深三〇〇メートルにある海底の裂け目を反映していると思われる線を海面上に約四〇〇メートルにわたってたどることができた。

やがて火山活動の様相が変わった。気泡の勢いが増し、海面に巨大な噴水がいくつも現われ、波間から黒い泡や蒸気、灰が噴き出し、軽石が次つぎと浮き上がってくるようになった。水が円錐状になって一八メートルもの高さに噴き上がった。黒いマグマ性物質も、針が勢いよく飛び出すように噴き出して、円錐形の水柱よりさらに一五メートルも高く上がった。噴出が強まると、海水も直径八〇〇メートルのドーム状になって盛り上がり、内に含んだきまざまな火山性物質のせいで、奇妙なぶち模様が見られた。黒、白、灰色がまだらになっているさまは、周りの海の鮮やかな青と好対照をなした。

そして、何より奇妙なことに、炎が海面でなびき始めたかと思うと、次には巨大な黄色い奔流や幕のようになって噴き出した。それを目にした者には、海そのものが炎上しているようにも、悲惨な海難事故の現場

(2) 一八八三年の噴火の噴出物で、島の残骸の北部に、スティアーズ島とカーマイヤー島という一対の低い島が形成されたことが思い出される。一八八四年の実地調査のときには、カーマイヤー島はすっかり波に浸食されて海水に洗われていた。スティアーズ島も同年末までしかもたなかった。一九二〇年代に再び火山活動が活発化したころには、二つの島の名残りとしては、航行には不都合な奇妙な形の浅瀬が二カ所、残っているだけだった。

(3) すさまじい破壊力で名高いフィリピンのピナトゥボ山のカルデラにある火口湖にも、噴火口の上方に同じような熱い箇所があり、蒸気が湖のこの箇所に滞留している。近くでは水面で気泡が音を立てており、熱くて水に触れない。一度、プラスチック製のカヌーでこの箇所に行ったことがあるが、カヌーが溶けだして、私の重みで恐ろしいほど底がたわんでしまった。

さながら、燃え上がる石油に海が覆い尽くされているようにも見えたという。

一九二八年一月二六日、ついに大量の気泡と炎に取って代わって灰や岩が水面を突き破った。ほっそりした曲線状の新しい土地が初めて海上に姿を見せたのだ。それは、黒い鎌形をなしながら数日間成長を続け、こんもりした三日月形の島になった。長さ一五〇メートル、高さ三メートルの砂丘のように見え、南西側が急傾斜で凹形をしており、島の基部からは煙が勢いよく吐き出され、爆発が激しく続いていた。ロシアの地球物理学者W・A・ペトロエシェフスキーは、この新たな不動産の誕生をその目で見ており[4]、それに名前をつけた。この名前は後代の島に今日でも使われている。アナック・クラカトア、すなわち「クラカトアの子供」だ。

新しい海洋性火山の死亡率は非常に高く、この子供の命も短かった。一週間後には、絶え間なく打ち寄せる波が島を浸食し尽くした。二月なかばの時点で目に見えるものと言えば、泥水

噴火活動の盛んな「クラカトアの子供」、アナック・クラカトア。海底噴火で誕生してからほぼ半世紀後の1979年の姿。

色をした海面だけで、それをときおり突き破り、上に行くほど広がる煙や蒸気、灰、そしてたまに高温の可塑性溶岩がぎざぎざした細かい粒になったものが飛び出していた。やがて二カ月ほどして、新しい島が再び現われた。今度は、二カ所に分かれての爆発で、海面から高さ二〇メートル余りの円錐形が一対でき上がり、それが細長い土地でつながっていた。だが、火山の活動はその後しだいに収まり、この新島も波に襲われて浸食され、じつにあっけない生涯を閉じて海の下に姿を消した。

火山と海という、見たところ同じ程度の執拗さと力をもつ好敵手同士の攻防は、ほぼ三年間続いた。火山の形成活動が勝利を収め、地面ができてしばらく水の上に顔を出し続けることもあれば、強さでは一歩も劣らぬ雨期の海と潮と海流がその地面を海の挽肉よろしく、海底に積もる砂にしてしまうこともあった。

爆発の回数は桁外れだった。一九二八年二月三日正午からの二四時間で、一万一七九一回の噴火を数えた。六月二五日にはさらに回数が増え、一万四二六九回を記録した。昼夜を通して毎分一〇回の割合だ。二度目に誕生した新島は、一九二八年五月、第四回太平洋科学会議に出席するためにバタヴィアに滞在していた科学者たちが、調査旅行を計画してリアルタイムの現地調査を実施するまで沈まずにいた。科学者たちは、ひっきりなしに襲いかかってくる波の威力に島が敗れて再び海面下へ沈んでしまったときには、いらだちを隠せなかった。

島を破壊したのは波だけでない。新しくお目見えした火山がときに自滅行為をしでかして、自らを木っ端微塵に吹き飛ばすこともあった。一九三〇年八月上旬、三代目アナック・クラカトアがまさにそれをやってのけた。しかし徐々に、そして、下方で休みなく作用している沈み込み帯の、巨大で無敵の威力を無言のう

(4) 彼は後に、新たな火山活動を観察するため、パンジャン島北東部にコンクリートと波板鉄板で掩蔽壕《えんぺいごう》を築いた。

ちに示す形で、火山の力が優位に立ち始めたので、それが生み出そうとしている島も永続性をもつようになった。

一九三〇年八月一一日、長く残る記念物を海上に作り上げるべく、海底の火口が力を合わせて四度目の試みを行なった。そして、巨大な黒いドーナツのようなリング状の島ができ上がった。島は二日間、そこでじっとしていた。二日目に、途方もなく大きなマグマ水蒸気爆発（熱い溶岩と高温ガスが冷たい海水と混ざって発生する爆発）が起こり、猛烈な勢いで膨大な量の火山物質を一六〇〇メートル近くも上空に噴き上げ、それを下にある脆い島の断片の上に降らせた。

爆発を目撃した者は、ある特徴に気づいた。ほどなくしてこの種の噴火にはつきものとされるようになる特徴、いわゆる鶏冠型噴煙だ（英語では「鶏冠型噴煙」ではなく「鶏尾型噴煙」という表現を使う）。上向きの噴煙は、煙に含まれる物質で黒いのだが、その周りは凝結する蒸気がたっぷりあるので純白になる。だから、全体を見ると、人目を引く雄鶏の尾のように見えるのだ。

このようにいちどきに膨大な量の新しい物質が島に積もったのが決め手となったようだ。堆積した物質によって一定の耐久性が備わったので、島は安定し、土台が固まった。それからというもの、噴出した灰と岩石が新しい島の表面に堆積する速度が、周囲から海が島をひっきりなしに侵食する速度を上回っている。

クラカトアの子供は、こうしてしっかり誕生した瞬間から、持続的な存在を約束され、今に至っている。さまざまな国の海軍の水路測量学者が最新の状況を確認して、地域の海図に示された島の外形線を、「新たに出現、一時的、推定」を示す青い点線から、「確立、永久的、実在」を示す黒の実線に逐次変えていった。以来その指定は変わっていない。アナック・クラカトア（イギリス海軍が発行する、この地域の最新海図では「アナクラカタ」）は、ジャワ島やスマトラ島がずっとそうだったように、一九三〇年八月以降、東インド諸島を構成する不変の存在となった。あるいは、アナック・クラカトアよりも以前にあったクラカトア群

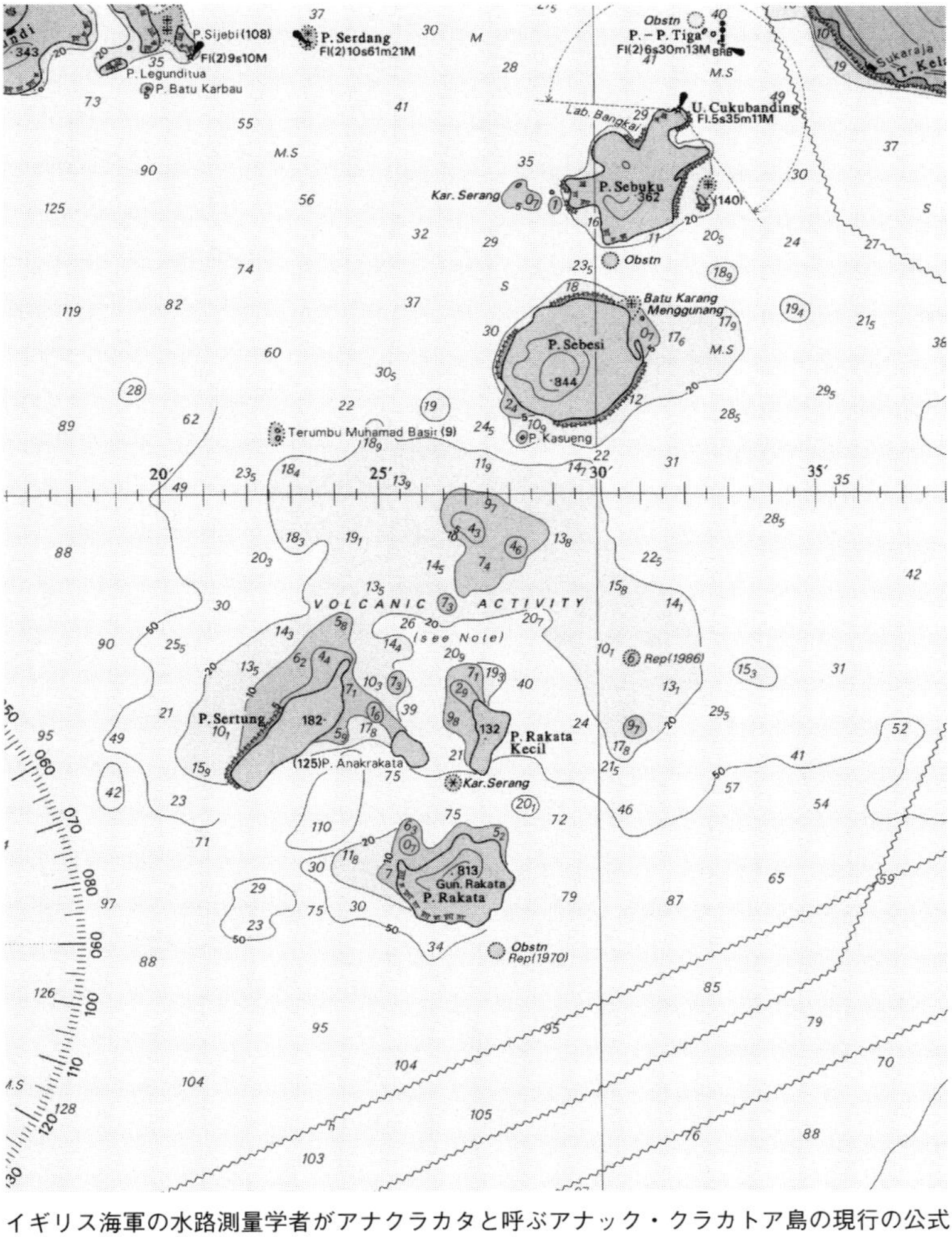

イギリス海軍の水路測量学者がアナクラカタと呼ぶアナック・クラカトア島の現行の公式海図。同島は、毎週約13センチメートルの割合で着実に成長している。

島の島じまと同じ程度に不変の、と言うほうが、さらに現実的だろう。

とはいえ、アナック・クラカトアは極端に活発な火山で、誕生以来すさまじい速度で休むことなく成長を続けている。ペトロエシェフスキーがパンジャン島に設置した観測所は、その成長ぶりをたえず監視するのに欠かせない存在となった。一九三〇年に生まれたときは高さ六メートル、長さ〇・八キロメートルの虚弱児だったのが、一九五〇年には高さ一五〇メートル、長さ一・六キロメートル、幅〇・八キロメートルになり、現在では高さ四六〇メートルで噴火口を二つもつ、怪物のような島にまで成長した。

アナック・クラカトアが無から成長するにつれ、動植物も同じく無から増え始めた。

アナック・クラカトアが海から現われたとき、まったく何もない土地だったことはほぼ間違いなく[5]、生き物の姿は見えず、基本的に不毛の地だった。地表も地中もあまりにも温度が高すぎて、どんな種の生き物も棲息できないと考えられていた。それに、島も新しすぎて歴史がなく、生命を再び生み出すような可能性をもつ動植物の前例もなかった。この火山は、世界各国の生物学者にしてみればまさに夢のような場所で、完璧な「白紙状態」にあり、歳月を経るうちに、さまざまな色彩の神秘的な生き物によって幾重にも彩られるのを待ち受けていた。いわばエデンの園。ただし、植物も動物も人間もいないエデンの園だった。そして世界中の科学者は、何が育ち、何が育たないのかを固唾《かたず》を呑んで見守っていた。

だがもちろん、旧クラカトアの残骸も、真《ま》っ新《さら》な状態にあった。島の残存部分は、一八八三年の噴火で焼き尽くされ、生命が一掃されたことはほぼ確実だ。両者、すなわち旧クラカトアの噴火後の残骸と、新しく誕生した無垢なアナック・クラカトアは、こうして世界中から並なみならぬ好奇の目を向けられるようになり、そこでは次の二つの興味をそそる質問の回答が今なお探求されている。一つは、旧クラカトアの残骸では、生命はどのように再生したか、そしてまた、再生するのか、まさしくその残骸の中から後に生み出された無垢な島では、生命はどのように誕生したのか、そしてまた、誕生するのか、という問い。もう一つは、もし再生する生命と誕生する生命の間に違いがあるとすれば、それは何か、という問いだ。

当然ながら、当初この二つの質問はまとめて訊いたり答えたりできるようなものではなかった。四四年間は、生物学者は一方しか調査できなかったからだ。したがって、初期には比較のしようがなかった。だが、一九三〇年以降は、大クラカトア圏に残る三つの島（焼け焦げたフェルラーテン島とラング島、すなわち現在のセルトゥン島とパンジャン島を、生態学的な意味で旧火山の名残りと見なせばの話だが）と、単独の新顔アナック・クラカトアが隣合って、調査と比較の対象となるべく、そこに鎮座している。一九三〇年からというもの、生物学者はこれら四島を調べ、古い島じまでの「残骸からの生命の再生」と、新しい隣人における「無からの生命の誕生」が、同じメカニズムで起きているのか、似たようなメカニズムで起きているのか、あるいはまったく異なるメカニズムで起きているのかを、探れるようになった。

この調査は今日も続けられている。新しいクラカトアがスンダ海峡に生まれてから一〇〇年以上たち、生物学の実験室として非常に役立ってはいるものの、いまだにわからないことだらけだ。

クラカトア自体の再生を考察するにあたって――最初はそれしか考察しようがなかったのだが――一九世紀の科学者は重大な問題を一つ抱えていた。噴火前に島に存在した生命種の全容が把握できていないため、島がどの方向へ再生しようとするのか、つまりどんな状態に戻るように力が働いているのか判断できなかったのだ。

（5）あらゆる生き物がすっかり絶滅したのか、そしてクラカトアの残骸は完全な不毛地帯かという疑問は、いまだに答えが見つかっていない。たしかに、これらの島じまで行なわれた初期の科学調査のどれもが、生き物は一掃されたとしている。しかし、後にこの見解に対する疑問の声が猛然と上がった。

かつて、島が豊かな命に満ちあふれていたのは明らかだ。一七八〇年、キャプテン・クックの探検隊が悲しみのうちに(6)この地に立ち寄った際、ジョン・ウェバーが描いた有名なスケッチ(7)には、野生のヤシの木やシダが生い茂る様子が示されている。今日の植物学者は、目を皿のようにしてその絵を調べ、ウェバーが描いた各種の植物を識別しようと試みてきた。そして、一九二〇年に再び生えてきた草、一九八二年に再登場したウチワヤシという名のヤシの木、一九八七年に初めて戻ってきたシダをスケッチの中に確認している。

キャプテン・クックの「レゾリューション」号乗組員の逗留に続いて、島の北側斜面がいくらか開墾され、そこに一握りの人が散らばって住み（一時は小さな牢獄まであった）、ヤギが飼われ、菜園が作られ、薪用の木が植えられた。一七世紀と一八世紀、そして一九世紀初頭にクラカトアに上陸したごく少数の科学者は、草や胡椒《こしょう》の木、ラン、マホガニーの木、さらには珍種の寄生性のヤドリギの標本まで収集した。あるオランダ人の生物学者はカタツムリを探しに行き五種発見した。

しかし、噴火前に棲息していた動植物を網羅する系統的なリストの決定版を作成しようとする者は誰もいなかった。確実なのは、クラカトアは、かつてカタツムリが数多く棲息して、ランが咲き乱れ、胡椒の木がいたるところにあって、草がぎっしり生えている、今日のスマトラ島で見かけるような類いの熱帯雨林だったということだけだ。

失われた生き物に関しては腹立たしいほど情報が不足しているにもかかわらず、世界各国からスンダ海峡に向かった生物学者は、噴火の跡で非常に興味深いものを目にできそうなことを知っていた。島に向かった生物学者の一人はこう書いている。「今は何もない状態だが、灼熱の太陽と赤道周辺特有の豊富な降雨量のおかげで、数年以内に間違いなく緑に覆い尽くされるだろう環境で、新たな命が発達する過程を逐一追いかけられるとは、なんとも興味をそそられる」

科学者は手際よく、そして慎重に、島の各地に散っていった。災害現場や犯罪現場を荒らさないよう十分用心する捜査員のように、クラカトアにやって来た生物学者の大半は、細菌や種子、ネズミ、はしかなど通常の感染源をもち込んで、噴火後の島の稀有な白紙状態を乱さないよう最善の努力をした。そのおかげで、純真無垢な状態はそうとう長く保たれた。

ロヒール・フェルベークは、噴火後六週間足らずの一〇月に、島に一番乗りを果たした。だがあまりに早すぎた。埃っぽい海岸に上陸したとき、島の地面はまだ熱くてろくに触れなかったし、溶岩の崖から相変わらず泥流が流れていたので、生き物を一つも目にすることはなく、近辺に何かがひそかに棲息しているかもしれないという証拠も見つけられなかった。個人的には気の毒な結果だった。噴火にまつわる話にひとかたならぬ情熱を注いでいたのだから、彼が真っ先に新しい生命の痕跡を発見していれば、それこそ当然のことと思われたかもしれない。

実際に生命の痕跡を最初に見つけたのはベルギー人の生物学者エドモン・コトーで、フェルベークから半年遅れの一八八四年五月、フランス政府の出資による調査隊とともに島を訪れたときのことだった。調査隊の隊長は、フェルベークが目にしたのとほぼ同じ、生命が存在しない荒廃した状況を報告している。「当地であれほど愛《め》でられた見事な植生は、白くなって干からびた巨大な幹が雑然と残るばかりで、その周囲はすっかり荒れ果てている」それに島は危険だった。ラカタ最大の崖がどんどん崩れており、岩がたえず斜面を転がり落ちて、「遠くでマスケット銃が発射されているような」音をひっきりなしに立てていた。調査隊は気の遠くなるような長い時間をかけて、落石の一斉攻撃の及ばぬ場所に安全な浜辺を見つけた。

(6) キャプテン・クックが数カ月前にハワイで殺されて以来、一行の雰囲気は重苦しいものになっていた。
(7) その芸術性よりは、噴火前のクラカトアの植物を描いたものとして唯一知られている絵ということで有名。(本書一四二ページ参照のこと)

しかし、こうしてたどり着き、最初に上陸したラカタ島の北西端からコトーが南に向かい、岬をぐるっと回って、今日ではヘンデル湾と呼ばれている場所にようやく到着したときに、彼の目は不意にあるものに釘づけになった。

それは、乾燥して一見、生命の痕跡などまるでない、灰色の埃っぽい砂嘴《さし》にある岩と岩の間に潜んでいた。それこそ、大惨事のあと初めて現われたと自信をもって言える生き物だった。コトーは興奮を抑えた筆致で「極小のクモ」と書いた。ほかにもいないかとコトーは必死で探したが、見つかったのはこの一匹だけだった。それでも、その存在意義は大きく、島の状態を象徴的に表わしていた。「島の再生の証となるこの奇妙な先駆者は、巣を張るのに大忙しだった！」言い換えれば、この孤独な小グモは、いずれは運良くハエを捕まえたいと望んでいたのだ。

クモが噴火のせいでどれほど大きなトラウマを負わされていたかを考えると、この楽観主義はたいしたものだ。ところが実際、この楽観主義はそう的外れなものでもなかった（それがこのクモにあてはまるかどうか定かではないのだが）。ほんの数カ月のうちに、無数の生き物――クモたちを満足させる、そこそこの数のハエもほぼ間違いなく含まれていたはずだ――が、本格的に島じまに戻り始めた。

最初のクモが姿を現わし、そしてその後ラカタに再定住することになるさまざまな生き物が姿を見せてからしばらくすると、一つの疑問が提起され、それが長年にわたって生物学界を悩ませ続けている。それは、初めて見つかった動植物のうちのいくつかは、もともとクラカトアにいたのが生き延びたという可能性はないか、それとも、クラカトアの残骸の上に生き残っていた生命体は完全に絶滅したのだろうか、ほんとうに噴火による灼熱を浴びせられて干からび、何十メートルも堆積した灰に埋もれてしまったのか、という疑問だ。

もし後者のほうが現実に近いのなら、再び島じまに棲みついた新しい生き物はすべて、周囲の陸地から間に広がる海を越えて海岸や岩山に到達したに違いない。もしそうだとしたら、つまり新しく棲みついた生命が新参者ならば、いったいどうやってたどり着いたのだろうか。

例の一匹のクモは岩の割れ目にずっと隠れていて、ひどく焼き焦がされたかもしれないものの、コトーのために巣を張るだけの元気を保っていたのだろうか。それとも、通りかかった海鳥の爪にそのクモがくっついていて、生き物のいない島に鳥が降り立ち、再び空に舞い上がったときに置き去りにされたのだろうか。クモはココナッツの殻に乗って波間を漂い、岸に打ち上げられて揺れが完全に止まるまで、目の詰んだ殻の繊維に必死の思いでしがみついていたのだろうか。それとも、そよ風に乗って運ばれてきたのだろうか。

空中移動するクモ、オオジョロウグモ。

今日では、この赤ん坊グモはそよ風に乗って焼け焦げたラカタの海岸線に着いた可能性がいちばん高いように思われる。一部のクモや翼のない生物は、「空中移動」する、つまり体から細い糸をより合わせて繰り出し、風の流れが糸を捕まえて運ぶのに任せて、未知の土地へ運ばれることが、今ではよく知られている。空中移動するクモは労せず何キロメートルも移動できる。ジャワ島やスマトラ島からでも、ほんの数時間あれば海を渡ってラカタにやって来られる。そよ風に乗って移動するこの生物は、近年、海を漂う微生物の親戚で、風で運ばれる種類という意味で、「エオリアン・プランクトン」という愛嬌のある名称を授けられた(8)。

(8) 南カリフォルニアでは、二〇〇二年初秋に、空中移動するクモが大量に太平洋から陸に向かって漂ってきたので、一時は警戒の色が広がった。前年の同時多発テロのあと、このような不可思議な現象は急に不吉な含みを付加されるようになった。

（「エオリアン」は「風の」という意味）。

再生の過程がいったん軌道に乗ると、島へ生き物が次つぎに戻ってきた。その速度や豊富さには目を見張るものがあった。噴火後一年して近くを通りかかった船の乗組員には、ところどころ緑が見えたように思われた。一八八六年六月、調査隊がラカタ島で四日間過ごし、それが正しかったことを突き止めた。彼らが確認した顕花植物や灌木は、一五種にものぼった。そのほとんどは海浜植物で、少なくともそれらは海によって運ばれたことを示していた。そのほかに二種のコケと一一種のシダもあった。調査隊は、火山灰を覆う湿っぽい膜の形でゼラチン状の層を形成している藍藻《らんそう》も発見した。この層がどこからやって来たのかはともかく、胞子が発芽するのを促進し、弱い若根が根づくのを助けたのではないかと、後に考えられるようになった。

明らかに、なんらかの力が手助けをしていた。翌年、別の一団が島に到着したときには、植物が活発に繁殖していたからだ。あちこちの野には草がぎっしりと生い茂り、丈も高かったので、人が姿を隠せるほどだった。草のなかには、ジャワ島でよく知られているアランアランもある。この草は森林火災のあとに（都合よく）、あるいは農民が種まきをしようと畑を開墾すると（あいにくなことに）、いつも真っ先に育つ。灰の山から野生のサトウキビの房が顔をのぞかせ、前年確認された一一種よりずっと多いシダも茂り、さまざまな種の砂止め匍匐《ほふく》植物、ハイビスカス、自家受精するラン、非常に目立つ赤い葉の海岸性樹木モモタバナコバテイシ、イチジクの木三種、モクマオウなども生えていた。

一九〇六年には、木ぎも伸び、森も鬱蒼《うっそう》としてきた。りっぱな森が山腹一面を覆い始めたため、標高六〇〇メートルの山頂に登るのがどんどん難しくなった。訪れる者たちは、道を切り開き、道中、アカアリやクロアリやクマバチに襲われ、色とりどりのチョウの大群に取り囲まれ、大きなミミズを踏みつけて滑るといった苦労をする一方で、カワセミやヨタカ、アオバト、モリツバメ、ヒヨドリ、コウライウグイスに目を楽しませてもらえた。なかにはオオトカゲを見たという者もおり、彼らによると、ココナッツの木が再びラカタ島の南海岸線に沿って生えているとのことだった。

以来、島の植物はすっかり過密状態になっている。海岸のモクマオウの高さは優に三〇メートルを超える。内陸部の混交林にはたくさんの鳥（チョウショウバト、斑《まだら》のミカドバト、大型バンケン、腹部が白いミサゴ、シロガシラトビ、腹部がオレンジ色のハナドリ、斑のサンショウクイ、マングローブモズヒタキ、シキチョウなどかわいらしい鳥もいた）とともに、甲虫、ムカデ、ヤモリ、トンボ、バッタ、樹上性カタツムリ、（コトーが最初に発見したクモの子孫にとっては恐ろしいことだが）ひたすらクモを捕まえて殺すために生まれてきたベッコウバチ、当初ボアコンストリクターと思われていたが、後にもっと温和なアミメニシキヘビ[9]と判明したヘビなどが棲息していた。

（9）体長が七メートルを超え、泳ぎも得意なこのヘビは、本島から難なく島にたどり着ける。

クラカトア島の海岸に生き物が戻ってきた。漂着物の一つ、ココナッツの殻が芽を出し、島の植生になろうとしている。

やがて一般人も島に渡り始めた。だが、最初に訪れた生物学者たちほど慎重な人ばかりではないから、あまり見栄えのしない動物ももち込まれるようになった。こうした一般人のうちでも少し変わった例を一つ挙げると、一九一七年、ヨハン・ヘンデルというドイツ人が、家族や使用人とともにラカタ島の南端に到着して、旧火山地区に定住して軽石を収集すると宣言した。第一次世界大戦のさなかだった当時、彼は（戦争から逃れるためだろうか）ラカタ島にこぢんまりした家を建てた。菜園も造り、それから四年間はこの一風変わった隠れ家で快適に暮らした。しかしじつは、本人は気づいていなかったのだろうが、舟でやって来たとき、いちばんありがたくない、繁殖年齢に達したつがいのお客までいっしょに連れてきてしまった。今やクマネズミの一大勢力がすっかりラカタ島に根を下ろし、島の海岸に棲む大方の鳥の巣を荒らし回っている。

月日がたつうちに、クラカトアの残骸に生きる動植物は数と種の変動を経験し、やがて自然に（外部の者がジャングルの法則と呼ぶ摂理に従って）ある種の生物学的平衡を生み出した。それは、完璧に達成されることはけっしてない状態であり、あらゆる種類の複雑な生物群集がたえず目指すものの、めったに完全に到達することのない、生物の楽土のようなものだ。

ヘンデルの庭は主を失うとたちまち一〇種の草に呑み込まれた。一九二〇年代初めには、新種の大きなハチ、アリバチ(10)、キノコバエ、ツチバチ、蚊、ガガンボ、キアゲハ、オオコウモリ、キツツキが多数確認された。それどころか、噴火後四〇年たったラカタ島は、じつに六二一種もの動物の棲息地であることが判明した。イギリス人のクモ研究家ブリストウによると、一九三一年にはクモだけでも一〇〇種も棲息していたという。あらゆる生き物の数と種が飛躍的に増加していた。

さしあたって、今日、ラカタ、パンジャン、セルトゥンの三島に棲息する生き物の大半が海を越えてもち込まれたとすると（そして島に元来棲息していて、人知れず生き残ったものの子孫ではないとすると）、それらはいったいどのようにやって来たのだろうか。

先に述べたように、最初に発見されたクモは、空中移動する種だったのはほぼ間違いないが、ほかの動植物は、それとは大きく異なる方法で島に侵入した。それらをひとまとめにしてみると、隙あらばかならず、どっと入り込んでゆくという生物の特徴を、強力に実証してくれる。そうした動植物のすべてが、今日の生物学者のうちでもロマンチックな人が「生命のるつぼ」と呼びたがるものの中で燃える、消しようのない炎の性質を示してくれる。

たとえば、最初にコロニーを作った植物である匍匐《ほふく》性の海浜植物や灌木、そして小さな海岸林の木ぎは、流木や軽石、その他さまざまな物に[11]載って海を漂流してきたり、あるいは果実を食べて種子を排泄する鳥に便乗してきたりした。最初に内陸部に入り込んだ植物は、ほとんどが風か鳥が運んだ胞子や種子から育ったものに違いない。それらは、水がほとんどなく、太陽が照りつける環境下でも生き延びられるような丈夫な植物でなければならなかった（これらの植物と、海を運ばれてきたその親戚は、雌雄同体であればなおさら好都合で、交配相手が少ない環境でも生きてゆけた）。薄い膜状の藍藻の存在も一助となった。この藍藻が、内陸部に植物群をしっかり定着させるためのカギだった可能性は十分ある。このようにしてもち込まれえた植物の典型がイチジクだ。イチジクの木が豊富に生えているのは、それがいったん根づくと自己繁殖する植物である証拠だ。

(10) スズメバチの一種。

(11) 火山灰の海岸にココナッツの殻の半分が落ちている様子を写した古いセピア色の写真がある。殻の上側からは茎が伸び、そこから葉が生えている。白っぽい根は、探りを入れるように、地面とも見えるものに向かって伸びている。（三九七ページの写真参照）

最初に島に移入した植物が繁殖し、また、新しい種がもち込まれて、新旧の移入種が張り合い、生存と繁殖の余地を賭けて競争すると、言い換えれば、島の植物の生態系が変化しだすと、それにともなって動物の生態系も変化した。海岸の草地がモクマオウの林になり、山の上部斜面の森が暗くじめじめしてくると、動物群も変化した。乾燥した場所を好み、島に最初にコロニーを作ったチョウや甲虫、開けた土地に棲息する鳥類と爬虫類に代わり、日陰が好きで高温多湿のところに棲息したがる森林動物やヤモリ、トカゲ、コウモリに、チゴハヤブサ、メンフクロウ、オオイヌワシなどの鳥がしだいに棲みつくようになった。

噴火から一〇〇年以上がたち、全体としては、今日のクラカトア諸島の生態系は、ともに二四キロメートル離れている北側の島（スマトラ島）と東側の島（ジャワ島）とは、植物学的にも動物学的にも構成が大きく異なるという結果になった。

一例を挙げるだけで十分だろう。ジャワ島とスマトラ島の本土には二四種のシロアリがいる。うち六種は広葉樹を、七種は生きた木の枯れた幹の部分を、六種は湿った針葉樹を棲みかにしており、五種は土壌に棲息している。ところが、ラカタ島には八種しかいない。土壌に棲む種は一つもない。生きた木の枯れた部分に好んで棲息しているのがわずか一種、針葉樹を好むのが二種だけ、過半数の五種は、広葉樹で一生を過ごすことを選ぶ。どうしてこれほど大きな違いを見せるのかという問題は、今でも考察する余地は多分にある。ラカタの土壌が火山性になったばかりだからかもしれないし、幹の枯れ方が十分でないからかもしれない。あるいは、環境がまだ新しく、成熟していないからかもしれない。シロアリが、かつて爆発して木っ端微塵になった島を嫌い、何千年も無傷で過ごしてきた島を好むのには、それなりの理由があるに違いない。

このように答えが見つかっていない問いがあるために、クラカトアは長年にわたり、世界中で熱心に研究され、二十数人の国際的に著名な植物学者の心を奪い、数かずの探検隊や調査隊の目的地となっている。それでも、島の生態系復活のメカニズムは今ではある程度解明されてはいるものの、先に棚上げにしておいた根本的な疑問に関しては、どうしても完全な答えが得られていない。島に再び棲息するようになった生き物はすっかり新しいものなのか。火山活動で被害を受けたものの、外側が生物学的に不毛になるのを免れた場所から海または空を経由して、荒廃しきった島じまにやって来たのだろうか。それとも、その生態系は少しも新しいものではないのだろうか。地獄の炎をかろうじて生き延びた種子や生き物が起源なのだろうか。

この論争は、植物学の一部としてすっかり定着したので、ずいぶん前から「クラカトア問題」という名までついている。その中心をなす、生存者か移入者かという疑問は、何世代にもわたって科学者を悩ませ、長年にわたり、辛辣で怒りに満ち、棘のある非難や、遠慮会釈のない侮辱的な悪口雑言を誘発してきた。醜悪なやりとりの大半は、率直で攻撃的なオランダ人コーネリス・アンドリス・バッカーを中心に渦巻いていた。彼はバイテンゾルフ植物園の「ジャワ島植物相特務植物学者」というたいそうな肩書きをもっており、クラカトアの島じまを初めて訪れたのは一九〇六年だった。

クラカトアの生物はいったん絶滅したというのが当時の植物学界ではおおむね一致した見方だったが、バッカーはそれに懐疑的で、そんなことは十中八九ありえないと断言した。たとえば彼はおおざっぱな言説にとりわけ注目した。そのなかには、上司だった植物園園長のメルキオル・トルーブの次のような言葉もあった。ちなみにトルーブは、噴火後、大規模な遠征隊を率いてクラカトアを調べている。

……噴火時に、激しい爆発によって倒されたり、粉砕されたりした樹木は、島全体が間違いなく高温になったことを考えれば、なかば炭化したに違いない。その後、クラカトアは、頂上から海面に至るまで、一面熱い灰と軽石の層に覆われた。この層の厚さは、場所により一メートルから六〇メートルまでさまざまだった。こうした状況下、大噴火のあとでは、どう考えても植物は何一つ生存できなかっただろう。もっとも生命力のある種子やもっとも堅固に保護された根茎も絶滅しただろう。

バッカーは、エドワード七世時代のおっとりした植物学界では前代未聞の言葉でそれらの言説を攻撃した。一九二九年、彼は三〇〇ページの研究論文を書き上げ、自費出版して、先人たちの「性急」で「不注意」な植物研究を非難し、そのような研究のせいで、クラカトアに棲息していた生き物はすべて絶滅したという、いいかげんで安直な結論が下されたと主張した。(12)

バッカーは初期の調査を行なった者を唾棄していた。彼に言わせると、トルーブはその典型で、「とても植物学者と呼べたものではなく、熱帯植物の知識もごく限られている」人間となる。トルーブがクラカトア島で実施した調査は期間が「あまりに短く」、収集したデータも「じつに不完全で」、現地調査の内容もお粗末すぎて科学調査の名に値せず、「問題に興味はあるが、それを真剣に解明しようとする熱意のない者たちの物見遊山」にすぎないと斬り捨てた。

後に、他の植物学者たちが島に行って新しい植物の生育を記録した。バッカーは彼らのことも、「子供っぽい妄想」に取りつかれて行動し、「曖昧な予測」に耽り、実施した一連の調査旅行は「どれもこれも完全な失敗」に終わり、「金を無駄遣いしている」と非難した。

そうした論調は、世界各国の科学者から痛烈に批判された。しかし、その根底にある彼の主張はすべて正当だと考えられた。彼の言い分の核をなすのは、そもそもの大噴火を生き延びたものはないと完全に確信できるだけの時間を費やした人間も、系統的な調査を行なった人間もいない、というものだ。島をざっと見渡して、何一つ劫火の中を生き抜くことができなかったと推測するのは簡単だが、その後、種子のうちには炎の中を生き延びるばかりか、きちんと発芽するには噴火のときに匹敵するほどの高温を必要とするものがあることが、広く知られるようになった。実際、そうした種子がクラカトアにあって、それが生き延びた可能性は非常に高いのではないだろうか。

ラカタの上部斜面の灰の層は薄かったので、大雨が降れば流されてしまっただろう。もし、地中に隠れていた根や根茎がいくつか生きていたとしたら、熱帯地方の高温と湿度と太陽の光が、灰の取り除かれた環境にたっぷり与えられれば、確実に芽を吹き出すだろう。

それに、あらためて考えれば、初期の調査隊は一様に（きちんと調べはしなかったものの）、ラカタ峰の尾根の間に横たわる深い谷に緑が生えていることに気づいていた。この緑は、それが何であれ、セルトゥン島とパンジャン島という高度が低い二つの島でなぜコロニーを作らなかったのか。両島の植物が再生するのが、ラカタの上部斜面よりずっとあとになったのはなぜか。それらの植物の源が、風や海が運んできた移入種なら、三つの島で同時に新しい生命が芽ばえるはずだ。しかし実際はそうはならなかった。ラカタの上部斜面がいちばん先だった。

この疑問や、やはりそれまで考察されてこなかった難問の数かずの答えとして、バッカーは、おそらくラカタのコロニー化が島の内部から起こった、つまり上部斜面で生き残った植物がそこに新しい命を生み出したから、という説を提唱した。これは上部斜面特有の現象なので、標高が低いセルトゥン島とパンジャン島ではまったく見られなかったというわけだ。

彼の説をとれば、すべてつじつまが合った。しかし、噴火後数年の間に行なわれた現地調査があまりにずさんで、結論を急ぎすぎたため、今となってはこの説は立証のしようがない。なんとも残念な話だ。旧クラ

(12) 当のバッカーも、生き物が一つ残らず絶滅したという可能性を、深く考えず安直に受け入れていた。ところが、やがて反証が見つかった。その最たるものは、噴火から二二年後に発見されたソテツだ。ソテツはヤシとシダを交配したような植物で、まったく何もないところから育つには大きすぎるように思えた。ひょっとするとこのソテツは噴火を生き延びたのかもしれないと思いついたバッカーは再検討を始め、一八〇度意見を変えるに至った。

カトアの名残りである小さな島じまで起きたことは、もう誰にも確かめようがなくなってしまったのだから。とどのつまり、科学的調査がいいかげんだったばかりに、学者は途方に暮れ、多くの疑問は答えが得られぬまま、クラカトア問題は実質的に解明されず、おそらく今後も永遠に解明不可能という状況になってしまった。[13]

ところが、アナック・クラカトアでは状況は異なった。この島は完全に新しく誕生したもので、そのため生き延びた生物がいる可能性が皆無だからだ。生き延びるといっても、何を生き延びることがあったろうか。[14]ここで科学は、バッカーがクラカトア問題に関して非難したような失敗を繰り返さなかった。トルーブより後代のバイテンゾルフ植物園園長カレル・ダーメルマン[15]は、一九四八年にアナック・クラカトアの生物学的研究を行なった。その研究は、フェルベークの有名な地質学研究に匹敵するものとして崇敬されている。そのダーメルマンは、アナック・クラカトアについてこう述べている。

……ここに、もともと動植物がまったくいない島がある。そのうえ、島の土壌は完全に不毛だ。したがって、この島の動植物相をたえず定期的に調べることが何にもまして重要であり、このまたとない機会を、クラカトアの場合のようにみすみす逃してしまうことのないよう切に願う。［傍点筆者］

初代から四代までのアナック・クラカトア島で（最初の三代は波に浸食されて無に帰した。科学者が訪れたのは二代目の島）、真っ先に現われて、その姿が確認されたのは昆虫だった。最初がほとんど干からびたような黒いコオロギ、次がメスの茶色いアリで、ともに三キロメートル余り離れたラカタ島に棲息していることがすでに知られていた。だが、その二匹はまもなく棲みかが消滅したためにはかない最期を迎えた。三代目の島は短命で、しかも火山活動が激しかったため、誰も調査のために上陸できなかった。

しかし、一九三〇年八月、四代目の島が姿を現わし、ある程度の耐久性がありそうなのがわかると、科学者が大挙して島に押しかけた。最初のころに乗り込んだのが、ウィリアム・サイアー・ブリストウというイギリスのクモの研究者で、ラカタ島で豊富に棲息しているクモの種を調べた人物だ。(16) 彼はアナックの灰だらけの海岸に船で着くと、すぐに甲虫一匹、蚊一匹、アリ数匹、そして三種のクモを発見した。

(13) 現代の生態学者は今でもこの疑問に惹きつけられ、それについて議論しているものの、最近では次のような合意ができてきたようだ。すなわち、たしかにあの大惨事を生き延びた種もあって、クラカトアの残骸は完全な不毛状態ではなかったかもしれないが、全世界が固唾を呑んで見守る中で行なわれた自然界の実験――正真正銘の原初コロニー形成と呼んでさしつかえない実験――を妨げたり、コロニーを作った動植物の着実な変遷を食い止めたり変えたりするほどの数は、おそらく生き残らなかっただろうという点で、意見の一致を見ている。

(14) 原始的な生命体がアナック・クラカトアの誕生にともなう激動を生き延びえた、そしてその生命体は深海の硫黄質の熱水噴出口、通称ブラック・スモーカーの周辺に群れをなしている好熱菌の一種だと考えるのは、それほど荒唐無稽な話ではないかもしれない。この手の細菌は、chemolithoautotrophic hyperthermophilic archaebacteriaというたいそうな名前がついていて、三〇～四〇億年前の古代の海に棲息していた地球初の生命体に類似した細菌と考えられている。アナック・クラカトアでは今のところその細菌は一つとして見つかっていない。スンダ海峡のこの海域は相変わらず危険で不安定なので、今なお活動している旧クラカトアの火口周辺に、仮にその細菌が集中して棲息しているとしても、それを証明するのに必要な類いの潜水調査は実行不可能だ。

(15) ダーメルマンが発見した軟体動物の名称に、彼の謙虚で控えめな性格が結実している。*Thiara carolitaciturni* というその軟体動物は、発見者の名前だけではなく性質にもちなんで命名された稀有な例だ（学名中のtaciturnは「寡黙」という意味）。

(16) ブリストウは、クモの世界ではもっとも有名な人物かもしれない。平年にイギリスのクモの餌食となる昆虫の重さの合計は、イギリス全国民の体重の合計を上回るという計算結果を出したことで知られている。

次は植物だった。四代目のアナック・クラカトアが登場してから一年三カ月後、島の北の海岸には漂着した木の切り株、竹の茎、根、腐りかけた果実が散乱しており、一八種の種子が発見され、うち一〇種はすでに根を張っていた。次の調査では、さらに四種の植物が見つかり、そのどれもがしっかり根を下ろしていた。ほかには、ガや菌類、チドリを中心とするさまざまな渡り鳥も確認された。新しい命が爆発的に繁殖する準備が整っているように見えた。ところが、この新しい島の端にある火山が思いもよらず再び大噴火したため、生き物はすべて絶滅してしまったようだった。

その後、同じことが三度繰り返された。一九五三年にすさまじい大噴火が続けざまに起きたあとでようやく、この悩める若い火山島もある程度の落ち着きを取り戻した。それなのに、たいへん不幸なことだが、まとまった数の科学者が地域に戻ってくるには、さらに四半世紀を要した。

どういうわけか、学者たちはこの島に寄りつかなかった。生物学者は島の予測のつかぬ火山活動を心底恐れていたのかもしれない。当時のインドネシアの政治

セルトゥン島海岸沿いにびっしりと生えたモクマオウ。向こうに見えるのはアナック・クラカトアとラカタ島。

情勢に不安を抱いていたのかもしれない。あるいはまた、部局の予算削減や研究課題の優先順位の再編など、もっとありふれた理由があったのかもしれない。いずれにせよ、この島を入念に監視すべきだという、一九四八年のダーメルマンの訴えはほとんど無視された。その結果、島の生態系の再生について、本来ならわかっていてしかるべきことのじつに多くが知られずじまいになってしまった。

クラカトア自体、噴火してまもないころに、科学的な調査がきちんと正確に行なわれなかった。今度は、アナック・クラカトアが二五年にわたって関心を向けられず、放っておかれた。一九八〇年代に入ってやっと、クラカトアとアナック・クラカトアの両火山の研究調査が本格的に再開された。調査は現在も続けられている。他に類を見ない、著しく好対照な両火山の生物学的状況についてできるだけ多くを知るには、なすべきことが山ほどたまっている現実に、植物学者と生物学者の誰もが突如気づいたのだ。

島の地質学的構造は近年変化し、一九六〇年代には溶岩が噴火口からどっとあふれて海へ流れ落ち始めた。それまでクラカトア周辺ではなかった現象だ。今日、島の半分以上は黒く固まった溶岩に覆われている。つまり、以前は植物が生えていたアナック・クラカトアの多くの部分が再び不毛になったということだ。島の生物学を研究する者にとって、厄介どころではすまされぬ事態だった。

アナック・クラカトアに長年魅せられてきたオーストラリアの生物学者イアン・ソーントンは、この一見不毛な溶岩流の一カ所で昆虫が盛んに繁殖するようになるまでの時間を測るための、簡単な実験を考案した。海水を入れたプラスチック容器を溶岩流の上にいくつも置いて、風で運ばれる節足動物[17]がいくつ落ちるか観察した。すると一〇日間で、ハチ、ハサミムシ、ガ、甲虫など七二種が確認された。カヌート王（九九四頃〜一〇三五。デンマーク人でイングランド王、デンマーク王、ノルウェー王。イングランドを征服した通称「大王」も、潮を引かせることはできなかったという逸話が伝わっている）が海を止められないことを悟ったように、風

(17) 節足動物門は、動物界の大きな分類で、クモも昆虫も含む。

の流れに乗ってやって来る生き物も止められないようだった。

現在では、約一五〇種の植物がこの島に生えている。標高が低く土壌が柔らかい北東の海岸にはモクマオウの森があり、高温で灰が積もっている斜面からは、一般には野生サトウキビと呼ばれるナンゴクワセオバナが顔を出している。繊細なシダはごつごつした溶岩の崖の日陰部分にところどころ生えている。

いったん植物が根づいて、種子と果実、日陰、湿気を提供するようになり、最初に棲みついた昆虫のコロニーの種類が増え、数も多くなると、鳥が移り棲むようになった。真っ先にやって来たのは地上に巣を作る種で（最初のころはあいにく、巣を作るのに適当な木が生えていなかった）、草原性のヨタカ、ナンヨウショウビン（小渓谷の側面に巣を作れる）、波打ち際の塩生草の草むらに暮らす胸部が白いバンなどだった。やがて、巣を作れる高さまでモクマオウが伸びると、ヒヨドリやカラスなど果実も昆虫も食べる鳥がやって来た。森が成長すると、オオトカゲ、パラダイストビヘビなど、どうにかして海を渡ってきた両生類が入り込んで巣を作りだした。そして当然ながら、ネズミも登場した。

次にはイチジクの木が繁茂し始める。すると果実やイチジクを餌にするハトがやって来て実をついばむようになった。ハトはやがて自らの居場所を確保しようとして、先に棲みついた小型の鳥の一部を追い出す。追い出された鳥のなかには、地上に巣を作る種もおり、それらはジャングルの法則に照らせば、おそらく長居をしすぎたのだろう。続いて猛禽類がハトに取って代わった。じきにハヤブサが棲みつき、アナック・クラカトアの鳥の王として君臨して、メンフクロウとともに、ネズミをむさぼり食うようになった。

こうして、ゆっくりと着実に、動植物群は強固になり、外見も趣も、たんなる偶然の産物から、島にふさわしい、より強く頑健な種の集まりに進化して現在に至る。それでも、自然のもくろむことは運命が反故《ほご》にする。こうした順調な進展は、七〇年代と九〇年代に、火山の噴火により何度も中断された。

今日、アナック・クラカトアに定着した動植物群は、旧クラカトアの名残りの島じまに見られるものとも、ジャワ島やスマトラ島のものとも大きく異なる。しかし、これらの動植物が実際にいつまで島に存続できるのかは、およそ明らかとは言い難い。今ではほぼ休みなく降り積もる灰と流れ出る溶岩が、たいへんな被害を及ぼしている。それさえなければ、なんとも劇的な生物学的な実験の場となり、世界にお披露目するばかりなのだが。壮麗な見物《みもの》かと思えば、見かけ倒しの期待外れだったというのは、よくあることだ。

アリストテレスの時代から唱えられてきた「存在の大いなる連鎖」という考え方は、すべての生き物を、一つの巨大な連続したヒエラルキーにまとめようというものだ。この体系では、全知全能の神が頂点に立ち、そのすぐ下に人間がくる。この壮大な、少しばかり非現実的な階層の下の方にあるプロセスの例を見たいなら、アナック・クラカトアにおける生命の誕生と、旧クラカトアの名残りの島じまにおける生命の再生に目を向けるだけでよい。この二つのプロセスは、細かい点で違いがあるものの、驚くほどよく似ている。

どちらのプロセスも、細菌が膜を作って火山灰の層に張りつき、かつては熱かった岩の、焼け焦げてざらざらした残骸を覆うことから始まったようだ。それから、菌類と単純な草が進出してきたり、クモやコオロギ、甲虫が棲みついたりして、順調な展開を見せ始める。続いてシダやランやさらに普遍的な植物が生える段階に進み、こうした多様な植物のおかげで草食の鳥が棲みつき、小動物があちこちで見られるようになった。やがて、果樹が生えると、果実を餌にする昆虫や、樹上に巣を作る鳥がやって来る。最後には噛みつくのに適した歯と顎をもった、より大きな動物が登場して、じきに、先住の動物すべてを餌食にする。

各段階は切れ目なくつながっており、大いなる連鎖は誰の目にも明らかだ。細菌、植物、昆虫、果実、草食動物、そして肉食動物。これは生命の発展の典型だ。もっとも、旧クラカトアでは、噴火前から存在して、噴火を生き延びたかもしれない生き物のせいで、もう少しこみ入った発展を見せただろうが、それを除けばあらゆる点で（そしてアナック・クラカトアでは間違いなく）、典型的な順序で物事が進んだ。

外部の世界にとっては、一八八三年の噴火は死と荒廃をもたらしたようにしか見えなかっただろう。だが、生物学と植物学の世界にとっては、噴火後のスンダ海峡に浮かぶ島じまで観察された活発な進展は、生命の未来そのものを示す静止画にほかならない。それは、どんなにひどく傷つけられても、世界はまた起き上がって、魔法と奇蹟を披露し続け、終わりのない進化の道に再び戻ることを、しっかりと自信に満ちた方法で示してくれる。けっきょく、生命のるつぼほど壊すのが難しい器はめったにないのだ。世界でもっとも危険な火山でさえも、真に修復不能の被害を与えられなかったのだから。

エピローグ

この世が爆発した場所

ジャワ島西部の崖道と言ってもよい道路伝いに南へと車を走らせるときは、あらゆる邪魔が入り、手間取ることを覚悟しなければならない。牛に引かれてガタゴト進む荷車、エンストしたトラック、ヤシ酒で酔っ払った人がふらふらと走らせる自転車、無秩序に広がる露天市、即席の政治デモ、好き勝手に散らばるニワトリやヤギやウシ、そして、どの街角にもあふれる小さな子供たち。子供たちときたら、ほんとうにどこにでもいる。こんな道を走るといらいらする。だから、小さな町カリタの郊外に差しかかるころには車内の人は気もそぞろで、町の北端、道路からかなり引っ込んだところにある、キャッサバのプランテーションを見下ろす小山の上の、小さく平凡な黄ばみかけた木造の建物は、誰の目にも留まらない。

近ごろカリタは、海辺の休日を過ごす場所になった。そのため沿岸道路はジャカルタのうっとうしい暑さと混雑から逃れようとやって来る裕福なインドネシア人家族で年中混み合っている。この道を通る人、とくに遠くから来た人は、建物のある左側ではなく車の右側を見てゆくと思ってまず間違いない。なぜなら右手は西にあたり、眺めがすばらしく、不思議と心が和むのだ。とりわけ毎夕六時ごろ、はるかなスマトラ島の青い山並に太陽が沈むときが見事だ。

古い中国の水彩画さながら、夕方の青が何層にも色合いを変えて溶け合っているように見える。いちばん手前が海の深いアクアマリン、上には暮れゆく空の鮮やかな藍色、背景にはスマトラ島の山やまの淡青色、そしてその間に散らばるクラカトアの島じま。距離によって、暗くも明るくも見えるパステルブルーに縁取られた群島は、互いに投げかける影とともに、あるいは、中央の山頂からいつも立ち昇っている煙が島の上や周りに漂い渦巻くときに、その趣を変える。

そして人は信じられぬ気持ちで思わずつぶやく。すべてはここで起きたのだ、と。ここがクラカトア、私たちの語彙にしっかり組み込まれ、全人類の共通意識に焼きつけられた名前をもつ場所だ。その名は、自然が秘めるもっとも恐ろしい破壊力の代名詞となっている。

小さな島の群れの左手でひときわ目立つ切り立った頂きが、大噴火の名残り、死せる残骸のラカタだ。ラカタ島ほど目を引くことのない、低いパンジャン島とセルトゥン島は、水平線に張りついている。大昔のカルデラが残した、壊れた括弧のようだ。光線の加減で、青いスマトラの島影にまぎれて見分けがつかなくなることもある。ジャワ島の海岸からだと、距離感が失われるらしく、まるで一続きの島のように見える。もちろん現実には二つ別個の島で、一方は他方よりずっと海岸に近いのだが。

その二島の中間点、というより、小ぢんまりした群島全体のちょうど真ん中から、山が突き出ている。ラカタよりは低いが、ここからこの角度で見るとまさに完璧な円錐形をして、頂上からときどき煙を一筋ゆっくりと立ち昇らせている。煙の出てくる山頂には、オレンジ色に燃える火も見える。美しいが不吉で不気味でもある。この山こそが、事実と伝説の両方の主役だ。これこそが、地殻大変動の申し子、危険なほどぐんぐん成長している若者、アナック・クラカトアだ。

美しくもありまた奇妙な脅威も抱かせるその光景は、一目見たら忘れられない。通りかかった南へ向かう車の人びとが、右手の海の向こうにうっとりと見入るのも無理はない。左手のキャッサバ林の上に建つ、何棟かの黄色いペンキ塗りの建物に注意を向ける人は、まったくいない。誰もがたいてい無視して通り過ぎる。たとえちらりと見たとしても、すぐに忘れてしまう。

だが、ほんとうは忘れてはいけないのかもしれない。なぜならそれらの建物はクラカトア火山観測所の現場観測基地で、その小さな施設内の家具のほとんどない一室には、ある装置が置かれているからだ。その計測技術は昨今は少し時代遅れだが、金属の容器や目盛盤や計測器は、清潔で、油を差してよく手入れされている。それはクラカトアの地下で何が起きているのかを、可能なかぎり正確に測る装置だ。万一、事態が良からぬ方へ向かい始めたとき、地元や国、そして世界に警告を発してくれるはずの機械だ。

その装置はずっと以前にアメリカから贈られたもので、もし再び大噴火が目前に迫った場合、大災害が起こりそうな兆候に目を光らせるのが任務のインドネシア中の関係者——民間防衛機関、軍、地域病院、食糧や毛布の貯蔵所の管理者、そして、津波により浸水する恐れのある沿岸の低地に住む人全員——に警告を発するようになっている。

仕掛けはいたって単純だ。数年前、インドネシア地質調査所とアメリカ合衆国地質調査所の地質学者からなる一団が、アナック・クラカトアに地震センサーを多数設置した。あちこちにある溶岩の表面の裂け目や、山の斜面にいくつもドリルで空けた一メートルほどの深さの穴の中などだ。センサーは頑丈なアルミ製の箱に作りつけられた信号変換機と無線送信機に接続された。その後この箱は、ジャワ島に面した東斜面に掘った溝に埋め込まれた。海面からの高さはおよそ六〇メートルで、カリタの北に同じときに建設中だった観測所の真向かいに位置している。

埋められた箱の上には支柱付きのソーラーパネルがあり、電力をたえず確実に供給する。そのため途切れることなく信号が流れ、クラカトア群島でもっとも危険な中心であるこの場所で何が起きているのかという情報が、昼夜を問わず一年三六五日、瞬時にスンダ海峡を越えて送られ、めったに注目されない、ちっぽけな黄色い建物の上に設置された一群の無線アンテナで受信される。

インドネシア火山調査所の規定では、つねに少なくとも一人の観測員が建物内で任務につくことになっている。私が立ち寄ったときの当番は、近くの村に住む、痩せて疲れた顔をした、かなり神経質そうなマス・シキン[1]という四〇歳の男だった。このときは、世界でもっとも悪名高い火山を綿密に監視する、一週間交代の勤務を半分終えたところだった。彼はこの仕事で、月額五〇ドル相当の給料と、かなりの量の米をもらっていた。

彼は観測所の部屋を二つ使っていた。ほかの部屋は観測所の所長用で、所長は一三〇キロメートルほど離れたバンドンの事務所にいて、緊急事態のときしかやって来ない。シキンの二部屋の一方には、簡易ベッドと手洗い用の盥《たらい》しかなかった。もう一方には現インドネシア大統領メガワティ・スカルノプトリの格式ある肖像写真の下にテーブルが置かれ、足元には自動車用一二ボルト大型バッテリーが四個並び、上にはモニター装置の本体が鎮座している。黒と銀のクロムメッキの箱で、キネマティクス社というアメリカの由緒ある有名な地震計測器会社製の無線地震計であることを示す金属板がついている。

針と大型回転ドラムと一枚の紙が見える。一二時間ごとに交換されるこの紙の上に紫色のインクで、島全体や、地表、地中深くの活動を表わす何本もの線が刻々と引かれてゆく。この日の線はほんのわずかな振動を示しているだけだった。前の晩は夜中に二、三時間、不規則な振動が続いた。そしてその前の週は、まるで誰かが怒りの発作に襲われて針を揺さぶったかのように、異常な線を示していた。シキンが記録器の上の棚にあった厚紙のフォルダーから取り出してくれた記録紙を見ると、線はぼやけて重なり合っていた。針がじつに短い周期で大きく震えながら行ったり来たりを繰り返したからだ。前週、アナック・クラカトアは明らかになんらかの発作を起こしたのだ。

しかし、シキンがバンドンの調査所本部にいる所長を呼び出すほどではなかった。前週のものが典型的な例だが、ありきたりの噴火にいちいち騒ぎ立てることはない。アナック・クラカトアは大きな安全弁のようなもので、定期的に「ガス抜き」をする。つまり、水蒸気や大量の物質を噴出している。危険なほどにため込んでゆがんだあげく限界に達し、抑えていたものを大噴火によって放出することなどけっしてない。一般

（1）シキンの例でもわかるようにインドネシア人は名前を一つしかもたないことが多い。前につける「マス」はたんなる敬称で、「弟」に通じる。自分より若い人のことを述べるときや、その人に話しかけるときに使う。もしシキンがもっと年長なら、「父」を意味する「バパッ」か、あるいはより一般的な省略形の「パッ」という尊称がふさわしかっただろう。

に、噴火しない活火山が危ない。そのような山の内部では、エネルギーが少しずつ蓄積され、その圧力が大きくなりすぎたとき、大噴火が起こる。アナック・クラカトアはつねにエネルギーを放出している。それが物ものしく見え、ときには厄介を起こして犠牲者を出すこともありうるが、少なくとも短期的には危険が予測でき、どんなに重大局面を迎えてもなんとか対処できる。監視しているかぎり近隣は安全というのが目下の見解だ。

日常的な噴火は、地震計が感知してドラムに記録するほんの少し前に、きまって海岸から肉眼で見える。最近でいちばん激しい噴火は、シキンの記憶によると、ある日曜日の午後に起きた。彼は観測所の戸口に立って、丁子《ちょうじ》の香りをつけたタバコ、クレテックを吹かしていた。すると突然、ひときわ目立つアナックの主峰の真後ろにある噴気孔から、激しい粉塵と煙が噴き出すのが見えた。

シキンは指をパチパチ鳴らして何秒になるか数えながら、ほんの少しの間、眺めていたという。それからキネマティクスの測定装置のところへ戻ると、案の定、指を一〇回鳴らしたあと、つまり、初めに煙が見えてから一〇秒後に針が振れだした。

最初は一方へ一〇センチメートル以上大きく揺れたかと思うとすぐ反対側に、知らない人が見たら針が折れるかと思うほど激しく振り戻った。そのあとも線どうしが重なりながら、何度も何度も往復したが、勢いが少しずつ弱まって振れ幅が限りなく縮まり、先が尖った矢尻のような模様が記録紙の上にできあがった。それはおなじみの形だった。スコピエやアンカレッジ、イスタンブール、あるいはセントヘレンズ火山や雲仙岳のような、かつてひどい揺れに見舞われた場所の、古い新聞写真や博物館の壁に貼ってある画像が頭に浮かぶ。

シキンは機械がロール紙を静かに吐き出すのを、相変わらず指を鳴らしながら見ていたそうだ。さらに五秒が過ぎた。それから彼は開いているドアのところへ行き、耳をそばだてた。はたしてまさにその瞬間、遠い雷か、演劇用の雷シートを震わして出す効果音のような轟きが、海峡の向こうから聞こえてきた。それから静かになった。

眼下のキャッサバ林の向こうでは、川に係留された小舟《プラフ》が揺れだし、それに合わせてマストも前後に振れるのが見えた。海面は突然、ハンマーで打ちならされた錫の合金板のようになったが、すぐにうねりが起きて風がさざ波を立て、ほんの一瞬水面に現われた模様をいっさい消してしまい、すべては元どおりになった。このとき、向かいの山の上では黒く渦巻く煙がすでに頂上を離れており、頂上がはっきりと見えた。空高くまで舞い上がっていた煙は、風に乗って南へと流されていった。それ以外、空には雲一つなかった。

まもなく、宙に浮かぶ不格好な染み一つと、ドラムのロール紙に記された線以外には、アナック・クラカトアがまだまだ元気であることを周囲に示した証拠はなくなった。そして、けっきょく残るのはロール紙だけだ。そのロール紙もほかの記録といっしょに、半年のうちには車で運び去られ、バンドンのじめじめした地下室に保管されるのだった。

クラカトアを訪れることが、正式に許可されているかどうかは、どうも釈然としない。クラカトア群島は国立公園(2)の一部で、保護地域だし、ときには危険なこともあるので、政府に許可されていない者は、公には立ち入り禁止が建前だ。ジャカルタの安全なオフィスにいる役人たちは、観光客が危ない目に遭いはしない

(2) クラカトア群島はウジュンクーロン国立公園の独立した一部で、公園の大部分をなすのは、群島の南に位置するジャワ岬《ヘッド》だ。園内には一角ジャワサイが多い。一八八三年の噴火は長期的な恩恵をいくつかもたらした。その一つは、迷信深い人びとが、火山の付近にはほとんどまとまって定住したがらないことだ。おかげで、非常に珍しい種が、人口増加の圧力に直面して絶滅するのを免れている。

かと気を揉んでいる。島では飛んでくる火山弾に当たって死傷者が出ている。スンダ海峡は風向きや海の状態が変わりやすいことで有名だし、高速で航行する貨物船の往来が激しいうえ、深いところには腹をすかせたサメがうようよしている。日ごろ往復に使われる地元の船舶は、気が滅入るほど頻繁に故障する。カリフォルニア出身のリッキー・バーコウィッツとジュディ・シュワルツの身に降りかかった事件を忘れるアメリカ人はまずいないだろう。一九八五年、ともに二七歳だった二人は海峡を渡ろうとして、水漏れのする覆いもないボートで三週間漂流し、ピーナッツと雨水とクレスト練り歯磨きを食べてなんとか生き延びた。

私はバンドンで、役所の許可印とサインだらけの紙を一枚渡され、今回に限り異例の措置として、私個人の責任でクラカトアに行くことを許可すると言われた。しかし、誰も許可をもらおうなどと考えないこと、そして、許可が得られようが得られまいが、クラカトアへ渡るのは、東洋によくある需要と供給の問題以外の何物でもないことは、カリタではしごく明白だった。だから、行きたいのなら、代価を払えば間違いなく行けるし、当然行くだろう。

そんなわけで私は、ある朝早くカリタの海岸で、「クラカタウ、行きたい？」とわざとらしく声をひそめて客引きする若者の集団に取り囲まれ、うるさくつきまとわれることになった。まるでサハラ砂漠の市場《スーク》のようだ。浜は、貝殻や腰布《サロン》、イカのフライ、ココナッツ、凧を売る少年や、（まるでイスラム教にはそぐわない）全身マッサージはいかがと声をかけ、それ以上のお楽しみさえも約束する派手なウインクを見せる陽気な若い娘たちが、朝早くからひしめき合っている。けっきょく一時間かそこらのうちに、ずらっと並ぶ船を念入りに見て回り、ピニシ船を選んだ。頼もしそうなエヴィンルードの七〇馬力エンジン搭載したしゃれた黄色の木造漁船だった。そして、ボーインというおかしな名前のガイドを見つけ、打ち寄せる波に分け入り、船に乗り込んだ。

船長は手初めにもったいぶって国旗を広げ、船首の旗竿に麻紐で結びつけた。私たちが船出した八月一七日は偶然にも、スカルノが一九四五年に独立宣言をした記念日だったのだ。(3) 船長はいたずらっぽい笑顔を見せると、船倉の冷たい水の中からビンタン・ビールを一ケース引き揚げ、船員二人とボーインと私に、それぞれ二缶投げてよこし、大げさに手を振って敬礼した。インドネシアの自由をたたえ、独立後の平和な生活が続きますように、というようなことを言っているらしい。それからげっぷをし、しゃっくりをし、エンジンを騒々しく吹かすと、船体を弾ませながら浜に寄せる緑色の大波を乗り越え、スピードを上げてふらつきながらやっと海峡の広い海に出て、靄《もや》にかすむ西の水平線へと向かった。

まだ朝も早く、靄がかかっていたので、海面の高さからクラカトア群島が見えてきたのは、ひたすら西を目指して三〇分ほど進んでからだった。それまで私は、頭上高くを飛ぶ一羽のグンカンドリが、鋏にも似た尾羽を機敏に振っては方向転換するのを眺めて過ごした。イルカも姿を見せ、舳先の下を楽しそうに泳ぎ回る。そして、トビウオがまるで小さなミサイルのように波間をさっと横切ってゆく。

ぼんやり見とれていた私はやがて、船長の「ラカタだ!」という叫び声に、現実の世界へ引き戻された。その言葉にたがわず、船の真っすぐ前方の靄の中に、完璧なピラミッド形をした、かつてのクラカトアの最後の生き残りがそびえていた。はるか彼方に目を凝らすと、まもなく、ラカタの右側にそれより小さな円錐形をしたアナック・クラカトアが見分けられた。頂上から一筋の白煙を上げ、山腹には白い斜線が一本走っている。それはこれまでのところまだ風雨で色褪せずにいる溶岩流だった。舵を取っていた船員が、火山から昇る煙が白くてよかったと言った。もし煙が灰色に変われば、つまり、火山物質がたくさん含まれていれば、それはこの場を去る、しかも大急ぎで去ることを考えるべきときだ。

(3) オランダによる統治は、それから四年が過ぎた一九四九年のクリスマスの直後に、正式に終焉を迎えた。だが、祝賀の日としては、八月一七日のほうが好まれている。

私たちの現在位置と前方の島じまの間には、スンダ海峡を北や南へ向かう主要航路があった。だから、その後の三〇分というもの、船長の頭はクラカトアの煙の色よりも、その航路をうまく乗り切ることでいっぱいのようだった。というのも航路はとても混雑していて、海面すれすれを行く小さな船に乗っていると、突進してくる貨物船の猛スピードは、ほとんど把握不可能なのだ。

たとえば、北へ向かう一隻のコンテナ船は、最初に見えたときには左舷の水平線上に浮かぶただの小さな点にすぎなかったが、ものの五分もしないうち、チャイナ・オーヴァーシーズ・シッピング・カンパニーの所属を示すCOSCOの文字が船腹に入った巨大な船舶になった。そして、恐ろしい速さで迫ってきた。船長はエンジンを止め、コンテナ船をやり過ごした。船は、私たちの前方五〇〇メートルもないところを過ぎてゆく。丸くふくらんだ舳先がかき分ける波で、じっと船を止めて見守る私たちはこわいほど揺れた。巨大な船体が目の前をまるで映画の一場面のように、すーっと滑り抜けていった。

あれよあれよと言う間にコンテナ船は無事に通過し終えていた。巨大なスクリューが大きな舵の前で荒あらしく回転する。船が私たちの右舷側へと離れてゆくとき、中国語で書かれた名前が見えた。船籍港は「Shanghai（上海）」と記されている。おそらくアフリカや、南アメリカ東岸の港を回る航海を終えて本国へ帰るところなのだろう。こちらに気づいた様子はまったくなかった。船橋にいる乗員はたぶん左舷に立って、見晴らしの利く場所から向こうの火山群を見ていたのだろう。

コンテナ船が無事に行ってしまうと、私たちはその一五〇〇メートル以上ある航跡を突っ切って、ぐらぐら揺れながら進み、もう少し小型の南行き船舶二隻をうまくかわし、火山のカルデラ自体の、風で波立つ海面へとじりじり接近していった。船はまるで激流を通っているかのように、また不安になるほど傾き始めた。船長がにやりと笑った。これがいかに奇妙な現象なのかよくわかっているのだ。どうやら水没した昔のカルデラの縁が、潮や海流といっしょになって海を大荒れにしているようだ。カルデラの縁が流れをせき止め、

アナック・クラカトア（下）と、アイスランド沖の亜北極圏にあるその弟分スルセイとの不思議なまでの類似を示す航空写真。ただし両島、そしてそれを生み出した火山は、地質学的にも地質構造的にも、これ以上ないほど異なっている。

ぶつかり合う逆波の輪を作り、それが私たちの周り中で砕けて、白と緑の不ぞろいの波紋を無数に広げていた。

私たちはラカタの切り立った大断崖に少しずつ近づき、あと八〇〇メートルのところまで来た。今、断崖は真昼の太陽にぎらぎらと照り映えていた。この距離と角度から見ると、まるで教科書に載っている破壊された火山の断面図のようだった。目の前には昔の火山の中心部が黒ぐろと垂直に切り立っている。その切断面を、凝固して久しい管状の溶岩が何十本となく貫いている。空高くそびえる円錐形の頂きは、思い思いの方向に枝を伸ばした樹木で覆われていた。

それから波立つ海面を過ぎ、クラカトアの腹へ、東洋のへそへ、海がまた計り知れぬほど深くなっているところへと入っていった。その海の底では思いもよらぬことが起きていた。ラカタがあまりに大きいために、カルデラの内部では、北へ向かう大波の一部が遮られ、海流がそれていた。そのためいったん、水没したカルデラの壁の内側、ラカタの陰に入ってしまうと、海は急に静まり返り、穏やかになる。きりきり舞いしていた船は傾きもせず、また安定して岸へと向かった。

最初に、「水夫長の岩」と呼ばれる、海鳥の糞に覆われ、奇妙に傾いた石柱群を目指した。岩には周り中から飢えた波が激しく襲いかかっていた。石柱群に触れるほど近づいたところで左に少し向きを変え、岩を右舷に見て離れていった。それからアナック・クラカトアそのものの南側へ向かった。計画では、島を一周してから東側の海岸に上陸することになっていた。船長は今や得意そうに腕前を見せびらかし、私のためにわざと海岸沿いぎりぎりを進んでゆく。その島、クラカトアの子供は、今まさに私たちの右手一メートル足らずのところに黒い巨体をさらし、悠然と煙を上げていた。誰もが気づいたが、煙は真っ白なままだった。

島の西岸と北岸の大部分は黒っぽい灰色の溶岩流ばかりだったが、遠くから一本白っぽく見えた、ほかより新しいものもあった。みな恐ろしく曲がりくねっており、ほとんど風雨の影響は受けていないようで、岩の触手を海の中に向かって伸ばしていた。それに波が寄せては返し、下側から貪欲に浸食していた。溶岩流の上の土地はスパイク状で、固まった玄武岩のじつに険しい絶壁だらけだ。ときおり、岩の裂け目から、たった一輪顔を出して日なたぼっこしている赤い花が見える、あちこち高い崖のてっぺんにはカモメが止まって周りの世界を見渡している。だがそれ以外、溶岩流には生き物の姿はなく、荒涼としている。生なましい火山の活動過程の最前線であり、すべてが何百メートルにわたって硬く醜く黒い不毛の岩に固まっていた。そこからは噴火口自体は見えなかったが、煙の柱はたえず上へと漂っていた。

しかし、東側へ回ったとたん、島の様相は一変した。今や視界に入った頂上からは、はるかになだらかな斜面が続き、溶岩ではなく灰が表面を覆い、海岸近くでは灰まみれの土になっていた。土に変わったのは、島の東側と北側を縁どるように細い長い森林帯があり、時がたつうちに（と言っても、島が一九三〇年に誕生してからのことなので、それほど長い年月ではないが）その木ぎが枯れて倒れ、腐敗し、灰と混ざり、いたるところですばらしい繁殖力を発揮している植物の生長を見てもわかるように、驚嘆すべき豊かな腐植土の基質を作り出したからだ。

実際、見晴らしの良いこの場所から眺めるアナック・クラカトアは、ごく普通の熱帯の島だった。世界でも屈指の若い島だとはとても思えない[4]。そして船長が船を向けたのも、この島を縁どる森林地帯だった。私たちは岸から一五メートルほど離れたところに錨を下ろし、浅瀬をバシャバシャ渡り、焼けるような砂浜に上がった。モクマオウの林の中には小道が一本あり、私たちは急ぎ足でそこに向かった。砂はあまりにも熱くてのんびり歩いてなどいられなかった。情け容赦のない太陽のせいなのか、あるいは火山の生んだ砂だからなのかはわからない。それから木立の中で火を起こして昼食をとることにした。

まるで熱帯雨林の中にいるようだった。草木が繁茂し、湿気でしずくが滴っていた。熱い上昇気流の中を蝶がひらひらと舞い、はるか上の林冠で鳥が鳴いていた。船員の一人が巣を一つ指し示し、フクロウのものだと教えてくれた。ネズミやヤモリの足跡もあった。細かい軽石の砂地には砂ガニがたくさんいて、繊細な身のこなしで走り回っていた。まるで砂の熱さから逃れようとして爪先立ちしているように見えた。私たちが昼食をとっていたすぐ近くの砂地には、もっとずっと大きな動物の足跡があった。船員たちはそれを見るとただ不気味ににやにやするだけだった。

焼いた魚と米を食べ、残っていたビンタン・ビールを飲むと、ボーインと私は斜面を登り始めた。船員たちは、日暮れの二時間前までに戻ってくると私たちに前もって約束させると、ひとまず木陰で昼寝を始めた。暗くなる前にスンダ海峡を渡らなければ、貨物船に衝突されて沈没する危険があるのだという。いずれにしてもほんの一時間もあれば頂上まで行けるはずだ。アナック・クラカトアは、標高五〇〇メートルほどにすぎないのだから。

しかし、降ったばかりの灰だけでできた小山を五〇〇メートル登るのは、生易しいことではない。まず、沿岸の木立から抜け出るのが大仕事だった。鬱蒼《うっそう》と茂った林の中を、枝を切り払いながら三〇〇メートルも前進しなければならなかった。やがて不意に林が終わり、小さな草原に出た。何もない火山の側面に出てきたので、太陽が突然まぶしく照りつけた。信じられないぐらい暑く（地面は断熱効果抜群の靴底からでも伝わってくるほどのすさまじい熱さで）、それればかりか、前方にずっと続く灰の斜面はずるずる滑るし、小さな亀裂があちこちに走るので、五歩登る間に四歩滑り落ちるといった調子だった。

私たちは、無線アンテナのついたアルミの箱を通り過ぎた。アンテナは、今は肉眼では見えないはるか遠くのジャワ島西岸に真っすぐ向いているはずだ。向こうではきっとシキンが勤務中だろう。キネマティクス社製計測器のドラムから絶え間なく吐き出されるロール紙の上で、微動だにしない針を見詰めている姿が頭に浮かんだ。きょうの島は穏やかだったし、前方の頂きから渦を巻いて上がる真っ白い煙の柱から判断すると、しばらくはそのままでいてくれそうだった。

しかし、最近あまり穏やかではなかったことも確かだ。さらに登ると、何百という岩がいたるところに転がっていた。すさまじい噴火のあと、空中から音を立てて落ちてきて山の斜面に激突したのだ。岩の落ちた周りの灰にはクレーターができていた。まるで爆弾か砲弾が破裂したようだ。クレーターのせいで表面はイープルやパッセンダーレ（ともに第一次世界大戦中のベルギーの激戦地）の光景のような、奇妙な様子をしていた。ただし、ここは乾いていてぬかるみではなく、傾いていて平らでないところが違う。

巨大な火山弾もあり、バスぐらいの大きさのものも見られた。そんな岩の脇をゆっくり過ぎてゆくたびに、ボーインはいつも、善かれ悪しかれ、起こったことすべてを宿命として受け止める、ジャワ人にしかできないような笑い方で笑った。白状すると私はそんなとき、少しばかり不安になって空を見上げたものだ。もしアナック・クラカトアが、地殻変動の気まぐれでも起こして、あんな巨大な溶岩を一つ空中に放り出したなら、たまたま下にいたものの寿命は、引力の取り計らいで確実に短縮されるだろう。

私たちは上へ上へとゆっくり歩き続けた。やがて最後の緑、いわゆる野生サトウキビ、背の高いナンゴクワセオバナの群れが尽きると、そこから先は、灰と火山弾クレーター、煙、そして広がる一方の大空以外、何もなくなった。空を背に稜線はすぐそこにあった。そしてさらに一〇分ほど登ると、ついに頂上に着いた。

（4）　アナック・クラカトアは、すぐあとにできた島の一つ、アイスランド南岸沖のスルセイ火山に、大きさも形も極似している。スルセイ島は一九六三年に誕生し、現在は草を食む動物が棲んでいる。そのうち人間も住むようになるかもしれない。しかしさらに若い島もあり、そのすべてが火山だ。一九八六年に硫黄島の近くに島が現われ、日本はそれを「福徳岡の場《ふくとくおかのば》」と命名した。トンガのヴァヴァウ諸島にあるメティス・ショールの近くの小島は一九九五年にでき、たいへん人気のあったトンガ出身の国際的ラグビー選手に敬意を表してジョナ・ロムと名づけられた。また、二〇〇〇年には、ソロモン諸島でカヴァチという名の海底火山が噴火した。これが世界でもっとも新しい島になるかもしれない。

息を切らし、汗だくになり、すべてが終わって嬉しかった。実際、なんとあっけなかったことかと驚いてもいた。

私はトラックほどの大きさの火山弾のてっぺんに意気揚々と立ち、広大な景色を眺めた。島をじっと見下ろし、下の海岸沿いで木立の尖った先端が曲線を描いているところや、黒い砂浜や、錨を下ろして揺れているちっぽけで壊れそうな私たちの黄色いピニシ船を眺めた。それほど遠くない過去に、沸き立つ海へ注ぎ込み、渦を巻いて固まったマグマの黒く凍った溶岩流をじっと見下ろした。海の向こうに目をやり、ぎざぎざと露出した水夫長の岩を眺めた。波がそこだけ白く泡だっている中から突き出ている。そして東にある低いパンジャン島や、真向かいにある、円錐を半分にしたような広大なラカタの壁を見渡した。

それから私は群島のもう一つの島、セルトゥン島があるはずの場所に視線を向けようとした。そのときになって突然、目の前に立ちはだかる、ネズミ色の灰でできた広い傾斜した壁に気づいたのだ。なんとばかだったんだ！　急にわかった。なんという間違いをしでかしてしまったことか！　クラカトアの子供の頂上に達したと思い、ほっとしたのも束の間、そんな気持ちは吹っ飛んでしまった。まだ半分も登っていなかったのだ。私の立っていた場所はまがい物の噴火口で、ずっと昔に噴火したときの火口の名残りにすぎなかった。火山の頂上にあり、後ろから今なお突発的に煙の渦を巻き上げている活動中の噴火口、広く恐れられているアナック・クラカトアの噴火口までは、まだはるかな苦闘の道が続いていた。

どうしようもなかった。ボーインと私はもう一度、はるか上方へと勇ましく進みだした。そうせざるをえなかったので、ひどい暑さとまぶしい日差しの中を、山がどんないたずらを仕掛けてくるかとつねに用心しつつ、ずるずる滑りながらやっとのことで上へと向かった。空はますます広くなっていった。海はまばゆくきらめく一枚の鋼《はがね》のようだった。気温はぐんぐん上がる。熱帯の太陽のせいばかりとは、とうてい思えぬほどだった。さらに三〇分、へとへとになって登り、黄色に染まった硫黄結晶の殻に縁取られた岩をまたぎ越え、ぎざぎざに隆起した尾根の向こう側に出ると、その下に、まるでおぞましい地獄の皿か何かのように、ほかならぬ噴火口が広がっていた。

いつの間にか私たちは白い煙に包まれていた。その煙は二酸化硫黄と粉塵が混ざった、不思議に魅力的な匂いの熱い水蒸気だった。前方に見える火口の表面は、最近できたばかりでところどころ割れており、いかにも脆そうだった。熱い泥の塊がポンポンいいながら空中に跳ね上がり、ガスが規則的にシューッと真っすぐ噴き出し、唸りを上げながら雲の中へと勢いよく昇ってゆく。この火山は遠くからは穏やかそうに見えた。だが、近代史上最大の噴火を起こした火山の確定的後継者が活動している場所の真上にあたる、ここ頂上の、火口の間際に立って眺めるかぎりは、とてもそんなふうには見えなかった。

世界創造のからくりは非常にはっきりしていた。それは私が立っている場所からほんの数十センチメートル先に見られた。沈み込み帯や、地表を覆っている巨大プレートのうち二枚の衝突や、環太平洋火山帯の活動といったもののすべてが最終的にここでこうして形になったのだ。この熱い結晶の、灰色みを帯びた黄色の大釜、息苦しげな音を立ててあえぎながら、煮えたぎった泥をたたえている大きな釜の中に、沈み込みが引き起こした結果が現われ出つつあるのだ。

地殻変動の過程がもつ力もまた、今ここに見られた。大地が歯軋りし、鼻を鳴らし、硫黄の唸りを上げて奏でる、奇妙に抗い難いシンフォニーの中に、激しく噴き出す黄色のガスと緑のガスの中に、そして、岩や結晶や地殻がピシピシと音を立てて割れたりゆがんだりする中に、はっきりと現われていた。ここは名状しがたく、計り知れぬ活動に満ちた場所であり、恐ろしくも魅惑的な脅威のもととなっている。明らかに爆発の用意ができており、いつ火を噴いてもおかしくない場所、そして噴火したときは、どれほど多くの被害が出るか、図らずも下で待っている人のどれほど多くに害を及ぼすのかは神のみぞ知る、そんな場所なのだ。

しばらくすると硫黄のせいで喉が苦しくなってきた。ボーインは何はともあれ長居しすぎたかもしれないと気を揉みだした。そこでこれを最後にと山をゆっくり下りにかかった。そして、すぐに灰の煙を巻き上げながら、靴底をブレーキがわりにして滑るように下り始めた。観測用無線送信機とサトウキビの群生を一気に通り過ぎ、林の外れにやってくるとほっとして、比較的涼しい海辺のモクマオウの木陰に飛び込み、最後の三〇メートルを進んだ。

船員たちはジャワへの帰りの支度をしに船に戻っていて、いなかった。ボーインも彼らと話をしに泳いでいってしまった。私は空腹だったので、ナップザックからぺちゃんこになったチキンサンドイッチを取り出した。出かける前にホテルで用意してくれたのだ。静寂の中、倒れた木の幹に腰掛けてきょうの午後のことを振り返った。じつに幸運にも見ることのできた恐ろしい震央へ、あの上のいかにも象徴的な場所へと思いを馳せた。

するとそのとき林の中から何かがこすれたりバリバリいったりする音がした。それは首筋の毛が逆立つような、ぞっとする奇妙な音だった。

私は食べるのをやめ、あたりを見回した。ほかには何も聞こえない。船員たちの方からすら、何の音もしなかった。おそらく今はもう、声の届かぬところに行ってしまったのだ。こすれるような音は続き、だんだん大きくなったかと思うと、突然ジャングルから頭が、続いて、二メートル近くもあるオオトカゲの体が現われた。大きく口を開け、ゆっくり着実に私に向かってやって来る。

恐ろしげで、奇妙で、変な形の生き物だった。長い太った茶色の体をしていて、胴のあたりにずっと、厚い肉の縫い目のような筋が一本走っていた。歩きながら尾を右に左にばたつかせ、てっぺんが平らになった小さな頭部から三〇センチメートルかそれ以上もありそうな舌を、威嚇するようにちろちろと出したり引っ込めたりしていた。

その生き物は見るからに迫力があり、実際、非常に危険そうだった。もっとも私は、心の底ではわかっていた。きっと無害だろうし、たぶん縞模様のオオトカゲの一種で、ジャワの人びとにはビアワクという名で知られ、学名をバラナス・サルバトールという、すばらしい遊泳性のミズオオトカゲだろう、と。しかし、はっきりそう認識したのはその日も遅くなってからだった。あの八月の午後、トカゲが林から出てきたまさにその瞬間、活動中の熱い火山の脇にあるジャングルに一人で座っていた私には、りっぱなドラゴン以外の何物にも見えず、奴の登場に少なからぬ恐怖を抱いたのだ。

そこで私はサンドイッチを奴に放った。奴は軽蔑するようにそれを一瞥してから顔を上げ、束の間、私を見据えた。それから、カリタ・ビーチ・ホテルのキッチンで念入りに用意されたに違いないチキンとホワイトブレッドのサンドイッチを恐ろしげな歯でくわえ、鎧で覆われたような尾を振って別れを告げながら、さっさとジャングルの薄暗がりへ戻っていった。

私は座っていた木の幹から注意深く立ち上がり、ぎりぎり体面をそこなわずにすむ範囲の速足で、海岸へ、砂浜へと歩いていった。冷たい波を抜け、黄色い漁船の待つ場所へと急いだ。何を見たのか誰にも言わないことにした。

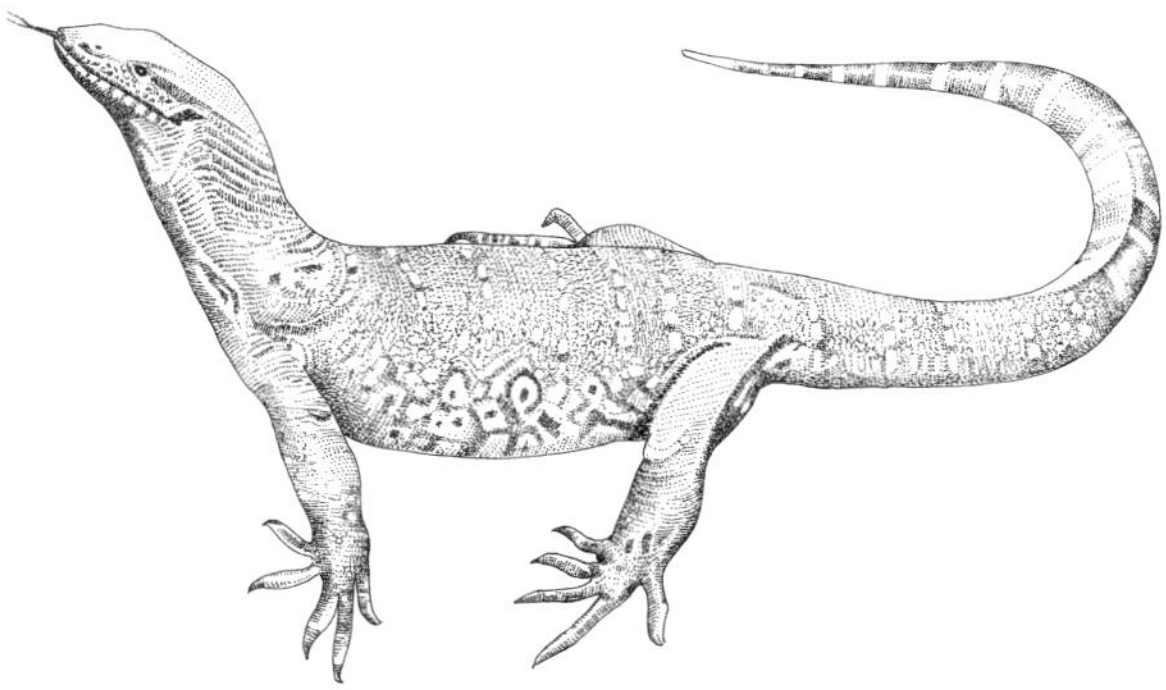

バラナス・サルバトール。縞模様の遊泳性ミズオオトカゲ。現在、クラカトア群島ではごくありふれた生き物。

船員たちは早く家に帰りたがっていた。そこですぐに出発し、東へ向かって速度を上げた。円錐形のアナック・クラカトアと世界最大の火山の残骸がみるみる後ろに遠ざかり、水平線と沈む太陽にまぎれて見えなくなった。そして、濃さを増す夕闇の中へと進むうちに、ジャワ島西部の灯火の瞬きが、急速に前方から近づいてきた。

さらに詳しく知りたい人のための
推薦（一作だけは禁止）図書・映像

「起きてください、起きてください。日陰にお入りなさい」

私は頭をぶるぶるっと振ると、目を開けた。一人の男がしゃがみ込んで私の顔をうかがっている。現地の人間ではないし、探検家や旅行者といったふうでもなかった。きちんと仕立てられた白いモーニングに細い縦縞のズボン、白い幅広ネクタイと、白い山高帽を身につけている。

「私は死んだのですか」と訊いてみた。「ここは天国ですか」

「いいえ」と男は答えた。「ここは天国ではありません。太平洋に浮かぶ島、クラカトアですよ」


——ウィリアム・ペン・デュボア『二十一の気球』（1947年）より

1980年5月18日、澄み切った青空の広がる日曜の朝の8時32分過ぎに、誰もがずっと予想していたことが起こった。ワシントン州の南西の端にある、当時アメリカでもっとも名高い火山セントヘレンズが噴火し、北側の斜面をそっくり吹き飛ばしたのだ。その噴火は火山芸術の傑作であり、教科書に載せる写真にうってつけだった。灰が26000メートルの上空まで立ち昇り、300キロメートル以上先からでも見えた。標高は一瞬にして400メートル近くも下がり、あたりの土地は広い範囲にわたって焼け、灰燼に帰した。さらに、火山性物質が56000平方キロメートル余りを覆い、何十億本という木ぎがなぎ倒された。57人が亡くなり、そのほとんどが、高熱を帯びた粉塵に巻き込まれての窒息死だった。

セントヘレンズの噴火の様子は、前例のないほど忠実かつ詳細にテレビで放映され、映像や写真に撮られ、記録され、束の間ながら全世界の注目を集めたが、史上もっとも悪名高い火山の座からクラカトアを引きずり下

ろすにはほど遠かった。不思議な理由のために（つけられた名がたんに耳に心地よかっただけという面も多分にあっただろう）クラカトアの一大物語はしっかりと人びとの心に銘記されている。

1883年8月27日に起こった壮大な噴火の話のおもな構成要素、すなわち、途方もない爆発音や前代未聞の大津波、死者を載せて漂う軽石、不気味な日没は、すべて今もなお世界中の人びとの集合的意識の中に生きている。これらの現象は、地球上でも屈指の火山であるエトナ山、サントリーニ山、タンボラ山、プレ山、さらには大プリニウスの命を奪ったポンペイのヴェスヴィオ火山の噴火でさえ及びもつかぬ形で、人びとの記憶に刻みつけられている。

クラカトア——すべてその名のおかげと言っても過言ではない。しかし、ほかにも理由がある。その一つとして、クラカトアの噴火に関連した大衆文化の二作品が折よく登場した事実を挙げてもよいのではないか。一つは一冊の薄い子供向けの本で、1947年に出版され、ほぼ例外なく誰からも賞賛を浴びた。もう一つは20年後に封切られたハリウッド映画で、ほとんどの人の失笑を買った。クラカトアの物語が並外れて長い間、語り継がれているのは、ほかのどんな外的要因よりも、これら二つの作品によるところが大きいだろう。

子供向けの本はウィリアム・ペン・デュボアの『二十一の気球』で、1948年、アメリカの権威ある児童文学賞、ニューベリー賞を獲得し、以来、今日に至るまで版を重ねている。主人公でサンフランシスコの数学教授ウィリアム・ウォーターマン・シャーマンは、気球に乗って太平洋を西に向かってゆくうちに、カモメたちにつつかれて絹の気球に穴が空き、「太平洋に浮かぶ島、クラカトア」に不時着する。そこでは、非の打ちどころのない身なりの現地民が、信じられないほど裕福な暮らしをしていた。島の中心にそびえる火山の下には広大なダイアモンド鉱床があったからだ。

その後、理想郷に住む驚くべき人びとの間で教授の冒険が続く。しかし、1883年の噴火により、その理想郷がたちどころに地獄と化す。誰もが特別あつらえの気球に吊るされたプラットホームで逃げる羽目になる。全180ページのその本は、当時30歳の著者が挿絵も手掛けており、いとお

しさがこみ上げてくるようなとても魅力的な作品だ。ほとんどの利発な子供たちがこの本を読んでいるだろう。そして物語を通じて、クラカトアのことを少なくとも、危険であると同時に美しくもある、すばらしくエキゾチックな地として記憶に留めているはずだ。

『二十一の気球』の初版を読んで育った子供たちは、1969年には30代前半になっていたことになる。したがって、ハリウッドの典型的なB級映画監督の一人ということ以外はほとんど何も知られていないバーナード・コワルスキーにとって、格好のターゲットだったはずだ。その年、コワルスキーは映画『ジャワの東』を発表した。これがまた、なんとも非現実的で、手に負えぬほど凡庸で、誤ったタイトルを臆面もなく掲げた大作で、世界中に名が知れ渡り、物笑いの種となった[1]。

もう少し脚本か筋立てが良ければ、マクシミリアン・シェル、ダイアン・ベイカー、ロッサノ・ブラッツィ、ブライアン・キース、サル・ミネオらの俳優陣がなんとかできたかもしれない。しかし、コワルスキーがどれほど壮大なビジョンを描いていたか知れないが、海底に眠る財宝、気まぐれな熱気球、足のすらりとした日本の半裸の真珠採りの海女たち、脱獄犯たち、そしてポリスチレン製であることが一目でわかる一連の火山模型などの出てくる、あまりにばかばかしい展開のせいで、陳腐な茶番劇に終わってしまった。

シネラマとテクニカラーを使ったのだから、技術的にはおおいに有望だったはずだが、当時この映画は興行的にはひどい不評で、今日でもおおむね映画界のお笑い草と受け止められており、『イシュタール』『ウォーターワールド』『天国の門』といった大失敗作の廉価版の先駆けという扱いだ。『ジャワの東』はアメリカでは知名度の低いテレビ局の深夜番組で見

（1）コワルスキーは映画14本とアメリカの人気テレビ番組を何篇となく監督した。『ジャワの東』以前の作品に、『X星から来た吸血獣』、『ホット・カー・ガール』、『巨大ヒルの襲撃』がある。『ジャワの東』の4年後には、大作『怪奇！　吸血人間スネーク』を監督した。この作品には危険なヘビの活動も描かれているらしい。火山の位置をジャワ島の反対側にしてしまったのは、コワルスキーが全面的に悪いわけではない。彼の映画は、さらに名の知られていない作家M・アヴァロンの同名の本が原作だ。地理上の正確さに関しては、別の人間に責任を求めるべきなのだ。

ることができる。これとは対照的にイギリスでは、どういうわけかこの映画は今もなお、ごく少数ながら熱狂的なファンに崇拝されていて（ゲテモノ趣味と見る向きもある）、最近でも、巨費をかけ、派手な宣伝を行なった2001年のクリスマス番組編成にも含まれていた。

1980年代後半に、見たところ屈することを知らず、飽くなき情熱をみなぎらせた二人のイギリスの探検家ローン・ブレアとローレンス・ブレア[2]が、クラカトアについて傑出したテレビのドキュメンタリーシリーズ「環太平洋火山帯（*Ring of Fire*）」を制作した。こういう場合よくあることだが、その後テレビ局がイラストと情報を満載した本（『環太平洋火山帯——インドネシア紀行（*Ring of Fire: An Indonesian Odyssey*）』（ロンドン、インナー・トラディションズ・インターナショナル、1991年）にまとめて出版した。ドキュメンタリーの中の、『クラカトアの東（*East of Krakatoa*）』というあてつけがましいタイトルがついた映画では、1930年代にアナック・クラカトアが初めて噴火したころの様子を撮った二分ほどの印象的な映像を見ることができる。

1999年にはチャンネル・フォー（イギリスの全国ネットの民間テレビ局。1982年開設）で、デイヴィッド・キーズの非凡な著書『西暦五三五年の大噴火——人類滅亡の危機をどう切り抜けたか』（ロンドン、センチュリー、1999年）をもとにした野心的な二部構成のテレビ番組が放映された。この番組は、本書の第4章で述べたように、クラカトアの初期の噴火が当時の世界全体を深い混乱に陥れたかもしれないとしている。この推測には賛否両論がある。この本は、あくまでクラカトア火山の歴史初期に考えられる可能性をていねいに分析した書物として、鵜呑みにすることなく読むとよいだろう。

大量の専門書や学術書を別とすれば、1883年のクラカトア火山の噴火について書かれた本は最近では驚くほど少ない。その数少ないうちの一冊がルパート・ファーノーの『クラカトア（*Krakatoa*）』（ロンドン、セッカー・アンド・ウォーバーグ）だ。この本は1965年に出版されたが、不運なことに二年後にプレートテクトニクス理論が確立され、火山噴火にま

（2）一方が片眼鏡をかけていたため、二人は風刺画の格好の題材となった。

つわるすべての疑問に答えを出してしまったので、その価値は必然的に限られたものとなっている。とはいえ、胸に迫る物語であり、語り口も見事の一語に尽きるので、私は著者のファーノーが当時のさまざまなオランダ語の公式文書や海事公式文書から根気よく探し当てた目撃談の一部を思う存分利用させてもらった。イアン・ソーントンの『クラカタウ——島の生態系破壊と再生（*Krakatau: The Destruction and Reassembly of an Island Ecosystem*）』（マサチューセッツ州ケンブリッジ、ハーヴァード・ユニヴァーシティ・プレス、1996年）は、最新の情報を取り扱っており、タイトルから受ける印象よりはるかに読みやすい。しかし、その反面、内容は島の生物地理学に偏っているので、もっと一般的な話を期待する読者はがっかりするかもしれない。

著名な火山学者トム・シムキンとリチャード・S・フィスクによる、決定版ともいえる大作『一八八三年のクラカタウ——噴火とその影響（*Krakatau 1883: The Volcanic Eruption and Its Effects*）』（ワシントン、スミソニアン研究所プレス、1983年）は、クラカトアの噴火とその余波について真剣な興味をもっている人にとっては必読書だ。私の手元にも一冊あるが、繰り返しページをめくったため、すっかりぼろぼろになってしまった。イラストや図表が豊富で、膨大な参考文献目録もあり、私のような者にはたいへん役に立った。しかし、本質的には科学書なので、読者層は専門家に限定されてしまう。さらなる目撃談を求める著者の呼びかけに誰も反応を示さないのは、それ以上何も出てこないのか（これは真実ではない。私自身が調査をしている間に、少なくとも二つの完全な新説が出てきた）、あるいは、読者層が科学者に限られているため、かつて東洋に旅し、すでにこの世を去って久しい家族や親戚からの古い手紙や彼らが残した日記をしまい込んでいるような人がこの本を読んでいないかのどちらかなのだろう。

王立協会の有名な報告書、『クラカトアの噴火とその後の現象（*The Eruption of Krakatoa and Subsequent Phenomena*）』（ロンドン、トルーブナー、1888年）は今もなお、稀書を扱う古書店で高価ながら見つけることができる。同様に、R・D・M・フェルベークの著書、『クラカタウ（*Krakatau*）』（バタヴィア、政府刊行局、1886年）も、そうとうの高値

になるが、オランダ語版でも、フランス語版でも入手できる。シムキンとフィスクはたいへん親切にも、1983年に出版された著書の中でフェルベークの著書の大半を（初めて）英語に翻訳した。火山研究に打ち込む者はどの言語でもかまわないから、できるかぎりの努力をして、この驚くほど情熱のこもった作品の少なくとも一部でも読むべきだ。

最後に必読書とも言うべき書籍を挙げる。もし金銭的な余裕があれば、目を見張るほど膨大な量の詳細情報が美しい文章で綴られた『火山大事典（*Encyclopedia of Volcanoes*）』（サンディエゴ、アカデミック・プレス、2000年）を購入することをぜひお勧めしたい。アイスランドの火山学者で世界的に有名なクラカトア研究家であり、現在はロードアイランド州立大学で教鞭を執るハラルダー・シガースソンが編集したというだけでも価値のある一冊だ。

その他、有益で面白かった本を以下に挙げる。

Abeyasekere, Susan. *Jakarta: A History*. Singapore: Oxford University Press, 1987.

Angelino, A.D.A. de Kat. *Colonial Policy. Vol.2: The Dutch East Indies*. The Hague: Martinus Nijhoff, 1931.

Armstrong, Karen. *Islam: A Short History*. London: Weidenfeld & Nicolson, 2000.

——. *Muhammad*. London: Gollancz, 1991.

Bangs, Richard, and Christian Kallen. *Islands of Fire, Islands of Spice*. San Francisco: Sierra Club Books, 1988.

Barty-King, Hugh. *Girdle Round the Earth: The Story of Cable & Wireless and Its Predecessors to Mark the Group's Jubilee*. London: Heinemann, 1979.［『地球を取り巻く帯――ケーブル・アンド・ワイヤレス社並びに同社の前身の物語』（国際電信電話株式会社経営調査部訳、国際電信電話）］

Berger, Meyer. *The Story of the* New York Times *1851-1951*. New York: Simon & Schuster, 1951.

Bertuchi, A. J. *The Island of Rodriguez, a British Colony in the Mascarenhas Group*. London: John Murray, 1923.

Blue, Gregory. *Colonialism and the Modern World: Selected Studies*. Armonk, N.Y.: M. E. Sharpe, Inc., 2002.

Blussé, Leonard. *Strange Company: Chinese Settlers, Mestizo Women and the Dutch in VOC Batavia*. Dordrecht: Foris Publications, 1988.

Bruce, Victoria. *No Apparent Danger: The True Story of Volcanic Disaster at Galeras and Nevado del Ruiz*. New York: HarperCollins, 2001.

Cardini, Franco. *Europe and Islam*. Oxford: Blackwell, 2001.

Carson, Rob. *Mount St. Helens: The Eruption and Recovery of a Volcano*. Seattle: Sasquatch Books, 1990.

Clarke, Arthur C. *Voice across the Sea*. London: Frederick Muller Ltd., 1958.

Colijn, H. *Nederlands Indie Land en Volk*. Amsterdam: Elsevier, 1912.

Conrad, Joseph. *An Outcast of the Islands*, London: T. Fisher Unwin. 1896.

Couperus, Louis. *The Hidden Force*. Amherst, Mass.: University of Massachusetts Press, 1985.

Cribb, Robert. *Historical Atlas of Indonesia*. London: Curzon Press, 2000.

Daum, P. A. *Ups and Downs of Life in the Indies*. Singapore: Periplus, 1999.

Daws, Gavin, and Marty Fujita. *Archipelago: The Islands of Indonesia*. Berkeley: University of California Press, 1999.

Decker, Robert, and Barbara Decker. *Volcanoes*. New York: W. H. Freeman, 1979.

De Vries, H. M., ed. *The Importance of Java Seen from the Air*. Batavia: H. M. De Vries, 1928.

Fairchild, David. *Garden Islands of the Great East*. New York: Scribner, 1943.

Forster, Harold. *Flowering Lotus: A View of Java in the 1950s*. London: Longman, Green & Co., 1958.

Friederich, Walter L. *Fire in the Sea. The Santorini Volcano: Natural History and the Legend of Atlantis*. Cambridge: Cambridge University Press, 2000. [『海の中の炎――サントリーニ火山の自然史とアトランティス伝説』（郭資敏・栗田敬訳、古今書院）]

Geertz, Clifford. *The Religion of Java*. New York: Free Press, 1960.

Gilbert J. S., and R. S. J. Sparks. *The Physics of Explosive Volcanic Eruptions*.

London: Geological Society of London, 1998.

Haigh, K. R., *Cableships and Submarine Cables*. London: Adlard Coles, 1968.

Hall, R., and D. J. Blundell, eds. *Tectonic Evolution of Southeast Asia*. London: Geological Society of London, 1996.

Hamilton, Warren. *Tectonics of the Indonesian Region*. Washington, D. C.: U. S. Geological Survey, 1979.

Helsdingen, W. H. van, and Hoogenberk, Dr. H., *Mission Interrupted: The Dutch in the East Indies and Their Work in the Twentieth Century*. Amsterdam: Elsevier, 1945.

Heuken, Adolf, S. J. *Historical Sites of Jakarta*. Jakarta: Cipta Loka Caraka, 2000.

Hicks, Geoff, and Hamish Campbell. *Awesome Forces: The Natural Hazards that Threaten New Zealand*. Wellington, NZ: Te Papa Press, 1998.

Hillen, Ernest. *The Way of a Boy: A Memoir of Java*. London: Viking, 1993.

Hobhouse, Henry. *Seeds of Change: Five Plants That Transformed Mankind*. London: Sidgwick & Jackson, 1985.

Huntington, Samuel P. *The Clash of Civilizations and the Remaking of the World Order*. London: Simon & Schuster, 1997. [『文明の衝突』（鈴木主税訳、集英社）]

Johnson, George, ed. *The All Red Line: The Annals and Aims of the Pacific Cable Project*. Ottawa: James Hope & Sons, 1903.

Kartodirdjo, Sartono. *The Peasants' Revolt of Banten in 1888*. The Hague: Martinus Nijhoff, 1966.

Keay, John. *Empire's End: A History of the Far East from High Colonialism to Hong Kong*. New York: Scribner, 1997.

Kemp, P. H. vander. *De Administratie der Geldmiddelen van Nederland- Indie (The Financial Administration of the Dutch East Indies)*. Amsterdam: J. H. de Bussy, 1881.

Keys, David. *Catastrophe: An Investigation into the Origins of the Modern World*. London: Century, 1999. [『西暦535年の大噴火――人類滅亡の危機をどう切り抜けたか』（畔上司訳、文藝春秋）]

Kuitenbrouwer, Maarten. *The Netherlands and the Rise of Modern Imperialism*. Providence, R. I.: Berg Publishers, 1991.

Kumar, Ann. *The Diary of a Javanese Muslim: Religion, Politics and the Pesantren 1883-1886*. Canberra: Australian National University, 1985.

Krafft, Maurice. *Volcanoes*. New York: Harry N. Abrams, 1993. [『火の山』（写真集、丸善）]

Legge, J. D. *Indonesia*. New York: Prentice Hall, 1964.

Levelink, Jose. *Four Guided Walks through the Bogor Botanic Garden*. Bogor: Bogorindo Botanicus, 1996.

Lewis, Bernard. *The Middle East: 2,000 Years of History from the Rise of Christianity to the Present Day*, London: Weidenfeld & Nicolson, 1995. [『イスラーム世界の二千年――文明の十字路中東全史』（白須英子訳、草思社）]

――. *What Went Wrong? The Clash between Islam and Modernity in the Middle East*. London: Weidenfeld & Nicolson, 2002.

Lucas, E. V. *A Wanderer in Holland*. London: Methuen & Co., 1905.

Merrillees, Scott. *Batavia in Nineteenth-Century Photographs*. London: Curzon Press, 2000.

Milton. Giles. *Nathaniel's Nutmeg: How One Man's Courage Changed the Course of History*. London: Hodder & Stoughton, 1999. [『スパイス戦争――大航海時代の冒険者たち』（松浦伶訳、朝日新聞社）]

Money, J. W. B. *Java, or, How to Manage a Colony*. London: Hurst & Blackett, 1861.

Multatuli [Dekker, Eduard Douwes]. *Max Havelaar, or, The Coffee Auctions of a Dutch Trading Company*. London: Heinemann, 1967.

Naipaul, V. S. *Beyond Belief: Islamic Excursions among the Converted Peoples*. London: Little, Brown, 1998. [『イスラム再訪（上・下）』（斎藤兆史訳、岩波書店）]

Netherlands Royal Mail Line. *Java the Wonderland*. Arnhem: [n.d.].

Nieuwenhuys, Rob. *Mirror of the Indies: A History of Dutch Colonial Literature*. Hong Kong: Periplus, 1999.

——. *Faded Portraits: E. Breton de Nijs*. Amherst, MA: University of Massachusetts Press, 1982.

Oey, Eric, ed. *Java*. Singapore: Periplus, 1997.

Oosterzee, Penny van, *When Worlds Collide: The Wallace Line*. Ithaca. N. Y.: Cornell University Press, 1997.

Oreskes, Naomi, ed. *Plate Tectonics*. Boulder, Colo.: Westview Press, 2001.

Ponder, H. W. *Javanese Panorama*. London: Seeley, Service & Co. [1942].

Poortenaar, Jan. *An Artist in the Tropics*. London: Sampson Low [1927].

Pope-Hennessy, James. *Verandah: Some Episodes in the Crown Colonies 1867-1889*. London: George Allen & Unwin, 1964.

Preger, W. *Dutch Administration in the Netherlands Indies*. Melbourne: F. W. Cheshire, 1944.

Quammen, David. *The Song of the Dodo: Island Biogeography in an Age of Extinctions*. New York: Scribner, 1996.

Raby, Peter. *Alfred Russel Wallace: A Life*. Princeton. N. J.: Princeton University Press, 2001.

Raffles, Sir Thomas Stamford Bingley. *The History of Java*. London: Black, Parbury & Allen, 1817.

Read, Donald, *The Power News: The History of Reuters 1849-1989*. Oxford: Oxford University Press, 1992.

Reitsma, S. A. *Van Stockum's Travellers' Handbook for the Dutch East Indies*. The Hague: W. P. van Stockum & Son, 1930.

Ross, Robert, and George Winius. *All of One Company: The VOC in Historical Perspective*. Utrecht: HES Uitgivers, 1986.

SarDesai, D. R. *Southeast Asia, Past and Present*. Boulder, Colo.: Westview Press, 1989.

Scarth, Alwny, *La Catastrophe: The Eruption of Mount Pelée*. Oxford: Oxford University Press, 2002.

——. *Vulcan's Fury: Man against the Volcano*. New Haven, Conn.: Yale University Press, 1999.

Schama, Simon, *Patriots and Liberators: Revolution in the Netherlands*

1780-1813. London: Collins, 1977.

Schoch, Robert M. Voices of the Rocks: *A Scientist Looks at Catastrophes and Ancient Civilizations*. New York: Harmony Books, 1999. [『神々の声』(大地舜訳、飛鳥新社)]

Scidmore, E. R. *Java, the Garden of the East*. New York: Century Co., 1897.

Severin, Timothy. *The Spice Islands Voyage: The Quest for Alfred Wallace, the Man Who Shared Darwin's Discovery of Evolution*. New York: Carroll & Graf, 1997.

Shepard, Jim. *Batting Against Castro*. New York: Alfred A. Knopf, 1996.

Shermer, Michael. *In Darwin's Shadow: The Life and Science of Alfred Russel Wallace*. New York: Oxford University Press, 2002.

Sigurdsson, Haraldur. *Melting the Earth: The History of Ideas on Volcanic Eruptions*. New York: Oxford University Press, 1999.

Sitwell, Sacheverell. *The Netherlands: A Study of Some Aspects of Art, Costume and Social Life*. London: B. T. Batsford, 1948.

Soebadio, Dr. Haryati, *et al*., eds. *Indonesian Heritage Encyclopedia*. 10 vols. Singapore: Editions Didier Millet, 1996 et seq.

Standage, Tom. *The Victorian Internet: The Remarkable Story of the Telegraph and the Nineteenth Century's Online Pioneers*. London: Weidenfeld & Nicolson, 1998.

Stephens, Mitchell. *A History of News: From the Drum to the Satellite*. New York: Viking, 1988. [『ドラムから衛星まで——ニュースの歴史』(笹井常三・引野剛司訳、心交社)]

Suárez, Thomas. *Early Mapping of Southeast Asia*. Hong Kong: Periplus, 1999.

Taylor, Jean Gelman. *The Social World of Batavia*. Madison: University of Wisconsin Press, 1983.

Thornton, Ian. *Krakatau: The Destruction and Reassembly of an Island Ecosystem*. Cambridge, Mass.: Harvard University Press, 1996.

Turner, Peter, ed., *Java*. Melbourne: Lonely Planet, 1995.

Umbgrove, J. H. F. *Structural History of the East Indies*. Cambridge:

Cambridge University Press, 1949

Vlekke, Bernard M. *Nusantara: A History of the East Indian Archipelago.* Cambridge, Mass.: Harvard University Press, 1945.

——. *The Story of the Dutch East Indies.* Cambridge, Mass.: Harvard University Press, 1945.

Vandenbosch, Amry. *The Dutch East Indies, Its Government, Problems and Politics.* Berkeley: University of California Press, 1941.

Vissering, G. *Geweldige Natuurkrachten (Nature's Power).* Batavia: G. Kolff & Co., 1910.

Wallace, Alfred Russel. *The Malay Archipelago: The Land of the Orang-utan and the Bird of Paradise. Narrative Travel, with Studies of Man and Nature.* London: Macmillan, 1869.

Weyer, Robert van de. *Islam and the West: A New Political and Religious Order Post September 11.* Alvesford, Hants. : O Books, 2001. [『イスラムはなぜアメリカを憎むのか——悲劇の連鎖を断ち切るために』（山本光伸訳、光文社）]

Wilkinson-Latham, Robert J. *From Our Special Correspondent.* London: Hodder & Stoughton, 1979.

Williams, Stanley, and Fen Montaigne. *Surviving Galeras.* Boston: Houghton Mifflin, 2001.

Woodcock, George. *The British in the Far East.* New York: Atheneum, 1969.

Zebrowski, Ernest Jr. *The Last Days of St. Pierre.* Piscataway, N. J.: Rutgers University Press, 2002.

Zeilinger de Boer, Jelle, and Donald Sanders. *Volcanoes in Human History.* Princeton, N. J.: Pinceton University Press, 2002.

謝辞

はるか昔、はるか彼方の島で起きた噴火について書くには（どれぐらいの彼方かというと、その火山はジャワ島西部にあり、私はそこから一万六〇〇〇キロメートル近く離れたマサチューセッツ州西部に住んでいる）、その距離を埋めるためにじつにたくさんの人の力を借り、長い年月を縮めるために多くの図書館と司書の方がたの協力を得なければならない。この二つの要件を満たすにあたり、有能で旺盛な興味をもった、非常に親切で知識豊かな人に大勢協力してもらえたのだから、幸運の一語に尽きる。そうした協力者には、旧友だけでなく、新たに知己を得た人も多かった。彼らの熱意や技能、知恵がなければ本書をまとめるのはずっと難しかっただろう。感謝の意と喜びの気持ちをこめて、ここに彼らの名前を挙げることにする。みな全力を尽くして私を導き、助言と忠告をしてくれたが、それでも本書には誤りや誤解があるかもしれない。私としては、ほとんどないことを願うばかりだが、あったとすれば、その責任はすべて私一人に帰するのであって、けっして彼らに転嫁される筋合いのものではないことを、あらためて強調しておきたい。

調査のごく初期に、私のオランダでの出版社であるアトラス社のおかげで、運良くアリシア・スリッカーに出会うことができた。彼女はライデン大学でオランダ植民地史を学ぶ大学院生で、東インド諸島とセイロンと日本におけるオランダの利権を専門分野にしていた。彼女はクラカトアの話について研究できるこの機会に飛びつき、長い間誰も目を通すことのなかった書類や公式記録の山にただちに私を案内して、このクラカトアの話に出てはくるものの、長らく見過ごされきたほとんど無名の多くの人物を紹介してくれた。こうして彼女は瞬く間に私の右腕となり、調査の全過程を通して不可欠の働きをしてくれた。多くの人のお世話になったが、彼女の協力は比類なく、計り知れぬものだった。彼女のパートナー、ヨープ・ウェストストラーテにも感謝したい。アリシアが何日も私といっしょに仕事をしている間、辛抱してくれたうえ、その後、彼女が自分の研究のため、コロンボやガルやスリランカ南部へと出かけたときには、何かと力になってくれた。ライデン大学の著名な歴史学者ウィム・ファン・デン・ドール博士も快く助言を与えてくれた。そして、ヘッセル・スタムハイスにも個人的な感謝を捧げたい。聡明かつ親切なライデン大学の研究者で、アメリカを訪れて拙宅に滞在してくれた。数カ月後、彼の訃報に接したときには、大きな衝撃を受けて悲嘆に暮れた。

インドネシアには数回足を運び、旧友のトニ・タックにお世話になった。彼女とはその数年前、ジャワ島中心部にあるあまり知られていないヒンドゥー教の寺院を調査しているときに知り合った。彼女は並外れて親切で協力的で、ジャカルタや、一八八三年の大噴火で被害が大きかったジャワ島西部の沿岸地域にも何回か同行してくれた。度胸があって勇敢な女性だ（残念なことに、近ごろはますますそうならざるをえない。彼女がもう何年も居を構えているバリ島はもはや、かつて誰もが思っていたような平和な場所ではないからだ）。しかし、私がアナック・クラカトアの灼熱の勾配を登りたくて居ても立ってもいられなくなったときには、賢明にも同行を辞退した。かわりに、頼もしくて、ボーインという愛嬌のある名のアンイェル出身のガイドが、今なお成長を続ける山に私を引っ張り上げる役目を担った。彼はこの役目を、敏捷に、そしてつねに気分良く果たしてくれた。

同じくインドネシアでひとかたならぬお世話になったのが以下の方がただ。イギリスのリチャード・ゴズニー大使、ジョクジャカルタのガジャマダ大学の高名な歴史学者サルトノ・カルトディルジョ教授（一八八八年のバンテンの反乱の性質と意義について助言をくれたほか、教授の自宅にお茶の時間にお邪魔したとき、挨拶の名刺がわりに私がときおり持参する絶品のティー・トゥギャザーのレモン・ウィズ・アールグレー・ティー・マーマレードのお礼にと、夫人お手製の瓶入りのバリのナツメグ・ジャムを親切にもたせてくれた）、ジャカルタの気立ての良い（そして、イエズス会士の）都市史家アドルフ・ハーケン神父、マンダリン・オリエンタル・ホテル・ジャカルタのジョージ・ベニーとスタッフのみなさん、ボロブドゥール寺院の近くにあるアマンジヲのリゾートのトリナ・エバートをはじめスタッフのみなさん、ジャカルタを拠点に活動している作家のスコット・メリリズとマーク・ハヌーズ、インドネシアの書店主でクラカトア火山に熱を上げているリチャード・オー、長年の友ハンナ・ポストゲート（ジャワにまつわることなら何に対しても、消すことができないどころか、周囲にすっと伝染してしまうほどの愛情と情熱をもっている）、そして、ロンドン大学東南アジア研究グループのロバート・ホール（ジャワ島とスマトラ島、そしてもちろんクラカトア島を含めた地域での地質構造の進化に関する彼の専門知識は抜きん出ている）。

そのほか、この地域の地質学と地球物理学に関する専門知識を惜しげもなく提供してくれたのは、元オックスフォード大学地質学部教授で、現在はカリフォルニア大学デイヴィス校で教鞭を執るジョン・デューイ教授、ニューヨーク州トロイのレンセラー工科大学のロブ・マキャフリーとデイヴィッド・ウォーク、そしてチャールズ・マンデヴィル、スティーヴン・セルフ、ヴィッキー・ブルースだ。ジョン・ラックリッジは現在はトロント大学にいるが、一九六五年当時は、オックスフォード大学グリーンランド東部探検隊隊長であり、私は最年少の隊員だった。彼のおかげで、あの注目すべき冒険の科学的目的と価値に気づくことができたと言ってよい。ワシントンのスミソニアン研究所とグローバル火山プログラムに所属し、トム・シムキンとともに一九八三年、スミソニアン・プレス発行の、ほぼ決定版とも言える卓越したクラカトアの研究書を執筆したリチャード・フィスクは、多くの時間を割いて深い洞察を提供してくれた。

ワシントン在住の友人アンドレア・スーは、私の近作三冊の執筆のときと同様に本書のプロジェクトでも調査上の不可解な疑問の解明に力を貸してくれた。彼女への深い感謝を活字で表現するのは難しい。遠方に住む方がた、ペニー・ファン・オーステルジー、ロバート・クリブ、そしてニコラス・パウンダー（以上オーストラリア在住）、エロイーズ・ファン・ニール（ハワイ在住）、ロブ・ウィタカー、セリ・ピーチ教授（オックスフォード在住）らも、一九世紀のバタヴィア住民の食生活からクラカトア島周辺の島じまにおける植物の再生に至るまで、貴重な助言を授けてくれた。ロイズのエイドリアン・ビービ、リンネ協会のジーナ・ダグラス、スティーヴン・ギリス、外務連邦省図書館のアマンダ・グリーン、アン・クマール、ライラ・ミレティク＝ヴェジョヴィク、ジグ・ニルスキ、マーガレット・オクレア、ヴァネッサ・レイスバーグ、ポーラ・シュフマンの協力に対しても感謝する。ロンドンに新設されたギーベン＝ウフル文化調査センターは、長年気にかかっていたある質問に答えてくれた。それも正確かつ効率良く、きわめて迅速に。この三拍子がそろっているから、同センターが今後成功を収めることには誰にも異論はないだろう。エマとアンドレアの幸運を心から祈っている。息子のルパート・ウィンチェスターは、私のかわりにロンドン図書館（スタッフはいつも頼りになった）と公文書館で、そしてケーブル・アンド・ワイヤレス社（本人の言によると、メアリー・ゴドウィンがとくに親切にしてくれたそうだ）との接触で大活躍してくれた。

シカゴ大学人文学部のすてきな旧友ノラ・オドネルは、教員カードを使って大学のジョゼフ・レジェンスタイン図書館から、重要な稀少本を二冊まる**まる**二年間も借りてくれた。返却を督促しなかった同図書館の非常に寛大な司書の方がたに感謝する（なお、その二冊は現在きちんと同図書館の特別閲覧室に返却されている）。

ソフィー・パーディは本書の草稿にていねいに目を通し、適切このうえないコメントをしてくれた。厚くお礼を申し上げる。

ロンドンに住む私のエージェントで友人のビル・ハミルトンにもこの場を借りてお礼を言いたい。ヴァイキング社で新たに私を担当してくれた編集者メアリー・マウントは、お世辞にも流麗とは言い難かったこの複雑な話の第一稿をじつに見事に扱い、ここかしこに見られた矛盾点、構成上の欠陥、不適切な表現を超人的な直観で見つけ出して解決し、控え目に見ても、そのままでは私が受けただろう手厳しい批判からは救ってくれた。彼女といっしょに、また彼女のために仕事ができた喜びの気持ちを表わす言葉が見つからないと言っても、メアリーはさほど驚かないだろう。これからも今回と同様、魅惑的な数多くのプロジェクトにチームを組んで当たれるよう切に願っている。

メアリーのアシスタント、ジュリー・ダフィも、おおいに貢献してくれた。とりわけ、文章をわかりやすくするための写真や説明図を探す段階での活躍に心から感謝している。ソーン・ヴァニソーンが今回も線描画を描いてくれた。前回同様、仕事ぶりは完璧で、納期もきちんと守ってくれた。ナターチャ・デュポン・デュボアは恐るべき手際の良さで、すべてのイラスト入り資料を正確に、かつ厳しいスケジュールの中で取りそろえるという、複雑で言語上の困難をともなう処理作業に当たってくれた（ソーンはラオス出身だが、絵図の多くはオランダのものだったのだ）。

間違いなく世界一有能な校正係のドナ・ポピーは、科学と歴史、宗教、そして社会学などが絡み合った前例のない複雑な原稿に、あくまで快く取り組み、次から次へと登場するオランダ語とジャワ語の名前をひたすら確認し、細部に至るまで徹底的にミスを排除するよう努めてくれた。ドナとニューヨークの彼女の同僚スー・ルウェリンには、その仕事ぶりに限りない感謝を。二人のやることはなんでも正しい。

ニューヨークと言えば、有能で頼りになるエージェントのピーター・マトソンとその同僚のサスキア・コーンズとジム・ラトマン、そして、ほんとうにすばらしい編集者クリスタ・ストローヴァーに惜しみない感謝を送る。

そして最後に（本来なら力を貸してくれた人にはみな等しく感謝するべきなので、こうしたことはしてはならないのだが）このようなすぐれた仲間のなかからどうしても特別に一人を選ぶとすれば、それはニューヨークの出版界で伝説の人物と呼ぶのにもっともふさわしい男で、六年来の大切な友人、ラリー・アシュミードだろう。ラリーはインスピレーションのもとであり、最高の人間であり、並ぶ者のない激励者と言える。このささやかな本が彼の抱いていた多くの希望に値するものであることを願うだけだ。

訳者あとがき

一般の日本人にとって、クラカトアという火山はあまりなじみがないのではなかろうか。たまたま先日、ノルウェーの画家ムンクの代表作「叫び」の赤い背景とクラカトアの大噴火を結びつける記事が新聞（読売新聞一二月一〇日夕刊）に載っていたが、それで初めてこの山の名を知った方も大勢いらっしゃると思う。私も、五、六年前に『スタンフォード・ラッフルズ』（凱風社刊）という本を訳しているときに、たまたまこの火山に関する短い記述に出くわすまでは知らずにいた。だが、じつはクラカトアは専門家はもとより、火山に興味のある方にはよく知られた山らしい。なにしろ、一八八三年のクラカトアの大噴火は「近代史上最大の爆発」であり、「火山活動としては最大の被害をもたらし」、三六〇〇〇人余りの命を奪ったのだから。

とはいえ、そんな重要な山であっても、本書の翻訳を打診されたときは少し驚いた。いったい一二〇年前の火山噴火が一冊の本、それも四〇〇ページを超える読み物になるのだろうか、と。しかし、原書のページをめくるうちに、そんな疑問はどこかに消えてしまった。本書は、一八八三年八月二七日に起きた大噴火を焦点に、科学、政治、経済、社会、文化、歴史など、じつにさまざまな視点からこの火山に光を当て、クラカトアを巡る見事なまでに多角的な一大物語を織りなしている。

そんな本書の書き手がサイモン・ウィンチェスター氏だ。第3章に一九六六年初春に二二歳の誕生日が迫っていたとあるので、逆算すると一九四四年の生まれで、日本流に言えばまもなく還暦を迎える氏は、オックスフォード大学で地質学を学んだ後、ジャーナリストとして活躍し、現在はアメリカとイギリスを往復しながら、作家・冒険家として活動しており、著書の数は二〇冊に迫る。日本では『太平洋の悪夢』（飛鳥新社）と『博士と狂人』（早川書房）が紹介されており、本書に続いて、欧米でベストセラーとなった *The Map That Changed the World*（早川書房）が近々刊行される予定だと聞く。多様な領域から題材を選ぶウィンチェスター氏だが、本書はかつて自ら大陸移動説の裏づけ調査のためにグリーンランド探検に加わったこともある氏の専門分野の話だから、執筆にも格別力が入ったのではなかろうか。

原書のカバーの袖にあるがっしりした上半身の写真から、重厚な低音のもち主かと思いきや、アメリカのナショナルパブリック・ラジオの番組で偶然耳にした氏の声は、以外と高かった。私が翻訳中に出てきた疑問点を確認したくて電話すると、そのやや高い声で、今は揚子江に関する本の執筆作業中だから、三時間ぐらいしたらかけ直してくれと言ったあと、日本との時差を挙げてたちどころに計算し、そちらの時間で〇〇時ぐらいにね、とつけ加えた。氏の頭の回転の早さは、指定の時間に電話したときにも遺憾なく発揮された。あらかじめ質問のリストは送ってあったとはいえ、その後のわずか三〇分余りで六〇問近くの質問をさばいてくれた。これまでもいろいろな著者とやりとりしてきたが、これほど効率の良い質疑応答は記憶にない。

さて日本は、クラカトアやジャワ島を含むインドネシアに次ぐ世界第二の火山大国であり、太平洋を取り巻く沈み込み帯の縁に位置している。火山活動や地震、津波は私たち日本人にもごく身近な話題であり、クラカトアの大惨事は他人事ではない。一八八三年の大噴火とそれにともなう悲劇を中心に、丹念な取材調査に裏打ちされたクラカトアの物語は、そんな私たちの胸に生なましく迫ってくる。そこに興味が尽きぬことは言わずもがなだろうから、それ以外に私が感じた本書の面白さについてあえて少し触れてみたい。

その面白さを一言で言えば、微から巨への飛躍ということになる。第3章にこんな一節がある。「地質学者たちはまもなく研究の進め方が逆だったことに気づき始めた……それはまるで、昆虫学者がハチの研究をするのに、一匹の虫としてその全身を見るのではなく、腹部に生えた黄色い体毛の微細な構造を観察することから始めたようなもの……植物学者がカシの木の研究をするのに、まず電子顕微鏡を使ってどんぐりの断面を見るようなものだった」

これは、プレートテクトニクス理論が誕生し、「地球をまとまりある一個の存在として捉え、その視点で観察するための知的メカニズムを、初めてもたらしてくれた」ときのことを言っている。いわば地表にへばりついて暮らしている微細な人間が、巨大な地球を意識できるようになった効用だ。巨視的視点を得ることで、微視的視点からの理解はまったく違った意味をもつようになる。本書には、この手の飛躍が繰り返し登場する。たとえば、ヴェーゲナーが大陸移動説を思いついたのも、世界を巨視的に見る地図で大陸の形状を目にしたからこそだ。ウォーレス線も、「世界村」という現象も、すべて微にとどまっていては生まれえなかっただろう。

だが、ここがまた逆説的で面白いのだが、愚直なまでの微の蓄積なくしては巨もありえなかった。幾多の船乗りや冒険家、地図製作者がいたからこそ世界地図ができてヴェーゲナーにひらめきを与えたのだし、東インド諸島の動植物を地道に調査したスレイターやウォーレスがいたからこそ、ウォーレス線が発見された（そして、ダーウィンの進化論も誕生しえた、いや、少なくとも誕生が早まった）のだ。重力の変化や岩石に残る地磁気の向きを、こつこつと根気よく調べた人間がいたからこそ、プレートテクトニクスの正しさが立証されたのだし、電信が発明され、気の遠くなるような長さの地上電信線や海底ケーブルが地球の表面をつないでいったからこそ、「世界村」の先駆けとなるような情報共同体意識が生まれえたのだ。

そしてここで話は振り出しに戻る。微から巨への飛躍――それはまた、クラカトアそのものでもある。ジャワ島とスマトラ島沖の下で起きている微小な沈み込みの積み重ねが、一八八三年の大噴火をもたらしたのであり、いつの日かまたかならずや巨大な爆発につながると著者は言う。だが、人間の寿命は、地質学的時間という巨に対してあまりに微であるために、今地上に生きている人が次なる大噴火を目のあたりにすることはないだろう。もっとも、日本に暮らす私たちにしてみれば、クラカトアの動きを待つまでもなく、地殻の活動の影響を体験する機会はいくらでもある。ただし、人的・物的被害はあくまで本書のような読み物の世界の中に収まっていてほしいものだ。

最後に、貴重な時間を割いて質問に答えてくださった著者、多数の固有名詞や専門用語の調査をともなう翻訳作業にご協力いただいた方々、そして訳稿をていねいに読み込み、じつに的確な指摘や助言をしてくださった、早川書房の小都一郎さんに、この場を借りてあらためて心から感謝申し上げる。

二〇〇三年一二月

柴田裕之

ロールダ・ファン・アイシンガ，P・P 166
ローラシア大陸 090-092
『ロコモーティヴ』 175
ロシア 034, 323, 343, 386
ロス船長 180, 212
ロドリゲス島 292-295, 297
ロンゴワルシト，ラーデン・ンガバヒ 144-150, 154-156
ロンドン地質学会 339, 349
ロンドン動物学協会 068
ロンボク島 077, 082, 086

〈ワ〉

ワーテルローの戦い 175
ワイツェル，A・W・P 164
ワゲナール，ルーカス・ヤンスゾーン 038-039
ワトキンズ，ジーノ 097
ワトソン，W・J 249, 250-251
ワフーラ，デュードネイ 343
『ワールド』 324

木星　337
モスクワ会社　042
モルッカ諸島　033, 040, 046-047, 077, 083, 361
モンテブルネイ　344

〈ヤ〉

ヤイマ　344
山の書体　149
『ヤワッシェ・クーラント』　176

〈ユ〉

ユーイング，モーリス　108
ユーカラプ　275
ユーラシア・プレート　132, 135-136
ユリウス二世　025

〈ヨ〉

溶岩流　063, 140, 155, 194, 274, 276, 343, 348, 407, 419, 422-423, 426
ヨーアンネース（エフェソス）　137
横ずれ境界　133

〈ラ〉

ライエル，チャールズ　078-080, 086
「ラウドン総督」号　196-198, 243, 245, 249, 259, 261, 264, 277, 282, 287, 333
ラオス　045, 447
ラカギガル　→ヘクラ
ラカタ山　139-141, 155, 183, 196, 200, 202, 347-348, 352, 383-384, 402-403
ラジャバサ山　146-147, 188
ラスカル　344
ラスムッセン，クヌート　097
ラッフルズ，トマス・スタンフォード　164-165, 167
ラッフルズ夫人　165
ラハール　275
ラフレシア・アルノルディ　165
ラモンガン山　179
ランカスター，ジェイムズ　046
ラング島　141, 183, 347, 352, 391
ランコーン，キース　110-111, 117, 119

〈リ〉

リソスフェア（岩石圏）　067, 129, 337
リンカーン，エイブラハム　221, 249
リンスホーテン，ヤン・ハイヘン・ファン　034-038
リンデマン，T・H　197-198, 245, 249, 261
リンネ協会　068, 070, 079-080, 082, 446
倫理政策　366

〈ル〉

ルイス山（ネバド・デル・ルイス）　275, 344

〈レ〉

冷戦　126
レース，W・A・ファン　170
「レゾリューション」号　141, 392
『列王記』（ロンゴワルシト）　144, 148, 151
レムリア　069

〈ロ〉

ロイズ協会　185, 192, 206-208, 210, 212-213, 219, 223-224
ロイター通信社　220-224
ロイター，ユリウス　220
ロイヤル・ダッチ・ペトロリアム　171
ロウ，トマス　030
ロウレンソ・デ・ブリト，ドム　029
ローガン，ウィリアム　253-255
ローデウェイクスゾーン，ウィレム　037-038
『ロード・ジム』（コンラッド）　023
ローマ帝国　021

索　引

〈A〉

「A・R・トマス」号　180
ASQ－3Aフラックスゲート・マグネットメータ　112

〈S〉

S・W・シルヴァー・アンド・カンパニー　214

〈V〉

VOC（オランダ東インド会社）　040, 042, 050-051, 055, 057-058, 060, 140, 157-158, 160, 162, 165, 167

〈W〉

「W・H・ベシー」号　262

〈ア〉

「アーチャー」号　180
「アールデンブルフ」号　063, 065, 156
アーロン，ユージーン・マリー　294
アイスランド　101, 106, 115, 275, 328, 341, 421, 425, 437
「アガメムノン」号　215
「アクタエア」号　180, 184
アジア・プレート　350, 354
アスクロフト，ウィリアム　316, 318, 323-324
アセノスフェア（岩流圏）　129
アゾレス諸島　341
『アトランティック・マンスリー』　251
アナクサゴラス　339
アナック・クラカトア　014, 019, 096, 386-391, 404-409, 413-417, 419, 421-426, 430, 439, 444
アナツバメ　032
アベル（オランダの役人）　284
アフリカ・プレート　132
アメリカ海軍　112, 126, 234
アメリカ合衆国　068, 109, 163, 343
アメリカ合衆国地質調査所　236, 414
アメリカ青年消防団　326
アメリカ哲学協会　093
アラスカ　015, 323, 344, 346
アラブ民族主義　367
アラリック一世　021
アランアラン　058, 396
『アルゲメン・ダグブラッド』　229
アリストテレス　339, 409
アリューシャン　323, 344, 346
アルテール（ランポン州長官）　190-191, 285-286
『アルピーナ・イヴニング・エコー』　205
アレキサンデル六世　025
アンイェル　013, 173, 177, 181, 185, 192-193, 199, 208-212, 219, 224, 232, 239-245, 252-253, 256-257, 259, 264-265, 269, 272, 278, 280-282, 289-292, 310, 333, 355, 444
安山岩　138, 194, 331, 345, 347, 383
アンダマン諸島　298
アンデス山脈　344
アンドソル　331

〈イ〉

イースター島　344
イースタン・テレグラフ・カンパニー　216, 219, 224
イエメン　308, 375-376
イオ（木星の衛星）　337

イギリス　020, 023, 030, 034-035, 040-043, 046-047, 062-063, 068-069, 073-074, 076, 078-079, 081, 086, 091, 093, 097, 106, 108, 111, 117-118, 120, 140, 154-155, 163-166, 176, 180-181, 184, 192, 209, 213, 220, 224, 230, 232, 245, 262, 265-266, 269-270, 292-293, 295, 298-299, 303-305, 308, 315, 323, 326, 329, 333-334, 349, 361, 370, 388-389, 398, 405, 439, 444
イギリス海峡　308, 313-314
イギリス海軍　097, 162-163, 196, 232, 271, 273, 291, 308-309, 313, 388-389
イギリス議会　206
イギリス鳥学クラブ　068
イスラム教　027, 044, 053-054, 056, 154, 355, 360-363, 367-372, 375-379, 418
イタリア　033, 073, 102, 181, 197, 221, 227, 232-233, 274
一番乗りの船（遠征隊）→「エールスト・スヘプファールト」
イラン　132, 367
イリアン島　070-071, 077, 344
インディア・ラバー・グッタペルカ・アンド・テレグラフ・ワークス・カンパニー　214
インド　021, 024, 026, 029-030, 033-035, 040, 045, 052, 054, 056-058, 062-063, 068, 070, 132, 153, 165-167, 209, 216, 218, 224, 296, 303, 307-308, 312, 321, 339, 356, 358, 360-361, 367-368
インド=オーストラリア・プレート　131, 135-136
インドネシア　019, 039, 041, 050, 053, 061, 079, 085, 131, 135, 153, 158-159, 167, 169, 328, 343-344, 360, 367, 375, 378, 406, 412, 414-415, 419, 439, 444-445
『インドネシア海上交通案内書』　019
インドネシア火山調査所　414
インドネシア地質調査所　414

〈ウ〉

ウアイナプティナ　344
ヴァルトゼーミュラー，マルティン　033
『ヴィクトリア朝のインターネット』（スタンディッジ）　205
ウィティ，フランシス　296
ウィリアム，オレンジ公　041
ウィルソン，J・トゥーゾ　120-121, 123-128, 340
ウィルソン，アンナ　228-229, 234, 355
ウィルソン，ジョン　228, 234, 355
ウィルソンの世界大サーカス　228, 234, 237, 355
ヴィルムセン，ラスムス　094-095
ウィレム二世　174-175
ウィレム三世　171-172, 174-175, 366
ウェイジャー，ローレンス　097
ヴェーゲナー，アルフレート・ロタール　087-096, 106-107, 109, 111, 115-116, 128, 348, 451
ヴェーゲナー，クルト　091
ヴェール，アルフレッド　168
ヴェスヴィオ火山　022, 132, 195, 334, 441
ヴェトナム　045, 150
ヴェニング・マイネツ，フェリックス　107-109
ウェバー，ジョン　141-142, 392
ウェルトフレーデン　163, 170, 245
ヴェレカー，フォーリー　296, 298, 305
ウォーカー船長　180
ウォリス，ジェイムズ　293-294
ウォーレス，アルフレッド・ラッセル　071-073, 075-086, 090, 136, 451
ウォーレス線　071, 073, 080-081, 085, 136, 159
ウジュンクーロン国立公園　417
雲仙　275-276, 299, 334, 416

〈エ〉

英国造幣局　111
「エヴェリーナ」号　312
「エーヘロン」号　194-195
「エールスト・スヘプファールト」（遠征隊）　026
エオリアン・プランクトン　395
エクアドル　344
エトナ山　132, 334, 338, 441
「エナリー」号　262, 264
「エムデン」号　217
「エリーザベト」号　180-181, 209, 242-243
塩化水素　274

〈オ〉

王立協会　080, 266, 281, 304-305, 308-309, 314, 320-322, 327, 438
オーストラリア　068-072, 081, 085, 091, 134-136, 168, 180, 216, 254, 263, 296, 299, 332, 407, 446
オーストラリア海洋プレート　350
オーストラリアン・フローズン・ミート・カンパニー　230
王立灯台海岸照明局（オランダ）　193
オックスフォード大学地質学会　117
オックスフォード大学地質学会　445
『驚くべき世紀』（ウォーレス）　078
オラン・アリイェ　061, 188, 362
オランダ　027-032, 034-035, 038-045, 047, 050, 055, 062, 143, 148, 158, 162-163, 165, 172, 174-175, 180, 184, 189, 193, 195, 224, 240-241, 256, 285, 287, 303, 355, 358, 362-363, 365-366, 369-373, 375, 377-378, 419, 438, 443, 447
オランダ王立郵船会社　197
オランダ東インド会社　→ＶＯＣ
オランダ領東インド　047, 057, 071, 075, 163-164, 263, 333, 370
オランダ領東インド汽船会社　196
「オンタリオ湖、チョーモント湾氷上の日没」（チャーチ）　316-317
オンラスト島　292

〈カ〉

カーマイヤー島　348, 385
海軍航行手引　019
「海底ケーブル」（キプリング）　217
海底電信ケーブル　016-017, 119, 168, 210, 213, 214, 217-218, 451
海底の拡大　107
「海盆の歴史」（ヘス）　117
カヴァチ　425
火砕流　274, 276
『火山』（ジャッド）　349
『火山大事典』（シガースソン編）　331, 437
火山爆発指数　345-346
『カストロを打つ』（シェパード）　173
ガソメーター　248
カトマイ山（ノヴァルプタ山）　015, 346
カナダ　017, 042, 101, 111, 210, 316, 323, 329, 340
カブラル，ペドロ・アルヴァレス　024
カムチャツカ半島　344
『カメリア１』（アデ）　049
ガラパゴス諸島　076
カリム，アブドゥル　370-376, 378
ガリレオ・ガリレイ　076, 095
軽石　063, 190-192, 197, 249, 251, 259-260, 263-265, 272, 274, 276, 305-306, 330-333, 346-349, 382, 385, 398-399, 401, 424, 441
カルトディルジョ，サルトノ　357, 444
ガレラス　344
漢王朝　020
岩石圏　→リソスフェア
カンボジア　045
岩流圏　→アセノスフェア

「環太平洋火山帯」 427, 439

〈キ〉

ギーキー，アーチボールド 307
キーズ，デイヴィッド 154, 439
キーリング（ココス）諸島 134
気候 069, 078, 089-090, 094, 151, 154-155, 327-328, 345
気象学 087, 094, 300, 302, 307, 323, 326
北アメリカ・プレート 133
キプリング，ラドヤード 217
ギボン，エドワード 020
キャヴェンディッシュ，トマス 046
キャメロン，アレグザンダー・パトリック 176, 266-267, 270, 291, 305
キュリー，ピエール 111
キュリー点 103, 111
教皇贈与 025
強制栽培制度 365-366, 369

〈ク〉

空中移動するクモ 395
クーン，ヤン・ピーテルスゾーン 044-048, 051, 055-056, 157, 163
クック，ジェイムズ 140-142, 332, 391, 392, 393
グッタペルカ 214-215, 216, 224
「クラカタウ」（シェパード） 173
『クラカタウ』（フェルベーク） 438
クノッソス 275
『クラカトア』（ファーノー） 439
クラカトア火山観測所 413
クラカトア委員会 306-308, 320
『クラカトアの噴火とその後の現象』（王立協会） 438
クラカトア問題 401, 404
グラッドストン，ウィリアム 266
クラマト 292
「暗闇」（バイロン） 330
グランヴィル伯爵 266-267
クリケット 176, 233-234
グリーンランド 089, 091, 094-103, 105-106, 110, 154, 343, 345, 445
クリスマス島 108, 134
クリップ，ロバート 041
グリニッジ天文台 307
クルース，ハンス 093
グレート・ノーザン・テレグラフ・カンパニー 223
クレソニエール，M・ルイ 237
クレタ島 275
「クロティルデ」号 057

〈ケ〉

鶏冠型噴煙（鶏尾型噴煙） 388
ケイマン・ブラック島 298
ケープ植民地 045
「ケディリエ」号 333, 346
ケティンバン 179, 188, 190-191, 200, 257, 258, 261, 264, 277, 282, 290
ゲデ山 147
ケネディ，ヘンリー・ジョージ 266, 305
玄武岩 093, 100, 102-104, 106, 115, 121-122, 124, 131-134, 331, 341, 344, 348, 351, 353, 423

〈コ〉

香辛料貿易 026, 029, 162
公文書館 266, 446
「荒野の夕暮れ」（チャーチ） 316
香料諸島 333
ゴールトン，フランシス 079
国際子午線会議 249
国防総省 112, 127, 295
黒曜石 194-195
ココス諸島 →キーリング諸島
胡椒 020-026, 028-032, 040, 043, 056, 059, 141, 143, 185, 209, 214, 258-259, 358, 366,

392
胡椒業者のギルド　023
コスラエ島　332
古代クラカトア　138-139
ゴッホ，ヴィンセント・ファン　052, 366
古地磁気学　105-106, 115-116
コトー，エドモン　393-395, 397
コトパクシ　344
ゴム　159, 172, 214, 254-256
香料諸島　076
コロンビア　275, 306, 344
コロンビア大学　127
コワルスキー，バーナード　440
コンゴ　171, 343
コンコルディア・ミリタリー・クラブ　170, 176, 196, 231-232
ゴンドワナ大陸　090-092, 094, 109
コンパニエ・ファン・フェレ　026
コンラッド，ジョゼフ　023

〈サ〉

「サー・ロバート・セイル」号　262
サイモンズ，G・J　306
サウスジョージア島　306, 312
サマラン　012, 197
「サマラン」号　180, 184, 276
サムソン船長　265
「サモア」号　333
サルワティ島　296
サンアンドレアス断層　132-133, 229
サンガイ山　344
サンギャン島　185
ザンジバル　331-333
サンディック，N・H・ファン　287
サンディック，R・A・ファン　282, 373
『サンデー・クーリア』（ポキプシー）326
サン=テグジュペリ，アントワーヌ・ド　011
サントリーニ山　275, 384, 441
サンピエール　274-275
サンフランシスコ地震　133
山脈の形成　132, 343
残留磁気　110-111, 115-116, 121

〈シ〉

ジェイムズ一世　023
シェパード，ジム　173, 239
ジェフリーズ，ハロルド　093, 339
ジェラール，マックス　381
シェリー，メアリー　330
シガースソン，ハラルダー　155, 437
自記気圧計　300-303, 306-307
時間帯　248-249, 268, 280, 295
シキン　414-416, 424
地　震　015, 062, 064, 084-085, 126-127, 132-133, 178, 181, 186-187, 211, 235-236, 242, 273-274, 277, 280, 301-302, 342, 351, 374
沈み込み帯　127-128, 130-136, 177, 194-195, 342-345, 350-353, 354, 387, 427
自然選択　075
磁鉄鉱　103, 105-106
『シドニー・モーニング・ヘラルド』　262
「湿った土地に多く見られる鞘翅目の昆虫について」（ベイツ）　074
シナモン　029, 043, 366
シパリ，ルイ・オーギュステ　275
シムキン，トム　437-438, 445
シャイレーンドラ朝　144, 156
ジャカルタ　019, 032, 046, 050-051, 061, 147, 158-159, 213, 231, 412, 417, 444-445
「ジャカルタ1」（アデ）　049
シャコブ，フレデリック　171-172, 174-176, 195, 230
シャコブ，レオニー　175
ジャッド，ジョン　349
ジャマン，ウマル　359

ジャワ海溝　108, 131, 134
ジャワ原人　135
『ジャワ誌』　165
ジャワ島　012, 015, 017, 026-028, 030-033, 035, 039, 043, 046, 052-057, 061, 070, 083, 102, 107-109, 134-135, 138, 140, 145, 151, 153, 160, 174, 177-178, 180, 182, 184, 188, 195, 197, 200, 208, 214-217, 228, 230, 234, 237, 249, 252-253, 264, 268-270, 274-275, 277, 279-281, 284, 289-292, 298, 305, 308, 310, 330, 334, 336, 344, 353-355, 358, 360-362, 367-370, 372, 375, 379, 388, 395-396, 400-401, 408, 412-414, 424, 430, 440, 443-445
『ジャワの東』　013, 440
シュヴァイツァー，クリストファー　060
十七人会　042, 045
重力　107-109, 120, 281, 318, 324, 336
シュールマン，A・L　195-199
『種の起源』　075, 078
シュリー，ヤン・ファン　160-162
シュレーダー（慈善家）　230
衝撃波　263, 280, 302-303, 306-307, 310, 330, 346
シュワルツ，ジュディ　418
ジョクジャカルタ　012, 162, 177, 444
ジョヨボヨ　149-150
シンガポール　168, 180-181, 192, 197, 201, 213, 216, 218, 228, 230, 262-263, 298-299, 310
進化論　076, 079-080
「新種の断層と大陸移動に関するその意味合い」（ウィルソン）　124
「新種の導入を調節してきた法則について」（ウォーレス）　077
深成論者　340
シンダーブロック　331
神智学　069

〈ス〉

水成論者　340
水夫長の岩　→ブーツマンズ・ロッツ
スース，エデュアート　090-091
スータオ　153
スーダン　373
スーフィー運動　371
スーライト　193, 242-244, 256, 277-278
スウォート・ザ・ウェイ・アイランド（行く手をふさぐ島）　185
スエズ運河　165, 209
スカルノ　167, 419
スカルノプトリ，メガワティ　415
スコアズビー湾　098-099
スコシア島弧　131
スコット，ロバート・ファルコン　097, 303
「スコティア」号　318
スターディ，E・W　251
スターリング，エドワード　221
スタンディッジ，トム　205
スティアーズ島　385
ステープル商人組合　042
ストークス，ジョージ　307
ストック，J・P・ファン・デル　186, 246
ストック夫人，ファン・デル　185, 246
ストレイチー，リチャード　073, 303, 307
スナイダー＝ペラグリニ，アントニオ　091
スパーン，ファン　241
スハウテン，ウァウテル　039
スハウト（ロイズ代理人）　193, 208-212, 215-216, 219, 242
スハルト　167
スピルウィク要塞　031
スペイン　024-025, 033, 035, 041, 219, 360
スペーンホフ（歌手）　059
スマトラ島　012, 015, 017, 027, 031-033, 035-038, 043, 046, 053, 062-063, 070-071, 077, 096, 108, 134-135, 140, 147, 150, 153,

158, 170, 177-180, 182, 188, 193, 195, 197, 214, 235, 243, 245, 250, 257, 262, 264-266, 268-269, 274, 276, 279-281, 284, 289-290, 292, 296, 305, 308, 310, 330, 334, 344-345, 350-351, 353-355, 358, 361, 368-369, 375, 378-379, 388, 392, 395, 400, 408, 445
スカルノプトリ，メガワティ　415
スミス，ウィリアム　086
スミソニアン協会　321
スラウェシ（セレベス）島　035, 056, 070, 081, 082, 159
スラパティ　057
スルセイ火山　425
スレイター，フィリップ・リュートリー　068-071, 081, 089, 136
スンダ海峡　013, 017, 033, 037-038, 059, 064, 130, 135, 140, 143, 149, 172, 179-181, 185, 188, 194, 196, 206, 208-209, 228, 232, 235, 240, 249-250, 263, 268, 270, 273, 276-277, 280-281, 284, 289-291, 303-304, 306, 310, 314, 332-333, 353, 374, 379, 382, 391-392, 405, 410, 414, 418, 420, 424
スンダ・クラパ　158, 170
「スンダ」号　180, 191-192

〈セ〉

聖エルモの火（聖体）　253, 261
成層圏　318-319, 322, 324, 346
聖体（聖エルモの火）　253
聖テオドロス　020
『聖テレマコス』（テニソン）　319
生物圏　337
生物相　069
生物地理学　069, 090, 438
『西暦五三五年の大噴火』（キーズ）　154-155, 439
セイロン　021, 033, 043, 045, 296, 311-312, 320, 443
「ゼーラント」号　180, 184-185
『セイロン・オブザーヴァー』　311
世界村　017, 211, 225, 451
赤道煙流　324
セネカ，ルキウス　339
セベシ島　064, 189-190
セポイの反乱　361
セルトゥン島　019, 138, 141, 384, 391, 398, 403, 406, 413, 426
『セルボーンの博物誌および古代事物』（ホワイト）　329
セロ・ハドソン　344
セレベス島　→スラウェシ島
セントヘレンズ山　416
「一八八三年八月二七日から三一日にかけてヨーロッパを通過した一連の気圧の擾乱に関する覚え書」　304
『一八八八年のバンテンの農民反乱』　357

〈ソ〉

「創世記」　086
ソーントン，イアン　407, 438
ソルフェリーノの戦い　221
ソロ　012, 145, 149, 155, 177

〈タ〉

ダーウィン，ジョージ　308-309, 341
ダーウィン，チャールズ　073-074, 308
ターナー，J・M・W　315
ダーメルマン，カレル　404-405, 407
ダーンデルス，ヘルマン・ウィレム　163-164, 167
タイ　032-033, 045, 209
大プリニウス　021-022, 441
太平洋プレート　133, 344
『タイムズ』　206, 211, 213, 219-221, 224, 305, 333
第四回太平洋科学会議　387
第四岬灯　251-252, 265, 290
大陸移動　089, 094, 096, 106-107, 110-111,

115-116, 119-121, 124, 195, 341, 348
『大陸と海洋の起源』 087
対流圏 318-319
台湾 045
ダウド，チャールズ 249
タウポ山 015, 346
ダ・ガマ，ヴァスコ 024
タシャール，ギー 039
ダナン山 140-141, 183, 200-201, 347, 352, 383-384
タンボラ山 015, 061, 275, 315, 328-330, 345-346, 350, 441

〈チ〉

チェンバレン，トマス 093
地溝 093, 128, 343
千島列島 344
地図 014, 028, 032-040, 071-072, 083, 089-090, 112, 115, 118, 121, 141, 148, 160, 172, 178, 201-203, 291, 310, 324
チャーチ，フレデリック・エドウィン 315-317
「チャールズ・バル」号 249, 251, 277, 333
チャカナ 344
チャンパ王国 150
中国 020, 029, 032, 034-035, 054-056, 060, 126, 131, 152-153, 160, 165-166, 180-181, 209, 244, 263, 278-280, 282, 320, 331, 359, 377, 412, 420
潮位計 284-285, 308-310, 312-314
丁子 020-021, 029, 040, 043, 082, 153, 333, 366, 416
「鳥類綱の構成員の全般的な地理的分布について」（スレイター） 070
直立原人 135
チリ 025, 322-323, 343-344
『地理学』（プトレマイオス） 032

〈ツ〉

通信技術 016, 213, 215
通信社 016, 220-222
津波 013, 133, 250, 273, 275-286, 288-290, 292, 295, 302, 308-311, 337, 346, 352, 372-374, 414, 441

〈テ〉

デイ，アーサー・ルイス 339
ディエゴ・ガルシア島 069, 295
ディキンソン，ウィリアム 127
「ディスカヴァリー」号 141
ティモール島 025, 030, 033, 040, 070, 192, 298
テイラー，フランク 091
『デイリー・イーグル』（ポキプシー） 325
ティリンジン 269-270, 278, 281, 284, 290, 292
デ・ヴリース 244
デカルト，ルネ 340
適者生存 078
テチス海 090, 092
デッケル，エドゥアルト・ダウエス →ムルタトゥーリ
テニソン，アルフレッド 217, 319
テニソン＝ウッズ，ジュリアン 262, 265
デ・ハウトマン，コルネリス 026-030
テフラ 274-275
『デモクラット・アンド・クロニクル』（ロチェスター） 326
デューイ，ジョン 124-126, 445
デュマ（官吏） 377
デュマ夫人 377
テュポーン 338
デュラント，ウィル 335
テロックベトン 190, 245, 249, 259, 261, 265, 278, 281-284, 286-287, 290, 310
天気予報 323
電信 016-017, 168, 210-214, 216, 219-223,

243-246, 256, 262, 269-270, 304, 376, 451

〈ト〉

ドイツ　033, 094, 180-181, 217, 224, 242, 253, 312, 329, 366
『東南アジアにおける地質構造の進化』（ホール＆ブランデル）　067
動物行動学的予知　236
『東方案内記』　035, 037-038
トール　234
ドールビ，R・J　199-200
トバ山　015, 345-346, 350
トムソン，ケン　042
トムソン船長　245, 262
鳥の巣のスープ　032
トランスフォーム断層　126-127
トルーブ，メルキオル　401-402, 404
トルコ　132, 323
トルコ会社　042
トルデシリャス分割線　025
ドレイク，フランシス　046
奴隷制度　057
トロブリアンド諸島　070
トンガ　132, 425

〈ナ〉

ナーラダ　149
「ナイアガラ瀑布」（チャーチ）　316
ナスカ・プレート　344
ナツメグ　020-021, 029, 033, 040, 043, 082, 366, 445
ナポレオン一世　162, 220
ナポレオン戦争　163, 165, 293
ナンセン，フリティヨフ　097, 104
南北戦争　221

〈ニ〉

「ニーウ・ミデルブルフ」号　063-064
ニーラゴンゴ山　343
ニール，フィリップ　196, 273, 309
ニカラグア　320, 338, 343
二酸化硫黄　427
二酸化炭素　274, 336-337, 352
『二十一の気球』（ペン・デュボア）　440-442
日本　027, 045, 055-056, 223, 263, 273-275, 343-344, 425, 440, 443
『ニューウェ・ロッテルダムス・クーラント』　224
ニューギニア　025, 070, 296, 343-344
ニュージーランド　015, 082, 216, 343, 346
ニュートン，アイザック　076, 339
『ニューヨーク・タイムズ』　324
ニワトリ市場の橋　→フーデルパサルブリュッフ

〈ネ〉

『ネイチャー』　120-121, 124, 131, 147, 321
「ネーデルランド王」号　358
熱雲　274
ネック，ヤコブ・ファン　030

〈ノ〉

「ノヴァスコシアン」号　223
ノヴァルプタ山　→カトマイ山
「ノラム・キャッスル」号　262, 265

〈ハ〉

「ハーグ」号　180
バーコウィッツ，リッキー　418
ハーモニー（社交クラブ）　170, 176, 196, 231
「パイオニア」号　112-113, 116, 126
バイス，トーマス　241
バイテンゾルフ　167-169, 174-175, 230, 254, 298
バイテンゾルフ植物園　172, 255, 401, 404
ハイムス神父　182

バイロン，ジョージ・ゴードン　329
白亜紀磁気静穏帯　115
ハクスリー，トマス・ヘンリー　079
『博物誌』（ビュフォン）　091
『博物誌』（プリニウス）　022
バタヴィア　017, 040, 047-048, 050-052, 054-060, 062-065, 140, 156-158, 162-166, 168-170, 172, 174-181, 185-187, 189-190, 192, 194, 196-197, 199-200, 206-208, 210, 212, 216, 219, 223-224, 228-232, 234-236, 242, 244-248, 256-257, 263-266, 268, 272, 278, 280, 284-286, 289, 291-292, 298-299, 304, 309-310, 327, 333, 355, 368, 376, 387
「バタヴィア」号　262
バタヴィア動植物園　230
ハドソン湾会社　042
バッカー，コーネリス・アンドリス　401-404
ハットフィールド，オスカー　176, 264-265
ハドラマウト　375, 379
バハマ諸島　321
バリ　028, 056-057, 070, 082-083, 086, 158, 379, 444-445
パリ条約（1782年）　162
バルカン　132
ハワイ諸島　121-123
バンクス，ジョゼフ　140
ハンブルク（「ラウドン総督」号の乗客）　198
パンゲア　092, 106
パンジャン島　138-139, 141, 384, 387, 390-391, 398, 403, 413, 426
バンダ諸島　033, 035, 043, 045
バンテン　026, 029-031, 040, 046-047, 052, 147-148, 229, 357, 358, 360-361, 367-369, 371-375, 378-379, 445
バンテン農民反乱　360
『バンテンの哀しみと愛』（サンディック）　374
バンテンのスルタン　027-028, 043, 046-047, 052

〈ヒ〉

「ビーグル」号　077
東アフリカの地溝　341
東太平洋海膨　344
ビジャリカ　344
ビショップ，セリーノ　319, 324
ビショップの環　318, 322
ピックラー（会計士）　283
日付変更線　132, 249
ピナトゥボ山　299, 334, 385
「ヒベルニア」号　215-216
ヒマラヤ山脈　132
ビュフォン伯爵　091
氷河　090, 094-095, 100, 275, 345
ビリトン・ティン・カンパニー　171
ビルマ　045, 057, 308
「ビンタン」号　180, 276
ヒンドゥー教　054, 056, 069, 149-150, 369, 444

〈フ〉

ファーノー，ルパート　351, 438-439
ファリーナ，ヨハン・マリア　227
「フィアドー」号　230
フィールド地質学　340
フィスク，リチャード・S　437-438, 445
フィリピン　025, 034, 055, 082, 263, 274, 343-344, 385
ブーツマンズ・ロッツ（水夫長の岩）　383-384, 422, 426
プーデイ　153
フーデルパサルブリュッフ（ニワトリ市場の橋）　052
フェアクロス大尉　321
フェルゼナール，H・J・G　200-202
フェルベーク，ロヒール・ディーデリック・

マリウス 193-195, 200, 246, 281, 299, 346-349, 384, 393, 404, 437, 438
フェルラーテン島 141, 183, 347, 352, 391
フォーブズ，H・O 199
フォーブズ（植物収集家） 192
フォーヘル，ヨハン・ウィルヘルム 062-065, 156
フォーリー 298
福徳岡の場 425
フッカー，ジョゼフ 078-080
フッベルズ，エリー 377
フッベルズ，ドラ 377
フッベルズ，ヨハン・ヘンドリック 377
プトレマイオス 032
ブラード，エドワード 108
「ブラウ」号 250, 261, 282-283, 287-289
ブラヴァツキー，ヘレナ 069
ブラジル 024-025, 070, 074-075, 089, 171, 254-255
「ブラニ」号 318
ブラック・スモーカー 405
フランクリン，ベンジャミン 328
『フランケンシュタイン』 330
フランス 052, 118, 163, 181, 213, 220, 224, 274, 313-314, 329, 370, 393, 437
ブランデル，D・J 067
ブリストウ，ウィリアム・サイアー 398, 405
「ブリティッシュ・エンパイア」号 318
ブリティッシュ・オーストラリアン・テレグラフ・カンパニー 215-216
プリニー式噴火 022, 349
プリマス会社 042
「プリンセス・クレメンタイン」号 217
「プリンス・フレデリク」号 262
「プリンセス・マリー」号 200
ブリュンヌ，ジャン 113, 115
フリント，アール 320
ブルーアー，W 223-224
『ブルーアーズ故事成句辞典』 227
ブルーケ，ファン・デン 047
プルートーン 338
フルフローニェ，スヌック 053, 370
ブレア，ローレンス 439
ブレア，ローン 439
プレートテクトニクス 080, 085, 120, 127-129, 336, 338, 340-341, 349-351, 439
プレ山 441
フレッケ，ベルナルド 157
フロイヘン，ピーター 097
プロジェクト・マグネット 112
ブロモ山 061, 178, 338
フロレス島 030, 040
噴気孔 201, 235, 349, 416

〈へ〉

ベアード，A・W 308
ベイエリンク，ウィレム 179, 189-190, 200, 257-260, 277-278
「ベイ・オヴ・ネイプルズ」号 262, 334
ベイツ，ヘンリー・ウォルター 073-074
ヘクラ（ラカギガル） 328
ベーコン，フランシス 091
ペスト 154
ヘス，ハリー 108-109, 111, 116-119
ヘッセ，エリアス 063-064, 156
ペトロエシェフスキー，W・A 386, 390
ベハイム，マルティン 033
ペリー，マシュー 223
ペルー 288, 344-345
ベルギー 041
「ベルビス」号 253-255, 333
ペルブワタン 140, 183, 191, 193-194, 196, 199-200, 347, 352, 384
ヘンデル，ヨハン 398
「ヘレン」号 075
ペン・デュボア，ウィリアム 441-442
ベントナイト 331

〈ホ〉

冒険商人組合　041
放射能　129
ボーイン（ガイド）　418-419, 424-426, 428, 444
『ボーデ』　286
ホートン　320
ポーリッシュ・ハット島　138, 141, 347
ホール，ロバート　067
ポーロ，マルコ　032
ポーロー・テンポサ島　268
『星の王子さま』（サン・テグジュペリ）　011
「ボスウェル・キャッスル」号　333
ボニー，トマス　307
ホプキンズ，ジェラード・マンリー　321
「ボリルド」号　262
ホルタム，ジョン　233-234
ポルトガル　024-030, 033, 035, 040, 043, 046
ボルネオ島　032-033, 077, 082-083, 086, 153, 159, 171, 214, 296, 305
ホロタン　153
ホワイト，ギルバート　329
香港　249, 251, 310

〈マ〉

マウク　292
マウリッツ，ナッサウ伯　027
マカオ　029-030
マカッサル　043, 056, 296, 299
「マグパイ」号　296, 305
マグマ水蒸気爆発　349, 388
マクルーハン，マーシャル　017, 211, 225
マコール（ロイズ代理人）　207, 291
マサチューセッツ湾会社　042
マゼラン，フェルディナンド　033
マダガスカル　026, 068, 205
マッケンジー船長　180, 185
松山基範　115
マヤ文明　154
マラッカ　021, 029, 033, 040, 046, 056
「マリー」号　249, 261, 264, 277
マルダイケル　056-057
マルティニーク島　274
『マレー群島』（ウォーレス）　079
マレー半島　032-033, 035, 040, 043, 052, 068, 168, 216, 263
マンチェスター文学哲学協会　328
マンリー，W・R　321

〈ミ〉

ミカエル（シリア人）　137
ミズオオトカゲ　429
南アフリカ　045, 224, 312, 320, 323
ミノア文明　275
ミントー卿　165

〈ム〉

無線地震計　415
ムルタトゥーリ（デッケル，エドゥアルト・ダウエス）　363, 365-367

〈メ〉

冥界（ハーデース）　338
メイソン，ロン　112-113
メース（香辛料）　021, 029
メキシコ　025, 274
「メディア」号　245, 262
メラック　184, 253, 256, 269, 278-281, 283-284, 290, 292, 372
メラピ山　061, 178
メルバブ山　061, 178

〈モ〉

「燃える島」（ファン・シュリー）　160-161
モース，サミュエル　168, 224
モーリシャス　027, 045, 293, 295, 303, 312

クラカトアの大噴火《だいふんか》
世界の歴史を動かした火山

2004年1月20日　初版印刷
2004年1月31日　初版発行

著　者　サイモン・ウィンチェスター
訳　者　柴田裕之《しばたやすし》
発行者　早川　浩
発行所　株式会社　早川書房
東京都千代田区神田多町2-2
電話 03-3252-3111（大代表）
振替 00160-3-47799
http://www.hayakawa-online.co.jp
印刷所　三松堂印刷株式会社
製本所　大口製本印刷株式会社

乱丁・落丁本は小社制作部宛お送り下さい。送料小社負担にてお取りかえいたします。

ISBN4-15-208543-6 C0025　Printed and bound in Japan

ハヤカワ・ノンフィクション

食べる人類誌

——火の発見からファーストフードの蔓延まで

NEAR A THOUSAND TABLES

フェリペ・フェルナンデス＝アルメスト

小田切勝子訳

46判上製

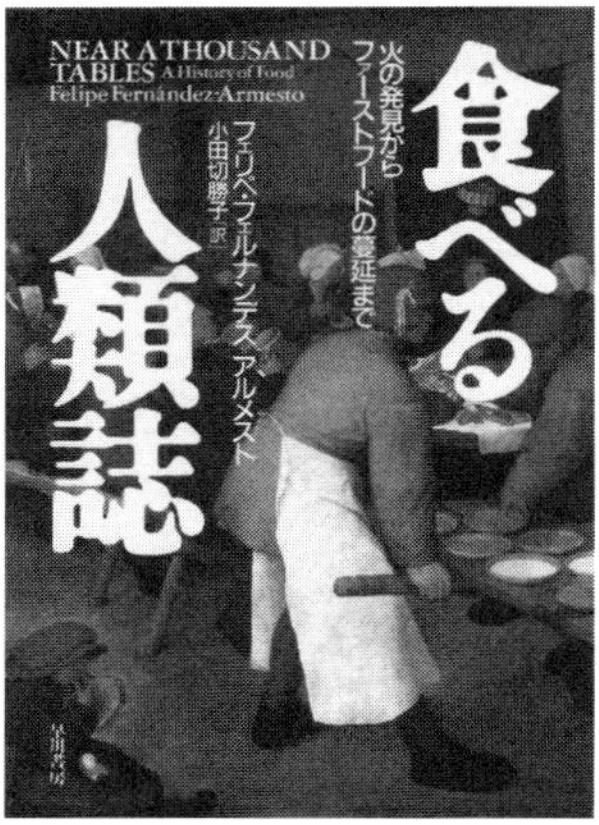

世界の歴史を創った8つの食の革命とは？

人類の歴史は、食にまつわる変革なしには語れない。古今東西の食卓を鮮やかに描き出しつつ、カニバリズムと菜食主義の共通点、マナーと差別の意味深い関係、電子レンジが社会にもたらす脅威など、数多くの謎や問題から、人類の営みを再検証する知的挑戦の書！

ハヤカワ・ノンフィクション

父さんのからだを返して

——父親を骨格標本にされたエスキモーの少年

GIVE ME MY FATHER'S BODY

ケン・ハーパー

鈴木主税・小田切勝子訳

46判上製

アメリカの文明に「野蛮」を見た

20世紀初頭、「科学」の名のもと、極北の地の手土産としてニューヨークへ連れて来られたエスキモーたち。珍種動物同然の扱いを受けた挙句、博物館の陳列物となり果てた父親の骨をミニックは取り戻そうとするが……故郷と肉親を奪った文明の傲慢さを暴く衝撃の書

博士と狂人
世界最高の辞書OEDの誕生秘話
サイモン・ウィンチェスター
鈴木主税＝訳